空天信息技术系列丛书

U0202023

基于天顶摄影定位的
地球自转参数测定

艾贵斌　刘思伟　李　娜　常俊琴
艾君芳　任　磊　龚　建　　编著

西北工业大学出版社
西安

【内容简介】　本书的内容由 8 章组成,包括天文导航对地球自转参数的需求、天顶摄影定位测量的原理与方法、采用天顶摄影定位测定地球自转参数的原理与方法、地球自转参数实测数据的平滑处理、地球自转参数采用 IERS 数据的预报计算、基于天顶摄影定位实测数据的数值预报、参数 ΔUT1 的单测站测定试验、数据处理软件的编制与应用。本书不仅对基于天顶摄影定位系统的 IERS 测定及其预报原理进行了研究,还对基于 IERS 历史数据的预报进行了研究。

本书通俗易懂,可供从事大地天文测量、天文导航及授时服务等测绘领域的相关工作人员阅读,也可供对天顶摄影仪及地球自转参数感兴趣的其他读者阅读。

图书在版编目(CIP)数据

基于天顶摄影定位的地球自转参数测定/艾贵斌等编著. —西安:西北工业大学出版社,2022.9
　ISBN 978 - 7 - 5612 - 8386 - 8

　Ⅰ.①基…　Ⅱ.①艾…　Ⅲ.①摄影定位-应用-地球自转-参数测量-研究　Ⅳ.①P183.3

　中国版本图书馆 CIP 数据核字(2022)第 170880 号

JIYU TIANDING SHEYING DINGWEI DE DIQIU ZIZHUAN CANSHU CEDING

基 于 天 顶 摄 影 定 位 的 地 球 自 转 参 数 测 定

艾贵斌　刘思伟　李娜　常俊琴　艾君芳　任磊　龚建　编著

责任编辑:朱辰浩　刘　婧		策划编辑:杨　军	
责任校对:高茸茸		装帧设计:董晓伟	

出版发行:西北工业大学出版社
通信地址:西安市友谊西路 127 号　　　　邮编:710072
电　　话:(029)88493844　88491757
网　　址:www.nwpup.com
印　刷　者:西安五星印刷有限公司
开　　本:787 mm×1 092 mm　　　1/16
印　　张:16.125
字　　数:423 千字
版　　次:2022 年 9 月第 1 版　　　2022 年 9 月第 1 次印刷
书　　号:ISBN 978 - 7 - 5612 - 8386 - 8
定　　价:88.00 元

如有印装问题请与出版社联系调换

前　言

　　地球自转参数(Earth Rotation Parameters,ERP)是描述地球自转变化的一组参数,主要由极移参数、ΔUT1(世界时 UT1 与协调世界时 UTC 之差)或日长变化(世界时 UT1 一天的时间长度与 86 400 s 的差,简记为 LOD)参数构成。其中,ΔUT1(或 LOD)参数反映了地球自转的不均匀性,极移参数反映了地球自转轴在地球参考系中的运动。地球自转参数不仅反映了地球内部结构及物质的运动,同时也反映了月球、太阳等天体对地球自转运动的影响。作为工程应用,更重要的是地球自转参数表达了地固参考系相对瞬时天球参考系的运动,是实现天球参考系与地球参考系相互转换的必要参数,不仅应用于精密大地天文测量,而且还广泛地应用于深空航空器的天文导航、人造卫星的精密定轨以及高精度的授时服务中。

　　早期的地球自转参数测定,主要采用经典的光学观测手段,受天候条件等多方面的制约和影响,测定精度不高。随着大地测量技术的发展,特别是甚长基线干涉测量(VLBI)、人卫激光测距(SLR)、全球卫星导航定位系统(GNSS)等现代空间大地测量技术在地球自转参数测定中的广泛应用,极大提高了地球自转参数的测定精度。现 ΔUT1(或日长变化)的测定精度已达到 0.01 ms;极移参数的测定精度也达到了 0.1 mas。目前,国际上的地球自转参数测定统一由国际地球自转与参考系服务机构(IERS)负责,同时以两种公报形式向世界各国发布:第一种是 IERS 快速服务预报中心(设立在美国海军天文台)以公报 A 的形式每周发布一次,给出过去一周相关参数的每日精确值,同时给出未来一年内相关参数的每日预报值。第二种是 IERS 地球指向中心(设立在巴黎天文台)以公报 B 的形式每月发布一次,2009 年 5 月前发布的格式是包含过去两个月有关参数每 5 日一个的归算值,以及未来两个月中有关参数每 5 日一个的预报值;2009 年 5 月至今发布的格式是包含过去一个月有关参数的每日归算值,以及未来一个月有关参数的每日预报值。显然,正常情况下可通过 IERS 获得不同精度需求的地球自转参数值,人们研究的重点通常是如何根据 IERS 发布的参数精确值,实现一定时间跨度的数值预报计算。

　　现在的问题是,一些特殊情况下无法得到 IERS 发布的地球自转参数数据,这时怎么办? 诚然,我们也可以采用诸如甚长基线干涉测量(VLBI)、全球卫星导航定位系统(GNSS)等先进的空间大地测量技术,建立我国独立自主的地球自转参数测定系统,实现地球自转参数的高精度测定。然而,对于精度要求较低的用户,特别是只需要提供参数 $\Delta UT1$ 的用户,就未必一定要建立设备庞大、数据处理复杂,且需要专业技术队伍支撑的高精度测定系统。实践证明,立足现有的数字天顶摄影定位系统,也可实现中等精度要求的地球自转参数测定。

基于天顶摄影定位的地球自转参数测定,是在已知其精确天文经纬度的测站上架设天顶摄影仪,测定以世界协调时(UTC)为基准的测站天文经纬度,通过对测定值与已知值差值的数据处理实现的。天顶摄影定位系统是采用恒星数字成像技术、精密倾斜测量装置、计算机技术等研制生产的一种用于地面点精密大地天文定位的数字化测量装备,主要由天顶摄影仪、守时及控制装置、供电电源、测量数据处理分系统、仪器架设装置等构成。相对传统大地天文定位测量仪器,其突出的特点如下:①定位测量精度高,一个循环观测(这里的观测是指恒星影像拍摄及倾角仪敏感轴读数采集)的定位精度即可达到我国一等天文定位测量的精度要求;②测量时间短,一个循环观测及数据处理不超过 30 min;③不需要测定人仪差,提高了作业效率;④测量只需要对测站天顶很小视场(3°)的恒星进行影像拍摄,克服了传统大地天文定位测量对环境通视条件的苛刻要求;⑤整个系统可安装在装备车内,通过车顶开启的小天窗进行观测,提高了作业的机动性。天顶摄影定位虽然仍是一种光学测量技术,但考虑其具有的上述优势,故仍不失为地球自转参数测定的一种有效技术途径。

本书内容是"基于天顶摄影定位的地球自转参数测定"研究项目的技术总结,主要内容包括天文导航对地球自转参数的需求、天顶摄影定位测量的原理与方法、采用天顶摄影定位测定地球自转参数的原理与方法、地球自转参数实测数据的平滑处理、地球自转参数采用 IERS 数据的预报计算等。

本书编写分工如下:艾贵斌研究员负责全书的框架设计、理论研究及算法设计,并完成第 3 章和第 5 章的编写;刘思伟研究员负责第 1 章和第 6 章的编写及全书的文字校核;常俊琴、龚建高级工程师负责地球自转参数 $\Delta UT1$ 单测站测定的试验工作及第 2 章和第 7 章的编写;李娜、艾君芳、任磊工程师负责本书各种算法的编程、数据计算及第 4 章和第 8 章的编写。

本项目研究涉及并引用的研究成果以及主要文献已在参考文献中列出,对相关内容感兴趣的读者可依之查阅。在此,谨向这些参考文献的作者表示感谢。

由于笔者学术技术水平所限,加之经验不足,书中不足之处在所难免,敬请读者、同行和专家不吝指正。

编著者

2022 年 6 月

目　　录

第1章 天文导航对地球自转参数的需求

1.1 地球自转参数

现代研究表明,地球自转变化主要体现在三个方面:①地球自转轴(也称旋转轴)相对空间存在一个周期约 25 800 年的长周期运动和一个周期约 18.6 年的短周期运动,其中的长周期运动称作岁差,短周期运动称作章动;②地球自转的非匀速变化,其变化同样分为长周期变化和短周期变化,其中的长周期变化表现为地球自转速度的缓慢变小,短周期变化表现为日长变化(LOD,也称为日长扰动);③地球自转轴相对地球内部的不断变化,表现为地极(地球自转轴与地球表面的交点)在地球表面上位置的不断变化,简称为极移。通常人们将用来描述上述地球自转运动特征的所有参数,即岁差、章动、极移、ΔUT1(即世界时 UT1 与协调世界时 UTC 之差)、LOD 统称为地球定向参数(Earth Orientation Parameters,EOP)。目前,岁差和章动模型已经达到了很高的精度,现国内学者主要集中于极移、ΔUT1(或 LOD)的研究上,并将这几个参数称为地球自转参数(Earth Rotation Parameters,ERP)。

1.1.1 极移

极移是指地球自转轴在地球本体内运动引起的地极移动。观测瞬间地球自转轴所处的位置称为瞬时地球自转轴,与之相应的地极称为地球瞬时极。地极移动示意图如图 1-1 所示。

地极运动主要包括两种周期性变化:一种是周期约 432 天、振幅约 $0.2''$ 的变化;另一种是周期约 1 年、振幅约 $0.1''$ 的变化。第一种周期变化一般称为钱德勒(Chandler)周期变化。精密测量表明,地极在地面上的一个约 24 m×24 m 区域内,按逆时针方向循近似圆的螺旋线作周期运动,如图 1-1 所示。地极绕行一周的时间约为 432 天,近似于 6 年内绕行 5 周。极移参数的变化,有的年份较小,如图 1-1 所示的 1967.0—1968.0 年间的变化;有的年份较大,如图 1-1 中的 1971.0—1972.0 年间的变化。

为了描述地极运动规律,需要建立一个描述地极瞬时位置的地极坐标系。现国际上采用的地极坐标系,原点为国际地球参考极(IRP),过格林尼治的子午圈(经度为 0°)切线方向为 x 轴,经度为 270°子午圈的切线方向为 y 轴。

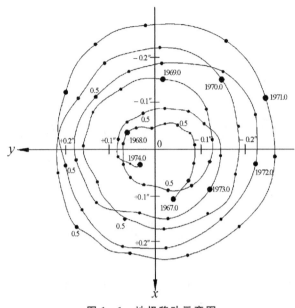

图 1-1 地极移动示意图

以国际地球参考极为基准的地球坐标系与以地球瞬时极为基准的地球坐标系间的关系为

$$\begin{bmatrix} x \\ y \\ z \end{bmatrix}_R = R_y(-x_p)R_x(y_p)\begin{bmatrix} x \\ y \\ z \end{bmatrix}_T \tag{1.1}$$

式中：　　R——以国际地球参考极为基准的地球坐标系；

　　　　　T——以地球瞬时极为基准的地球坐标系；

　　x_p,y_p——地球瞬时极在地极坐标系中的坐标。

1.1.2　世界时(UT1)与协调世界时(UTC)的差(ΔUT1)

参数 ΔUT1 是指同一瞬间的世界时(UT1)与协调世界时(UTC)的差,即

$$\Delta UT1 = UT1 - UTC \tag{1.2}$$

为了便于后面的内容介绍,这里对参数 ΔUT1 涉及的世界时(Universal Time,UT)及协调世界时(Universal Time Coordinated,UTC)作必要的简单介绍。

世界时是以平太阳为参考点,格林尼治子午圈为基准,地球自转运动周期为基础建立的时间系统,起点为平太阳的下中天(又称平子夜)时刻。由于地球自转轴在地球内部的位置并不固定,且地球的自转速度也不均匀,除了含有长周期的减缓趋势外,还有短周期变化和季节性的变化,情况较为复杂。正因如此,国际天文联合会(IAU)决定从 1956 年开始在世界时中引入极移改正和地球自转速度的季节性改正,并根据不同的改正定义了 UT0、UT1 和 UT2 三种不同的世界时。其中,UT0 是指通过天文观测直接测定的世界时;UT1 是在 UT0 的基础上加入极移改正而得到的世界时;UT2 是在 UT1 的基础上加入地球自转速度季节性变化影

响而得到世界时。

世界时 UT0、UT1、UT2 之间的关系为

$$UT1 = UT0 + \Delta\lambda \tag{1.3}$$

$$UT2 = UT1 + \Delta T_s \tag{1.4}$$

式中：$\Delta\lambda$ 为极移改正，根据极坐标 (x_p, y_p) 按下式进行计算：

$$\Delta\lambda = \frac{1}{15}(x_p\sin\lambda + y_p\cos\lambda)\tan\varphi \tag{1.5}$$

1962 年起，对于地球自转速度季节性变化的改正，国际上采用如下经验模型进行计算：

$$\Delta T_s = (0.022\sin2\pi - 0.012\cos2\pi + 0.006\sin4\pi + 0.007\cos4\pi)T_0 \tag{1.6}$$

式中：T_0 是由贝塞尔年岁首算起的回归年小数部分。

众所周知，目前精确的守时、授时采用的是原子时（法语缩写 TAI）时间系统。原子时的秒长定义是，位于海平面上的铯原子 Cs^{133} 基态的两个超精细能级在零磁场中跃迁辐射振荡 9 192 631 770 周所经历的时间。原子时的起算开始是希望以 1958 年 1 月 1 日 0 时的 UT2 为起点，但事后发现，该瞬间两者仍存在 0.003 9 s 的微小差异，故原子时的起点按下式确定：

$$TAI = UT2 - 0.003\ 9 \tag{1.7}$$

地球自转速度长期变慢的趋势使得世界时每年比原子时慢大约 1 s，从原子时起点开始到 1990 年，两者间的差值已累积至 25 s 之多。为了避免发播的原子时与世界时产生过大的偏差，1972 年起，国际上的时号发播都采用了协调世界时（简称协调时）。它是介于原子时和世界时之间的一种时间系统，主要用于协调原子时 TAI 和世界时 UT1 两种不同的时间系统。早在 1960 年的国际无线电咨询委员会（CCIR）大会和 1961 年的国际天文学联合会大会上，协调世界时的概念就已提出，但直到 1979 年才正式将其确立为世界各国使用的标准时间。

为了协调世界时 UT1 和原子时的时间尺度，1961—1971 年，采用频率补偿的方法将原子时的秒长每年订正一次，使得原子时和世界时 UT2 的时刻差保持在 ±0.1 s 以内。从 1972 年 1 月 1 日起，改用闰秒（或跳秒）的方法，使协调世界时与世界时 UT1 的时刻差保持在 ±0.9 s 以内。因此，现行的协调世界时也可称为以原子时秒长为时间计量单位，采用闰秒使其与世界时 UT1 时刻之差保持在 ±0.9 s 内的时间系统。

协调世界时的闰秒，一般在 12 月 31 日或者年中的 6 月 30 日的最后一秒进行，例如，在 1978 年 12 月 31 日进行增加 1 s 的闰秒（即正闰秒），就是在 31 日的 23h59m60s 后再过 1 s 才是 1979 年 1 月 1 日的 0h00m00s 的开始。反之，如果需要减少 1 s（即负闰秒），则是直接将 23h59m59s 作为 1979 年 1 月 1 日的 0h00m00s 的开始。

显然，协调世界时与原子时的关系为

$$\Delta AT = TAI - UTC \tag{1.8}$$

式中：ΔAT 为一整数（闰秒总数），由国际地球自转和参考系服务机构（IERS）确定并发布。

1.2 地球自转参数的变化项及激发源

1.2.1 极移参数的变化项及激发源

极移参数的变化项及激发源见表 1-1。

表 1-1 极移参数的变化项及激发源

序 号	参数变化项	可能的激发源
1	线性变化趋势项	地壳反弹、冰川融化等
2	长周期变化项	大气、地下水、地震、地核地幔力矩、海底压力变化等
3	钱德勒摆动项	大气、地下水、地震、地核地幔力矩、海底压力变化等
4	季节性摆动变化项	大气、地下水、积雪、海底物质分布等
5	高频变化项	大气、潮汐、海底压力变化等

极移参数的变化项及激发源主要有以下几项。

(1)线性变化趋势项。线性变化趋势项的研究起始于学者 Wilson,以后的诸多研究均证明了该理论。一般认为此变化项的主要激发源是冰川期后的地壳反弹。由于地壳反弹周期较长,导致地球对冰负荷化的黏性反应,促使惯性随时间线性变化,从而造成极移的长期线性变化。

(2)长周期变化项。严格来讲,长周期变化是否存在目前仍存在争论,学术界至今也没有明确的定论。长周期项的变化项起初由学者 Markowitz 提出,随后得到了 Wilson、Dickman 等学者的认可。然而 Ming 等学者则认为,极移变化不存在该周期项,测量数据中反映的该周期项是传统测量技术精度不高存在的系统偏差所致。相对传统的光学测量技术,虽然现代空间大地测量技术的精度得到了很大提高,但是积累的测量数据还太少。可以预见,随着现代空间大地测量数据的不断积累,以及极移测定精度的不断提高,此变化项一定会得到准确的确认。

(3)钱德勒摆动项。此变化项由美国天文学家钱德勒(S. C. Chandler,1846—1913 年)发现,并证明了钱德勒摆动存在两个分量,即年周期项和钱德勒(434 天)项。后来许多学者还论证了钱德勒摆动存在的多频分量。通过学者们多年来对钱德勒摆动的研究,一致认为引起钱德勒摆动的激发源主要是大气、地震、地下水、核-幔耦合等因素。

(4)季节性摆动变化项。季节性摆动包括周年摆动和半周年摆动,激发源主要是大气、海洋和地下水季节性变化等因素,其中大气质量随季节的变化是主要因素。

(5)高频变化项。极移高频变化周期中含有数小时和数月的变化周期,研究表明,极移高频变化与大气角动量具有很强的相关性。此外,潮汐变化、海洋压力变化也是极移高频变化周期的主要激发源。

1.2.2 ΔUT1/LOD 参数的变化项及激发源

ΔUT1 可表示地球的自转速率。LOD 为地球自转的速率变化,是 ΔUT1 对于时间的一阶导数,因此严格地讲 LOD 为 ΔUT1 的衍生物。ΔUT1/ LOD 参数的变化项及激发源见表1-2。

表 1-2　ΔUT1/LOD 参数的变化项及激发源

序　号	参数变化项	可能的激发源
1	长期缓慢变化项	潮汐摩擦、冰期后反弹等
2	10 年尺度变化项	地球内部核幔间的耦合作用等
3	年季变化项	海洋、大气等
4	季节性与亚季节性变化项	大气、大气压、日月潮汐等
5	周日与半周日变化项	海洋潮汐洋流、大气潮、非潮汐海洋等

18 世纪,人们就发现了地球的自转并不是稳定不变的,自转速率会随时间不断变化。随着天文学和现代空间大地测量技术的发展,以及大气、海洋等物理资料数据的不断积累,人们对地球自转速率的研究也日益加深。

研究表明,ΔUT1/ LOD 的变化项主要有以下几项。

(1)长期缓慢变化项。天文学家很早就根据日食时月球轨道变化发现地球自转存在缓慢变慢的现象。人们通过对古生物的研究,发现 3.8 亿年前的地球一年自转 400 次,进一步论证了地球自转的长期变慢趋势。引起地球自转长期变慢的激发源主要是潮汐摩擦及冰期后反弹等。

(2)10 年尺度变化项。10 年时间尺度变化为准周期变化现象,其激发源目前还没有定论,很多研究认为,流体核与核幔之间的相互作用可能是其主要激发源。虽然这一理论得到了许多学者的认同,但核幔之间的相互作用的力矩有多种,究竟是哪种力矩引起的至今还无定论。

(3)年季变化项。年季变化是指周期为 2～7 年的变化,其振幅与周期会随时间发生变化。研究表明,年季变化受海洋、大气的激发最为显著。

(4)季节性与亚季节性变化项。季节性变化包括周年变化和半周年变化,亚季节性变化是指高频变化中的不规则部分。季节性变化的激发源与亚季节性变化的激发源相同,主要是受大气的影响,日、月潮汐也有一定程度的激发作用。

(5)周日与半周日变化项。周日与半周日变化是高频变化中有规律的部分,其激发源一般认为主要是海洋潮汐洋流(作用可达 90%)。此外,大气潮、非潮汐海洋也有一定程度的影响。

1.3　地球自转参数测定的现代技术

地球自转参数的测定,是利用观测站对天体或天体卫星的观测,通过获取测站矢量和观测源矢量实现的。最早地球自转参数的测定手段主要是经典的光学观测,由于受到多方面的制约和影响(如受环境影响大、测量时间长、定位精度低等),参数测定的精度并不高。随着大地测量技术的不断发展,特别是现代空间大地测量技术的广泛应用,极大地提高了地球自转参数的测定精度。目前,卫星激光测距(SLR)、甚长基线干涉测量(VLBI)、全球导航卫星系统(GNSS)测量已成为地球自转参数测定的重要技术手段。

1.3.1　卫星激光测距(SLR)

卫星激光测距(SLR)是目前绝对定位精度最高的大地测量技术,是以激光为光源,测定地面站至人造卫星(装有反射镜)的空间距离。自 1964 年第一代激光测距卫星发射至今,卫星激光测距已经历了三代产品的发展,三代产品的主要特征分别是:第一代产品的测程约 3 000 km,精度为 ±(1.5~3)m,目视跟踪;第二代产品的测程为 3 000~7 000 km,精度为 ±15 cm,目视或程序跟踪;第三代产品的测程为 7 000~9 000 km,精度为 ±(5~7)cm,多次观测精度可达 ±2 cm,目视或程序跟踪。目前,第四代产品已在研制中。

利用卫星激光测距资料,可计算卫星的精确轨道、地极移动、板块运动、地球固体潮等。卫星激光测距的全球跟踪站已从最初的几个站逐步发展到现在的百余个站。参与全球 SLR 网常规观测的达到了 40 多个站。不过对于地球自转参数的测定,卫星激光测距技术只能获取 LOD 的值,无法直接获取 ΔUT1 的值。

1.3.2　甚长基线干涉测量(VLBI)

甚长基线干涉测量(VLBI)是 20 世纪 60 年代在射电天文学领域发展起来的一种新的测量技术,它可将相距上万千米的两台射电望远镜组成一个高分辨率的射电干涉测量系统。利用 VLBI 系统的高分辨率,不仅能有效地观测和研究射电天体的精细结构和变化,而且能精确地测定上万千米的基线长、地球自转变化、射电源位置等。此外,还能对深空飞行器进行精密的跟踪和导航。目前,VLBI 已成为精度最高的空间测量技术,在天文学、地球物理学、大地测量学和空间科学等领域得到了广泛的应用。VLBI 技术从 1967 年试验成功以来,至今已经历了 3 个时期的发展,即传统技术时期、实时与准实时技术时期以及空间技术时期。目前的空间技术 VLBI 是唯一可以测定全部地球定向参数(EOP)的空间测量技术。

1.3.3　DORIS 技术

星基多普勒定轨和无线电定位组合系统(DORIS)用于地球自转参数测定的时间较短。目前,DORIS 由 50 多个跟踪站参与全球网观测。全球网 DORIS 的数据处理,由专门的数据处理机构 IDS 负责。全球网 DORIS 的数据同时也纳入地球自转参数的测定中。

1.3.4　全球导航卫星系统(GNSS)

目前的全球导航卫星系统(GNSS)主要包括 GPS、GLONASS、GALILEOS,以及我国的 BDS 四大系统。1992 年起,国际 GNSS 服务组织(IGS)就组织进行全球联测并成功实现了地球定向参数(EOP)的解算,1995 年起,IERS 正式采用 GPS、VLBI 等技术联合测定 EOP 参数。随着国际 IGS 跟踪网台站数的不断增加,GNSS 观测资料质量的提高,以及数据处理技术的改进,GNSS 观测资料已经可以用来加密解算地球自转参数。目前,国内外学者对 GNSS 在地球自转参数测定的应用研究上也卓有成效。显然,利用 GNSS 观测资料建立我国独立解算地球自转参数的系统,无论是对于我国的精确授时、守时,还是对于人造卫星的精密定轨、深空探测等科研工作都具有十分重要的意义。

1.4　地球自转参数对天文导航的影响

1.4.1　天文导航原理

天文导航是以自然天体(太阳、月亮、行星和恒星等)作为导航信标,以天体的地平坐标(方位和高度)为观测量,确定测量点地理位置(或空间位置)及方位基准的技术与方法。早在 20 世纪 30 年代无线电导航出现以前,天文导航一直是唯一可用的导航技术。随着光电技术以及计算机技术的迅速发展,尤其是 CCD(Charge Coupled Device)和 CMOS(Complementary Metal-Oxide-Semiconductor)成像器件的出现,天文导航技术进入了一个新的发展阶段,目前已广泛用于卫星、航天飞机、远程弹道导弹等航天器。

天文导航的主要任务是确定航行体(舰船、航天器等)的姿态和位置,根据其应用对象的不同,一般分为天文定姿系统(主要用于飞机、导弹的定姿)和自主天文定位系统(主要用于舰船、卫星的定位)两类。以下根据参考文献[1-2]简要介绍这两类系统的基本原理。

1. 天文定姿原理

来自恒星的平行光经过天体敏感器的光学系统,成像在焦平面上,并按能量中心法确定星像中心的图像坐标(x,y)。根据恒星成像的几何关系,由星像中心的位置可得到星光矢量在航行体坐标系的方向。恒星方向可由观测瞬间的时间及恒星的赤道坐标系坐标(赤经,赤纬)算出,因此由两颗或两颗以上的恒星,就可计算出航行体相对天球坐标系的姿态矩阵,进而解算出航行体的姿态信息。以下简要介绍双矢量定姿的基本原理。

如图 1-2 所示,对于采用两颗恒星的双矢量定姿,设恒星的星像坐标系为 S_m,恒星的赤道坐标系为 S_r,两恒星的星光矢量在 S_m、S_r 下的方向矢量分别为 W_1、W_2 和 U_1、U_2。以这两颗恒星观测矢量建立参考坐标系 S_c,S_c 在星像坐标系 S_m 下的正交坐标基为

$$a = W_1 \\ b = \frac{W_1 \times W_2}{|W_1 \times W_2|} \\ c = a \times b \quad\quad (1.9)$$

S_c 到 S_m 的姿态转换矩阵为

$$C_{cm} = [a^T \ b^T \ c^T]^T \quad\quad (1.10)$$

同理,S_c 在赤道坐标系 S_r 下的正交坐标基为

$$A = U_1 \\ B = \frac{U_1 \times U_2}{|U_1 \times U_2|} \\ C = A \times B \quad\quad (1.11)$$

S_c 到 S_r 的姿态转换矩阵为

$$C_{cr} = \begin{bmatrix} A^{T} & B^{T} & C^{T} \end{bmatrix}^{T} \tag{1.12}$$

由于

$$\left. \begin{array}{l} S_{c} = C_{cm}S_{m} = C_{cr}S_{r} \\ S_{m} = C_{mr}S_{r} \end{array} \right\} \tag{1.13}$$

故有

$$C_{mr} = C_{cm}^{-1}C_{cr} \tag{1.14}$$

根据式(1.14)即可解算出恒星星像的像空间坐标系对于赤道坐标系的姿态转换矩阵,进而求解出航行体的姿态信息。

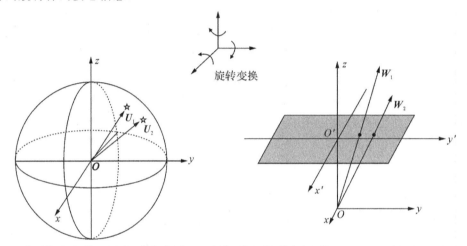

图 1-2 双矢量定姿示意图

2. 自主天文定位原理

自主天文定位主要有基于几何法的定位和基于轨道动力学的定位两种方法。限于篇幅,这里仅对基于几何法的定位方法做简要介绍。基于轨道动力学的定位方法,有兴趣的读者可详见参考文献[2-3]的有关介绍,这里不再赘述。

(1)基于等高圈的定位原理。基于等高圈的定位方法主要应用于航海和航空中对舰船和飞机的定位,这里以飞机定位为例,简要介绍其基本原理。

如图 1-3 所示,设某一瞬间在距离地面为 H 的飞机上的 P 点观测了恒星 σ 的高度角 h(图中的 Px 为过 P 点的水平面)。由于恒星距离地球十分遥远,故可认为从飞机上看到的恒星方向与从地心看到的恒星方向一致。因此,图中的 $\angle POx = 90° - h$。以地球地心 O 为原点,以 $\angle POx$ 为锥心角作圆锥,该圆锥与半径为 $R + H$ 的球面相交的圆称为等高圈。显然,如果能在 P 点同一瞬间同时测得两颗恒星的高度角,则可做出两个等高圈,两等高圈相交的两个交点中的一个即为飞机所在的位置。由于两个等高圈的两个交点相距较远,通常可根据先验信息(如惯性测量获得的地理位置等)进行排除,也可通过观测第三颗恒星的高度角进行排除,即 3 个等高圈的交点即为飞机的位置。

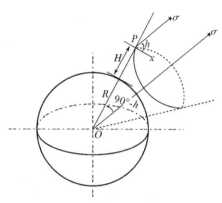

图 1-3　等高圈定位原理图

（2）基于纯天文几何解析法的定位原理。现以航天器定位为例，简要介绍纯天文几何解析法定位的基本原理。该方法应用的观测量是一个近天体（太阳、行星）和一个远天体（恒星）之间的夹角。如图 1-4 所示，一个近天体和一个远天体之间的夹角 A 是指天体敏感器到近天体中心的矢量方向与远天体（恒星）星光的矢量方向之间的夹角。图 1-4 中，P_0 为近天体中心，i_r 为敏感器指向近天体中心的矢量，i_s 为远天体（恒星）的星光矢量，这两个矢量构成了如下量测方程：

$$i_r \cdot i_s = -\cos A \tag{1.15}$$

一个近天体和一个远天体（恒星）之间的夹角 A，就其几何意义讲，它确定了一个以近天体中心 P_0 为顶点，以恒星矢量方向为轴线，以夹角 A 为锥角的圆锥面，如图 1-5 所示。航天器必位于该圆锥面上。

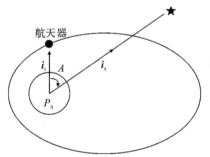

图 1-4　近天体与远天体间的夹角

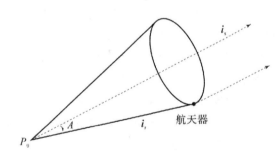

图 1-5　航天器定位的圆锥面

按与此相同的方法，根据天体敏感器测得的第二个恒星矢量与同一近天体质心矢量间的夹角，可得到顶点与近天体位置重合的第二个圆锥面，如图 1-6 所示。两圆锥面相交确定出航天器位置的两条位置线，航天器必位于其中的一条位置线上。航天器不在的位置线，既可根据航天器的先验信息（如惯性测量获得的地理位置等）进行排除，也可通过观测第三颗恒星得到的圆锥面排除。

航天器在位置线上的准确位置须借助第三个观测信息进行确定。通常采用这样两种方法：①通过测定近天体的视角，计算航天器到近天体的距离，由距离和位置线确定航天器的准确位置；②选择另一个近天体得到的另一条位置线，两条位置线的交点即为航天器的准确位置。

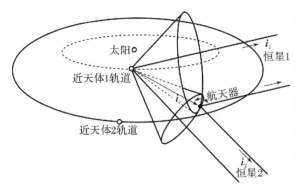

图 1 - 6　纯天文几何解析法定位原理图

1.4.2　天文导航特点

天文导航技术具有以下突出优势：

（1）完全自主的导航技术。它以自然天体为观测信标，不依赖其他外部信息，被动接收天体辐射光或反射光，因此，天文导航是一种完全自主式的导航技术。

（2）具有较高的测量精度、无累积误差。由于天体的运动规律精确已知，故基于天体观测信息的天文导航具有较高的测量精度。此外，由于天文导航具有误差不随时间积累的突出优点，故其适合较长时间自主运行的航天器导航。

（3）抗干扰能力强、可靠性高。天体辐射覆盖了 X 射线、紫外、可见光和红外等整个电磁波段，具有极强的抗干扰能力。此外，天体的空间运动不受人为干扰，保证了以天体为导航信标的天文导航信息的完备和可靠。

（4）可同时提供航行体位置和姿态信息。天文导航不仅可以提供航行体的位置信息，还可以提供航行体的姿态信息。

正是因为天文导航具有的上述突出特点，天文导航已成为目前各类航天器普遍采用的自主导航手段。不过这里需要指出，天文导航也有其自身缺陷，例如受天气条件的限制，无法实现连续的定姿与定位等。因此，在实际的工程应用中，天文导航通常与惯性导航、卫星导航等构成多手段组合的导航系统。充分利用各种导航技术的优势，最大限度地满足舰船、远程战略导弹、远程轰炸机及长航无人侦察机等航天器的高精度导航需求。

航天器的天文导航中，通常采用天体敏感器实现对自然天体的观测，根据观测得到的天体方位信息进行自主定姿、定位导航。按照其敏感天体的不同，天体敏感器分为恒星敏感器、太阳敏感器、地球敏感器、月球敏感器等。恒星敏感器（简称为星敏感器）是当前应用得最广的天体敏感器。基于星敏感器的天文导航系统通常由星敏感器、计算机、信息处理器和标准时间发生器等组成。对于平台跟踪方式，该系统还包括惯性平台。就目前的技术来看，计算机、信息处理器和标准时间发生器都已集成在星敏感器中，成为星敏感器的组成部分。因此，可以说星敏感器是天文导航系统中的核心装备。

1.4.3　地球自转参数对天文导航的影响

在天文导航中，无论是天文定位还是天文定姿，其测量计算都需要首先给出观测瞬间的地

方(航天器位置)真恒星时,并求出观测瞬间的天体时角 t,即

$$t = \text{GAST} + 1.002\ 737\ 891T + \lambda - \alpha \tag{1.16}$$

式中:　　λ——观测瞬间航天器位置的天文经度;

　　GAST——世界时 UT1 零时的真恒星时;

　　T——观测瞬间的世界时 UT1;

　　α——天体的赤经。

然而,在天文导航中,由星敏感器标准时间发生器记录的天体观测瞬间的时间只能以协调世界时 UTC 为准,这就要求获取地球自转参数 $\triangle$UT1,将 UTC 时间换算为 UT1 时间,即

$$\text{UT1} = \text{UTC} + \triangle\text{UTC} \tag{1.17}$$

此外,这里还需要特别指出,按式(1.16)求得的观测瞬间的天体时角进行的天文定位和天文定姿,定位结果(φ,λ)和定姿结果(即方位角 α_t)均以观测瞬间的地球瞬时极为基准。要获取准确的定位、定姿结果,还应将它们归算至统一的固定极,例如 IERS 参考极(IRP)。设以地球瞬时极为基准的测定值为 φ,λ,α_t,归算至参考极(IRP)的结果为 $\varphi_0,\lambda_0,\alpha_T$,则有

$$\left.\begin{aligned}
\varphi_0 &= \varphi - (x_p\cos\lambda - y_p\sin\lambda) \\
\lambda_0 &= \lambda - (x_p\sin\lambda + y_p\cos\lambda)\tan\varphi \\
\alpha_T &= \alpha_t - (x_p\cos\lambda + y_p\sin\lambda)\sec\varphi
\end{aligned}\right\} \tag{1.18}$$

由式(1.18)可知,极移参数对航天器天文导航的影响与航天器的位置直接相关,在中低纬度地区上空,极移参数对天文定位、定姿的影响一般较小。例如,在纬度 50°以下地区的上空,极移对天文定位的影响一般在 30 m 以下,对天文定姿的方位角影响一般不会超过 2″。随着导航区域的纬度增加,极移对天文定位、定姿的影响将成倍增加。显然,要减弱极移的影响,天文导航应尽量避免在高纬度地区上空的应用。

地球自转参数 $\triangle$UT1 对天文导航的影响比较复杂,不仅与导航采用的天文定位、定姿方法及导航位置有关,而且与观测的天体对象密切相关。对于导航定位,即使在 $\triangle$UT1 只影响天文经度测定的情况下,取 $\triangle$UT1 = 0.9 s 计算,对天文经度的影响一般也可达到 450~500 m。对于天文定姿,仍然取 $\triangle$UT1 = 0.9 s 计算,在中纬度地区上空观测北极星时,最不利情况下影响也不超过 0.3″,而当观测的天体是位于方位 90°或 270°附近的天体(如太阳等)时,对定姿中的方位角影响则可达到 10″~15″。

由此可见,地球自转参数是天文导航不可或缺的重要参数。很多情况下,即使可以不考虑极移参数的影响,但参数 $\triangle$UT1 的影响通常是不可忽略的。

1.5　地球自转参数测定精度及数据发布

1.5.1　地球自转参数测定精度的变化

地球自转参数的测定精度,随着测量技术的不断发展,特别是现代空间大地测量技术的广泛应用而不断提高。1962 年至今,国际上地球自转参数测定精度的变化情况见表 1-3。

表 1-3 国际上地球自转参数测定精度的变化情况

时间区间	σ_x/mas	σ_y/mas	$\sigma_{\Delta UT1}$/ms
1962—1967 年	30	30	2.0
1968—1971 年	25	25	1.7
1972—1979 年	11	11	1.0
1980—1983 年	2	2	0.3
1984—1989 年	0.40	0.40	0.02
1990—2000 年	0.20	0.20	0.02
2001—2003 年	0.074	0.074	0.012
2004 年至今	0.058	0.060	0.006

1.5.2 地球自转参数的数据发布

国际上,地球自转参数由国际地球自转与参考系服务机构(IERS)根据 ITRF 观测网的数据进行统一的归算与处理,并以公告形式定期向世界各国的用户发布,有关公告可从网站 http://www.iers.org 查阅或下载。IERS 发布的公告主要有以下几种形式:

(1)公告 A(bulletin A):由设立在美国海军天文台的 IERS 快速服务预报中心每周向用户发布一次。公告 A 在给出过去一周相关参数每日归算值的同时,还给出了未来一年内相关参数的每日预报值。

(2)公告 B(bulletin B):由设立在巴黎天文台的 IERS 地球指向中心每月向用户发布一次。2009 年 5 月以前发布的格式是,过去两个月有关参数每 5 日一个的归算值,以及未来两个月中有关参数每 5 日一个的预报值。2009 年 5 月至今发布的格式是,过去一个月有关参数的每日归算值,以及未来一个月有关参数的每日预报值。

(3)长期数据,由以下数据文件组成:

1)文件"EOP C01"(1846—1899 年),包括 1846—1899 年的极移数据,间距为 0.1 a。

2)文件"EOP C01"(1900 年至今),包括 1900 年到当前年份间的极移、$\Delta UT1$ 及章动参数数据,间距为 0.05 a。

3)文件"EOP C04"(IAU 2000A)(1962 年至今),包括 1962 年到当前年份间每天的极移参数(x_p, y_p)、$\Delta UT1$ 及日长变化量(LOD)的精确值。每年一个数据文件,每周的星期二、星期四更新公布数据,新增加的数据在同一年的数据文件上补充。

对于地球自转参数的预报数据,目前人们最常用的数据为 IERS 快速服务预报中心以公报 A 的形式,每周向用户发布的未来一年相关参数的每日预报值。近几年公报 A 给出的预报数据精度(平均误差 MAE),前 40 d 的数据见表 1-4。

表 1-4　地球自转参数 IERS 公报 A 的预报数据精度

参数名称	参数预报数据的时间跨度/d			
	10	20	30	40
极移参数/(″)	0.004	0.007	0.010	0.013
ΔUT1 参数/s	0.001 4	0.002 4	0.003 2	0.004 0

不过,公报 A 未给出跨度 40~365 d 的预报数据精度。对于跨度 365 d 以上的数值预报,公报 A 还给出了可采用的数学模型,同时也给出了相应的精度估算式。

第 2 章　天顶摄影定位测量的原理与方法

目前,国际地球自转与参考系服务机构(IERS)应用 LLR(激光测月)、SLR(卫星激光测距)、VLBI(甚长基线干涉测量)、DORIS(星基多普勒定轨和无线电定位组合系统)、GPS(全球定位系统)网,测定的地球自转参数精度已达到了厘米级。不过,SLR、VLBI 等技术所需的测量设备庞大,难以推广与普及。考虑到深空航天器天文导航的精度需求,为了确保无法获得 IERS 发布地球自转参数时的需求,采用天顶摄影定位(positioning of zenith photography)测量技术建立地球自转参数的独立测定系统还是十分有意义的。

基于天顶摄影定位的地球自转参数测定,是在已知精确天文经纬度的测站上架设天顶摄影定位仪器,测定以世界协调时(UTC)为基准的测站天文经纬度,通过对测定值与已知值差值的数据处理实现的。天顶摄影定位虽然仍是一种光学测量技术,但考虑到其已实现观测自动化,测量时间短、相对传统大地天文定位的测量精度高,特别是克服了传统大地天文测量需要测定人仪差的局限,故仍不失为地球自转参数测定的一种有效技术途径。

现已定型装备使用的天顶摄影定位系统,按照"1+4"的作业模式(即首先进行仪器倾角仪状态参数测定的 1 个循环观测,再进行测站天文定位测量的 4 个循环观测)实施测站定位测量,定位精度可达 $0.10''\sim0.15''$。考虑到地球自转参数测定的精度需求,现正在研制的专用天顶摄影定位系统,定位测量精度可达 $0.05''$ 左右。采用这些设备,通过全国范围内的合理布站,实现中等精度的地球自转参数测定,满足特殊情况下的需求是有充分保证的。

2.1　天顶摄影定位系统的组成及分系统功能

2.1.1　天顶摄影定位系统的组成

天顶摄影定位系统是采用先进的恒星数字成像技术、精密倾斜测量装置、计算机技术等研制的一种用于地面点精密大地天文定位的数字化测量装备。2014 年定型并装备使用的天顶摄影定位系统构成如图 2-1 所示。

该系统主要由天顶摄影仪(简称天顶仪)、控制守时分系统、数据处理分系统和附属设备等构成。其中,天顶摄影仪主要由光学望远镜、高精度的数字成像装置、旋转平台(简称转台)、精密倾角仪及调平装置等构成;控制守时分系统主要由控制单元、守时单元及供电单元等构成,各单元统一集成于一箱体内;数据处理分系统主要由加固型便携式计算机、系统操作软件、操作控制软件和数据处理软件等构成;附属设备主要由连接电缆、专用脚架、备用电源、辅助对中器等构成。

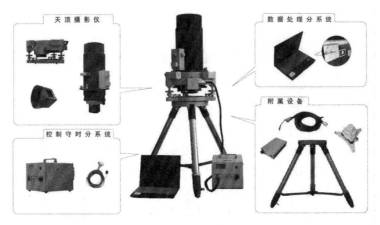

图 2 - 1　2014 年定型的天顶摄影定位系统构成

测站定位测量,首先将专用脚架架设在测站上,将脚架概略整平,并使用辅助对中器将脚架对中;脚架架设完成后,将转台架设在脚架上,利用脚架上专用接口将转台锁紧;转台架设后,将光学望远镜架设于转台并锁紧。定位测量作业完成收测后,可将光学望远镜和转台分离携带。控制守时分系统设有专用接口,用电缆分别连接天顶摄影仪、便携式计算机和外接天线。控制守时分系统箱体内的充电电池(供电单元)用来给仪器供电,电池电量不足时则使用备用电池供电。

2.1.2　分系统功能

2.1.2.1　天顶摄影仪

天顶摄影仪主要由光学望远镜、CCD 成像装置、旋转平台、精密倾角仪等构成,其主要功能是:①实现转台多个对称(又称对径)位置上的恒星影像拍摄;②实现恒星影像拍摄瞬间天顶摄影仪旋转轴倾斜信息的采集。

光学望远镜为一大口径、长焦距的马克苏托夫式(即折返射式)专用望远镜,由镜筒、校正透镜组、折返透镜组及反射透镜组等构成。其主要功能是汇聚进入视场的恒星光线,将恒星成像在 CCD 图像传感器的光敏面上。

CCD 成像装置由 CCD 相机及外围保护装置构成。相机主要由面阵 CCD 传感器、控制器、半导体制冷器、机械快门、外触发单元、图像数字化及暂存单元等功能模块构成。为确保测量工作的正常进行,相机应采用工业级相机(如美国 FLI 公司生产的 16803 型工业相机)。成像装置的主要功能是获取测站天顶恒星的数字图像(又称数字影像)。

转台及调平装置主要由转台轴系组件、传动装置、调平装置等构成。其主要功能是实现天顶摄影仪的精密整平及间隔 45°的顺时针转动与逆时针转动。

2.1.2.2　控制守时分系统

控制单元由总控处理模块、CCD 快门触发模块、转台旋转及整平控制模块、各硬件联机接口、守时单元接口等部分构成,主要用于天顶摄影定位全自动观测中的转台旋转、整平、恒星数字影像的拍摄、精密倾角仪倾斜量的数据采集、数据传输等功能的控制。

守时单元主要由北斗（BDS）及GPS授时模块和外接天线组成。系统采用北斗和GPS两种授时模式（可根据测站地理环境选择）。其主要功能是以秒脉冲的信号形式为控制单元提供世界协调时（UTC）的整秒时间信息。

供电单元包括电源管理模块和蓄电池组，其主要功能是为数字天顶摄影仪提供高效能、高精度、高稳定的多路电源输出。

2.1.2.3　数据处理分系统

加固型便携式计算机主要由CPU、硬盘、内存、通信接口等构成，为各软件提供硬件安装加载平台。系统操作软件包括系统软件、办公自动化软件、图像显示软件、CCD相机驱动软件等。操作控制软件的主要功能是向控制守时系统发出操作指令，驱动天顶摄影仪的全自动操作。数据处理软件主要由恒星图像处理（图像预处理、恒星图像分割、恒星图像质心坐标量算、星图识别等）软件、依巴谷星表、DE405历表、恒星位置计算软件、测站天文经纬度计算软件等构成。其主要功能是获取精确的恒星天球坐标及星像点CCD图像坐标，通过对称位置观测数据的联合求解，实现测站天文经纬度的精确计算。

2.1.2.4　附属设备

附属设备包括专用脚架、连接电缆、备用电源、辅助对中器等。专用脚架用于天顶摄影仪的架设；连接电缆用于控制守时分系统与数字天顶摄影仪、便携式计算机之间的控制信号、图像数据的传输；备用电源可在控制守时分系统的供电单元电量不足时为仪器供电；辅助对中器用于数字天顶摄影仪的对中。

2.2　天顶摄影定位测量原理

天顶摄影定位（又称数字式天顶摄影定位）测量，是实现测站精密天文定位的一种大地天文测量技术，其定位测量的基本原理可概括为：①通过天顶摄影仪（简称天顶仪）对称位置（又称对径位置，即天顶摄影仪随转台旋转$180°$的前、后两位置）对测站天顶星空恒星的数字图像拍摄，实现天顶仪旋转轴方向天文经纬度的精确测定；②通过倾角仪对测站天顶恒星数字图像拍摄瞬间天顶仪旋转轴倾斜的精确测定，实现天顶仪旋转轴方向天文经纬度至测站铅垂线方向的精密归算。定位的数学模型可简单地表示为

$$\left.\begin{array}{l} \varphi = \varphi_x + \Delta\varphi_n \\ \lambda = \lambda_x + \Delta\lambda_n \end{array}\right\} \tag{2.1}$$

式中：　　　λ, φ——测站点的天文经纬度；

$\qquad \lambda_x, \varphi_x$——天顶仪旋转轴方向的天文经纬度；

$\qquad \Delta\lambda_n, \Delta\varphi_n$——天顶仪旋转轴方向至测站铅垂线方向的天文经纬度归算值，又称仪器倾斜改正。

由此可知，天顶摄影定位测量涉及两个重要环节：①天顶仪旋转轴方向天文经纬度的测定；②天顶仪旋转轴方向至测站铅垂线方向的天文坐标归算。这里，通过倾角仪的倾斜测量，实现天顶仪旋转轴方向天文经纬度至测站铅垂线方向的精密归算，即上述第二个环节问题，由

于容易理解,本章仅作简要介绍(详细论述详见参考文献[4])。本章重点对第一个环节的问题进行叙述。事实上,很多文献的作者也常将"天顶仪旋转轴方向天文经纬度的测定"作为天顶摄影定位的基本原理。

2.2.1 天顶仪旋转轴方向天文经纬度的测定

2.2.1.1 转台平稳对称旋转的特点及数据处理

天顶摄影定位测量,天顶仪随转台平稳对称旋转(即旋转过程中天顶仪旋转轴始终保持其位置和方向不变)时,天顶仪旋转中心(即仪器旋转轴与相机成像面的交点)的图像坐标将始终保持不变(见图 2-2 中的 D 点)。基于这样的基本特征,完全可通过对转台对称旋转前、后位置的星像点图像坐标与恒星切平面坐标间的数据拟合(即建立两坐标系间的坐标转换模型),并按照两位置的天顶仪旋转中心图像坐标相等的条件约束,直接解算出天顶仪旋转轴方向的天文经纬度。

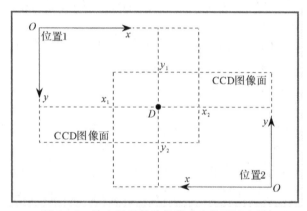

图 2-2 转台平稳转动旋转中心位置示意图

转台对称旋转前、后,天顶仪旋转轴方向天文经纬度计算的具体程序如下:

(1)根据转台对称旋转前、后恒星数字图像的拍摄时间,计算对称位置上各恒星的赤道坐标(赤纬 δ,赤经 α)。

(2)根据测站概略天文经度(λ),转台对称旋转前、后的恒星图像拍摄时间 T(UT1),按下式计算各恒星的时角(t):

$$t = \text{GAST} + 1.002\,737\,891T + \lambda - \alpha \tag{2.2}$$

式中:GAST——世界时(UT1)0h 的真恒星时。

(3)根据对称位置各恒星的时角坐标(δ, t),按下式计算各恒星以测站概略天文经纬度为基准的切平面坐标(ξ, η):

$$\left. \begin{aligned} \xi &= \frac{\cos\varphi\tan\delta - \sin\varphi\cos t}{\sin\varphi\tan\delta + \cos\varphi\cos t} \\ \eta &= \frac{-\sin t}{\sin\varphi\tan\delta + \cos\varphi\cos t} \end{aligned} \right\} \tag{2.3}$$

(4)根据各恒星的切平面坐标(ξ, η)及对应星像点的图像坐标(x, y),按下述式(2.4)、式(2.5)进行数据拟合计算,建立星像点图像坐标系与恒星切平面坐标系间的坐标转换模型:

$$
\left.\begin{aligned}
\xi &= \frac{a_1 + b_1 x + c_1 y}{1 + dx + ey} \\
\eta &= \frac{a_2 + b_2 x + c_2 y}{1 + dx + ey}
\end{aligned}\right\}
\tag{2.4}
$$

式中：d——恒星成像面与恒星切平面间的倾斜量在图像坐标系 x 轴上的投影分量；

e——倾斜量在图像坐标系 y 轴上的投影分量。

$$
\left.\begin{aligned}
x &= \frac{a_1 + b_1 \xi + c_1 \eta}{1 + d\xi + e\eta} \\
y &= \frac{a_2 + b_2 \xi + c_2 \eta}{1 + d\xi + e\eta}
\end{aligned}\right\}
\tag{2.5}
$$

式中：d——恒星成像面与恒星切平面间的倾斜量在切平面坐标系 ξ 轴上的投影分量；

e——倾斜量在切平面坐标系 η 轴上的投影分量。

（5）根据建立的坐标转换模型，按迭代趋近解或联立方程组解的方法（详见参考文献[4]），计算天顶仪旋转中心的图像坐标 (x_0, y_0)，以及天顶仪旋转轴方向与天球切平面交点的切平面坐标 (ξ_0, η_0)。

（6）根据计算的切平面坐标 (ξ_0, η_0)，按下式计算天顶仪旋转轴方向的天文经纬度 (φ, λ)。

$$
\left.\begin{aligned}
\Delta t &= \arctan\left[-\eta_0 / (\cos\varphi_0 - \xi_0 \sin\varphi_0)\right] \\
\varphi &= \arctan\left[(\xi_0 \cos\varphi_0 + \sin\varphi_0)\cos\Delta t / (\cos\varphi_0 - \xi_0 \sin\varphi_0)\right] \\
\lambda &= \lambda_0 - \Delta t
\end{aligned}\right\}
\tag{2.6}
$$

考虑到天顶摄影定位测量中的相关辅助计算，例如图像坐标系的方位角计算、望远镜焦距计算、望远镜光轴相对仪器旋转轴的倾角计算等，按上述程序计算时，一般须在计算获取了天顶仪旋转轴方向天文经纬度的基础上，重新建立恒星以天顶仪旋转轴方向天文经纬度为基准的切平面坐标系。故实际计算应按迭代趋近的方法进行，即在首次计算按上述第（6）条求得天顶仪旋转轴方向天文经纬度后，再以此经纬度值为基准计算两对称位置各恒星的时角坐标及切平面坐标，然后按照第（2）～（6）条的要求计算。一般情况下，3～4 次迭代计算即可获得足够精度的定位计算结果，并建立起以天顶仪旋转轴为基准的天球切平面坐标系。

2.2.1.2 转台对称旋转出现晃动的数据处理

受转台生产工艺水平的限制，转台旋转很难严格做到平稳转动，即转台旋转过程中天顶仪旋转轴一般都会出现轻微的晃动。在此情况下，转台对称旋转前、后不仅仪器旋转轴的方向发生了变化，对应的 CCD 旋转中心点的位置也会发生微小的变化。不过，实践表明，在望远镜光轴（相对仪器旋转轴）倾角不大的情况下，转台对称旋转前、后出现晃动，仍按转台平稳转动的方法计算仪器旋转轴方向的天文经、纬度，解算结果 (φ, λ) 为

$$
\left.\begin{aligned}
\varphi &= \frac{1}{2}(\varphi_1 + \varphi_2) \\
\lambda &= \frac{1}{2}(\lambda_1 + \lambda_2)
\end{aligned}\right\}
\tag{2.7}
$$

式中：λ_1、φ_1——转台对称旋转前天顶仪旋转轴方向的天文经、纬度；

λ_2、φ_2——转台对称旋转后天顶仪旋转轴方向的天文经、纬度。

对此，一般将解算结果 (φ, λ) 所对应的天顶仪旋转轴方向称为转台对称旋转前、后天顶仪旋转轴的平均方向，或者说对应的仪器旋转中心是转台对称旋转前、后天顶仪旋转中心的平均

位置。这表明,转台对称旋转虽然出现晃动,仍按转台平稳转动的计算方法进行数据处理,可修正转台晃动引起的旋转轴方向天文经纬度变化量($\Delta\varphi$,$\Delta\lambda$)的一半影响,即

$$
\left.
\begin{aligned}
\delta\varphi &= \frac{1}{2}\Delta\varphi = \frac{1}{2}(\varphi_2 - \varphi_1) \\
\delta\lambda &= \frac{1}{2}\Delta\lambda = \frac{1}{2}(\lambda_2 - \lambda_1)
\end{aligned}
\right\}
\tag{2.8}
$$

此外,根据倾角仪的工作原理,由倾角仪在转台对称旋转前、后位置上的读数进行倾斜改正计算可知,转台对称旋转前、后位置出现的晃动,倾角仪中的敏感读数中也包含了此晃动影响。通过倾斜改正计算,也正好修正了转台旋转晃动量的一半影响。

由此可知,在望远镜光轴相对天顶摄影仪旋转轴倾角不大的情况下,转台对称旋转过程中出现晃动,仍按转台平稳转动的数据处理方法计算天顶仪旋转轴方向的天文经、纬度,结合天顶仪倾斜改正,仍可求得正确的测站定位结果。

2.2.2　天顶仪旋转轴的倾斜改正

2.2.2.1　倾斜改正计算模型

倾斜改正计算模型须同时考虑倾角仪定向角、两倾斜敏感轴间读数的比例系数及两敏感轴间的剪切角等几个参数的影响,计算公式为

$$
\left.
\begin{aligned}
n_\varphi &= k_1 m\cos(\alpha + \beta) - \sin(\alpha + \beta)(k_2 n - k_1 m\cos\varepsilon)\sec\varepsilon \\
n_\lambda &= k_1 m\sin(\alpha + \beta) + \cos(\alpha + \beta)(k_2 n - k_1 m\cos\varepsilon)\sec\varepsilon
\end{aligned}
\right\}
\tag{2.9}
$$

式中:k_1、k_2——倾角仪两敏感轴读数的比例系数;

　　　β——倾角仪敏感轴的定向角;

　　　ε——倾角仪两敏感轴间的剪切角;

　　　α——图像坐标系的方位角;

　　m、n——恒星对称拍摄位置倾角仪两敏感轴 x、y 方向上的倾斜量,按下式进行计算:

$$
\left.
\begin{aligned}
m &= \frac{1}{2}(m_1 - m_2) \\
n &= \frac{1}{2}(n_1 - n_2)
\end{aligned}
\right\}
\tag{2.10}
$$

式中:m_1、m_2——倾角仪敏感轴 x 在对称位置上的前、后读数;

　　　n_1、n_2——倾角仪敏感轴 y 在对称位置上的前、后读数。

式(2.9)中涉及倾角仪的几个参数一般称作倾角仪的状态参数。通常情况下,受仪器制造工艺条件的各种限制,倾角仪的敏感轴读数的比例系数不可能绝对地校正至 $k_1 = k_2 = 1$,两敏感轴间的夹角也不可能绝对地校正至 $90°$。此外,实际作业中受环境温度的影响,加之仪器运输过程中的震动等影响,倾角仪的状态参数都可能或多或少地发生变化。因此,倾角仪在数字天顶仪上安装后,必须精确测定其状态参数值,并严格地按照式(2.9)实施天顶仪旋转轴的倾斜改正计算。

由式(2.9)可知,进行天顶仪旋转轴的倾斜改正计算必须取得图像坐标系的方位角。关于图像坐标系的方位角计算详见参考文献[4],这里不再详述。

2.2.2.2　倾角仪状态参数测定的数学模型

理论与实践证明,倾角仪的状态参数测定,在顾及倾角仪状态参数的同时,还必须顾及到倾角仪敏感轴读数的线性漂移(即随时间的线性变化)影响。这就要求在按式(2.9)列倾角仪状态参数测定的误差方程式时,同时考虑到倾角仪敏感轴读数的线性漂移。顾及倾角仪的状态参数及敏感轴读数线性漂移影响的误差方程式为

$$\left.\begin{aligned}
V_\varphi &= \omega_{11}\Delta\beta + \omega_{12}\Delta k_1 + \omega_{13}\Delta k_2 + \omega_{14}\Delta\varepsilon + \omega_{15}\Delta m + \omega_{16}\Delta n + l_\varphi \\
V_\lambda &= \omega_{21}\Delta\beta + \omega_{22}\Delta k_1 + \omega_{23}\Delta k_2 + \omega_{24}\Delta\varepsilon + \omega_{25}\Delta m + \omega_{26}\Delta n + l_\lambda
\end{aligned}\right\} \tag{2.11}$$

式中:　　　　$\Delta\beta$——倾角仪敏感轴的定向角误差;

　　　　$\Delta k_i (i=1\sim 2)$——倾角仪两敏感轴读数的比例系数误差;

　　　　$\Delta\varepsilon$——倾角仪两敏感轴的剪切角误差;

　　　　Δm、Δn——对称位置观测时间内倾角仪敏感轴 x、y 读数的线性漂移量。

式中:自由项 l_φ、l_λ 的计算表达式为

$$\left.\begin{aligned}
l_\varphi &= \varphi_X - \varphi + (k_1^0 b_1 \sin\varepsilon_0 - k_2^0 b_2 + k_1^0 a_1 \cos\varepsilon_0)\csc\varepsilon_0 \\
l_\lambda &= \lambda_X - \lambda + (k_1^0 a_1 \sin\varepsilon_0 + k_2^0 a_2 - k_1^0 b_1 \cos\varepsilon_0)\csc\varepsilon_0 \sec\varphi
\end{aligned}\right\} \tag{2.12}$$

式(2.11)中:系数 $\omega_{ij} (i=1\sim 2, j=1\sim 6)$ 的计算表达式为

$$\left.\begin{aligned}
\omega_{11} &= -(k_1^0 a_1 \sin\varepsilon_0 + k_2^0 a_2 - k_1^0 b_1 \cos\varepsilon_0)\csc\varepsilon_0 \\
\omega_{12} &= (b_1 \sin\varepsilon_0 + a_1 \cos\varepsilon_0)\csc\varepsilon_0 \\
\omega_{13} &= -b_2 \csc\varepsilon_0 \\
\omega_{14} &= -(k_1^0 a_1 - k_2^0 b_2 \cos\varepsilon_0)\csc^2\varepsilon_0 \\
\omega_{15} &= k_1^0 [\cos(\alpha+\beta_0) + \sin(\alpha+\beta_0)\cot\varepsilon_0] \\
\omega_{16} &= -k_2^0 \sin(\alpha+\beta_0)\csc\varepsilon_0 \\
\omega_{21} &= (k_1^0 b_1 \sin\varepsilon_0 - k_2^0 b_2 + k_1^0 a_1 \cos\varepsilon_0)\csc\varepsilon_0 \sec\varphi \\
\omega_{22} &= (a_1 \sin\varepsilon_0 - b_1 \cos\varepsilon_0)\csc\varepsilon_0 \sec\varphi \\
\omega_{23} &= a_2 \csc\varepsilon_0 \sec\varphi \\
\omega_{24} &= (k_1^0 b_1 - k_2^0 a_2 \cos\varepsilon_0)\csc^2\varepsilon_0 \sec\varphi \\
\omega_{25} &= k_1^0 [\sin(\alpha+\beta_0) - \cos(\alpha+\beta_0)\cot\varepsilon_0]\sec\varphi \\
\omega_{26} &= k_2^0 \cos(\alpha+\beta_0)\csc\varepsilon_0 \sec\varphi
\end{aligned}\right\} \tag{2.13}$$

根据式(2.11)～式(2.13)组成由各对称观测位置构成的误差方程组,按最小二乘原理迭代趋近计算,即可求得倾角仪的全部状态参数,并同时求得对称观测位置间的倾角仪敏感轴读数的线性漂移量。

2.3　天顶摄影定位观测方法及数据处理

2.3.1　观测方法

天顶摄影定位测量一般按多循环观测的方法进行。考虑到倾角仪状态参数测定的需求,一循环的观测程序如图 2-3 所示。

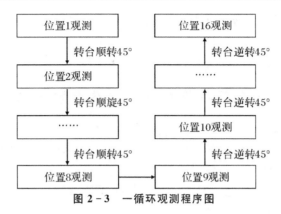

图 2-3　一循环观测程序图

（1）在仪器初始位置（即位置 1），对测站天顶星空的恒星进行图像拍摄，并同时进行倾角仪敏感轴读数采集。

（2）转台顺时针方向旋转 45°，在仪器位置 2 对测站天顶星空恒星进行图像拍摄，并同时进行倾角仪敏感轴读数采集。

（3）按第（2）条相同方法，转台按顺时针方向依次转动 45°，分别完成仪器位置 3～8 位置上的测站天顶星空恒星图像拍摄，以及倾角仪敏感轴读数的采集。

（4）仪器在位置 8 上对测站天顶星空恒星进行第二次图像拍摄，并采集倾角仪敏感轴读数，作为一个循环观测位置 9 上的测站天顶星空恒星图像拍摄及倾角仪敏感轴读数采集。

（5）转台按逆时针方向依次转动 45°，分别完成仪器位置 10～16 上的测站天顶星空恒星图像拍摄，以及倾角仪敏感轴读数的采集。

上述一循环观测方法，既可满足测站天文定位测量的观测需求，也可满足倾角仪状态参数测定的观测需求。

2.3.2　一循环观测的数据处理

一循环观测的数据处理过程如图 2-4 所示。

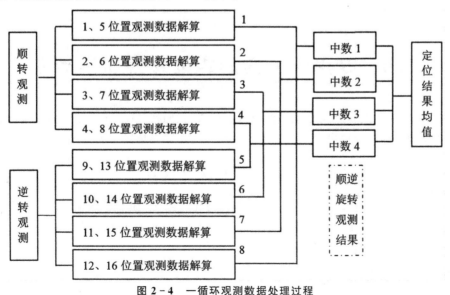

图 2-4　一循环观测数据处理过程

这里需要特别指出的是,数据处理中之所以将转台顺时针方向旋转观测的计算结果,与转台逆时针方向旋转观测的计算结果取中数,主要是为了消除倾角仪敏感轴读数的线性漂移影响,以便根据取中数后的计算结果进行合理的一循环观测内符合精度的估算。

2.3.3 倾角仪状态参数与测站定位参数的同站测定

在实际作业中,仪器运输过程中的震动以及作业环境的改变等,都可能导致倾角仪的状态参数发生变化。作业实践证明,在倾角仪的状态参数中,敏感轴读数比例系数的变化比其他参数的变化更为明显。因此,要确保数字天顶摄影定位测量作业的正常进行,必须认真解决倾角仪状态参数的实时准确测定问题。理论实践证明,要解决该问题,最好的方法是将倾角仪状态参数的测定,纳入测站定位作业的整个程序中,与测站定位测量同站进行。这里的同站测定是指在测站上按照规定的作业要求,既进行倾角仪状态参数的测定,又进行测站天顶摄影定位测量。数据处理采用倾角仪状态参数与测站定位参数迭代趋近的计算方法,同时获得倾角仪状态参数和测站点的天文经纬度。

同站测定的作业中,倾角仪状态参数的测定,一般按照 2.3.1 节中的观测方法在仪器大倾斜(倾角仪敏感轴读数在 $100''\sim150''$)的状态下进行一个循环的观测即可。测站定位测量则需要在仪器精密整平(仪器倾斜一般不超过 $5''$)的状态下,根据测量的实际精度要求进行多个循环的观测。

倾角仪状态参数与测站定位参数的迭代趋近计算按如下程序进行:

(1)取倾角仪状态参数经验值或先前测定值进行测站天顶摄影定位测量的定位计算。

(2)取测站天文经纬度的计算值,进行倾角仪状态参数的计算。

(3)取倾角仪状态参数计算值再次进行测站天顶摄影定位测量的定位计算。

(4)按上述(2)(3)迭代趋近计算,直至测站定位计算结果的变化不超过 $0.005''$ 为止。

倾角仪状态参数与测站定位参数的同站观测,是建立在倾角仪状态参数测定(在天顶仪大倾斜状态下)不要求已知点天文坐标具有特别高精度的基础上的。通过迭代计算获得的测站定位参数,其精度完全可以满足倾角仪状态参数的测定要求。对此,参考文献[4]进行了较详细的介绍,有兴趣的读者可详见该文献,这里不再赘述。

2.4 专用天顶摄影定位系统研制简介

考虑地球自转参数测定及数值预报的精度需求,我们在 2014 年定型产品的基础上进行了固定台、站使用的专用天顶摄影定位系统的研制。现将研制情况简要介绍如下。

2.4.1 相对 2014 年定型产品的改进设计

用于固定台、站测定地球自转参数的天顶摄影定位系统,研制重点是如何最大限度地提高其定位测量精度,与 2014 年定型产品的最大区别是不用考虑系统整体携带的便利性。基于此,该系统的研制主要从以下三方面进行改进设计。

2.4.1.1 天顶摄影仪的改进

天顶摄影定位、恒星成像精度直接决定系统的定位精度。为此,作为系统核心部件的天顶摄影仪,不仅需要具有较强的摄星能力,而且需要具有较高的分辨率,同时其光学望远镜还应具有良好的消除色差、球差及其畸变的能力。基于该需求,天顶摄影仪的改进主要从以下几方面进行:

(1)增大光学望远镜的焦距($f = 1\ 200$ mm)及有效通光口径($D = 210$ mm,相对孔径约1/6),提高光学望远镜的摄星能力。

(2)采用具有电子快门、图像传感器像元尺寸较小(如 $6\ \mu m$)的数码相机,提高恒星成像的分辨率。

(3)采用基于偏心测量仪的装调工艺,实现光学望远镜各透镜的精细安装,确保望远镜的恒星成像质量。

(4)采用无热化设计,最大限度地降低光学系统畸变的影响。

2.4.1.2　双倾角仪的应用

由式(2.1)可知,天顶摄影定位测量精度不仅取决于天顶摄影仪旋转轴方向天文经纬度的测定精度,还取决于仪器的倾斜测量精度。要实现高精度的定位测量,提高仪器倾斜测量精度是一个不可忽视的重要环节。2014 年定型的天顶摄影定位系统,采用的倾角仪是德国Lippmann公司生产的 HRTM 型精密倾角仪。为了考察该倾角仪测定天顶仪倾斜的实际精度,笔者曾在秦岭山区(即尽可能地减弱人为微地震对倾角仪读数的叠加影响)按照天顶摄影仪安装两台倾角仪的方法进行了定位测量实验。实验结果表明,消除倾角仪读数线性漂移影响(即取转台顺时针、逆时针方向旋转同一对径位置定位计算结果均值),一个对径位置的倾斜测量精度(中误差)大约为 $\pm 0.05''$。基于此,专用天顶摄影仪的研制拟采用双倾角仪,以提高仪器倾斜测量精度,确保天顶摄影仪旋转轴方向天文经纬度至测站铅垂线方向的倾斜改正精度。

为确保转台的平稳旋转,两倾角仪对称安装在光学望远镜镜筒的法兰盘上。法兰盘结构如图 2-5 所示。法兰盘下层与镜筒非点式接触并通过压紧圈固定,以减弱法兰盘对镜筒径向引起的变形;上层与下层通过加强筋连接,以减弱法兰盘对倾角仪安装引起的变化。

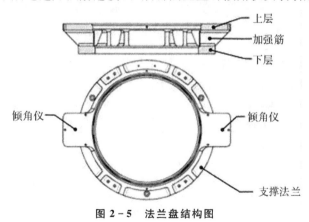

图 2-5　法兰盘结构图

2.4.1.3　GAIA DR2 星表的应用

按照《2000 中国大地测量系统》(GJB 6304—2008)的规定,我国目前大地天文测量采用的恒星星表为依巴谷星表,即依巴谷天球参考架(HCRF)。该星表包括约 118 000 颗恒星的赤道坐标及其自行和视差,历元为 1991.25。对于亮星(星等<9),其赤经和赤纬的中位值不确定度分别

为 0.77 ms 和 0.64 mas。其年自行的中位值不确定度分别为 0.88 mas/a 和 0.74 mas/a。依巴谷星表于 1997 年 6 月正式发布，至今已逾 25 年。为了适应地球自转参数的高精度测定，专用天顶摄影定位系统改用新的 GAIA DR2 星表，不再使用依巴谷星表。

GAIA DR2 星表是欧洲空间局（简称为欧空局）根据新一代天体测量卫星（Gaia）2014 年 6 月 25 日至 2016 年 5 月的观测数据而建立的恒星星表。该星表包含了约 13 亿颗恒星的位置、视差和自行数据，历元为 2015.5。恒星位置和自行精度总体优于 0.1 mas 和 0.1 mas/a，视差精度优于 0.04 mas。显然该星表无论是恒星的数量还是精度都远优于依巴谷星表。

2.4.2　初样机外观及定位精度

2.4.2.1　初样机外观图

专用天顶摄影定位系统研制的初样机构成与 2014 年定型产品类似，外观如图 2－6 所示。实测数据表明，该样机的光学望远镜摄星可达 12.77 等。整套样机的质量为 82 kg（其中天顶摄影仪镜筒的质量为 44 kg，转台的质量为 38 kg），控制装置的质量为 7 kg，供电装置的质量为 9 kg。

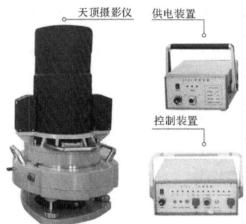

图 2－6　专用天顶摄影定位系统初样机外观图

2.4.2.2　初样机定位精度测试结果

初样机研制后，笔者分别于 2000 年的 3 月、7 月和 9 月间，在西安天文基本点旁的测站上共进行了 9 个时间段的定位测量。每个时间段的定位测量均按照"1＋4"的作业模式进行观测，各时间段观测的定位测量结果及精度统计见表 2－1。表中的天文经、纬度测定值均以度、分、秒（即 ° ′ ″）的形式给出；精度统计数据（即 m_1、V_λ、V_φ、$\Delta\lambda$、$\Delta\varphi$、m_2、RMS 等数据）均以角秒为单位。

表 2－1 中给出的中误差 m_1（即一个时间段各循环观测定位结果均值的中误差）数据按下式计算：

$$m_1 = \sqrt{\frac{[vv]_1^n}{n(n-1)}} \tag{2.14}$$

式中：　　　v——该时间段观测各循环定位结果与其平均值的较差；

　　　　$n(n=4)$——定位观测的循环数。

表 2－1 中的改正数 V_λ、V_φ 为各时间段观测定位结果与其平均值的较差。一个时间段观测定位结果的内符合中误差（m_2）按下式计算：

$$m_2 = \sqrt{\frac{[VV]_1^N}{N-1}} \tag{2.15}$$

式中：$N(N=9)$——观测的时间段数。

表 2-1 中的 $\Delta\lambda$、$\Delta\varphi$ 为各时段观测的定位结果与已知值的差值；按各时间段的 $\Delta\lambda$、$\Delta\varphi$ 计算的一个时间段观测定位结果的中误差（RMS）按下式计算：

$$\text{RMS} = \pm\sqrt{\frac{[\Delta\Delta]_1^N}{N}} \tag{2.16}$$

表 2-1 专用天顶摄影定位系统初样机定位测量结果及精度统计

日 期	天文经度测定值及精度统计				天文纬度测定值及精度统计			
	测定值	m_1/(")	V_λ/(")	$\Delta\lambda$/(")	测定值	m_1/(")	V_φ/(")	$\Delta\varphi$/(")
2020-3-13	108°50′32.255″	0.045	−0.024	−0.017	34°10′21.597″	0.064	0.015	0.067
2020-3-19	108°50′32.215″	0.091	−0.064	−0.057	34°10′21.527″	0.045	−0.055	−0.003
2020-3-20	108°50′32.287″	0.083	0.008	0.015	34°10′21.636″	0.055	0.054	0.106
2020-3-23	108°50′32.274″	0.094	−0.005	0.002	34°10″21.596″	0.052	0.014	0.066
2020-7-7	108°50′32.234″	0.062	−0.045	−0.038	34°10′21.602″	0.033	0.020	0.072
2020-7-30	108°50′32.336″	0.039	0.057	0.064	34°10′21.536″	0.033	−0.046	0.006
2020-9-3	108°50′32.259″	0.061	−0.020	−0.013	34°10′21.525″	0.024	−0.057	−0.005
2020-9-8	108°50′32.317″	0.055	0.038	0.045	34°10′21.622″	0.052	0.040	0.092
2020-9-23	108°50′32.335″	0.030	0.056	0.063	34°10′21.597″	0.025	0.015	0.067
平 均 值	108°50′32.279″	0.062		0.007	34°10′21.582″	0.043		0.052
最 大 值		0.094		0.064		0.064		0.106
按与均值差值计算的中误差 m_2/(")			0.043				0.042	
按与已知值差值的中误差 RMS/(")				0.041				0.039

由表 2-1 列出的精度统计数据可知：按各时间段定位结果与已知值的差值计算的一个时间段观测（即 1+4 模式作业）定位结果中误差（RMS），天文经度为 0.041″，天文纬度为 0.039″；根据各时间段定位结果与其平均值的差值计算的一个时间段观测定位结果的内符合中误差（m_2），天文经度为 0.043″，天文纬度为 0.042″。RMS 与 m_2 的值基本一致。

不过，这里需要指出的是，根据各时间段 4 个循环观测定位结果与其平均值的差值计算的中误差（m_1）间的差异较大，如天文经度的 m_1 值，最大值为 0.094″，最小值为 0.030″；天文纬度的 m_1 值，最大值为 0.064″，最小值为 0.024″。分析其原因，可能与定位测量观测时人为地震因素有关。这是因为在测站点北面约 200 m 处有一条由陕西泾阳至高陵的公路，公路的运输车辆较多。因此，为了确保天顶摄影定位系统的定位测量精度，用于地球自转参数测定的台站，最好选择在远离交通要道的山区，以提高倾角仪的倾斜测量精度。

第3章　采用天顶摄影定位测定地球自转参数的原理与方法

3.1　参数 ΔUT1 对天顶摄影定位的影响

采用天顶摄影定位测定地球自转参数,首先需要清楚的是参数 ΔUT1 对天顶摄影定位测量结果的影响。实测数据表明,ΔUT1 对天顶摄影定位测量结果的影响,主要表现在天顶仪旋转轴方向天文经度的测量结果上。前已指出,天顶摄影定位是通过对称观测直接测定天顶仪旋转轴方向天文经纬度的方式实现的。由于无法准确地给出 ΔUT1 对天顶摄影定位结果影响的数学表达式,为了获取其影响规律,这里通过模拟计算的方法进行说明。模拟计算的算例设置见表 3-1。

表 3-1　ΔUT1 对天顶摄影定位影响模拟计算的算例设置

序号	项　目	设置及规定
1	天顶仪的旋转轴方向	与测站铅垂线方向一致,即不考虑天顶仪的倾斜影响
2	相机图像传感器敏感面	与望远镜焦平面一致,不考虑实际摄影中离焦影响
3	仪器旋转轴方向天文坐标	天文纬度 $\varphi_0 = 34°$、天文经度 $\lambda_0 = 109°$
4	望远镜的视场角及焦距	视场角 $\omega = 3°$,焦距 $f = 600$ mm
5	相机成像面规格	4 096 pixel×4 096 pixel
6	像主点图像坐标	$x_0 = 18.00$ mm, $y_0 = 18.00$ mm
7	望远镜光轴倾角(望远镜光轴与天顶仪旋转轴间的夹角)	望远镜光轴倾角 $\vartheta = 60'$
8	转台旋转前望远镜光轴与天顶仪旋转轴所在平面的方位角	简称轴平面方位角 $A = 15°$
9	转台对称旋转前、后位置的恒星影像拍摄时间	协调世界时 2010 年 9 月 1 日 12 h 00 m 和 12 h 05 m
10	旋转轴方向的概略天文经纬度	天文纬度 $\varphi_0 = 34.02°$、天文经度 $\lambda_0 = 109.02°$
11	恒星视位置计算	采用依巴谷(Hipparcos)星表,按精密计算模型计算

续 表

序 号	项　　目	设置及规定
12	恒星切平面坐标计算	按切平面坐标计算式(2.4)计算
13	星像点图像坐标计算	按小孔成像的计算模型计算
14	星像点图像坐标系方位角	图像坐标系 x 轴的方位角 $\alpha = 50°$
15	恒星切平面坐标与星像点图像坐标的坐标转换模型	采用投影变换模型,即式(2.5)、式(2.6)
16	计算程序编制及精度控制	MATLAB 软件(R2013b 版本),MATLAB 默认的双精度

这里的模拟计算假定天顶摄影仪旋转轴方向与测站铅垂线方向一致;恒星赤道坐标、星像点图像坐标均为精确值;转台平稳对称旋转(即平台旋转过程中无任何晃动)。此外,考虑到 ΔUT1 在 ±0.9 s 的范围内,模拟计算取 ΔUT1 = ±1 s,模拟计算结果见表 3-2。

表 3-2　ΔUT1 对数字天顶摄影定位影响模拟计算结果

ΔUT1	项 目	以 UTC 为基准的计算结果	以 UT1 为基准的计算结果	UTC、UT1 计算结果的差值
1.0 s	$\Delta\varphi/('')$	0.000 054 237 834	0.000 054 263 207	−0.000 000 025 373
	$\Delta\lambda/('')$	15.041 042 366 228	−0.000 025 991 584	15.041 068 357 812
	$\Delta UT1/s$	0.999 998 271 481		
−1.0 s	$\Delta\varphi/('')$	0.000 054 288 580	0.000 054 263 207	0.000 000 025 373
	$\Delta\lambda/('')$	−15.041 094 349 489	−0.000 002 599 584	−15.041 120 341 073
	$\Delta UT1/s$	−1.000 001 727 569		

注:表中列出的 $\Delta\varphi$、$\Delta\lambda$ 值为计算值与精确值的差值;ΔUT1 按 $\Delta UT1 = \Delta\lambda/(1.002\ 737\ 891 \times 15)$ 计算。

表 3-2 列出的计算结果充分说明,ΔUT1 对于天顶摄影定位测量结果的影响,主要表现在天文经度的测定结果上,对天文纬度的影响甚微。对天文经度的影响可表示为

$$\Delta\lambda_{UT} = \lambda_{UTC} - \lambda_{UT1} = 1.002\ 737\ 891\ \Delta UT1 \tag{3.1}$$

式中:$\Delta\lambda_{UT}$——采用世界协调时 UTC 和世界时 UT1 计算的天文经度之差;

　　　λ_{UT1}——以世界时 UT1 为基准测得的天文经度;

　　　λ_{UTC}——以世界协调时 UTC 为基准测得的天文经度。

式(3.1)中 ΔUT1 前的系数是将世界时转换为恒星时的比例系数。

3.2　基于天顶摄影定位的地球自转参数测定

3.2.1　地球自转参数的测定原理

基于天顶摄影定位的地球自转参数测定,正是根据参数 ΔUT1 主要影响测站天文经度测定结果的特征进行的。设以世界协调时 UTC 为基准的测站天顶摄影定位结果(即测点的天文经纬度)分别为 λ、φ,测站点的精确天文经纬度(即以世界时 UT1 为基准,且归算至国际

参考系 ITRS 参考极 IRP 的定位结果)分别为 λ_0、φ_0。根据式(3.1)以及极移参数对天文定位结果的影响,可得到测站天顶摄影定位测定地球自转参数的如下关系式:

$$\left.\begin{array}{l} \varphi_0 = \varphi - (x_\mathrm{p}\cos\lambda - y_\mathrm{p}\sin\lambda) \\ \lambda_0 = \lambda - \Delta t - (x_\mathrm{p}\sin\lambda + y_\mathrm{p}\cos\lambda)\tan\varphi \end{array}\right\} \tag{3.2}$$

式中:x_p、y_p——地球瞬时极相对 ITRS 参考极的极坐标;

Δt——ΔUT1 对测站点天文经度测定结果的影响,$\Delta t = 1.002\ 737\ 891\Delta$UT1。

令式(3.2)中 Δt 的近似值为 Δt_0,误差值为 δt,即 $\Delta t = \Delta t_0 + \delta t$,则式(3.2)可表示为

$$\left.\begin{array}{l} \varphi_0 = \varphi - (x_\mathrm{p}\cos\lambda - y_\mathrm{p}\sin\lambda) \\ \lambda_0 = \lambda - (\Delta t_0 + \delta t) - (x_\mathrm{p}\sin\lambda + y_\mathrm{p}\cos\lambda)\tan\varphi \end{array}\right\} \tag{3.3}$$

令

$$\left.\begin{array}{l} \Delta\varphi = \varphi - \varphi_0 \\ \Delta\lambda = \lambda - \Delta t_0 - \lambda_0 \end{array}\right\} \tag{3.4}$$

则式(3.3)又可表示为

$$\left.\begin{array}{l} \Delta\varphi = (x_\mathrm{p}\cos\lambda - y_\mathrm{p}\sin\lambda) \\ \Delta\lambda = \delta t + (x_\mathrm{p}\sin\lambda + y_\mathrm{p}\cos\lambda)\tan\varphi \end{array}\right\} \tag{3.5}$$

基于天顶摄影定位的地球自转参数测定,正是根据式(3.5)的关系式进行的。式(3.5)中含有 3 个未知数 δt、x_p、y_p,故要测得这 3 个未知数,至少需要布设相距较远的两个测站进行测站天文定位测量。为确保地球自转参数的测定精度,一般应在国内外合理地布设多个测站进行天文定位测量。

3.2.2　误差方程式

设备测站($i=1,2,\cdots,n$)以世界协调时 UTC 为基准的天顶摄影定位结果为 λ、φ,相应的天文经纬度精确值为 λ_0、φ_0,由式(3.5)可得到各测站点如下形式的误差方程式:

$$\left.\begin{array}{l} V_\varphi(i) = x_\mathrm{p}\cos\lambda_i - y_\mathrm{p}\sin\lambda_i - \Delta\varphi_i \\ V_\lambda(i) = \delta t + (x_\mathrm{p}\sin\lambda_i + y_\mathrm{p}\cos\lambda_i)\tan\varphi_i - \Delta\lambda_i \end{array}\right\} \tag{3.6}$$

式中:$\Delta\lambda$、$\Delta\varphi$ 的计算按式(3.4)进行,式(3.4)中的 Δt_0 可取各测站点天文经度的测定值(以世界协调时 UTC 为基准)与已知值之差的平均值,即

$$\Delta t_0 = \frac{1}{n}\sum_{i=1}^{n}(\lambda - \lambda_0)_i \tag{3.7}$$

式中:n——测站点的总个数。

根据各测站点的天文经纬度及式(3.6)即可得到误差方程组的如下系数阵:

$$\boldsymbol{B} = \begin{bmatrix} 0 & \cos\lambda_1 & -\sin\lambda_1 \\ 1 & \sin\lambda_1\tan\varphi_1 & \cos\lambda_1\tan\varphi_1 \\ \vdots & \vdots & \vdots \\ 0 & \cos\lambda_n & -\sin\lambda_n \\ 1 & \sin\lambda_n\tan\varphi_n & \cos\lambda_n\tan\varphi_n \end{bmatrix} \tag{3.8}$$

由测量数据处理的间接平差原理,即可按下式求得地球自转参数 X 的最小二乘解:

$$X = (\boldsymbol{B}^{\mathrm{T}} \boldsymbol{P} \boldsymbol{B})^{-1} \boldsymbol{B}^{\mathrm{T}} \boldsymbol{P} \boldsymbol{l} = \boldsymbol{N}_{BB}^{-1} \boldsymbol{W} \tag{3.9}$$

式中：$\boldsymbol{B}$——误差方程组的系数阵；

　　$\boldsymbol{P}$——观测值（即 $\Delta\varphi_i$、$\Delta\lambda_i$）的权阵；

　　$\boldsymbol{l}$——误差方程的自由项阵，其表达式为

$$\boldsymbol{l} = [\,\Delta\varphi_1 \;\; \Delta\lambda_1 \;\; \cdots \;\; \Delta\varphi_n \;\; \Delta\lambda_n\,]^{\mathrm{T}} \tag{3.10}$$

3.2.3　精度估算模型

由测量平差理论可知，精度估算中的单位权均方为

$$\sigma_0 = \sqrt{\frac{\boldsymbol{V}^{\mathrm{T}} \boldsymbol{P} \boldsymbol{V}}{2n-3}} \tag{3.11}$$

地球自转参数 $X(\Delta\mathrm{UT1}、x_{\mathrm{p}}、y_{\mathrm{p}})$ 的方差为

$$\boldsymbol{D}_{XX} = \sigma_0^2 \boldsymbol{Q}_{XX} = \sigma_0^2 \boldsymbol{N}_{BB}^{-1} \tag{3.12}$$

式中：$\boldsymbol{Q}_{XX}$——平差参数 X 的协因数，其值为 $\boldsymbol{N}_{BB}^{-1}$ 中的对角线元素值。

3.2.4　观测值权的确定

式(3.10)中观测值 $l_i(\Delta\varphi_i，\Delta\lambda_i)$ 权的确定，常用的 3 种方法是：①各测站定位观测循环数相同（或相近），且 $\Delta\varphi_i$、$\Delta\lambda_i$ 的精度相近时，一般按观测值等权进行数据处理；②各测站定位观测循环数相同（或相近），而 $\Delta\varphi_i$、$\Delta\lambda_i$ 的精度明显不同时，一般按观测值验后方差估计（计算方法详见附录 A）迭代计算确定 $\Delta\varphi_i$、$\Delta\lambda_i$ 两类观测值的权；③各测站定位测量相同观测循环获取的 $\Delta\varphi_i$、$\Delta\lambda_i$ 精度相近，而测站定位测量的观测循环数相差较大时，一般按观测循环数的多少确定相应测站观测值的权。

设测站定位测量一个观测循环获得的观测值 $(\Delta\varphi_i，\Delta\lambda_i)$ 的均方根差为 σ，则由测量平差[5]可知，n 个循环观测的观测值均方根差为

$$\sigma_n = \frac{\sigma}{\sqrt{n}} \tag{3.13}$$

令 c 个循环观测的观测值均方根差为 σ_c，即 $\sigma_c = \sigma/\sqrt{c}$，则由权的定义（即各观测值方差间的比）可得 n 个循环观测值的权值为

$$P_n = \frac{\sigma_c^2}{\sigma_n^2} = \frac{n}{c} \tag{3.14}$$

若令 $n=1$，则有 $c=1/P_1$；当 $P_n=1$ 时，$c=n$。显然，式(3.14)中的 c 有两个含义：一个含义是一个循环观测值的权倒数，另一个含义是单位权($P=1$)观测值的观测循环数。这里 c 的值可以任意假定，但无论假定为何值，权的比例关系不会改变。c 的值一经确定，单位权观测值也就确定了。基于天顶摄影定位的地球自转参数测定，一般取观测循环数最多的测站观测值为单位权观测值，这样，其他测站(n 个观测循环)观测值的权即可按下式确定：

$$P_n = \frac{\sigma_c^2}{\sigma_n^2} = \frac{n}{N} \tag{3.15}$$

式中：N——测站观测循环数的最大值。

显然，当各测站定位测量观测循环数相同时，各测站观测值的权均为 $P=1$。

3.3 地球自转参数测定的测站配置分析

3.3.1 测站配置分析方法

基于天顶摄影定位的地球自转参数测定,其测站配置一般根据测站位置,通过计算地球自转参数协因数(Q_{XX})的方法进行分析。由式(3.6)可知,只要选择了测站,根据各测站点的经纬度概略值,即可按式(3.8)得到误差方程组的系数阵 B,并按下式计算求得 Q_{XX} 的值。

$$Q_{XX} = (B^{\mathrm{T}}PB)^{-1} = N_{BB}^{-1} \tag{3.16}$$

测站配置分析中,按式(3.16)进行协因数 Q_{XX} 的计算时,一般视各测站天顶摄影定位测量的观测循环数相同,且获取的观测值 $\Delta\varphi_i$、$\Delta\lambda_i$ 的精度相同,即取式(3.9)中的观测值权 $P=1$。计算的 Q_{XX} 值愈小,相应的测站配置愈合理。

3.3.2 测站全球均匀配置的典型算例分析

要获得地球自转参数测定的最佳效益,测站配置起着十分重要的作用。由式(3.6)可知,不同测站构成的误差方程式,其线性相关程度随测站间的距离缩短而增强。因此,测站配置首先应满足站间距离不宜太短的要求,即如果可能,应尽量增大各测站之间的距离。

研究表明,基于天顶摄影定位的地球自转参数测定,严格地讲测站最好能够全球均匀配置。为了说明该结论,这里以典型算例进行计算。典型算例采用沿同一纬度圈按经度间隔 90°均匀配置 4 个站的布设方法,例如沿纬度为 10°的纬圈分别在经度 0°、90°、180°、270°或 30°、120°、210°、300°的位置上配置测站。按此设置测站的地球自转参数协因数计算结果见表3-3,表中,Q_{tt}、Q_{xx}、Q_{yy} 分别为参数 ΔUT1 和极坐标 x_{p}、y_{p} 的协因数。

表 3-3 沿同一纬度圈均匀配置 4 个测站的地球自转参数协因数计算

纬度 (°)	地球自转参数的协因数			纬度 (°)	地球自转参数的协因数		
	Q_{tt}	Q_{xx}	Q_{yy}		Q_{tt}	Q_{xx}	Q_{yy}
10	0.250 000 00	0.484 923 16	0.484 923 16	89.0	0.250 000 00	0.000 152 29	0.000 152 29
20	0.250 000 00	0.441 511 11	0.441 511 11	89.1	0.250 000 00	0.000 123 36	0.000 123 36
30	0.250 000 00	0.375 000 00	0.375 000 00	89.2	0.250 000 00	0.000 097 47	0.000 097 47
40	0.250 000 00	0.293 412 04	0.293 412 04	89.3	0.250 000 00	0.000 074 63	0.000 074 63
50	0.250 000 00	0.206 587 96	0.206 587 96	89.4	0.250 000 00	0.000 054 83	0.000 054 83
60	0.250 000 00	0.125 000 00	0.125 000 00	89.5	0.250 000 00	0.000 038 08	0.000 038 08
70	0.250 000 00	0.058 488 89	0.058 488 89	89.6	0.250 000 00	0.000 024 37	0.000 024 37
80	0.250 000 00	0.015 076 84	0.015 076 84	89.7	0.250 000 00	0.000 013 71	0.000 013 71
85	0.250 000 00	0.003 798 06	0.003 798 06	89.8	0.250 000 00	0.000 006 09	0.000 006 09

表3-3列出的计算结果表明,测站的上述典型配置,不同纬度圈计算的 ΔUT1 协因数相同;同一纬度圈的极坐标 x_{p}、y_{p} 的协因数相同,且随纬度的增加而减小。

3.3.3　几种典型测站配置的分析

为了探讨我国境内测站的配置,表 3-4 给出了两类典型测站配置的地球自转参数协因数计算结果。第一类在同一纬圈上按间隔 10°在经度 85°~125°区间均匀配置 5 个测站;第二类在同一经圈上按间隔 10°在纬度 10°~50°区间均匀配置 5 个测站。

表 3-4　我国境内沿同一纬圈或经圈均匀配置 5 个测站的地球自转参数协因数计算

纬度 (°)	同一纬圈按经度 85°~125°均匀配置 5 个测站			经度 (°)	同一经圈按纬度 10°~50°均匀配置 5 个测站		
	Q_{tt}	Q_{xx}	Q_{yy}		Q_{tt}	Q_{xx}	Q_{yy}
10	0.299 339 23	3.183 821 12	0.425 454 60	85	0.820 873 43	1.555 422 36	0.210 374 76
20	0.622 805 15	3.180 269 07	0.423 961 74	95	0.820 873 43	1.555 422 36	0.210 374 76
30	1.261 569 20	3.173 257 37	0.421 051 34	105	0.820 873 43	1.474 306 06	0.291 491 06
40	2.433 411 51	3.160 403 11	0.415 837 65	115	0.820 873 43	1.321 857 29	0.443 939 83
50	4.670 913 09	3.135 889 75	0.406 306 53	125	0.820 873 43	1.116 463 62	0.649 333 50

表 3-4 列出的计算结果表明:同一纬圈上按间隔 10°在经度 85°~125°区间均匀配置 5 个测站,$\Delta UT1$ 的协因数值随着纬度的增加而增大,且增大的幅度较大;极坐标的协因数值随着纬度的增加而减小,但是减小幅度很小。同一经圈上按间隔 10°在纬度 10°~50°区间均匀配置 5 个测站,不同经圈上的 $\Delta UT1$ 协因数值相同;极坐标 x_p 的协因数值随着经度的增大而减小,减小幅度较明显;极坐标 y_p 的协因数值则随着经度的增大而增大,增大幅度也较为明显。

根据表 3-4 列出的测站两类典型配置 Q_{xx} 计算结果的特点,这里在其基础上,再进行测站按经纬线相交形状配置的 Q_{xx} 计算。各纬度线上按间隔 10°在经度 85°~125°区间均匀配置 5 个测站;经度线上按间隔 10°在纬度 10°~50°区间均匀配置 5 个测站,经纬线相交处采用同一测站,共布设 9 个测站。在纬度线 10°上,测站配置形如"⊥"状;在纬度线 50°上的测站配置形如"⊤"状。计算分别取 95°、115°两条经度线。沿经度线 95°及各纬度线配置测站的计算结果详见表 3-5 中的左侧数据;沿经度线 115°及各纬度线配置测站的计算结果详见表 3-5 中的右侧数据。

表 3-5　沿同一纬圈、经圈均匀配置 5 个测站的地球自转参数协因数计算

纬度线 (°)	沿经度 95°线配置			沿经度 115°线配置		
	Q_{tt}	Q_{xx}	Q_{yy}	Q_{tt}	Q_{xx}	Q_{yy}
10	0.234 225 72	0.665 220 26	0.137 488 28	0.234 225 72	0.628 918 00	0.173 790 55
20	0.329 203 98	0.832 850 92	0.142 941 26	0.329 203 98	0.783 351 71	0.192 440 47
30	0.463 176 61	0.964 919 00	0.145 425 25	0.463 176 61	0.901 610 98	0.208 733 27
40	0.579 504 30	0.913 066 30	0.138 982 59	0.579 504 30	0.845 515 93	0.206 532 95
50	0.572 979 03	0.617 608 30	0.122 830 26	0.572 979 03	0.564 312 16	0.176 126 40

综合表 3-3~表 3-5 的计算结果可知,基于天顶摄影定位的地球自转参数测定,测站的最合理配置是在全球范围内均匀配置,仅仅凭借我国境内的配置,很难获得地球自转参数高精

度的测定结果,尤其是极坐标 x_p 的测定,其精度远低于极坐标 y_p 的测定精度。表 3-5 中列出的经度线 95° 上的极坐标 x_p 的协因数 Q_{xx} 值较小,主要与东经 95° 正好位于极坐标系 y 轴的相反方向有关。

3.3.4 我国境内测站几种典型配置的分析

3.3.4.1 测站位置的选择

由表 3-4 和表 3-5 的计算结果可知,要确保 ΔUT1 的测定精度,测站最好能够布设在低纬度线上,然而我国境内最适合设站的却是 30°～40° 内纬度线。而在此纬度区上设站,不仅对参数 ΔUT1 的测定不利,对极坐标 x_p 的测定更为不利。此外,考虑到天候条件对天文测量的严重制约,我国又恰恰是南方雨天多,北方晴天多。因此,在我国境内能够选择到既适合天文观测,又可提高地球自转参数测定精度的测站是十分困难的。

作为地球自转参数测定我国境内测站配置的基本分析,这里笔者根据表 3-4 和表 3-5 列出的计算结果特点,在我国境内有针对性地配置了 11 个测站,这些测站的选择,不仅考虑了测站之间的距离,同时也适当考虑了测站的经、纬度分布。各测站的位置及地球自转参数协因数计算采用的经、纬度值见表 3-6。

表 3-6 我国境内用于地球自转参数测定的 11 个测站位置

测站代号	测站点的所在位置	测站经、纬度范围值		地球自转参数协因数计算取用值	
		纬度范围	经度范围	纬度值	经度值
01	黑龙江省哈尔滨市	44°04′～46°40′	125°42′～130°10′	46°42′00″	130°00′00″
02	吉林省白山市	40°52′～43°03′	125°10′～126°44′	40°48′00″	126°30′00″
03	北京市	38°17.3′～40°91.3′	114°20.5′～118°30.5′	41°00′00″	116°30′00″
04	安徽省黄山市	29°24′～30°24′	117°02′～118°55′	30°00′00″	118°00′00″
05	陕西省西安市	33°25′～34°24′	107°24′～109°30′	34°00′00″	108°00′00″
06	甘肃省兰州市	35°51′～36°44′	102°52′～104°08′	36°00′00″	103°48′00″
07	海南省三亚市	18°09′～18°37′	108°56′～109°48′	18°36′00″	109°00′00″
08	新疆乌鲁木齐市	42°45′～44°08′	86°37′～88°58′	44°00′00″	89°00′00″
09	新疆库尔勒市	41°10′～42°22′	85°14′～86°35′	41°42′00″	85°45′00″
10	云南省昆明市	24°23′～26°22′	102°10′～103°40′	24°18′00″	103°00′00″
11	西藏拉萨市	29°23′～40°03′	91°54′～113°10′	29°30′00″	91°00′00″

3.3.4.2 不同测站组合形式

对于表 3-6 给出的我国境内的 11 个测站,为了能够通过地球自转参数 Q_{xx} 的计算,较全面地得到测站配置结论,Q_{xx} 的计算中除全部测站参加计算以外,同时还按照两种测站组合类型进行 Q_{xx} 的计算。第一类的测站组合在黑龙江省哈尔滨市、海南省三亚市、新疆乌鲁木齐市 3 个测站组合的基础上增加测站;第二类的测站组合在吉林省白山市、海南省三亚市、新疆库尔勒市 3 个测站组合的基础上增加测站。两种类型基础上的测站增加方法相同,测站增加后分别形成 4、5、6、7、9 个测站组合,不同测站的组合形式见表 3-7。

表 3-7　我国境内 11 个测站的不同测站组合形式

第一种类型的测站组合			第二种类型的测站组合		
组 号	各测站代号	站 数	组 号	各测站代号	站 数
1	01、07、08	3	1	02、07、09	3
2	(01、07、08)＋03	4	2	(02、07、09)＋03	4
3	(01、07、08)＋05	4	3	(02、07、09)＋05	4
4	(01、07、08)＋06	4	4	(02、07、09)＋06	4
5	(01、07、08)＋(03、04)	5	5	(02、07、09)＋(03、04)	5
6	(01、07、08)＋(03、10)	5	6	(02、07、09)＋(03、10)	5
7	(01、07、08)＋(03、04、10)	6	7	(02、07、09)＋(03、04、10)	6
8	(01、07、08)＋(04、05、10)	6	8	(02、07、09)＋(04、05、10)	6
9	(01、07、08)＋(04、06、10)	6	9	(02、07、09)＋(04、06、10)	6
10	(01、07、08)＋(03、04、10、11)	7	10	(02、07、09)＋(03、04、10、11)	7
11	(01、07、08)＋(04、05、10、11)	7	11	(02、07、09)＋(04、05、10、11)	7
12	(01、07、08)＋(04、06、10、11)	7	12	(02、07、09)＋(04、06、10、11)	7
13	除 02、09 外的全部 9 个测站的组合	9	13	除 01、08 外的全部 9 个测站的组合	9

3.3.4.3　不同测站组合的地球自转参数协因数计算

不同测站组合的地球自转参数协因数计算结果见表 3-8 和表 3-9。其中,表 3-8 列出的是第一类测站组合的 Q_{xx} 计算值,表 3-9 列出的是第二类测站组合的 Q_{xx} 计算值。表 3-8 中的最后一组(即组号 14 行)数据为全部 11 个测站参加的 Q_{xx} 计算结果。为了便于地球自转 3 个参数测定精度估计结果的比较,表中同时列出了 σ_t、σ_x 与 σ_y 的比值,计算模型为

$$\left.\begin{array}{l} \sigma_t/\sigma_y = \sqrt{Q_{tt}/Q_{yy}} \\ \sigma_x/\sigma_y = \sqrt{Q_{xx}/Q_{yy}} \end{array}\right\} \tag{3.17}$$

表 3-8　第一类测站组合的地球自转参数协因数计算结果

组号	地球自转参数的协因数			参数均方根差的比值	
	ΔUT1 的协因数 Q_{tt}	坐标 x_p 的协因数 Q_{xx}	坐标 y_p 的协因数 Q_{yy}	σ_t/σ_y	σ_x/σ_y
1	1.445 461 74	1.838 617 04	0.498 992 65	1.701 986 95	1.919 546 18
2	1.396 773 88	1.704 792 71	0.454 558 63	1.752 944 22	1.936 604 04
3	1.302 261 79	1.819 467 55	0.420 296 86	1.760 236 71	2.080 626 30
4	1.335 408 70	1.836 281 12	0.399 030 47	1.829 380 60	2.145 193 90
5	1.149 527 58	1.532 438 79	0.425 281 21	1.644 074 90	1.898 250 27
6	1.008 767 49	1.466 025 20	0.343 194 63	1.714 451 87	2.066 809 63
7	0.881 927 26	1.353 136 82	0.331 336 44	1.631 480 11	2.020 860 13

续 表

组 号	地球自转参数的协因数			参数均方根差的比值	
	ΔUT1 的协因数 Q_{tt}	坐标 x_p 的协因数 Q_{cx}	坐标 y_p 的协因数 Q_{yy}	σ_t/σ_y	σ_x/σ_y
8	0.870 675 99	1.485 867 02	0.323 540 22	1.640 454 33	2.143 018 06
9	0.875 364 61	1.471 000 99	0.309 344 30	1.682 183 76	2.180 647 29
10	0.715 729 58	1.196 553 82	0.245 592 81	1.707 130 25	2.207 284 39
11	0.723 972 72	1.328 868 34	0.243 212 59	1.725 313 70	2.337 480 24
12	0.732 303 54	1.325 365 10	0.234 848 45	1.765 841 48	2.375 603 26
13	0.692 335 73	1.186 823 98	0.211 606 42	1.808 814 16	2.368 256 47
14	0.553 705 79	0.874 007 16	0.164 053 88	1.837 157 04	2.308 151 15

表 3-9　第二类测站组合的地球自转参数协因数计算结果

组 号	地球自转参数的协因数			参数均方根差的比值	
	ΔUT1 的协因数 Q_{tt}	坐标 x_p 的协因数 Q_{cx}	坐标 y_p 的协因数 Q_{yy}	σ_t/σ_y	σ_x/σ_y
1	1.419 354 64	2.296 194 41	0.536 423 54	1.626 640 37	2.068 951 99
2	1.370 805 80	1.998 312 84	0.478 379 21	1.692 785 07	2.043 833 87
3	1.347 324 74	2.284 706 31	0.460 540 52	1.710 417 85	2.227 313 08
4	1.373 263 27	2.275 455 13	0.432 230 28	1.782 458 02	2.294 439 15
5	1.168 724 35	1.823 720 25	0.459 356 67	1.595 074 72	1.992 526 46
6	1.040 733 57	1.774 824 59	0.370 555 18	1.675 881 62	2.188 523 80
7	0.925 863 90	1.639 916 68	0.363 405 16	1.596 165 91	2.124 297 55
8	0.951 725 73	1.897 510 94	0.367 068 40	1.610 209 57	2.273 623 99
9	0.949 560 09	1.855 793 97	0.346 981 44	1.654 276 52	2.312 659 84
10	0.756 051 41	1.432 871 95	0.265 826 03	1.686 463 36	2.321 693 78
11	0.790 933 76	1.661 754 28	0.269 890 05	1.711 893 02	2.481 361 08
12	0.796 400 19	1.644 205 22	0.258 572 39	1.754 989 83	2.521 662 36
13	0.743 401 50	1.406 235 65	0.229 951 18	1.798 017 43	2.472 926 63

综合表 3-8 和表 3-9 列出的计算结果,同时结合其他测站组合的模拟计算数据,可得到地球自转参数测定测站配置的以下几点结论:

(1)测站配置应尽可能地增大测站间的距离。计算结果表明,基于天顶摄影定位测量的地球自转参数测定,测站配置应尽可能地增大测站间的距离。例如,表 3-8 列出的哈尔滨、三亚、乌鲁木齐 3 个测站配置的计算结果,明显优于表 3-9 列出的白山、三亚、库尔勒 3 个测站配置的计算结果。

(2)我国境内的测站仅有益于极参数 y_p 的测定。只能在我国境内设置测站时,仅仅有利于极坐标 y_p 的测定,非常不利于参数 ΔUT1 与极坐标 x_p 的测定,尤其是极坐标 x_p 的测定。一般情况下,极坐标 y_p 的测定精度比极坐标 x_p 的精度高 2~2.5 倍;比参数 ΔUT1 的精度高

1.6～1.8 倍。

（3）测站配置应同时顾及站间经差、纬差影响。分析表 3-6 中列出的各种测站组合形式的计算结果可知，测站配置时应同时顾及各测站之间的经差、纬差配置，即测站配置既要考虑到东、西方向上的分布，也应顾及南、北方向上的分布。根据表 3-8、表 3-9 列出的计算结果，基于数字天顶摄影定位的地球自转参数测定，我国境内的测站应尽量均匀布设，用于地球自转参数测定的测站不宜少于 6 个。考虑到天候条件的限制，可能情况下应尽量多些配置。

3.4　地球自转参数测定的模拟计算

地球自转参数测定的模拟计算，算例设置及不同测站组合的地球自转参数计算，均采用附录 A 给出的算例及算法（即观测值验后方差估计）。各测站观测值（$\Delta\varphi_i$，$\Delta\lambda_i$）中的偶然误差按照计算机正态分布随机误差生成方法产生，其中，观测值 $\Delta\varphi_i$ 中的偶然误差按均方根差 $0.05''$ 生成；观测值 $\Delta\lambda_i$ 中的偶然误差按均方根差 $0.075''$ 生成。各测站组合取表 3-7 中第一种类型中组号 2～13 的测站组合。考虑到观测值中偶然误差的随机性，各测站组合均进行 1 000 次计算，并根据 1 000 次模拟计算结果进行地球自转参数计算的精度估算，计算结果见表 3-10。

表 3-10　地球自转参数测定模拟计算（1 000 次）结果精度统计数据（一）

测站组合	ΔUT1 计算结果			极坐标 x_p 计算结果			极坐标 y_p 计算结果		
	最大差值 s	最小差值 s	均方根差 s	最大差值 (″)	最小差值 (″)	均方根差 (″)	最大差值 (″)	最小差值 (″)	均方根差 (″)
2	0.013 103	0.000 004	0.005 906	0.266 016	0.000 029	0.106 124	0.197 490	0.000 018	0.045 262
3	0.012 518	0.000 016	0.005 602	0.265 113	0.000 077	0.109 347	0.166 669	0.000 021	0.039 596
4	0.012 776	0.000 009	0.005 729	0.272 979	0.000 006	0.110 773	0.175 200	0.000 222	0.038 333
5	0.013 168	0.000 005	0.005 729	0.291 280	0.000 054	0.094 616	0.178 460	0.000 091	0.039 828
6	0.011 577	0.000 004	0.004 666	0.233 154	0.000 011	0.093 242	0.106 932	0.000 067	0.033 512
7	0.010 382	0.000 018	0.004 102	0.215 549	0.000 025	0.083 807	0.124 275	0.000 017	0.032 592
8	0.011 052	0.000 012	0.004 021	0.234 480	0.000 072	0.087 046	0.110 393	0.000 050	0.031 085
9	0.010 986	0.000 001	0.004 035	0.229 188	0.000 049	0.086 682	0.107 321	0.000 178	0.029 727
10	0.012 373	0.000 002	0.003 379	0.253 450	0.000 091	0.072 554	0.123 018	0.000 021	0.024 322
11	0.013 306	0.000 002	0.003 427	0.337 893	0.000 091	0.077 367	0.100 751	0.000 019	0.023 740
12	0.013 182	0.000 002	0.003 479	0.326 823	0.000 127	0.077 801	0.100 562	0.000 082	0.022 976
13	0.010 854	0.000 000	0.003 407	0.227 445	0.000 150	0.072 620	0.085 358	0.000 002	0.023 285

注：表中差值为计算值与已知值的差，其中 ΔUT1 的计算结果以时秒（s）为单位，极坐标 x_p、y_p 的计算结果以角秒（″）为单位。

鉴于天候条件对天文测量的制约，考虑到我国的实际天气条件，在表 3-10 所列的计算结果基础上，去除黄山市、三亚市两个测站，并按如下设置进行不同测站组合的地球自转参数模拟计算。

（1）哈尔滨、乌鲁木齐、昆明、拉萨；

（2）哈尔滨、乌鲁木齐、北京、昆明、拉萨；

（3）哈尔滨、乌鲁木齐、西安、昆明、拉萨；

（4）哈尔滨、乌鲁木齐、兰州、昆明、拉萨；

（5）哈尔滨、乌鲁木齐、北京、西安、昆明、拉萨；

（6）哈尔滨、乌鲁木齐、北京、兰州、昆明、拉萨；

（7）哈尔滨、乌鲁木齐、西安、兰州、昆明、拉萨；

（8）哈尔滨、乌鲁木齐、北京、西安、兰州、昆明、拉萨。

计算结果列于表 3-11，表中符号含义及数据单位与表 3-10 中的相同。

表 3-11　地球自转参数测定模拟计算(1 000 次)结果精度统计数据(二)

测站组合	$\Delta UT1$ 计算结果			极坐标 x_p 计算结果			极坐标 y_p 计算结果		
	最大差值 s	最小差值 s	均方根差 s	最大差值 (″)	最小差值 (″)	均方根差 (″)	最大差值 (″)	最小差值 (″)	均方根差 (″)
(1)	0.014 435	0.000 001	0.005 320	0.311 219	0.000 052	0.107 744	0.150 190	0.000 020	0.028 472
(2)	0.016 281	0.000 038	0.004 797	0.340 352	0.000 172	0.092 508	0.131 600	0.000 019	0.027 684
(3)	0.016 382	0.000 004	0.004 982	0.367 739	0.000 008	0.102 102	0.182 687	0.000 002	0.026 670
(4)	0.016 062	0.000 011	0.005 054	0.338 271	0.000 234	0.102 375	0.101 294	0.000 028	0.024 869
(5)	0.018 201	0.000 000	0.004 492	0.395 287	0.000 115	0.088 003	0.139 286	0.000 015	0.026 557
(6)	0.017 229	0.000 011	0.004 596	0.365 772	0.000 438	0.089 439	0.126 127	0.000 000	0.025 453
(7)	0.018 089	0.000 002	0.004 599	0.388 775	0.000 066	0.093 895	0.116 257	0.000 080	0.023 982
(8)	0.018 670	0.000 004	0.004 224	0.392 410	0.000 199	0.083 215	0.108 561	0.000 014	0.023 777

表 3-10 与表 3-11 列出的模拟计算结果，可作为我国境内的测站选择的数据参考。测站的实际配置，也可根据附录 A 给出的计算方法编制相应的计算程序，进行不同测站组合的数值模拟计算，以确定最佳的测站配置方案。

3.5　地球自转参数 $\Delta UT1$ 的单测站测定

3.5.1　单测站测定 $\Delta UT1$ 的数据处理

对于一些特殊的工程需求，在精度要求较低（例如误差为 ±50 ms）的情况下，也可采用单测站设站观测的方法测定地球自转参数 $\Delta UT1$。对于多测站配置的地球自转参数测定，考虑到天候条件的影响，有时也会出现只有一个测站可以观测，其他测站均无法观测的窘境，此时也需要进行单测站测定 $\Delta UT1$ 的数据处理。

由式(3.2)第二式可得单测站测定参数 $\Delta UT1$ 的数学模型为

$$\Delta t = \lambda - \lambda_0 - (x_p \sin\lambda + y_p \cos\lambda)\tan\varphi \tag{3.18}$$

其中

$$\Delta UT1 = k_1 \Delta t \tag{3.19}$$

式中:λ——以 UTC 时间为基准测得的测站天文经度;

λ_0——测站点天文经度精确的已知值;

k_1——系数,$k_1 = 0.997\,269\,58$。

由式(3.18)可知,单测站测定地球自转参数 ΔUT1,数据处理的核心是如何处理极移参数的影响。设极移参数对 ΔUT1 测定的影响为 Δt_y,则由式(3.18)可得

$$\Delta t_y = -k_1(x_p \sin\lambda + y_p \cos\lambda)\tan\varphi \tag{3.20}$$

显然,极移参数对 ΔUT1 的影响不仅与极移参数的大小有关,而且与测站的位置有关。为了对极移参数的影响有一数量的认识,作为参考,表 3 - 12 列出了 2018 年 6 月 30 日—2019 年 9 月 4 日期间共 432 天极移参数的影响值,表中数据以时秒(s)为单位。

表 3 - 12　单测站测定地球自转参数 ΔUT1 的极移参数影响

测站纬度/(°)	测站经度 λ=86°			测站经度 λ=110°			测站经度 λ=125°		
	最大值/s	最小值/s	平均值/s	最大值/s	最小值/s	平均值/s	最大值/s	最小值/s	平均值/s
10	0.005 165	0.003 202	0.004 316	0.004 043	0.002 138	0.003 133	0.003 494	0.001 554	0.002 521
20	0.010 661	0.006 610	0.008 909	0.008 346	0.004 413	0.006 468	0.007 212	0.003 208	0.005 204
30	0.016 911	0.010 485	0.014 132	0.013 239	0.007 000	0.010 259	0.011 440	0.005 089	0.008 255
40	0.024 578	0.015 239	0.020 539	0.019 240	0.010 191	0.014 910	0.016 627	0.007 396	0.011 998
50	0.034 907	0.021 643	0.029 171	0.027 327	0.014 450	0.021 177	0.023 615	0.010 504	0.017 041

由表 3 - 12 列出的计算结果可知,单测站测定地球自转参数 ΔUT1,极移参数是不可或缺的影响量,尤其是在高纬度的测站上进行测定。例如,在纬度 $\varphi = 50°$、经度 $\lambda = 110°$ 的测站上,上述期间内极移参数的最大影响达 27.327 ms,最小影响也达到了 14.450 ms,432 天的平均影响为 21.177 ms。显然,要确保单测站测定 ΔUT1 的精度,数据处理必须认真解决极移参数的影响问题。

3.5.2　极移参数的获取

单测站 ΔUT1 测定极移改正计算所需的极移参数,一般可通过以下几种途径获取。

(1)国际地球自转和参考系服务(IERS)定期发布的地球自转参数预报值;

(2)根据极移参数实测数据及 IERS 发布的历史数据进行的预报计算值;

(3)取 IERS 发布的地球自转参数 6 年平均值。

上述的第(2)种方法,详见第 5 章和第 6 章地球自转参数预报计算的相关内容介绍。这里仅对上述第(3)种方法涉及的有关问题进行简要讨论。

前已指出,地球自转轴在地球本体内运动引起的地极移动称作极移。地极在地面上的一个约 24 m×24 m 范围内,沿逆时针方向循近似圆的螺旋线作周期运动,绕行一周约 435 天。考虑到地极运动的这一特征,单测站测定 ΔUT1,按式(3.20)计算极移改正 Δt_y,无法获取极移参数精确值时,也可取最接近观测日的前 6 年极移参数平均值进行计算。这样可将极移参数对参数 ΔUT1 测定的影响控制在一个较小的范围内。

采用极移参数 6 年均值进行 ΔUT1 测定的极移改正,需要探讨的两个问题是:①极移参数 6 年平均值的量级及其变化;②以平均值进行 ΔUT1 测定的极移改正计算,引起的误差量级及其特征。

对于第一个问题,为了更清楚地说明,这里以 IERS 公布的 2006 年 1 月 1 日—2019 年 12 月 31 日期间的极移参数值为基准,按 0.5 年的时间间隔逐次移动计算,取 6 年的极移参数值及其平均值,并进行差值(即参数值与平均值之差)的数据统计。极坐标 x_p、y_p 的计算结果分别列于表 3-13 和表 3-14。

表 3-13 极坐标(x_p)6 年平均值计算的数据统计结果

开始时间	6 年内参数值的数据统计			相对 6 年平均值的差值统计		
	最大值/(″)	最小值/(″)	平均值/(″)	最大值/(″)	最小值/(″)	均方根差/(″)
2006-1-1	0.299 264	−0.134 834	0.079 052	0.220 212	−0.213 886	0.114 334
2006-7-1	0.299 264	−0.134 834	0.074 659	0.224 605	−0.209 493	0.115 029
2007-1-1	0.299 264	−0.134 834	0.083 228	0.216 036	−0.218 062	0.114 695
2007-7-1	0.299 264	−0.134 834	0.085 321	0.213 943	−0.220 155	0.112 028
2008-1-1	0.299 264	−0.134 834	0.086 254	0.213 010	−0.221 088	0.108 869
2008-7-1	0.299 264	−0.134 834	0.093 319	0.205 945	−0.228 153	0.100 763
2009-1-1	0.275 672	−0.134 834	0.088 900	0.186 772	−0.223 734	0.094 437
2009-7-1	0.275 672	−0.071 151	0.096 694	0.178 979	−0.167 845	0.083 578
2010-1-1	0.235 347	−0.071 151	0.092 970	0.142 377	−0.164 121	0.078 954
2010-7-1	0.235 347	−0.046 204	0.097 064	0.138 283	−0.143 268	0.074 351
2011-1-1	0.237 559	−0.046 204	0.097 335	0.140 224	−0.143 539	0.074 611
2011-7-1	0.237 559	−0.025 306	0.100 795	0.136 764	−0.126 101	0.070 954
2012-1-1	0.241 460	−0.025 306	0.103 703	0.137 757	−0.129 009	0.074 071
2012-7-1	0.241 460	−0.025 306	0.105 238	0.136 222	−0.130 544	0.073 342
2013-1-1	0.241 460	−0.025 306	0.108 684	0.132 776	−0.133 990	0.076 000

表 3-14 极坐标(y_p)6 年平均值计算的数据统计结果

开始时间	6 年内参数值的数据统计			相对 6 年平均值的差值统计		
	最大值/(″)	最小值/(″)	平均值/(″)	最大值/(″)	最小值/(″)	均方根差/(″)
2006-1-1	0.542 675	0.134 236	0.343 511	0.199 164	−0.209 275	0.107 419
2006-7-1	0.542 675	0.134 236	0.340 228	0.202 447	−0.205 992	0.108 436
2007-1-1	0.542 675	0.134 236	0.345 784	0.196 891	−0.211 548	0.107 265
2007-7-1	0.542 675	0.134 236	0.338 984	0.203 691	−0.204 748	0.103 321
2008-1-1	0.542 675	0.134 236	0.344 262	0.198 413	−0.210 026	0.099 166
2008-7-1	0.541 868	0.134 236	0.340 506	0.201 362	−0.206 270	0.092 965
2009-1-1	0.541 868	0.146 181	0.344 719	0.197 149	−0.198 538	0.084 440
2009-7-1	0.533 629	0.191 754	0.345 264	0.188 365	−0.153 510	0.077 051
2010-1-1	0.484 349	0.192 853	0.344 021	0.140 328	−0.151 168	0.071 999
2010-7-1	0.497 953	0.194 482	0.350 383	0.147 570	−0.155 901	0.071 696
2011-1-1	0.497 953	0.194 482	0.349 705	0.148 249	−0.155 223	0.069 860

续表

开始时间	6年内参数值的数据统计			相对6年平均值的差值统计		
	最大值/(″)	最小值/(″)	平均值/(″)	最大值/(″)	最小值/(″)	均方根差/(″)
2011-7-1	0.497 953	0.249 879	0.356 036	0.141 917	−0.106 157	0.066 947
2012-1-1	0.497 953	0.233 274	0.351 839	0.146 114	−0.118 565	0.068 310
2012-7-1	0.497 953	0.233 274	0.356 156	0.141 797	−0.122 882	0.068 808
2013-1-1	0.497 953	0.233 274	0.355 535	0.142 418	−0.122 261	0.069 646

表 3-13 和表 3-14 列出的计算结果表明,极移参数的 6 年平均值虽有变化,但变化较为缓慢。例如表 3-13 列出的极坐标 x_p,其平均值在 $0.074''\sim0.109''$ 之间,相差仅为 $0.035''$;表 3-14 列出的极坐标 y_p,其平均值在 $0.338''\sim0.357''$ 之间,相差仅为 $0.019''$。正是基于这一基本特征,参数 $\Delta UT1$ 的单测站测定,才可以取观测日前 6 年的极移参数平均值进行相应的极移改正计算。

关于取 6 年极移参数平均值进行 $\Delta UT1$ 极移改正计算引起的误差,这里以表 3-12 中的相同算例进行计算分析。计算中取 2018 年 6 月 30 日前 6 年的极移参数平均值进行极移改正计算,并与其后 432 天的极移改正值进行比较,计算结果的数据统计见表 3-15,表中数据以时秒(s)为单位。

表 3-15 以极移参数 6 年平均值进行极移改正的误差数据统计

测站纬度/(°)	测站经度 λ=86°			测站经度 λ=110°			测站经度 λ=125°		
	最大差值/s	最小差值/s	差值均值/s	最大差值/s	最小差值/s	差值均值/s	最大差值/s	最小差值/s	差值均值/s
10	0.001 049	0.000 001	0.000 065	0.001 097	0.000 000	−0.000 097	0.001 158	0.000 000	−0.000 191
20	0.002 164	0.000 001	0.000 135	0.002 265	0.000 001	−0.000 200	0.002 391	0.000 000	−0.000 394
30	0.003 433	0.000 001	0.000 214	0.003 593	0.000 000	−0.000 316	0.003 792	0.000 001	−0.000 626
40	0.004 990	0.000 001	0.000 311	0.005 222	0.000 001	−0.000 460	0.005 512	0.000 001	−0.000 909
50	0.007 087	0.000 004	0.000 441	0.007 417	0.000 002	−0.000 653	0.007 828	0.000 001	−0.001 292

由表 3-15 列出的计算结果统计数据可知,取 6 年极移参数平均值进行 $\Delta UT1$ 测定,极移改正引起的误差随测站纬度的变化而变化,纬度愈高影响愈大。表中列出的差值平均值之所以很小,主要是计算采用的 432 天所致。短时间内的误差具有较强的一致性,例如表 3-14 所给的算例中,在 $\varphi=30°$、$\lambda=110°$ 的测站上,以 2018 年 6 月 30 日前 6 年极移参数平均值进行 $\Delta UT1$ 的极移改正计算,在 2018 年 7 月 1 日—2018 年 7 月 10 日的 10 天内,引起的误差为 $1.512\sim1.946$ ms,平均值为 1.691 ms。这一特征在后续第 6 章关于单测站测定 $\Delta UT1$ 的实测数据处理中也得到了充分验证,这里不再赘述。

3.6　精密天文定位的地球固体潮影响计算

地球自转参数测定的高精度天文定位测量,地球固体潮影响是一个不可忽略的因素。显然,对于地球自转参数测定的高精度天顶摄影定位,也应考虑地球固体潮对定位结果的影响。

地球固体潮是指地球在日、月引力作用下引起的地球弹性形变[6]。地球固体潮对天文定位测量的影响,可通过日、月在天球上的位置及勒夫数予以推算。设地球固体潮对天文定位的影响为 $\delta\varphi$、$\delta\lambda$,其计算模型[4]为

$$\left.\begin{array}{l} \delta\varphi = \Delta\theta_{m}\sin Z_{m}\cos A_{m} + \Delta\theta_{s}\sin Z_{s}\cos A_{s} \\ \delta\lambda = [\Delta\theta_{m}\sin Z_{m}\sin A_{m} + \Delta\theta_{s}\sin Z_{s}\sin A_{s}]\sec\varphi \end{array}\right\} \qquad (3.21)$$

$$\left.\begin{array}{l} \Delta\theta_{m} = a_1 F(\varphi)(c_m/r_m)^3\cos Z_m + a_2 F^2(\varphi)(c_m/r_m)^4(5\cos Z_m - 1) \\ \Delta\theta_{s} = a_3 F(\varphi)(c_s/r_s)^3\cos Z_s \end{array}\right\} \qquad (3.22)$$

实际计算中令 $\delta\varphi$、$\delta\lambda$ 以毫角秒(mas)为单位,取我国学者萧耐园根据 PERM 地球模型计算的勒夫数 $\Lambda_2 = 1.221\,7$,这里 $\Lambda_2 = 1 + k_2 - l_2$,可得

$$\left.\begin{array}{l} a_1 = -42.476 \\ a_2 = -0.352 \\ a_3 = -19.507 \\ F(\varphi) = 0.998\,332 + 0.001\,668\cos 2\varphi \end{array}\right\} \qquad (3.23)$$

式(3.21)和式(3.22)中的 Z_m、Z_s 分别为月亮和太阳的天顶距,可按下述两式计算求得:

$$\begin{aligned} \cos Z_m = {} & \sin\varphi(\sin\varepsilon\sin\lambda_m\cos\beta_m + \cos\varepsilon\sin\beta_m) + \\ & \cos\varphi[\cos\lambda_m\cos\beta_m\cos\vartheta + \\ & \sin\vartheta(\cos\varepsilon\sin\lambda_m\cos\beta_m - \sin\varepsilon\sin\beta_m)] \end{aligned} \qquad (3.24)$$

$$\begin{aligned} \cos Z_s = {} & \sin\varphi(\sin\varepsilon\sin\lambda_s\cos\beta_s + \cos\varepsilon\sin\beta_s) + \\ & \cos\varphi[\cos\lambda_s\cos\beta_s\cos\vartheta + \\ & \sin\vartheta(\cos\varepsilon\sin\lambda_s\cos\beta_s - \sin\varepsilon\sin\beta_s)] \end{aligned} \qquad (3.25)$$

当式(3.24)、式(3.25)中的 ϑ 为地方恒星时,有

$$\vartheta = T + h + \lambda - 180° \qquad (3.26)$$

式(3.21)中的 A_m、A_s 为月亮和太阳的地心方位角。式中与方位角 A_m、A_s 有关的各项计算按下述诸式进行:

$$\begin{aligned} \sin Z_m\cos A_m = {} & -\cos\varphi(\cos\varepsilon\sin\lambda_m\cos\beta_m + \cos\varepsilon\sin\beta_m) + \\ & \sin\varphi[\sin\lambda_m\sin\beta_m + \cos\vartheta(\cos\varepsilon\sin\beta_m - \\ & \sin\varepsilon\sin\lambda_m\cos\beta_m)] \end{aligned} \qquad (3.27)$$

$$\sin Z_m\sin A_m = (\cos\lambda_m\cos\beta_m - \cos\vartheta\cos\theta_m)/\sin\vartheta \qquad (3.28)$$

$$\sin Z_s\cos A_s = -\cos\varphi\sin\lambda_s\sin\varepsilon + \sin\varphi(\cos\lambda_s\cos\vartheta + \sin\lambda_s\sin\vartheta\cos\varepsilon) \qquad (3.29)$$

$$\sin Z_s\sin A_s = [\cos\lambda_s - \cos\vartheta(\cos\lambda_s\cos\vartheta + \sin\lambda_s\sin\vartheta\cos\varepsilon)]/\sin\vartheta \qquad (3.30)$$

式(3.27)~式(3.30)中的 $\cos\theta_m$ 按下式计算:

$$\cos\theta_m = \cos\lambda_s\cos\beta_s\cos\vartheta + \sin\vartheta(\cos\varepsilon\sin\lambda_s\cos\beta_s - \sin\varepsilon\sin\beta_s) \qquad (3.31)$$

上述式(3.22)中的月亮至地球的平均距离与瞬时距离之比的三次方项 $(c_m/r_m)^3$ 及四次方项 $(c_m/r_m)^4$,式(3.24)、式(3.25)中的月亮真黄经(λ_m)和真黄纬(β_m),均可展开为幅角为五个天文参数(描述日、月相对地球运动轨道的基本参数)线性组合的谐波和。若 $(c_m/r_m)^3$ 表达式中的各项(余弦)系数准确至 1×10^{-6},$(c_m/r_m)^4$ 表达式中的各项(余弦)系数准确至 $1\times$

10^{-4}，λ_m、β_m 表达式中的各项（正弦）系数准确至 1×10^{-6} 弧度，则有

$$
\left.
\begin{aligned}
(c_m/r_m)^3 &= 1.004\ 736 + \sum_{i=1}^{77} k_i \cos(a_i s + b_i h + c_i p + d_i N' + e_i p_s) \\
(c_m/r_m)^4 &= 1.009\ 5 + \sum_{i=1}^{45} k_i \cos(a_i s + b_i h + c_i p + d_i N' + e_i p_s) \\
\lambda_m &= s + \sum_{i=1}^{101} k_i \sin(a_i s + b_i h + c_i p + d_i N' + e_i p_s) \\
\beta_m &= \sum_{i=1}^{76} k_i \sin(a_i s + b_i h + c_i p + d_i N' + e_i p_s)
\end{aligned}
\right\}
\tag{3.32}
$$

式中，s、h、p、N'、p_s 为描述太阳和月亮相对地球运动轨道的基本参数。其中，s 为月亮的平黄经；h 为太阳的平黄经；p 为月亮近地点的平黄经；$N' = -N$，N 为月亮升交点的平黄经；p_s 为太阳近地点的平黄经。

上述用以描述太阳和月亮相对地球运动轨道的基本参数，可根据历元 2000.0 至测量瞬间的儒略世纪数：

$$
T = \frac{JD_t - 2\ 451\ 545}{36\ 525}
\tag{3.33}
$$

按下式（顾及至 T 的二次方项）进行计算，计算结果以度为单位。

$$
\left.
\begin{aligned}
s &= 218.316\ 43 + 481\ 267.881\ 28T - 0.001\ 61T^2 \\
h &= 280.466\ 07 + 36\ 000.769\ 80T + 0.000\ 30T^2 \\
p &= 83.353\ 45 + 4\ 069.013\ 88T - 0.010\ 31T^2 \\
N' &= 125.044\ 52 - 1\ 934.136\ 26T + 0.002\ 07T^2 \\
p_s &= 282.938\ 35 + 1.719\ 46T + 0.000\ 46T^2
\end{aligned}
\right\}
\tag{3.34}
$$

式（3.33）中的 JD_t 为定位测量时的儒略日，1901—2099 年的儒略日可按下式计算：

$$
\begin{aligned}
JD_t = &\ 1\ 721\ 013.5 + 367y - fix\{7[y + fix((m+9)/12)]/4\} + \\
&\ fix(275m/9) + d + T/24
\end{aligned}
\tag{3.35}
$$

式中：y ——年序号；

m ——月序号；

d ——以世界时为准的日序号；

T ——定位观测的世界时。

由于地球轨道参数比较简单，故式（3.22）中的 c_s/r_s 及太阳的真黄经 λ_s 可按下式进行计算：

$$
\left.
\begin{aligned}
c_s/r_s &= 1 + 0.016\ 750\cos(h - p_s) + 0.000\ 28\cos2(h - p_s) + \\
&\quad 0.000\ 005\cos3(h - p_s) \\
\lambda_s &= h + 0.033\ 501\sin(h - p_s) + 0.000\ 351\sin2(h - p_s) + \\
&\quad 0.000\ 005\sin3(h - p_s)
\end{aligned}
\right\}
\tag{3.36}
$$

式(3.32)中的系数$(k_i、a_i、b_i、c_i、d_i、e_i)$值有专用的用表,详见附录 B 中的表 F-7~表F-9(取自参考文献[7]第十一章的附录表)。其中,表 F-7 为计算月亮轨道参数 $(c_m/r_m)^3$、$(c_m/r_m)^4$ 的用表;表 F-8 为计算月亮真黄经(λ_m)的用表;表 F-9 为计算月亮真黄纬(β_m)的用表。为便于表示,表中将 $a\sim e$ 五个数按如下形式:

$$(a+5)(b+5).(c+5)(d+5)(e+5) \tag{3.37}$$

组合成一个带小数点的幅角数表示。$a\sim e$ 五个数中的每个数,一般情况下在 $-4\sim4$ 的范围内变化。个别情况下,当某个数加 5 后为 10 时,附表中用 X 表示;当加 5 后为 11 时,附表中用 Y 表示;当加 5 后为 -1 时,附表中用 E 表示。

分析式(3.31)~式(3.33)中的数值可知,在我国境内,地球固体潮的影响,对天文纬度的影响最大不超过$\pm0.035''$;最不利情况(取$\varphi=55°$)下对天文经度的影响也不会超过±0.004 s。

3.7　天顶摄影定位测量中的其他几个问题说明

3.7.1　各测站测量数据的使用问题

天顶摄影定位测量设备为光学测量设备,必须在晴朗的夜晚进行观测。显然,布设于我国境内的各个测站,大多数情况下都不可能保证同一夜晚均为晴天,实现完整的天文定位观测。不过整体来看,短时间内地球自转参数的变化不大,这可由 IERS 发布的 2012 年 7 月 12 日—2020 年 7 月 7 日的地球自转参数的日变化量(见表 3-16~表 3-18)中清楚地看出。

表 3-16 列出的是参数 ΔUT2R$(2\sim7$ d)的平均日变化量,表 3-17 列出的是极坐标 $x_p(2\sim7$ d)的平均日变化量,表 3-18 列出的是极坐标 $y_p(2\sim7$ d)的平均日变化量。鉴于此,考虑到天顶摄影定位的实际测量精度$(0.05''\sim0.1'')$,同时考虑到地球自转参数 ΔUT1 测定的精度需求,各测站的定位测量一般可将 $2\sim3$ d 内的数据作为同一时间段内的数据进行统一处理。

表 3-16　参数 ΔUT2R 平均日变化量计算及不同区间的个数统计

日数/d	计算次数	ΔUT2R 平均日变化量/$(s\cdot d^{-1})$				日变化量不同区间的个数统计		
		最大值 P_z	最小值	平均值 P_0	P_1 值	$[0\ \ P_0]$	$(P_0\ \ P_1]$	$(P_1\ \ P_z]$
2	1 250	0.000 942	0.000 123	0.000 451	0.000 697	643	550	57
3	833	0.001 256	0.000 179	0.000 601	0.000 929	428	368	37
4	625	0.001 400	0.000 206	0.000 676	0.001 038	323	276	26
5	500	0.001 461	0.000 217	0.000 721	0.001 091	261	214	25
6	416	0.001 532	0.000 271	0.000 752	0.001 142	211	184	21
7	357	0.001 594	0.000 281	0.000 773	0.001 184	184	159	14

注:表中 P_0 为日变化量的平均值,P_z 为日变化量最大值,P_1 是按 $P_1=(P_0+P_z)/2$ 计算的值。

表 3-17　**极移参数(x_p)平均日变化量计算及不同区间的个数统计**

日数/d	计算次数	参数值的日变化量/($'' \cdot d^{-1}$)				日变化量不同区间的个数统计		
		最大值 P_z	最小值	平均值 P_0	P_1 值	[0　P_0]	(P_0　P_1)	(P_1　P_z]
2	1 250	0.001 727	0.000 001	0.000 579	0.001 153	642	530	78
3	833	0.002 228	0.000 013	0.000 770	0.001 499	446	333	54
4	625	0.002 490	0.000 018	0.000 860	0.001 675	334	252	39
5	500	0.002 647	0.000 029	0.000 919	0.001 783	256	213	31
6	416	0.002 689	0.000 030	0.000 958	0.001 824	218	171	27
7	357	0.002 680	0.000 053	0.000 979	0.001 830	187	143	27

注:表中 P_0 为日变化量的平均值,P_z 为日变化量最大值,P_1 是按 $P_1 = (P_0 + P_z)/2$ 计算的值。

表 3-18　**极移参数(y_p)平均日变化量计算及不同区间的个数统计**

日数/d	计算次数	参数值的日变化量/($'' \cdot d^{-1}$)				日变化量不同区间的个数统计		
		最大值 P_z	最小值	平均值 P_0	P_1 值	[0　P_0]	(P_0　P_1)	(P_1　P_z]
2	1 250	0.001 413	0.000 001	0.000 524	0.000 968	655	495	100
3	833	0.001 772	0.000 014	0.000 698	0.001 235	418	334	81
4	625	0.001 938	0.000 030	0.000 782	0.001 360	324	230	71
5	500	0.002 111	0.000 057	0.000 834	0.001 473	247	204	49
6	416	0.002 165	0.000 062	0.000 867	0.001 519	211	167	38
7	357	0.001 988	0.000 057	0.000 890	0.001 439	179	125	53

注:表中 P_0 为日变化量的平均值,P_z 为日变化量最大值,P_1 是按 $P_1 = (P_0 + P_z)/2$ 计算的值。

3.7.2　测站点天文坐标精确值的获取问题

基于数字天顶摄影定位的地球自转参数测定,参数解算的基础数据是测站点上以世界协调时 UTC 为基准的定位结果与测站点天文坐标已知值的差($\Delta\varphi, \Delta\lambda$)值。显然,要确保参数的解算精度,在努力提高以世界协调时 UTC 为基准的定位结果精度外,还必须努力提高测站点天文坐标已知值的测量精度。

在目前还没有天文定位更高测量技术手段的情况下,可采用配置在测站上的天顶摄影定位系统,按照多时间段、多循环测量的方法进行测定。例如,按照现行《天顶摄影定位作业规范》规定的"1+4"的观测模式,进行 9 个以上时间段的观测等。这样得到的测站的定位结果,不仅可以较好地减弱偶然误差的影响,对于天顶摄影定位存在的系统误差,也可在地球自转参数测定的求差过程中得到较好的消除。

此外,按照我国《大地天文测量规范》的作业规定,测站点天文纬度测定值一般应按下式归算至平均海水面,即

$$\varphi = \varphi_d - 0.000\ 171'' H \sin 2\varphi \tag{3.38}$$

式中:φ_d ——天文纬度地面观测值;

φ ——归算至平均海水面的天文纬度值;

H ——地面测站高程,以 m 为单位。

由式(3.38)可知,天文纬度归算至平均海水面的计算仅与测站点的高程有关,故对于地球自转参数的测定,可将其作为测站定位存在的系统误差处理。这是因为,地球自转参数测定需要的观测值是各测站上的 $\Delta\varphi$、$\Delta\lambda$,即

$$\left.\begin{array}{l}\Delta\varphi = \varphi - \varphi_0 \\ \Delta\lambda = \lambda - \lambda_0\end{array}\right\} \tag{3.39}$$

式中:λ、φ ——各测站以 UTC 时间为基准测得的天文经、纬度;

λ_0、φ_0——各测站天文经、纬度精确值(即以 UT1 时间为基准的测定值)。

显然,各测站通过求差可消除天文纬度归算至平均海水面的影响。因此,地球自转参数测定的天顶摄影定位测量,不必考虑天文纬度至平均海水面的归算问题。

3.7.3 测站位置选择问题

天顶摄影定位测量通过两个环节实现:一是通过天顶摄影仪(以下简称仪器)对称位置上对测站天顶星空恒星影像的拍摄,实现仪器旋转轴方向天文经纬度的精确测定;二是通过精密倾角仪在对称位置上观测得到的仪器旋转轴倾斜读数,实现仪器旋转轴方向至测站铅垂线方向的倾斜改正计算。因此,仪器旋转轴倾斜量的精确测定,也是天顶摄影定位测量的一个重要环节,其重要程度并不亚于仪器旋转轴方向天文经纬度的测定。也可以说,没有高精度的倾斜测量,精确的天顶摄影定位测量是无法实现的。

为实现天顶摄影定位的精密倾斜测量,现有的仪器采用的一般都是德国 Lippmann 公司研制生产的 HRTM(High-Resolution Tiltmeter)型精密倾角仪,该产品是根据地球物理学和精密工程测量的需求而研制开发的一种高精度双轴倾角传感器。基于它高精度的机械构造及其智能化的功能操作,目前已广泛应用于精密工程测量、海底探测、地震预报测量等领域。

HRTM 型精密倾角仪采用物理摆和电容位移功能变换(精度为 10^{-9} mm)的三层片电容器传感设计。电容器片中间的铝合金摆锤起重力敏感元件的作用,摆锤两侧的电容器片用以敏感摆锤位置至电容器片间的距离。单轴结构如图 3-1 所示。

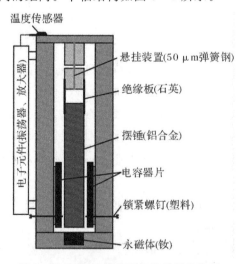

图 3-1 HRTM 精密倾角仪单轴结构图

HRTM 型精密倾角仪的三层片式电容器集成在结构紧凑的铝制外壳内,相应的电子元件(震荡器和放大器)固定在外壳的外侧面,摆锤用两个弹簧钢制板簧固定在外壳上。整个装置装在仪器外罩内,以保护倾角仪高度敏感的机械和电子元件不受外部影响,例如空气潮湿和碰触等。HRTM 型精密倾角仪的主要技术参数见表 3-19。

表 3-19　HRTM 型精密倾角仪主要技术参数

序号	项目	技术参数	序号	项目	技术参数
1	质量/kg	0.6	9	量化噪声	0.5 mV=0.05″
2	尺寸/mm	80×60×130	10	结构原理	三层片式电容器
3	测量范围	±2 mrad(412″)	11	扫描频率/Hz	100~1 000
4	分辨率	1nrad(0.000 2″)	12	固有频率/Hz	约 3
5	工作温度/℃	-10~40	13	通信接口	RS232、RS485
6	供电电压/V	12	14	信号转换分辨率/b	16
7	可用信号/V	±6	15	阻尼系统	电子反馈元件和电磁涡流阻尼器
8	量化单位	0.3 mV=0.03″	16	振荡时间/s	<2

该仪器通过使用一个锁相放大器,使之达到很高的信号分辨率;倾角传感器的信噪比很接近摆锤布朗运动的物理极限,使其可探测到很小的倾角变化,将其作为摆锤相对于外部电容器片的位置变化;传感器以 ±6 V 范围内的模拟电压为输出的可用信号,作为摆锤位置及倾角的衡量尺度;在可用的测量范围内,电压和倾角之间的关系呈线性关系;若超过可用范围,传感器信号就会失去控制而无法使用。

HRTM 型精密倾角仪虽然是一种智能化的高精度双轴倾角传感器,但实际测量中往往受到人为微地震的影响。这里的人为微地震是指道路交通、大型机器运行等外界动态影响引起地面产生的微振动。城市环境的人为微地震较大,农村地区和山区的人为微地震则小得多。通常情况下,人为微地震的水平摄动加速度会使倾角仪的摆锤产生振动,从而通过感应引起一个叠加于倾角仪倾角信号上的干扰信号。为了考察人为微地震对 HRTM 型精密倾角仪的读数影响,笔者分别在陕西省蓝田县境内的秦岭山区某试验场和西安市近郊区的西安航光仪器厂内,对其进行了静态读数测试试验。试验中通过编制的专用应用软件将倾斜仪读数的数据输出速率设置为 10 次/s,试验结果如下。

山区试验时将倾角仪固定于稳定平台上保持静止不动,并尽可能地减小周边环境的振动干扰,例如禁止附近道路上的车辆通行。试验按照数据采集 10 min、间隔 15 min 的方法进行,全部试验共采集 10 组数据。试验结果表明,读数的每组数据波动幅值都很小,最大波动不超过 0.45″。图 3-2 给出了其中波动最大的一组前 600 个数据(即 1 min 数据)的变化曲线。不过,每组数据都存在一定的线性漂移,漂移最大的一组为 2.5″。

城市近效区倾角仪读数试验在西安航光仪器厂(位于西安市高新开发区)的实验室内进行,方法与山区试验方法相同。读数试验共进行了 8 组数据的采集。8 组数据中,每组数据的波动都比山区的试验数据大得多,波动最大的一组高达 9″。图 3-3 给出的是波动较大一组中的前 600 个数据(即 1 min 数据)的变化曲线,最大波动值达到了 5.23″。此外每组数据也都存在明显的线性漂移,漂移量最大的一组达到了 3″。

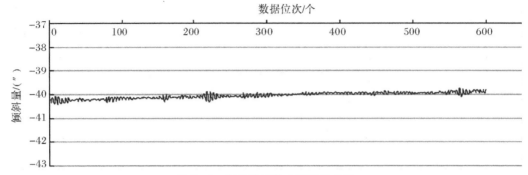

图 3 - 2 倾角仪读数山区试验示例

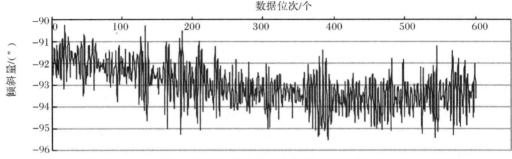

图 3 - 3 倾角仪读数城市近郊试验示例

大量实测数据表明,人为微地震对倾角仪读数的影响为短周期的干扰信号,因此,要精确测得恒星影像拍摄时的仪器旋转轴倾斜,必须对倾角仪读数进行相应数字滤波处理,最大限度地减弱这种短周期干扰信号的影响。对于 HRTM 型精密倾角仪,大量实测数据表明,采用如下线性函数平滑的数字滤波模型:

$$\overline{M}_i = \frac{1}{2m+1}(M_{i-m} + M_{i-m-1} + \cdots + M_i + \cdots + M_{i+m-1} + M_{i+m}) \qquad (3.40)$$

可较好地抑制人为微地震造成的短周期干扰。式(3.40)中的 m 为观测瞬间(i)的前、后读数个数,一般情况下读数个数愈多,短周期波动抑制得愈好。根据城市近郊区环境的试验,对于 HRTM 型精密倾角仪,为较好地抑制人为微地震引起的短周期干扰,天顶摄影定位测量一般取 10~20 s 读数的平均值为宜。目前定型的第一代天顶摄影定位系统,各拍摄位置倾角仪读数一律采用持续 12 s(每秒读数 8 次)读数,并在读数的中间进行恒星的影像拍摄。

采用上述方法进行倾斜测量,大量定位测量结果表明,按照"1+4"的作业模式,山区各循环定位结果相对其他地方各循环定位结果要稳定得多。按测站平差计算的测站定位精度,山区相对其他地方也小得多。分析其原因,与山区的人为微振动影响很小有着直接关系。因此,对于地球自转参数的测定,在可能情况下应尽量将测站布设在人为微振动小的地方(如远离城镇及交通要道的山区等),最大限度地提高仪器的倾斜测量精度,以确保测站天文定位的测量精度。

第4章　地球自转参数实测数据的平滑处理

基于天顶摄影定位测量的地球自转参数测定,考虑到仪器的实际定位精度及在我国境内测站布设的局限性,要获取地球自转参数高精度的实测数据是比较困难的。例如,即使采用表 3-6 给出的 11 个测站构成的观测网进行地球自转参数的测定,其地球自转参数的协因数也只能达到 $Q_u = 0.553\ 7$,$Q_{xx} = 0.874\ 0$,$Q_{yy} = 0.164\ 1$,若取单位权均方差 $\mu = 0.05''$,测得的 $\Delta UT1$ 的均方差为 2.480 ms,极坐标 x_p、y_p 的均方差则分别为 46.744 mas、20.255 mas。随着观测网中测站数的减少,参数的测定精度也必然将随之降低。例如采用表 3-7 中第 7 种测站配置构成的观测网观测,取单位权均方差 $\mu = 0.05''$,求得的参数 $\Delta UT1$ 及极坐标 x_p、y_p 的均方根差则分别为 3.207 ms、63.914 mas、30.142 mas。此外,受天气条件的制约,很多情况下天顶摄影定位测量可能无法正常进行,致使无法获得地球自转参数的连续实测数据,即每日一个数据的实测数据。考虑到天顶摄影定位测定地球自转参数的这些特征,一般情况下都需要对实测的不连续数据进行平滑处理。通过平滑处理实现:①以平滑处理构建的模型计算值代替实测数据,取得地球自转参数的连续实测数据;②以模型计算值代替实测值,使实测数据的精度达到一定程度的改善。

4.1　ΔUT1 参数短期数据变化分析

4.1.1　ΔUT1 数据处理常用的数据类型

地球自转参数 $\Delta UT1$ 的数据处理,一般不直接对其本身进行处理。通常情况下都是将其转换为参数 $\Delta UT1R$ 或 $\Delta UT2R$,再进行相关的数据处理。不过,无论采用这两种参数中的哪一种,都需要先移除 $\Delta UT1$ 数据中的闰秒影响,使之成为连续的数据序列(地球自转参数预报研究中,一般将用于预报计算的数据序列称为基础数据序列,简称基础序列,以下同)。为了便于区分,一些文献常将移除了闰秒影响而构成的 $\Delta UT1$ 数据标记为 $\Delta UT1\text{-}TAI$ 数据,并将由 $\Delta UT1\text{-}TAI$ 数据转换得到的 $\Delta UT1R$、$\Delta UT2R$ 数据,分别标记为 $\Delta UT1R\text{-}TAI$ 数据、$\Delta UT2R\text{-}TAI$ 数据。为便于书写,本书后续的相关介绍,凡是涉及的 $\Delta UT1$、$\Delta UT1R$、$\Delta UT2R$ 数据,除特别声明外均为移除了闰秒影响的数据。为便于后续介绍,这里首先对参数 $\Delta UT1R$ 和 $\Delta UT2R$ 作以简要介绍。

(1)参数 $\Delta UT1R$。按照国际地球自转和参考系服务(IERS)早期公约中的约定,参数

ΔUT1R 是指在 ΔUT1 参数中扣除了固体地球带谐潮项影响后得到的参数,即

$$\Delta UT1R = \Delta UT1 - \Delta D_t \tag{4.1}$$

式中:ΔD_t 为固体地球带谐潮项影响。ΔD_t 中包含了周期 5 天到 18.6 年等 62 个固体地球带谐潮项,其计算模型及方法详见附录 C 中的 C.1.1。

(2)参数 ΔUT2R。参照 IERS 早期公约关于 ΔUT1R 的约定,本书中的参数 ΔUT2R 则是指在 ΔUT1R 数据的基础上,再顾及季节变化对世界时 UT1 影响后得到的参数,即

$$\Delta UT2R = \Delta UT1R + \Delta T_s \tag{4.2}$$

式中:ΔT_s 为季节变化对世界时 UT1 的影响(世界时 UT1 顾及季节变化影响后得到的时间称为世界时 UT2)。ΔT_s 的计算模型详见附录 C 中的 C.1.2。

4.1.2 ΔUT1、ΔUT1R、ΔUT2R 参数短期数据变化特征

由 IERS 发布的 ΔUT1 精确数据可知,ΔUT1、ΔUT1R、ΔUT2R 三种参数的短期数据呈线性变化。为了更清楚地说明,这里取 IERS 发布的 EOP 14 C04 数据文件(ERP 数据摘录见附录 E)中 2018 年 1 月 1 日—2019 年 12 月 1 日的 ΔUT1 数据,并分别按照式(4.1)及式(4.2)将其转换为 ΔUT1R、ΔUT2R 数据。这 3 种参数 700 d 的数据变化如图 4-1 所示。

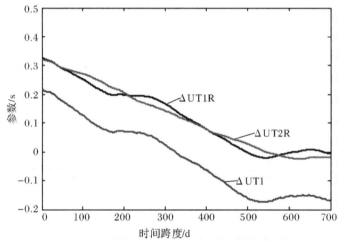

图 4-1 ΔUT1、ΔUT1R、ΔUT2R 数据变化曲线

由图 4-1 给出的 3 种参数 700 d 的数据变化曲线可知:①无论是 ΔUT1 参数还是 ΔUT1R、ΔUT2R 参数,其数据变化曲线虽存在一定程度的曲折变化,但短期数据变化均呈现线性变化趋势;②ΔUT2R 参数的数据变化,相对 ΔUT1 和 ΔUT1R 参数的数据变化更为平滑。

4.1.3 ΔUT1、ΔUT1R、ΔUT2R 参数短期数据的线性化分析

为了更深入地分析 ΔUT1、ΔUT1R、ΔUT2R 三种参数短期数据变化的线性化程度,这里取 EOP 14 C04 文件中 2012 年 7 月 1 日—2019 年 6 月 24 日的 ΔUT1 数据,按下述方法进行不同长度短期数据的线性化分析。

(1)取不同长度(见表 4-1)的 ΔUT1 短期数据序列,并按式(4.1)、式(4.2)计算出与

ΔUT1 数据对应的 ΔUT1R、ΔUT2R 数据。

（2）按最小二乘法拟合建立 3 种参数各长度短期数据序列的线性回归模型。

（3）计算线性回归模型值与已知值的最大差值、最小差值及均方根差。

（4）各长度短期数据序列一律按照间隔 10 d，依次移动计算 250 期（数据覆盖接近 7 年）。

（5）统计 250 期移动计算各长度短期数据序列线性回归模型值与已知值的最大差值、最小差值及均方根差中的最大值、最小值及平均值。

按上述规定计算的最后统计结果见表 4-1，表中数据均以时秒（s）为单位。

表 4-1　参数 ΔUT1、ΔUT1R、ΔUT2R 的线性回归计算结果的精度统计

序列长度/d	250 次计算中的	ΔUT1			ΔUT1R			ΔUT2R		
		最大差值/s	最小差值/s	均方根差/s	最大差值/s	最小差值/s	均方根差/s	最大差值/s	最小差值/s	均方根差/s
10	最大值	0.001 066	0.000 123	0.000 706	0.000 376	0.000 042	0.000 252	0.000 397	0.000 055	0.000 271
	最小值	0.000 044	0.000 000	0.000 029	0.000 015	0.000 000	0.000 011	0.000 004	0.000 000	0.000 002
	平均值	0.000 455	0.000 033	0.000 280	0.000 143	0.000 011	0.000 089	0.000 136	0.000 011	0.000 085
15	最大值	0.001 822	0.000 166	0.001 067	0.000 843	0.000 068	0.000 495	0.000 903	0.000 074	0.000 495
	最小值	0.000 152	0.000 000	0.000 093	0.000 028	0.000 000	0.000 017	0.000 035	0.000 000	0.000 019
	平均值	0.000 811	0.000 037	0.000 456	0.000 296	0.000 014	0.000 157	0.000 278	0.000 013	0.000 149
20	最大值	0.002 391	0.000 204	0.001 221	0.001 482	0.000 073	0.000 834	0.001 307	0.000 071	0.000 684
	最小值	0.000 290	0.000 000	0.000 172	0.000 057	0.000 000	0.000 031	0.000 076	0.000 000	0.000 040
	平均值	0.001 086	0.000 042	0.000 598	0.000 495	0.000 015	0.000 247	0.000 453	0.000 015	0.000 229
25	最大值	0.003 568	0.000 175	0.001 710	0.001 979	0.000 106	0.001 068	0.001 888	0.000 093	0.000 833
	最小值	0.000 369	0.000 000	0.000 243	0.000 078	0.000 000	0.000 043	0.000 097	0.000 000	0.000 047
	平均值	0.001 384	0.000 035	0.000 726	0.000 707	0.000 017	0.000 342	0.000 632	0.000 016	0.000 311
30	最大值	0.004 218	0.000 234	0.002 317	0.002 952	0.000 123	0.001 450	0.002 349	0.000 081	0.001 281
	最小值	0.000 548	0.000 000	0.000 286	0.000 090	0.000 000	0.000 047	0.000 140	0.000 000	0.000 055
	平均值	0.001 714	0.000 037	0.000 850	0.000 931	0.000 022	0.000 444	0.000 807	0.000 017	0.000 391
35	最大值	0.005 267	0.000 200	0.002 606	0.003 673	0.000 148	0.001 947	0.002 683	0.000 100	0.001 459
	最小值	0.000 497	0.000 000	0.000 301	0.000 155	0.000 000	0.000 076	0.000 127	0.000 000	0.000 070
	平均值	0.001 917	0.000 041	0.000 960	0.001 163	0.000 021	0.000 551	0.000 977	0.000 018	0.000 472
40	最大值	0.005 183	0.000 264	0.002 976	0.004 675	0.000 113	0.002 302	0.003 343	0.000 121	0.001 680
	最小值	0.000 789	0.000 000	0.000 383	0.000 159	0.000 000	0.000 081	0.000 226	0.000 000	0.000 107
	平均值	0.002 111	0.000 039	0.001 056	0.001 454	0.000 020	0.000 669	0.001 167	0.000 020	0.000 552

由表 4-1 列出的统计数据可清楚地看出，参数 ΔUT2R 无论是对于参数 ΔUT1，还是对于参数 ΔUT1R，短期数据变化都更为平滑。例如，根据 20 d 的短期数据序列构建的线性回归模型，依次移动 250 期计算的数据中，参数 ΔUT1 的均方根差最大值为 1.221 ms，而与之对应的参数 ΔUT1R、ΔUT2R 的均方根差的最大差值分别为 0.834 ms、0.684 ms。又如，根据 40 d 的短期数据序列构建的线性回归模型，依次移动 250 期计算的数据中，参数 ΔUT1 的均方根差最大值为 2.976 ms，而与之对应的参数 ΔUT1R、ΔUT2R 的均方根差的最大差值分别为

2.302 ms、1.680 ms。正因如此,参数 ΔUT1 的实测数据处理大多采用将 ΔUT1 实测数据转换为 ΔUT2R(或 ΔUT1R)数据的方法进行计算。

ΔUT1、ΔUT1R、ΔUT2R 参数短期数据变化的上述特征,对参数 ΔUT1 实测数据的平滑处理及其数值预报具有十分重要的意义。一是可将 ΔUT1 实测数据转换为 ΔUT2R 数据,通过对 ΔUT2R 数据的线性回归处理,以回归模型计算值代替实测值,改善数据的精度;二是以回归模型计算值代替实测值,实现 ΔUT2R 数据每日一个数值的连续化;三是可根据 IERS 发布的 ΔUT1 精确值,通过对短期数据的线性回归实现其短期数值预报。

4.2 ΔUT1 实测数据线性回归的模拟计算分析

4.2.1 线性回归模拟计算方法

鉴于 ΔUT2R 参数的短期数据变化较 ΔUT1 参数的短期数据变化更为平缓,ΔUT1 的实测数据处理一般通过将其转换为 ΔUT2R 数据的方法进行。由 ΔUT1 实测数据转换求得的 ΔUT2R 数据不仅含有偶然误差,也含有一定程度的系统误差。理论实践证明,系统误差无法通过线性回归的方法加以消除,故这里进行的线性回归模拟计算仅考虑偶然误差的影响。计算中的 ΔUT1 精确值取 EOP 14 C04 数据文件中 2012 年 7 月 1 日—2019 年 6 月 24 日的数据。模拟计算按如下程序进行:

(1)计算中的模拟值按"模拟值=精确值+偶然误差"计算求取。

(2)偶然误差以天顶摄影定位精度为基准,按生成正态分布随机数的方法获取。

(3)连续数据的模拟计算,短期数据序列长度分别取 15 d,20 d,…,60 d。

(4)不连续数据的模拟计算,短期数据序列长度,分别取 20 d,…,140 d,每个数据序列为间隔 1 d 的不连续数据,短期数据序列长度分别取 15 d,30 d,45 d,…,150 d,每个数据序列为间隔 2 d 的不连续数据。

(5)各长度短期数据序列的模拟计算,一律按间隔 10 d 依次移动计算 250 期,并进行各期移动计算的精度数据统计。

各长度短期数据序列依次移动计算的精度数据统计包括两部分内容:一是回归模型值与模拟值之间的最大差值、最小差值,以及根据差值计算的均方差;二是回归模型值与已知值之间的最大差值、最小差值,以及根据差值计算的均方根差。

天顶摄影定位测量一般按照"1+4"测量模式进行作业,即先进行 1 个循环的倾角仪状态参数测量,再进行 4 个循环的定位测量。定位计算按循环迭代的方法进行,即首先以倾角仪状态参数的经验值为基准进行各循环观测的定位结果解算,再以定位结果为基准进行倾角仪状态参数的解算,按此计算程序反复迭代直至得到定位结果及倾角仪状态参数的最后值。按此作业模式,在研仪器(即正在研制的专用天顶摄影定位系统,以下同)的定位精度(RMS)预期可达 $0.05''\sim0.075''$;已装仪器(即现已装备用户使用的天顶摄影定位系统,以下同)的定位精度一般为 $0.10''\sim0.15''$。为留有余地,以下模拟计算,在研仪器的定位精度取 $0.075''$(即 5 ms);已装仪器的定位精度取 $0.15''$(即 10 ms)。

回归模型相对模拟值的均方差(MSE,又称标准差)按下式计算:

$$m = \sqrt{\frac{[VV]}{n-2}} \qquad (4.3)$$

式中：V ——回归模型值与模拟值的差值；

　　n ——回归模型构建的模拟值个数，即差值 V 的个数。

回归模型相对已知值的均方根差（RMS）按下式计算：

$$\sigma = \sqrt{\frac{[\Delta\Delta]}{n}} \qquad (4.4)$$

式中：Δ ——回归模型值与已知值的差值；

　　n ——回归模型计算值与已知值差值的个数。

均方根差（RMS）描述了回归模型与已知值的偏离程度。

4.2.2　连续数据的线性回归模拟计算

4.2.2.1　在研仪器的模拟计算

正在研制的仪器，$\Delta UT2R$ 数据线性回归模拟计算结果的精度统计数据（以 s 为单位）见表 4-2，限于篇幅，表 4-2 中只列出了各长度基础序列 250 期移动计算的精度统计综合数据。所谓精度统计综合数据是指 250 期移动计算，回归模型值与模拟值之间的最大差值、最小差值、均方差中的最大值、最小值及平均值；以及回归模型值与已知值之间的最大差值、最小差值、均方根差中的最大值、最小值及平均值。

表 4-2　在研仪器 $\Delta UT2R$ 连续数据线性回归计算的精度统计数据

序列长度/d	250 期计算中的	回归模型值与模拟值差值的数据统计			回归模型值与已知值差值的数据统计		
		最大差值/s	最小差值/s	均方差/s	最大差值/s	最小差值/s	均方根差/s
15	最大值	0.014 320	0.001 889	0.005 307	0.005 281	0.000 298	0.003 264
	最小值	0.006 892	0.000 001	0.003 827	0.000 090	0.000 000	0.000 047
	平均值	0.009 715	0.000 356	0.005 017	0.001 824	0.000 061	0.001 022
20	最大值	0.015 593	0.001 541	0.005 398	0.005 356	0.000 217	0.002 989
	最小值	0.006 901	0.000 000	0.003 948	0.000 120	0.000 000	0.000 059
	平均值	0.010 327	0.000 292	0.004 987	0.001 939	0.000 051	0.001 029
25	最大值	0.017 684	0.001 614	0.005 389	0.005 126	0.000 225	0.002 834
	最小值	0.007 791	0.000 001	0.004 117	0.000 322	0.000 001	0.000 136
	平均值	0.010 935	0.000 245	0.005 007	0.001 845	0.000 044	0.000 942
30	最大值	0.019 058	0.001 462	0.005 625	0.006 112	0.000 163	0.002 861
	最小值	0.007 903	0.000 000	0.004 154	0.000 300	0.000 000	0.000 156
	平均值	0.011 358	0.000 204	0.005 012	0.001 818	0.000 036	0.000 891
35	最大值	0.017 780	0.000 795	0.005 404	0.005 995	0.000 139	0.002 437
	最小值	0.008 319	0.000 000	0.004 543	0.000 355	0.000 000	0.000 156
	平均值	0.011 623	0.000 170	0.005 033	0.001 782	0.000 031	0.000 840

续　表

序列长度/d	250期计算中的	回归模型值与模拟值差值的数据统计			回归模型值与已知值差值的数据统计		
		最大差值/s	最小差值/s	均方差/s	最大差值/s	最小差值/s	均方根差/s
40	最大值	0.019 445	0.000 731	0.005 590	0.005 549	0.000 145	0.002 625
	最小值	0.008 737	0.000 000	0.004 337	0.000 322	0.000 000	0.000 119
	平均值	0.011 983	0.000 158	0.005 038	0.002 011	0.000 037	0.000 940
45	最大值	0.018 651	0.000 782	0.005 680	0.005 233	0.000 158	0.002 390
	最小值	0.008 115	0.000 002	0.004 487	0.000 348	0.000 000	0.000 167
	平均值	0.012 058	0.000 135	0.005 040	0.002 100	0.000 030	0.000 973
50	最大值	0.018 832	0.000 640	0.005 664	0.005 662	0.000 161	0.002 065
	最小值	0.008 778	0.000 002	0.004 750	0.000 362	0.000 000	0.000 170
	平均值	0.012 501	0.000 136	0.005 078	0.002 097	0.000 028	0.000 969
55	最大值	0.019 745	0.000 747	0.006 033	0.004 971	0.000 117	0.002 181
	最小值	0.009 725	0.000 001	0.004 675	0.000 484	0.000 000	0.000 249
	平均值	0.013 013	0.000 124	0.005 076	0.002 202	0.000 027	0.001 004
60	最大值	0.019 805	0.000 742	0.005 865	0.005 651	0.000 136	0.002 264
	最小值	0.009 612	0.000 000	0.004 651	0.000 590	0.000 000	0.000 276
	平均值	0.012 821	0.000 094	0.005 102	0.002 287	0.000 027	0.001 043

4.2.2.2　已装仪器的模拟计算

已经装备使用的仪器，$\Delta UT2R$ 数据的线性回归模拟计算，各长度短期数据序列 250 期移动计算的精度统计数据见表 4-3，表中各项目与表 4-2 中的相同。

表 4-3　已装仪器 $\Delta UT2R$ 连续数据线性回归计算的精度统计数据

序列长度/d	250期计算中的	回归模型值与模拟值差值的数据统计			回归模型值与已知值差值的数据统计		
		最大差值/s	最小差值/s	均方差/s	最大差值/s	最小差值/s	均方根差/s
15	最大值	0.028 046	0.003 004	0.010 483	0.011 846	0.000 450	0.007 295
	最小值	0.013 203	0.000 001	0.006 845	0.000 173	0.000 000	0.000 108
	平均值	0.019 028	0.000 726	0.010 001	0.003 597	0.000 096	0.002 112
20	最大值	0.030 845	0.002 860	0.010 505	0.009 244	0.000 473	0.005 626
	最小值	0.014 871	0.000 001	0.008 388	0.000 186	0.000 000	0.000 092
	平均值	0.020 765	0.000 539	0.010 076	0.002 829	0.000 080	0.001 570
25	最大值	0.031 116	0.001 879	0.010 378	0.009 160	0.000 308	0.005 335
	最小值	0.015 236	0.000 002	0.008 551	0.000 367	0.000 001	0.000 207
	平均值	0.021 902	0.000 467	0.010 006	0.003 098	0.000 065	0.001 658
30	最大值	0.034 236	0.002 399	0.010 436	0.010 140	0.000 207	0.006 141
	最小值	0.015 432	0.000 000	0.007 912	0.000 224	0.000 000	0.000 101
	平均值	0.022 474	0.000 400	0.010 021	0.002 887	0.000 056	0.001 498

续　表

序列长度/d	250 期计算中的	回归模型值与模拟值差值的数据统计			回归模型值与已知值差值的数据统计		
		最大差值/s	最小差值/s	均方差/s	最大差值/s	最小差值/s	均方根差/s
35	最大值	0.039 294	0.002 128	0.010 705	0.011 768	0.000 171	0.006 808
	最小值	0.016 094	0.000 001	0.007 394	0.000 261	0.000 000	0.000 117
	平均值	0.023 092	0.000 310	0.010 021	0.002 889	0.000 045	0.001 452
40	最大值	0.033 667	0.001 564	0.010 523	0.008 551	0.000 149	0.004 224
	最小值	0.016 946	0.000 003	0.009 181	0.000 394	0.000 000	0.000 165
	平均值	0.023 846	0.000 299	0.010 036	0.002 853	0.000 040	0.001 402
45	最大值	0.037 657	0.001 764	0.010 448	0.008 631	0.000 175	0.004 874
	最小值	0.015 974	0.000 005	0.008 940	0.000 388	0.000 000	0.000 194
	平均值	0.024 778	0.000 277	0.010 026	0.002 869	0.000 040	0.001 411
50	最大值	0.043 039	0.001 440	0.010 601	0.008 310	0.000 208	0.003 850
	最小值	0.017 407	0.000 000	0.009 253	0.000 558	0.000 000	0.000 177
	平均值	0.024 528	0.000 237	0.010 071	0.002 713	0.000 035	0.001 306
55	最大值	0.036 798	0.001 336	0.010 640	0.008 848	0.000 188	0.004 184
	最小值	0.019 294	0.000 001	0.009 307	0.000 353	0.000 000	0.000 194
	平均值	0.025 071	0.000 220	0.009 996	0.003 329	0.000 039	0.001 564
60	最大值	0.037 884	0.001 238	0.010 602	0.007 708	0.000 227	0.003 843
	最小值	0.018 333	0.000 000	0.009 251	0.000 473	0.000 000	0.000 238
	平均值	0.025 072	0.000 219	0.010 029	0.003 156	0.000 035	0.001 501

由表 4-2、表 4-3 列出的 ΔUT2R 数据模拟计算结果的精度统计综合数据可知:①通过对含有偶然误差的实测数据的线性回归处理(以回归模型计算值代替实测值),可明显提高实测数据精度。②长度 15～60 d 的短期数据序列,线性回归模型的均方根差平均值,在研仪器长度 35 d 的短期数据序列的数值最小(0.84 ms);已装仪器长度 40 d 的短期数据序列的数值最小(1.402 ms)。显然,要获得 ΔUT2R 数据线性回归的最佳效果,回归计算的短期数据序列长度既不宜太短也不宜太长。就本算例的模拟计算结果看,序列长度选择 35～40 d 为宜。

4.2.3　不连续数据的模拟计算

受天气条件的限制,仅在我国境内布设的测站上进行天顶摄影定位测量,很难获得地球自转参数每日不间断的连续实测数据,很多情况下一段时间内测得的往往是一组不连续数据,且各数据间的时间间隔也不尽一致。显然,这里的不连续数据模拟计算不可能顾及各种不同情况。为了便于计算机编程的模拟计算,这里的不连续数据线性回归计算,分别按照间隔 1 d 和间隔 2 d 两种等间隔的取值方法构建回归模型。为了使模拟计算具有更好的代表性,不连续数据的线性回归模拟计算,已知数据仍取短期数据序列中的全部数据,并按 4.2.1 节中的第(1)条规定生成模拟数据,线性回归模型的构建按间隔 1 d 和 2 d 取模拟数据。模拟计算的精度数据统计,回归模型相对模拟值的内符合精度计算,只考虑回归模型构建时间隔 1 d 或 2 d 的模拟值;而回归模型相对精确值的精度计算,则顾及短期数据序列中的全部数据。

4.2.3.1 在研仪器的模拟计算

在研仪器间隔 1 d 的不连续数据线性回归模拟计算结果的精度统计数据(以时秒 s 为单位)见表 4-4。

表 4-4 在研仪器间隔 1 d 基础序列线性回归模拟计算的精度统计数据

序列长度/d	250 期计算中的	回归模型值与模拟值差值的数据统计			回归模型值与已知值差值的数据统计		
		最大差值/s	最小差值/s	均方差/s	最大差值/s	最小差值/s	均方根差/s
20	最大值	0.015 527	0.002 680	0.007 173	0.008 309	0.002 362	0.004 264
	最小值	0.003 214	0.000 000	0.002 095	0.000 587	0.000 001	0.000 254
	平均值	0.008 549	0.000 560	0.004 951	0.003 262	0.000 197	0.001 827
30	最大值	0.018 425	0.001 810	0.006 744	0.008 841	0.001 563	0.004 106
	最小值	0.004 922	0.000 002	0.002 392	0.000 407	0.000 000	0.000 187
	平均值	0.009 574	0.000 407	0.004 964	0.002 737	0.000 123	0.001 486
40	最大值	0.017 191	0.001 604	0.006 747	0.006 789	0.001 750	0.003 311
	最小值	0.005 774	0.000 001	0.003 334	0.000 550	0.000 000	0.000 287
	平均值	0.010 484	0.000 309	0.004 998	0.002 801	0.000 092	0.001 415
50	最大值	0.017 990	0.001 435	0.006 688	0.006 916	0.000 643	0.003 129
	最小值	0.006 391	0.000 000	0.003 646	0.000 624	0.000 000	0.000 239
	平均值	0.010 969	0.000 242	0.005 128	0.002 822	0.000 050	0.001 363
60	最大值	0.019 468	0.001 009	0.006 431	0.007 192	0.000 898	0.003 606
	最小值	0.007 073	0.000 001	0.003 676	0.000 721	0.000 000	0.000 358
	平均值	0.011 320	0.000 210	0.005 044	0.002 828	0.000 048	0.001 365
70	最大值	0.020 322	0.000 844	0.006 216	0.006 935	0.000 497	0.002 863
	最小值	0.007 681	0.000 001	0.003 969	0.000 777	0.000 000	0.000 434
	平均值	0.011 722	0.000 165	0.005 078	0.003 024	0.000 036	0.001 437
80	最大值	0.019 502	0.000 865	0.006 602	0.008 071	0.000 372	0.003 128
	最小值	0.007 919	0.000 000	0.003 570	0.000 732	0.000 000	0.000 335
	平均值	0.012 100	0.000 147	0.005 126	0.003 232	0.000 028	0.001 488
90	最大值	0.017 397	0.000 786	0.006 860	0.008 956	0.000 146	0.003 218
	最小值	0.008 019	0.000 002	0.003 991	0.000 866	0.000 000	0.000 399
	平均值	0.012 489	0.000 143	0.005 165	0.003 488	0.000 026	0.001 578
100	最大值	0.020 632	0.000 707	0.007 223	0.008 452	0.000 119	0.003 624
	最小值	0.007 901	0.000 000	0.004 053	0.000 986	0.000 000	0.000 563
	平均值	0.012 639	0.000 138	0.005 235	0.003 640	0.000 025	0.001 662

续表

序列长度/d	250 期计算中的	回归模型值与模拟值差值的数据统计			回归模型值与已知值差值的数据统计		
		最大差值/s	最小差值/s	均方差/s	最大差值/s	最小差值/s	均方根差/s
110	最大值	0.019 807	0.000 560	0.006 526	0.009 089	0.000 143	0.003 719
	最小值	0.008 536	0.000 000	0.004 180	0.001 223	0.000 000	0.000 647
	平均值	0.013 014	0.000 112	0.005 246	0.003 896	0.000 023	0.001 769
120	最大值	0.022 218	0.000 768	0.007 016	0.009 527	0.000 133	0.003 879
	最小值	0.008 918	0.000 000	0.004 344	0.001 387	0.000 000	0.000 665
	平均值	0.013 556	0.000 110	0.005 333	0.004 279	0.000 025	0.001 908
130	最大值	0.023 274	0.000 491	0.007 262	0.011 905	0.000 117	0.004 183
	最小值	0.009 533	0.000 001	0.004 441	0.001 323	0.000 000	0.000 633
	平均值	0.013 746	0.000 102	0.005 417	0.004 519	0.000 023	0.002 020
140	最大值	0.023 934	0.000 397	0.006 760	0.010 578	0.000 109	0.004 559
	最小值	0.009 826	0.000 000	0.004 491	0.001 563	0.000 000	0.000 717
	平均值	0.014 127	0.000 089	0.005 400	0.004 726	0.000 024	0.002 149

在研仪器间隔 2 d 的不连续数据线性回归模拟计算结果的精度统计数据见表 4-5。

表 4-5　在研仪器间隔 2 d 基础序列线性回归模拟计算的精度统计数据

序列长度/d	250 期计算中的	回归模型值与模拟值差值的数据统计			回归模型值与已知值差值的数据统计		
		最大差值/s	最小差值/s	均方差/s	最大差值/s	最小差值/s	均方根差/s
15	最大值	0.012 575	0.003 215	0.008 830	0.011 872	0.003 957	0.006 295
	最小值	0.000 462	0.000 003	0.000 433	0.000 532	0.000 000	0.000 347
	平均值	0.005 649	0.000 859	0.004 598	0.004 654	0.000 438	0.002 732
30	最大值	0.014 820	0.002 559	0.007 395	0.009 604	0.003 072	0.005 112
	最小值	0.003 564	0.000 002	0.002 169	0.000 550	0.000 000	0.000 187
	平均值	0.008 190	0.000 512	0.004 861	0.003 519	0.000 245	0.001 944
45	最大值	0.016 136	0.001 747	0.007 125	0.008 403	0.001 631	0.003 896
	最小值	0.004 801	0.000 001	0.002 537	0.000 613	0.000 000	0.000 202
	平均值	0.009 357	0.000 392	0.004 939	0.003 365	0.000 123	0.001 747
60	最大值	0.023 023	0.001 724	0.008 028	0.008 602	0.002 076	0.003 833
	最小值	0.006 012	0.000 004	0.003 380	0.000 771	0.000 000	0.000 362
	平均值	0.010 837	0.000 286	0.005 069	0.003 152	0.000 060	0.001 588
75	最大值	0.017 545	0.001 303	0.007 152	0.008 317	0.001 357	0.003 691
	最小值	0.006 450	0.000 000	0.003 015	0.000 912	0.000 000	0.000 360
	平均值	0.010 989	0.000 237	0.005 067	0.003 495	0.000 050	0.001 676

续 表

序列长度/d	250期计算中的	回归模型值与模拟值差值的数据统计			回归模型值与已知值差值的数据统计		
		最大差值/s	最小差值/s	均方差/s	最大差值/s	最小差值/s	均方根差/s
90	最大值	0.019 830	0.001 678	0.006 794	0.010 003	0.000 560	0.003 674
	最小值	0.005 830	0.000 000	0.003 211	0.001 030	0.000 000	0.000 521
	平均值	0.011 793	0.000 217	0.005 261	0.003 613	0.000 036	0.001 721
105	最大值	0.019 659	0.000 926	0.006 657	0.009 800	0.000 240	0.003 984
	最小值	0.007 356	0.000 000	0.003 465	0.001 480	0.000 000	0.000 639
	平均值	0.012 146	0.000 175	0.005 245	0.003 962	0.000 031	0.001 853
120	最大值	0.020 503	0.000 799	0.007 336	0.012 283	0.000 158	0.004 139
	最小值	0.007 634	0.000 001	0.004 111	0.001 347	0.000 000	0.000 710
	平均值	0.012 620	0.000 160	0.005 342	0.004 479	0.000 025	0.002 028
135	最大值	0.022 305	0.000 795	0.007 167	0.011 283	0.000 410	0.004 754
	最小值	0.007 879	0.000 000	0.003 913	0.001 607	0.000 000	0.000 837
	平均值	0.012 899	0.000 145	0.005 405	0.004 816	0.000 025	0.002 182
150	最大值	0.024 635	0.000 935	0.007 599	0.011 586	0.000 119	0.004 844
	最小值	0.007 703	0.000 000	0.004 220	0.001 770	0.000 000	0.000 825
	平均值	0.013 452	0.000 135	0.005 514	0.005 280	0.000 025	0.002 355

比较表4-4和表4-5列出的统计数据可知：不连续数据的线性回归效果明显低于连续数据的线性回归效果，数据不连续间隔愈长则回归效果愈差。不连续数据线性回归的短期数据序列长度也不宜太短或太长，本算例中，间隔1 d的50 d数据（25个）回归效果较好，回归模型均方根差为0.239～3.129 ms，平均值为1.363 ms；间隔2 d的60 d数据（20个）回归效果较好，回归模型均方根差为0.362～3.833 ms，平均值为1.588 ms。

4.2.3.2 已装仪器的模拟计算

已装仪器间隔1 d模拟计算结果的精度统计数据（以s为单位）见表4-6，间隔2 d模拟计算结果的精度统计数据见表4-7。

表4-6 已装仪器间隔1 d基础序列线性回归模拟计算的精度统计数据

序列长度/d	250期计算中的	回归模型值与模拟值差值的数据统计			回归模型值与已知值差值的数据统计		
		最大差值/s	最小差值/s	均方差/s	最大差值/s	最小差值/s	均方根差/s
10	最大值	0.023 192	0.006 166	0.016 861	0.020 237	0.006 912	0.011 856
	最小值	0.001 183	0.000 008	0.001 180	0.000 436	0.000 001	0.000 326
	平均值	0.011 890	0.001 861	0.009 709	0.008 825	0.000 841	0.005 207
20	最大值	0.029 920	0.005 767	0.014 643	0.014 076	0.006 166	0.007 533
	最小值	0.006 759	0.004 997	0.004 997	0.000 593	0.000 001	0.000 218
	平均值	0.016 702	0.001 093	0.009 933	0.005 873	0.000 417	0.003 337

续 表

序列长度/d	250 期计算中的	回归模型值与模拟值差值的数据统计			回归模型值与已知值差值的数据统计		
		最大差值/s	最小差值/s	均方差/s	最大差值/s	最小差值/s	均方根差/s
30	最大值	0.035 936	0.003 204	0.013 881	0.012 910	0.003 003	0.007 111
	最小值	0.008 604	0.000 001	0.005 393	0.000 442	0.000 001	0.000 232
	平均值	0.019 468	0.000 704	0.010 018	0.005 243	0.000 290	0.002 873
40	最大值	0.033 816	0.003 049	0.012 838	0.013 420	0.003 014	0.006 602
	最小值	0.012 819	0.000 001	0.006 608	0.000 808	0.000 001	0.000 388
	平均值	0.020 696	0.000 585	0.009 945	0.004 780	0.000 220	0.002 587
50	最大值	0.031 919	0.002 582	0.012 910	0.009 796	0.002 293	0.005 438
	最小值	0.013 127	0.000 002	0.007 182	0.000 717	0.000 000	0.000 317
	平均值	0.021 249	0.000 439	0.009 918	0.004 281	0.000 197	0.002 281
60	最大值	0.034 943	0.002 412	0.012 416	0.010 638	0.001 556	0.004 860
	最小值	0.014 058	0.000 001	0.007 092	0.000 851	0.000 000	0.000 391
	平均值	0.022 277	0.000 407	0.009 925	0.004 311	0.000 104	0.002 223
70	最大值	0.043 722	0.001 860	0.012 764	0.011 461	0.001 317	0.004 960
	最小值	0.013 622	0.000 004	0.007 302	0.001 156	0.000 000	0.000 471
	平均值	0.023 243	0.000 330	0.010 076	0.004 448	0.000 077	0.002 209
80	最大值	0.038 952	0.001 440	0.012 481	0.011 100	0.001 517	0.005 448
	最小值	0.014 909	0.000 001	0.006 845	0.001 308	0.000 000	0.000 389
	平均值	0.023 752	0.000 276	0.010 023	0.004 406	0.000 061	0.002 190
90	最大值	0.037 181	0.001 371	0.012 206	0.010 691	0.001 388	0.005 107
	最小值	0.016 405	0.000 001	0.007 500	0.001 407	0.000 000	0.000 623
	平均值	0.024 123	0.000 266	0.010 063	0.004 480	0.000 057	0.002 169
100	最大值	0.040 501	0.001 183	0.011 823	0.010 439	0.000 901	0.004 996
	最小值	0.016 796	0.000 000	0.007 693	0.001 517	0.000 000	0.000 742
	平均值	0.024 779	0.000 223	0.010 087	0.004 633	0.000 038	0.002 189
110	最大值	0.047 569	0.001 220	0.011 964	0.013 889	0.001 323	0.005 258
	最小值	0.016 513	0.000 000	0.007 339	0.001 530	0.000 000	0.000 641
	平均值	0.025 339	0.000 214	0.010 142	0.004 811	0.000 042	0.002 239
120	最大值	0.040 776	0.000 857	0.011 847	0.012 845	0.001 441	0.005 022
	最小值	0.016 134	0.000 001	0.007 822	0.001 749	0.000 000	0.000 872
	平均值	0.025 876	0.000 186	0.010 225	0.005 034	0.000 042	0.002 340
130	最大值	0.038 602	0.000 926	0.012 232	0.012 761	0.000 192	0.005 200
	最小值	0.018 647	0.000 000	0.008 344	0.001 638	0.000 000	0.000 813
	平均值	0.026 374	0.000 188	0.010 142	0.005 205	0.000 031	0.002 383
140	最大值	0.045 197	0.000 959	0.011 808	0.013 177	0.000 245	0.004 757
	最小值	0.017 215	0.000 001	0.008 346	0.001 553	0.000 000	0.000 840
	平均值	0.026 519	0.000 161	0.010 139	0.005 355	0.000 029	0.002 441

表 4-7　已装仪器间隔 2 d 基础序列线性回归模拟计算的精度统计数据

序列长度/d	250 期计算中的	回归模型值与模拟值差值的数据统计			回归模型值与已知值差值的数据统计		
		最大差值/s	最小差值/s	均方差/s	最大差值/s	最小差值/s	均方根差/s
15	最大值	0.024 711	0.006 532	0.017 697	0.023 395	0.007 817	0.012 501
	最小值	0.000 926	0.000 005	0.000 873	0.001 079	0.000 002	0.000 600
	平均值	0.011 297	0.001 711	0.009 198	0.009 280	0.000 907	0.005 454
30	最大值	0.029 312	0.005 724	0.014 540	0.018 795	0.006 252	0.010 166
	最小值	0.007 182	0.000 003	0.004 396	0.000 858	0.000 001	0.000 316
	平均值	0.016 371	0.001 023	0.009 697	0.006 680	0.000 560	0.003 793
45	最大值	0.030 818	0.003 771	0.014 271	0.014 991	0.005 069	0.007 802
	最小值	0.009 449	0.000 001	0.005 051	0.000 697	0.000 001	0.000 218
	平均值	0.018 664	0.000 785	0.009 811	0.005 902	0.000 331	0.003 235
60	最大值	0.044 309	0.003 128	0.015 377	0.014 562	0.004 492	0.007 399
	最小值	0.012 194	0.000 004	0.006 519	0.001 022	0.000 001	0.000 491
	平均值	0.021 374	0.000 586	0.010 001	0.005 053	0.000 180	0.002 707
75	最大值	0.034 569	0.002 656	0.013 463	0.013 076	0.003 319	0.006 701
	最小值	0.012 157	0.000 001	0.005 571	0.001 172	0.000 001	0.000 496
	平均值	0.021 617	0.000 496	0.009 947	0.005 217	0.000 146	0.002 676
90	最大值	0.038 109	0.003 166	0.012 894	0.014 933	0.001 689	0.006 116
	最小值	0.012 012	0.000 000	0.006 394	0.001 270	0.000 000	0.000 586
	平均值	0.022 889	0.000 389	0.010 202	0.005 050	0.000 121	0.002 548
105	最大值	0.036 937	0.001 832	0.012 598	0.013 078	0.001 852	0.005 120
	最小值	0.014 990	0.000 001	0.006 738	0.001 726	0.000 000	0.000 752
	平均值	0.023 369	0.000 346	0.010 089	0.005 261	0.000 053	0.002 576
120	最大值	0.038 195	0.001 755	0.013 204	0.015 788	0.001 474	0.005 748
	最小值	0.015 534	0.000 000	0.008 238	0.001 482	0.000 001	0.000 796
	平均值	0.024 140	0.000 276	0.010 172	0.005 793	0.000 052	0.002 694
135	最大值	0.037 309	0.001 388	0.012 625	0.013 815	0.001 659	0.006 325
	最小值	0.015 667	0.000 001	0.007 367	0.001 910	0.000 000	0.000 842
	平均值	0.024 472	0.000 248	0.010 187	0.005 902	0.000 048	0.002 733
150	最大值	0.047 542	0.001 213	0.012 986	0.013 347	0.000 698	0.005 243
	最小值	0.015 559	0.000 003	0.008 347	0.002 028	0.000 000	0.000 943
	平均值	0.025 216	0.000 220	0.010 266	0.006 245	0.000 034	0.002 821

　　表 4-6、表 4-7 列出的算例计算结果表明：间隔 1 d 的不连续数据，60 d 的数据（30 个）回归效果最好，回归模型的均方根差为 0.391～4.860 ms，平均值为 2.223 ms；间隔 2 d 的不连续数据，90 d 的数据（30 个）回归效果最好，回归模型的均方根差为 0.586～6.116 ms，平均值

为2.548 ms。

　　综合表 4-4~表 4-7 列出的模拟计算结果可知:根据 ΔUT2R 参数短期数据变化满足线性变化的规律的特征,无论是对于正在研制的仪器还是已经装备使用的仪器,通过对短期实测数据进行线性回归处理,以回归模型值代替实测值,均可不同程度地提高数据精度。实际测量中,当获得的数据精度不同时,线性回归时可根据实测值精度加权处理。

4.3　极移参数实测数据的平滑处理

　　极移参数(x_p, y_p)的数据变化呈十分明显的周期性变化特征,变化特征可由图 4-2 给出的 2019 年 12 月 1 日前 6 年的极坐标 x_p、y_p 的数据变化曲线清楚看出。图中,实线为极坐标 x_p 的数据变化曲线,虚线为极坐标 y_p 的数据变化曲线。图中的纵坐标单位以角秒($''$)为单位,横坐标以 d 为单位。

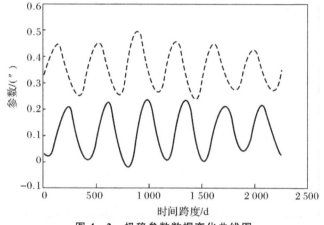

图 4-2　极移参数数据变化曲线图

　　鉴于极移参数数据的周期性变化特征,其短期实测数据必须分段进行平滑。由图 4-2 所示的极移参数数据变化曲线可知:只有当短期实测数据位于图中数据变化曲线的上升段或下降段时,才可以采用线性回归的方法进行数据平滑;而当短期实测数据位于数据变化曲线的上升段转下降段(或下降段转上升段)左右两侧的弧段上时,则应采用抛物线回归的方法进行数据平滑。

4.3.1　极移参数短期实测数据的位置判断

　　考虑到极移参数数据的周期性变化特征,短期实测数据的平滑须分段进行。因此,极移参数实测数据平滑处理必须首先确定实测数据(在参数数据变化曲线)的位置。实测数据在参数数据变化曲线上的位置,一般可结合极移参数已有的历史数据,采用 MATLAB 绘图的方法进行判断。以下给出两个模拟数据的判断示例,以供参考。

　　【示例 1】　设测得了 2019 年 11 月 12 日—2019 年 12 月 31 日共 50 d 的极坐标 x_p 数据,数据精度(RMS)为 $\sigma = 0.05''$。结合极坐标 x_p 的历史数据,采用 MATLAB 软件绘制出 2 a 数据(含实测数据)的变化曲线(见图 4-3)。

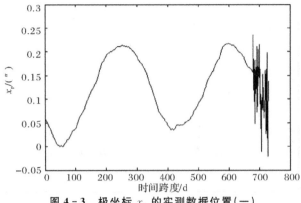

图 4-3　极坐标 x_p 的实测数据位置(一)

由图 4-3 可初步判断,这 50 d 的实测数据位于极坐标 x_p 数据变化曲线的下降段。为了更清晰地判断,可采用特定的函数模型[详见第 5 章中的式(5.22)]对这 2 a 的极坐标(x_p)数据进行最小二乘(LS)拟合,并应用 MATLAB 软件绘制 LS 模型的数值图,如图 4-4 所示。

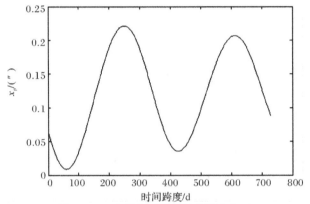

图 4-4　LS 拟合模型的数据图像(一)

综合图 4-3 和图 4-4 即可清楚地判定,这 50 d 的实测数据位于极坐标 x_p 数据变化曲线的下降段,故可采用线性回归的方法进行数据平滑。

【示例 2】　设测得了 2020 年 2 月 5 日—2020 年 4 月 4 日共 60 d 的极坐标 x_p 数据,数据精度(RMS)为 $\sigma = 0.05''$。结合极坐标 x_p 的历史数据,采用 MATLAB 软件绘制出 2 a 数据(含实测数据)的变化曲线(见图 4-5)。

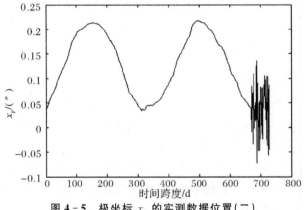

图 4-5　极坐标 x_p 的实测数据位置(二)

由图 4-5 可大致判断,这 60 d 的实测数据位于极坐标 x_p 数据变化曲线的下降段转上升段的弧段位置上。同样采用第 5 章式(5.22)形式的函数模型对这 2 a 的极坐标(x_p)数据进行最小二乘(LS)拟合,并应用 MATLAB 软件绘制 LS 模型的数值图,如图 4-6 所示。

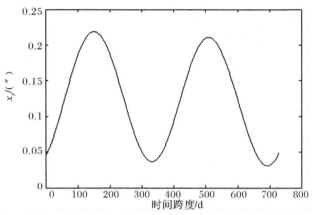

图 4-6　LS 拟合模型的数据图像(二)

综合图 4-5 和图 4-6 即可清楚地判断,这 60 d 的实测数据位于极坐标 x_p 数据变化曲线的下降段转上升段的弧段位置上,故可采用抛物线回归的方法进行数据平滑。

4.3.2　极移参数短期实测数据线性回归的模拟计算算例

极移参数短期实测数据线性回归的模拟计算以前述 4.3.1 节中的示例 1 为算例 1 进行。计算中按以下规定进行:

(1)极坐标(x_p)精确值取 EOP 14 C04 文件 2018 年 1 月 1 日—2019 年 12 月 31 日中的数据。

(2)模拟值(即实测值)按模拟值=精确值+偶然误差的方法求取。

(3)模拟值计算的精确值取 EOP 14 C04 文件 2019 年 11 月 12 日—2019 年 12 月 31 日中的数据。

(4)模拟值中的偶然误差按精度(RMS)$\sigma = 0.05''$ 生成正态分布随机数的方法获取。

(5)考虑到偶然误差不同分布的影响,模拟计算分别进行 5 000 次和 10 000 次计算。

(6)各次模拟计算统计回归模型值与已知值之间的最大差值、最小差值,以及根据差值计算的回归模型值的平均误差及均方根差。

(7)统计各次模拟计算回归模型值相对已知值的最大差值、最小差值、平均误差及均方根差中的最大值、最小值及平均值。

按上述规定进行的线性回归模拟计算结果见表 4-8。限于篇幅,表中只列出了上述规定中的第(7)条要求的结果,即各次模拟计算精度统计的最后的结果。表中数据以角秒(″)为单位。由表 4-8 列出的统计数据可知,对实测数据进行线性回归可明显提高数据精度。本算例进行的 10 000 次模拟计算,均方根差最大值为 25.963 mas,均方根差的平均值为 6.491 mas。这样的模拟计算结果表明,通过对实测数据的线性回归,以回归模型值代替实测值,最不利情况下数据精度提高了近 1 倍,平均提高 7.7 倍。

表 4 - 8　极移参数(x_p)短期实测数据线性回归模拟计算的精度数据统计

精度统计项目	5 000 次模拟计算的精度统计数据				10 000 次模拟计算的精度统计数据			
	最大差值 (")	最小差值 (")	平均误差 (")	均方根差 (")	最大差值 (")	最小差值 (")	平均误差 (")	均方根差 (")
最大值	0.044 518	0.001 201	0.021 578	0.024 723	0.046 633	0.001 417	0.022 623	0.025 963
最小值	0.005 181	0.000 000	0.001 992	0.002 506	0.005 181	0.000 000	0.001 992	0.002 506
平均值	0.011 952	0.000 300	0.005 590	0.006 426	0.012 063	0.000 307	0.005 650	0.006 491

为了使大家清晰地了解本算例线性回归平滑的图像特征,图 4 - 7 绘出了第一次线性回归模拟计算结果的图像。

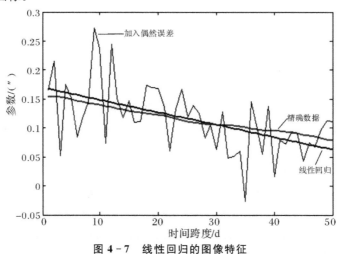

图 4 - 7　线性回归的图像特征

4.3.3　极移参数短期实测数据抛物线回归模拟计算算例

抛物线回归是指按如下形式的一元二次多项式进行的参数拟合计算:

$$X = \beta_0 + \beta_1 t + \beta_2 t^2 \qquad (4.5)$$

式中:　　　X——参数回归值;

β_0、β_1、β_2——模型拟合系数。

极移参数短期实测数据抛物线回归的模拟计算以前述 4.3.1 节中的示例 2 为算例 2 进行。计算按 4.3.2 节中的相同规定进行。数据区别是:极坐标(x_p)的精确值取 IERS 发布的 EOP 14 C04 文件中 2018 年 4 月 6 日—2020 年 4 月 4 日的数据;模拟值计算的精确值取 2018 年 3 月 28 日—2020 年 4 月 4 日中的数据。本算例的抛物线回归模拟计算结果见表 4 - 9。

表 4 - 9　极移参数(x_p)短期实测数据抛物线回归模拟计算的精度数据统计

精度统计项目	5 000 次模拟计算的精度统计数据				10 000 次模拟计算的精度统计数据			
	最大差值 (")	最小差值 (")	平均误差 (")	均方根差 (")	最大差值 (")	最小差值 (")	平均误差 (")	均方根差 (")
最大值	0.063 376	0.001 158	0.020 905	0.024 003	0.072 082	0.001 410	0.022 619	0.025 478
最小值	0.004 203	0.000 000	0.001 505	0.001 981	0.004 181	0.000 000	0.001 505	0.001 985
平均值	0.020 200	0.000 208	0.006 955	0.008 383	0.020 489	0.000 208	0.007 046	0.008 491

　　由表 4-9 列出的统计数据可知,对本算例实测数据进行抛物线回归同样可以明显提高数据精度。本算例进行的 10 000 次模拟计算,均方根差最大值为 25.478 mas,均方根差的平均值为 8.491 mas。以均方根差最大值衡量,以抛物线回归模型值代替实测值,将实测值的精度提高了近 1 倍,平均提高 5.89 倍。

　　对于抛物线回归,为了使大家清晰地了解回归平滑的图像特征,图 4-8 绘出了本算例第一次抛物线回归模拟计算结果的图像。

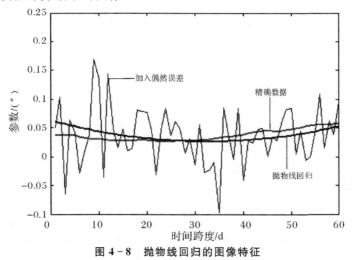

图 4-8　抛物线回归的图像特征

　　由图 4-7 和图 4-8 给出的线性回归、抛物线回归的图像特征可知,极移参数实测值的精度直接影响着回归平滑的精度,且实测值中的误差分布不同影响也各不相同。也正是这样原因,致使表 4-8 与表 4-9 给出的均方根差值分布差异很大,例如算例 1,在误差分布理想的情况下,线性回归模型值的均方根差可达 2.506 ms,约为实测数据精度 $\sigma=0.05''$ 的 1/20;又如算例 2,在误差分布理想的情况下,抛物线回归模型值的均方根差达到了 1.985 ms,约为实测数据精度 $\sigma=0.05''$ 的 1/25。

第5章 地球自转参数采用 IERS 数据的预报计算

高精度的现代空间测量技术(如 VLBI、SLR、GNSS 等)虽然在地球自转变化监测中得到了广泛应用,得到了大量高时空分辨率的观测资料,但是由于复杂的资料处理过程,一般都会使地球自转参数(ERP)的获取滞后数日。例如,由 VLBI 和 SLR 技术获取地球自转参数通常要延迟 3~5 d[8]。因此,地球自转参数的实际工程应用,特别是军事工程应用(如深空航空器飞行中的天文导航等),只能采用地球自转参数的预报值。地球自转参数的高精度数值预报已成为目前时间序列分析领域[9]的一项重要研究内容。

对于地球自转参数的数值预报,国内外学者进行过大量研究与探讨。不过,高精度的数值预报研究主要集中在 1~30 d 或 1~60 d 的短期预报上。中长期预报一般是指 60~365 d(或更长些)的预报计算,例如 IERS 公报 A 每周向用户发布的未来一年的每日预报值等。目前用于工程实践较为成熟的预报计算方法很多,例如最小二乘(LS)外推法、最小二乘联合自回归分析法(LS+AR)的预报计算法、神经网络预报法、谱分析最小二乘外推法、小波分解与自回归分析法等。为了实现地球自转参数数值的高精度预报,奥地利维也纳理工大学的大地测量与地球物理研究所曾于 2005 年 10 月组织了一次全球性的地球定向参数预报比较竞赛(Earth Orientation Param eter Prediction Comparison Camping,EOP PCC)。此次比较竞赛,共有 8 个国家的多名时间序列分析领域的顶尖级专家学者参与,涉及的预报计算方法多达 20 余种[10]。

本章针对某工程地球自转参数预报的实际精度需求进行研究。对于参数 ΔUT1 的数值预报,笔者基于参数 ΔUT2R 的数据变化特征,提出用于 1~60 d 短期预报的线性回归算法;针对中长期数值预报的需求,提出基于 LS+AR 模型双差分拟合的 ΔUT2R(或 ΔUT1R)迭代预报算法;根据极移参数的数据变化特征,提出基于 LS+AR 模型的单差分拟合预报算法。本章重点对这 3 种方法及预报计算涉及的有关问题进行探讨。

5.1 参数 ΔUT1 数值预报的计算过程及 ERP 预报算法的精度评定

为便于后续内容介绍,这里首先对地球自转参数 ΔUT1 数值预报的计算过程以及地球自转参数预报算法的精度评定方法作以简单探讨。

5.1.1　参数 ΔUT1 预报计算的基本过程

众所周知,参数 ΔUT1 的数据中含有闰秒影响,其基础序列为不连续的数据序列。考虑到固体地球带谐潮项的影响,以及季节变化对世界时 UT1 的影响,同时顾及到参数 ΔUT1R(或 ΔUT2R)相对参数 ΔUT1 的数值变化更为平滑的特征,参数 ΔUT1 的数值预报计算通常按照"移去—预报—恢复"的过程进行。以参数 ΔUT2R 为例,其预报计算的基本过程如下:

(1)移去:首先在参数 ΔUT1 的基础序列中,移去闰秒影响构成数据连续的基础序列;再在此基础上移去固体地球带谐潮影响及季节变化影响,得到参数 ΔUT2R 的基础序列。

(2)预报:根据参数 ΔUT2R 的基础序列,建立用于参数 ΔUT2R 预报的计算模型,并进行数值预报计算。

(3)恢复:在预报计算的 ΔUT2R 数据中加入固体地球带谐潮影响、季节变化影响以及闰秒,得到参数 ΔUT1 的预报数据序列。

考虑到上述预报计算过程中移去、恢复的计算项目相同,计算数据仅与时间参数有关,而与参数 ΔUT2R(或 ΔUT1R)本身的数值大小无关。因此,关于参数 ΔUT1 的预报计算方法研究,只要考虑移去影响项的参数 ΔUT2R(或 ΔUT1R)即可。移去、恢复项目计算,通常在编制地球自转参数工程预报软件时才才顾及。因此,本章以下关于参数 ΔUT1 的预报计算方法研究,仅针对参数 ΔUT2R(或 ΔUT1R)进行。预报计算方法精度分析使用到的 ΔUT1 已知数据,也一律按式(4.1)、式(4.2)将其数据转换为 ΔUT2R(或 ΔUT1R)的数据。

5.1.2　ERP 预报算法的精度评定

地球自转参数(ERP)预报算法的精度评定,国际上一般采用平均绝对误差(Mean Absolute Error,MAE),我国测量数据处理文献中称之为平均误差。此外,我国的许多工程应用也常采用均方根误差(Root Mean Squared error,RMS)进行评定,均方根误差又常简称为均方根差。为便于书写,这里分别以符号 θ、σ 表示平均误差和均方根差[11],其理论定义为

$$\left.\begin{aligned} \theta &= \lim_{n \to \infty} \frac{1}{n} \sum_{i=1}^{n} |\Delta_i| \\ \sigma &= \lim_{n \to \infty} \left(\frac{1}{n} \sum_{i=1}^{n} \Delta_i^2 \right)^{1/2} \end{aligned}\right\} \tag{5.1}$$

式中:Δ_i——真误差;

　n——真误差的个数。

工程应用中的精度评定,由于真误差 Δ_i 的个数总是有限的,故由有限个真误差只能求得平均误差和均方根差的估(计)值,即

$$\left.\begin{aligned} \hat{\theta} &= \frac{1}{n} \sum_{i=1}^{n} |\Delta_i| \\ \hat{\sigma} &= \left(\frac{1}{n} \sum_{i=1}^{n} \Delta_i^2 \right)^{1/2} \end{aligned}\right\} \tag{5.2}$$

显然,真误差 Δ_i 的个数愈多,按式(5.2)计算的估值愈接近按式(5.1)定义的理论值。工

程应用中人们一般将按式(5.2)计算出的估值仍习惯地称为平均误差和均方根差。

由测量平差[11]可知,精度评定中无论是采用平均误差还是均方根差,都要求真误差 Δ_i 不仅有足够的数量,且各误差间还应相互独立。基于此,地球自转参数预报的精度评定,很多文献都采用基础序列(预报模型构建采用的已知数据序列)按照一定的时间间隔依次移动计算的方法进行不同时间跨度的预报计算。不过这里需要特别指出的是,这样进行的精度评定,依次移动计算的时间间隔不宜太短,且移动计算的期数(也称次数)也不宜太少。

为了更清楚地说明,这里以一典型算例的计算数据进行说明。算例以 IERS 发布的地球定向参数数据文件 EOP 14 C04 的数据为基础,并分别取 2010 年 10 月 1 日前 60 d、80 d 的数据为初始基础序列,按 ΔUT2R 数据线性回归的方法进行 1~60 d 的预报计算。参数 ΔUT2R 数据线性回归预报算法详见 5.2 节的介绍。

实验计算数据表明,时间间隔很短的依次移动计算,同一时间跨度的预报数据误差并不独立。该特征可从表 5-1 列出按时间间隔 1 d 依次移动计算 10 期的预报数据中清楚地看出。限于篇幅,表中只列出 7 个时间跨度预报数据的误差值(即预报值与已知值的差值,以 s 为单位)。由表 5-1 列出的误差值可清楚地看到,同一时间跨度的 10 期移动计算,各期预报数据的误差值差异较小,且大多按照一定的规律变化。因此,要确保精度评定中的真误差(Δ_i)的独立性,依次移动计算的时间间隔应适当长些,例如 EOP PCC 采用的时间间隔 7 d 等。

表 5-1　参数 ΔUT2R 按间隔 1 d 依次移动 10 期的线性回归预报数据(误差值)

基础序列/d	依次移动预报计算	参数 ΔUT2R 预报计算时间跨度/d						
		1	10	20	30	40	50	60
60	第 1 期/s	0.000 050	0.000 840	0.003 015	0.003 118	0.004 193	0.004 539	0.004 542
	第 2 期/s	−0.000 008	0.001 237	0.003 400	0.003 442	0.004 577	0.005 014	0.005 100
	第 3 期/s	0.000 072	0.001 729	0.003 750	0.003 888	0.005 016	0.005 535	0.005 751
	第 4 期/s	0.000 091	0.002 094	0.003 932	0.004 225	0.005 302	0.005 901	0.006 231
	第 5 期/s	0.000 055	0.002 322	0.003 983	0.004 467	0.005 512	0.006 150	0.006 516
	第 6 期/s	0.000 067	0.002 526	0.003 996	0.004 702	0.005 736	0.006 384	0.006 756
	第 7 期/s	0.000 031	0.002 598	0.003 919	0.004 848	0.005 883	0.006 524	0.006 900
	第 8 期/s	0.000 028	0.002 644	0.003 805	0.005 032	0.006 006	0.006 639	0.007 044
	第 9 期/s	0.000 012	0.002 638	0.003 657	0.005 125	0.006 084	0.006 694	0.007 140
	第 10 期/s	0.000 037	0.002 595	0.003 514	0.005 136	0.006 122	0.006 764	0.007 235
80	第 1 期/s	0.000 050	0.000 628	0.002 569	0.002 436	0.003 276	0.003 387	0.003 155
	第 2 期/s	−0.000 008	0.000 988	0.002 875	0.002 640	0.003 498	0.003 658	0.003 468
	第 3 期/s	0.000 072	0.001 442	0.003 143	0.002 962	0.003 771	0.003 971	0.003 868
	第 4 期/s	0.000 091	0.001 770	0.003 246	0.003 178	0.003 893	0.004 131	0.004 100
	第 5 期/s	0.000 055	0.001 961	0.003 222	0.003 305	0.003 950	0.004 186	0.004 152
	第 6 期/s	0.000 067	0.002 132	0.003 165	0.003 434	0.004 030	0.004 241	0.004 176
	第 7 期/s	0.000 031	0.002 174	0.003 026	0.003 484	0.004 049	0.004 219	0.004 125
	第 8 期/s	0.000 028	0.002 194	0.002 855	0.003 582	0.004 057	0.004 189	0.004 094
	第 9 期/s	0.000 012	0.002 165	0.002 657	0.003 600	0.004 033	0.004 117	0.004 038
	第 10 期/s	0.000 037	0.002 103	0.002 474	0.003 548	0.003 987	0.004 082	0.004 005

关于依次移动计算的期数,一般应以预报数据覆盖较宽的时间区间为原则确定。这是因为地球自转参数在不同时间区间的数值变化存在较大差异,由小范围的预报计算数据进行的精度评定可信度较低。

为考察移动计算期数对精度评定的影响,这里以长度 60 d 的基础序列为例,按 $\Delta UT2R$ 数据线性回归的方法进行 1~60 d 的预报计算。计算按间隔 10 d 分别依次移动计算 50 期、100 期、150 期、200 期。表 5-2 列出了不同期数的 7 个时间跨度预报计算结果的精度统计数据(包括最大差值、误差均值、平均误差及均方根差,以 s 为单位)。

表 5-2 参数 $\Delta UT2R$(基础序列 60 d)按间隔 10 d 不同移动期数的线性回归预报精度统计数据

计算期数/期	计算精度统计项目	参数 $\Delta UT2R$ 预报计算时间跨度/d						
		1	10	20	30	40	50	60
50	最大差值/s	0.000 146	0.004 596	0.008 901	0.013 852	0.018 862	0.022 221	0.024 804
	误差均值/s	−0.000 004	0.000 217	0.000 517	0.000 864	0.001 281	0.001 671	0.002 061
	平均误差/s	0.000 028	0.001 159	0.002 385	0.003 712	0.005 102	0.006 420	0.007 902
	均方根差/s	0.000 040	0.001 562	0.003 235	0.004 961	0.006 749	0.008 545	0.010 377
100	最大差值/s	0.000 146	0.005 294	0.011 406	0.016 570	0.020 240	0.022 294	0.024 804
	误差均值/s	−0.000 003	0.000 174	0.000 371	0.000 591	0.000 831	0.001 073	0.001 316
	平均误差/s	0.000 027	0.001 410	0.002 831	0.004 175	0.005 444	0.006 798	0.008 204
	均方根差/s	0.000 037	0.001 817	0.003 703	0.005 482	0.007 180	0.008 858	0.010 523
150	最大差值/s	0.000 146	0.005 294	0.011 406	0.016 570	0.020 240	0.022 294	0.024 804
	误差均值/s	−0.000 003	0.000 149	0.000 322	0.000 513	0.000 719	0.000 946	0.001 192
	平均误差/s	0.000 026	0.001 339	0.002 612	0.003 706	0.004 731	0.005 862	0.007 036
	均方根差/s	0.000 036	0.001 741	0.003 441	0.004 929	0.006 338	0.007 781	0.009 276
200	最大差值/s	0.000 146	0.005 294	0.011 406	0.016 570	0.020 240	0.022 294	0.024 804
	误差均值/s	−0.000 004	0.000 140	0.000 298	0.000 471	0.000 654	0.000 848	0.001 058
	平均误差/s	0.000 027	0.001 271	0.002 492	0.003 624	0.004 716	0.005 881	0.007 062
	均方根差/s	0.000 036	0.001 642	0.003 241	0.004 673	0.006 077	0.007 529	0.009 050

比较表 5-2 列出的不同期数依次移动计算的精度统计数据可知,要确保精度评定结果的可信度,按间隔 10 d 依次移动计算的期数不宜太少(本算例为 150 期),在可能的情况下应尽量多一些。此外,精度评定还可将多期移动计算的误差均值作为一个重要的参考指标,各时间跨度预报计算的误差均值越接近零越好。一般情况下,当误差均值随着移动计算期数的增加仍然较大时,说明该预报计算方法不适宜此跨度的预报计算。

一些文献的精度评定,常采用间隔 1 d 依次移动的计算方法。关于计算期数,参考文献 [10] 取 90 期,参考文献 [8] 取 200 期。按此方法得到的精度评定结果的可信度较低。例如仍取表 5-2 的算例,也采用间隔 1 d 分别移动计算 90 期和 200 期,得到的精度统计数据见表 5-3。

表 5 - 3   参数 ΔUT2R 按间隔 1 d 依次移动 90 期、200 期的线性回归预报精度统计数据

计算期数/期	计算精度统计项目	参数 ΔUT2R 预报计算时间跨度/d						
		1	10	20	30	40	50	60
90	最大差值/s	0.000 107	0.002 346	0.004 239	0.006 092	0.007 243	0.008 888	0.010 202
	平均误差/s	0.000 029	0.001 015	0.002 056	0.003 006	0.003 841	0.004 491	0.004 928
	均方根差/s	0.000 036	0.001 235	0.002 356	0.003 377	0.004 313	0.005 122	0.005 842
200	最大差值/s	0.000 205	0.002 438	0.004 239	0.007 737	0.012 305	0.018 172	0.023 140
	平均误差/s	0.000 029	0.000 792	0.001 410	0.002 274	0.003 347	0.004 598	0.006 091
	均方根差/s	0.000 038	0.001 024	0.001 798	0.002 775	0.004 217	0.006 022	0.008 182

由表 5 - 3 列出的精度评定结果可知,移动计算 90 期,第 30 d、60 d 的预报精度(MAE)分别为 3.006 ms、4.928 ms;移动计算 200 期,第 30 d、60 d 的预报精度(MAE)分别为 2.274 ms、6.091 ms。显然,这样的结果显得过于理想,尤其是 200 期移动计算第 30 d 的 MAE 值,甚至可与参考文献[10]给出的 MAE 值(2.421 ms)媲美。相对后述 5.2.2 节实验计算的精度统计数据可知,这样的精度评定可信度较低,主要是预报计算数据覆盖的时间区间太短所致。

5.2   参数 ΔUT1 基于 ΔUT2R 数据线性回归的短期预报计算

5.2.1 预报计算程序

参数 ΔUT2R 相对 ΔUT1R,由于顾及了季节变化对世界时 UT1 的影响,数据变化更为平缓,故参数 ΔUT1 的短期(1～60 d)预报可采用 ΔUT2R 数据线性回归的方法按如下程序进行。

(1)选取参数 ΔUT1 的基础序列,移去闰秒影响构成连续的数据序列。

(2)计算与 ΔUT1 数据相应的固体地球带谐潮项影响及季节变化对世界时 UT1 的影响。

(3)按式(4.1)、式(4.2)将 ΔUT1 数据序列转换为 ΔUT2R 数据序列。

(4)根据 ΔUT2R 数据序列,按最小二乘原理建立线性回归模型。

(5)按建立的 ΔUT2R 线性回归模型,进行 ΔUT2R 参数的外推值计算。

(6)在 ΔUT2R 外推值中加入回归模型基础序列末端误差影响 ΔV($\Delta V = 2V_n - V_{n-1}$,其中 V_{n-1}、V_n 分别为回归模型在基础序列最末两点上的误差值,按参数"已知值-模型值"的方法计算),求出 ΔUT2R 的预报值。

(7)根据计算的 ΔUT2R 预报值,按下式计算出参数 ΔUT1 的预报值:

$$\Delta UT1 = \Delta UT2R + \Delta D_t - \Delta T_s \tag{5.3}$$

式中:ΔD_t——固体地球带谐潮影响;

ΔT_s——季节变化对世界时 UT1 的影响。

5.2.2　实验计算

为全面考察基于 ΔUT2R 数据线性回归预报计算的精度,这里以 EOP 14 C04 数据文件中 2010 年 6 月 23 日—2019 年 2 月 5 日的 ΔUT1 数据为基础,进行不同长度(见表 5 - 4)基础序列 1~60 d 的线性回归预报计算。各长度基础序列的预报计算按间隔 10 d 依次移动计算 300 期(预报数据覆盖约 8.22 a)的方法进行。为了便于预报数据的精度比较,各长度基础序列的预报计算均在相同的时间区间内进行,初始基础序列均由 2010 年 10 月 1 日向前取值。各长度序列预报计算的精度统计数据(以 s 为单位)见表 5 - 4。

表 5 - 4　ΔUT2R 参数不同长度基础序列线性回归预报计算的精度统计数据

序列长度/d	精度统计项目	不同时间跨度预报计算结果的精度统计数据/d						
		1	10	20	30	40	50	60
20	最大差值/s	0.000 112	0.004 934	0.009 967	0.013 814	0.018 768	0.024 572	0.032 075
	差值均值/s	0.000 000	0.000 009	0.000 014	0.000 013	0.000 012	0.000 011	0.000 016
	平均误差/s	0.000 028	0.001 238	0.002 688	0.004 099	0.005 456	0.006 791	0.008 161
	均方根差/s	0.000 035	0.001 612	0.003 449	0.005 170	0.006 861	0.008 571	0.010 327
30	最大差值/s	0.000 112	0.005 331	0.009 924	0.013 853	0.019 792	0.026 616	0.028 990
	差值均值/s	0.000 000	0.000 011	0.000 020	0.000 022	0.000 024	0.000 026	0.000 034
	平均误差/s	0.000 028	0.001 281	0.002 694	0.004 059	0.005 357	0.006 634	0.008 015
	均方根差/s	0.000 035	0.001 676	0.003 459	0.005 105	0.006 723	0.008 363	0.010 094
40	最大差值/s	0.000 112	0.004 874	0.009 355	0.014 220	0.020 303	0.026 016	0.028 267
	差值均值/s	0.000 000	0.000 013	0.000 023	0.000 027	0.000 030	0.000 035	0.000 044
	平均误差/s	0.000 028	0.001 284	0.002 659	0.003 969	0.005 189	0.006 497	0.007 927
50	最大差值/s	0.000 112	0.004 956	0.010 122	0.015 483	0.020 946	0.023 890	0.026 596
	差值均值/s	0.000 000	0.000 013	0.000 023	0.000 027	0.000 029	0.000 034	0.000 043
	平均误差/s	0.000 028	0.001 301	0.002 652	0.003 952	0.005 195	0.006 497	0.007 913
55	最大差值/s	0.000 112	0.005 179	0.010 533	0.016 111	0.020 727	0.022 591	0.026 255
	差值均值/s	0.000 000	0.000 012	0.000 021	0.000 025	0.000 027	0.000 031	0.000 039
	平均误差/s	0.000 028	0.001 313	0.002 653	0.003 945	0.005 204	0.006 532	0.007 907
	均方根差/s	0.000 035	0.001 691	0.003 390	0.004 952	0.006 513	0.008 148	0.009 875
60	最大差值/s	0.000 112	0.005 474	0.010 736	0.016 420	0.020 240	0.021 909	0.025 711
	差值均值/s	0.000 000	0.000 012	0.000 020	0.000 023	0.000 025	0.000 030	0.000 036
	平均误差/s	0.000 028	0.001 321	0.002 661	0.003 945	0.005 225	0.006 564	0.007 920
	均方根差/s	0.000 035	0.001 692	0.003 387	0.004 951	0.006 521	0.008 164	0.009 886
70	最大差值/s	0.000 112	0.005 829	0.010 981	0.016 431	0.018 886	0.022 393	0.025 387
	差值均值/s	0.000 000	0.000 010	0.000 017	0.000 019	0.000 019	0.000 020	0.000 027
	平均误差/s	0.000 028	0.001 332	0.002 693	0.003 994	0.005 286	0.006 637	0.007 986
	均方根差/s	0.000 035	0.001 698	0.003 400	0.004 983	0.006 577	0.008 229	0.009 937

续 表

序列长度/d	精度统计项目	不同时间跨度预报计算结果的精度统计数据/d						
		1	10	20	30	40	50	60
80	最大差值/s	0.000 112	0.005 939	0.011 211	0.015 889	0.019 244	0.022 607	0.025 850
	差值均值/s	0.000 000	0.000 009	0.000 015	0.000 014	0.000 013	0.000 013	0.000 018
	平均误差/s	0.000 028	0.001 348	0.002 731	0.004 051	0.005 374	0.006 731	0.008 072
	均方根差/s	0.000 035	0.001 714	0.003 438	0.005 049	0.006 662	0.008 316	0.010 012
90	最大差值/s	0.000 112	0.005 879	0.011 085	0.015 166	0.019 463	0.022 890	0.026 697
	差值均值/s	0.000 000	0.000 008	0.000 012	0.000 010	0.000 008	0.000 007	0.000 010
	平均误差/s	0.000 028	0.001 370	0.002 772	0.004 090	0.005 436	0.006 784	0.008 145
	均方根差/s	0.000 035	0.001 737	0.003 490	0.005 125	0.006 750	0.008 404	0.010 092
100	最大差值/s	0.000 112	0.005 821	0.010 799	0.015 051	0.019 713	0.023 067	0.027 313
	差值均值/s	0.000 000	0.000 007	0.000 009	0.000 006	0.000 002	−0.000 000	0.000 002
	平均误差/s	0.000 028	0.001 393	0.002 807	0.004 119	0.005 489	0.006 835	0.008 175
	均方根差/s	0.000 035	0.001 764	0.003 541	0.005 193	0.006 826	0.008 481	0.010 161

表 5-4 中的精度统计数据表明:采用基于 ΔUT2R 数据线性回归的预报算法,实现 ΔUT2R 参数 1～60 d 精度(RMS)10 ms 的数值预报是可行的。本算例中,各长度基础序列的预报数据精度虽存在一定的差异,但差异较小。长度 30～100 d 的基础序列,均方根差(RMS)间的最大差值仅为 0.287 ms;平均误差(MAE)间的最大差值仅为 0.262 ms。比较各长度基础序列预报数据的最大差值、平均误差及均方根差,本算例中长度 50～60 d 基础序列的预报数据精度最优,第 30 d 的预报精度(RMS)优于 5 ms,第 60 d 的预报精度(RMS)优于 10 ms。

对比表 1-4 给出的 IERS 公报 A 的 10～40 d 预报数据精度(MAE)可知,本方法的预报数据精度(MAE)略低于 IERS 公报 A 的数据精度。虽然本方法的预报精度略低,且不宜进行较长时间跨度的预报计算,但考虑到本方法采用的线性回归方法简单,而且不需要很长数据的基础序列,故对于 ΔUT2R 参数 1～60 d 的短期数值预报,特别是对精度要求不高的用户仍不失为一种简便实用的预报计算方法。

5.3　地球自转参数基于 LS+AR 模型预报的基本原理

地球自转参数(ERP)数值预报的诸多预报计算方法中,最小二乘拟合(LS)联合自回归(AR)的 LS+AR 模型,以其计算简单、易实现的突出优点成为国内外学者研究使用最多的数学模型,同时也被认为是目前地球自转参数预报精度最高的模型之一。针对该模型的具体应用,国内外学者进行了大量的研究。为便于后续的预报方法探讨,这里首先对地球自转参数基于 LS+AR 模型预报的基本原理作以简要介绍。

5.3.1　LS 模型

基于 LS＋AR 模型的地球自转参数数值预报,LS 模型是指对地球自转参数(或其差分)的基础序列进行最小二乘拟合(least squares fitting)构建的函数模型,也常称作最小二乘拟合函数模型。地球自转参数预报计算与许多科学技术问题研究一样,一般也是以特定的函数模型为基础进行的。考虑到地球自转参数变化的复杂性,预报计算一般采用省略大量复杂信息的简化数学模型。目前采用最多的是如下形式的函数模型:

$$g(t) = b_0 + b_1 t + b_2 t^2 + \sum_{k=1}^{n} \left[b_{2k+1} \sin(2\pi f_k t) + b_{2(k+1)} \cos(2\pi f_k t) \right] \tag{5.4}$$

式中:$g(t)$ 为地球自转参数在 t 时刻的数值;等号右端前三项一般称为地球自转参数变化的趋势项;代数和($\sum$)内的各项称为地球自转参数变化的周期项;n 为周期项的个数;f_k 为第 k 个周期项的频率,$f_k = 1/P_k$(P_k 为第 k 个周期项的周期)。

5.3.2　AR 模型

自回归模型 AR(p)是指[6],一个均值为零的平稳时间序列 $\{Z_t\}$($t = 1, 2, \cdots, n$),任何一个时刻 t 上的数值 Z_t,可表示为过去 p 个时刻的数值 $Z_{t-1}, Z_{t-2}, \cdots, Z_{t-p}$ 的线性组合加上 t 时刻的白噪声,即

$$Z_t = \sum_{i=1}^{p} \varphi_i Z_{t-i} + a_t \tag{5.5}$$

也可表示为

$$a_t = Z_t - \sum_{i=1}^{p} \varphi_i Z_{t-i} \tag{5.6}$$

式(5.5)称作 p 阶自回归模型,一般简记为 AR(p)。其中:a_t 为白噪声,服从 $N(0, \sigma^2)$,σ^2 为白噪声方差;常数 p(正整数)为模型阶数;φ_i 为模型参数,且有 $\varphi_p \neq 0$。可以表示成式(5.5)或式(5.6)形式的平稳时间序列称为具有自回归模型。

基于 LS＋AR 模型的地球自转参数预报计算,AR 模型主要用于 LS 模型残差(或其差分)序列的预报计算。由于 LS 拟合已确保了 LS 模型残差的均值接近于 0,由 AR 模型的定义可知,基于 LS＋AR 模型的地球自转参数预报,关键要看 LS 模型残差(或其差分)序列是不是一个具有自回归模型的平稳时间序列。

一个均值为零的平稳时间序列 $\{Z_t\}$ 是否具有自回归模型 AR(p),一般需要根据序列 $\{Z_t\}$ 的自相关函数 ρ_k 和偏相关函数 ϕ_{kk} 具有的基本特征进行判定。

一个均值为零的平稳时间序列 $\{Z_t\}$,自相关函数的定义为

$$\rho_k = \frac{\gamma_k}{\gamma_0} \tag{5.7}$$

式中:γ_k 称作序列的自协方差函数,计算式为

$$\gamma_k = \frac{Z_1 Z_{1+k} + Z_2 Z_{2+k} + \cdots + Z_{n-k} Z_n}{n} \tag{5.8}$$

自相关函数满足 $|\rho_k| \leqslant 1$。

平稳时间序列的偏相关函数是指满足如下尤尔-沃克(Yule-Walker)方程的函数 ϕ_{kk}：

$$
\begin{bmatrix} \phi_{k1} \\ \phi_{k2} \\ \vdots \\ \phi_{kk} \end{bmatrix} = \begin{bmatrix} 1 & \rho_1 & \rho_2 & \cdots & \rho_{k-1} \\ \rho_1 & 1 & \rho_1 & \cdots & \rho_{k-2} \\ \vdots & \vdots & \vdots & \vdots & \vdots \\ \rho_{k-1} & \cdots & \rho_2 & \rho_1 & 1 \end{bmatrix}^{-1} \begin{bmatrix} \rho_1 \\ \rho_2 \\ \vdots \\ \rho_k \end{bmatrix} \tag{5.9}
$$

按式(5.9)计算偏相关函数 ϕ_{kk} 的值，需要分别取 $k=1,2,\cdots$ 进行计算。由于这样计算的工作量较大，实际计算一般采用如下递推公式进行：

$$
\left. \begin{aligned} \phi_{11} &= \rho_1 \\ \phi_{k+1\,k+1} &= \Big(\rho_{k+1} - \sum_{j=1}^{k} \rho_{k+1-j} \phi_{kj} \Big) \Big(1 - \sum_{j=1}^{k} \rho_j \phi_{kj} \Big)^{-1} \\ \phi_{k+1\,j} &= \phi_{kj} - \phi_{k+1\,k+1} \phi_{kk-(j-1)}, \quad j=1,2,\cdots,k \end{aligned} \right\} \tag{5.10}
$$

按该递推式计算的顺序为 $\phi_{11},\phi_{22},\phi_{21},\phi_{33},\phi_{31},\phi_{32},\phi_{44},\cdots$。

一个均值为零的平稳时间序列，只有当其自相关函数 ρ_k 拖尾、偏相关函数 ϕ_{kk} 截尾时才称其具有自回归模型 AR(p)。所谓自相关函数 ρ_k 拖尾，是指随着 k 的无限增大，函数 ρ_k 以负指数的速度趋向于零，即当 k 相当大时，有 $|\rho_k| < ce^{-\delta k}$（其中 $c>0,\delta>0$），其图像犹如拖着一条尾巴一样。而偏相关函数 ϕ_{kk} 截尾则是指

$$
\left. \begin{aligned} \phi_{kk} &\neq 0, \quad k \leqslant p \\ \phi_{kk} &= 0, \quad k > p \end{aligned} \right\} \tag{5.11}
$$

其图像犹如截断了尾巴一样，且尾巴截断于 $k=p$ 的地方。

这里需要指出，在 $k>p$ 后，偏相关函数 ϕ_{kk} 随着 k 的继续增大，其值一般并不为 0，从而给截尾的判断带来一定的困难。理论证明，对于具有自回归模型 AR(p) 的平稳时间序列，当 n 很大时，其样本偏相关函数 $\phi_{kk}(k>p)$ 近似服从正态分布 $N(0,1/n)$。由此可得到当 n 很大时，有

$$
P\left\{ |\phi_{kk}| < \frac{2}{\sqrt{n}} \right\} \approx 95\% \tag{5.12}
$$

基于该理论，偏相关函数 ϕ_{kk} 的截尾可按照这样的原则确定：即当 $k>p$ 时，其后的 ϕ_{kk} 值，平均 20 个至多有一个使 $|\phi_{kk}| \geqslant 2n^{-1/2}$，就认为 ϕ_{kk} 截尾于 $k=p$ 处。

AR(p)模型的参数值 φ_i 一般不必进行专门计算，只要在进行偏相关函数计算的记录中取出相应的 $\phi_{p1},\phi_{p2},\cdots,\phi_{pp}$ 作为 $\varphi_1,\varphi_2,\cdots,\varphi_p$ 即可。

AR(p)模型预报计算的数学模型为

$$
\left. \begin{aligned} \hat{Z}_{k+1} &= \varphi_1 Z_k + \varphi_2 Z_{k-1} + \cdots + \varphi_p Z_{k-p+1} \\ \hat{Z}_{k+2} &= \varphi_1 \hat{Z}_{k+1} + \varphi_2 Z_k + \cdots + \varphi_p Z_{k-p+2} \\ \hat{Z}_{k+3} &= \varphi_1 \hat{Z}_{k+2} + \varphi_2 \hat{Z}_{k+1} + \cdots + \varphi_p Z_{k-p+3} \\ &\qquad\qquad\qquad \vdots \end{aligned} \right\} \tag{5.13}
$$

式(5.13)又称为递推预报计算模型。按该式递推预报，进行第二步预报时要用到第一步的预报值，进行第三步预报时要用到第一、第二步的预报值，其余依此类推。实际应用中(如地球自转参数预报中的迭代计算)，较多的是按式(5.13)的第一式进行第一步预报计算。

5.3.3　基于 LS＋AR 模型的地球自转参数预报计算

地球自转参数基于 LS＋AR 模型预报计算的基本原理如下：

（1）选择一函数模型对地球自转参数（或其一阶差分）的基础序列进行 LS 拟合，根据拟合的 LS 模型实现地球自转参数（或其一阶差分）基础序列的外推值计算。

（2）对 LS 模型的残差（或残差的一阶差分）序列进行 AR 拟合，根据构建的 AR 模型实现 LS 模型残差（或残差的一阶差分）序列的预报值计算。

（3）通过对 LS 模型外推值与 AR 模型预报值的数据融合，实现地球自转参数的数值预报。

地球自转参数 ΔUT1 基于 LS＋AR 模型的预报计算，国内具有代表性的研究主要有参考文献[8][10][12]等。这 3 篇文献给出的算法，区别主要是 LS 拟合针对的基础序列不同，参考文献[8]是直接对参数 ΔUT1R 基础序列进行 LS 拟合；参考文献[12]是对参数 ΔUT1R 基础序列的一阶差分序列进行 LS 拟合；参考文献[10]则是对参数 ΔUT1R 基础序列的二阶差分序列进行 LS 拟合。

5.4　基于 LS＋AR 模型双差分拟合的 ΔUT1R 预报计算

地球自转参数 ΔUT1 的数值预报，为确保 AR 拟合的数据序列为一平稳时间序列，笔者针对 LS＋AR 模型提出了双差分拟合的 ΔUT1R（或 ΔUT2R，以下同）迭代预报算法（以下简称为双差分拟合预报算法）。这里的双差分拟合是指，首先对参数 ΔUT1R 基础序列的一阶差分序列（以下简称为 ΔUT1R 差分序列）进行 LS 拟合，再对 LS 模型残差的一阶差分序列（以下简称为 LS 模型残差序列）进行 AR 拟合。双差分拟合确保了 LS 模型残差差分序列的平稳性。

5.4.1　ΔUT1R 差分序列 LS 模型残差序列的图检分析

为便于讨论，图检分析以一具体算例进行。ΔUT1R 参数 2010 年 10 月 1 日前 10 年基础序列（由 EOP 14 C04 文件中的 ΔUT1 数据转换求得）的差分序列（以 s 为单位）图像如图 5－1 所示。

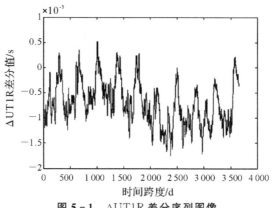

图 5－1　ΔUT1R 差分序列图像

由图 5-1 可知,ΔUT1R 差分序列虽然一定程度地减弱了参数 ΔUT1R 基础序列中的趋势项和周期项的影响,但并不能完全消除趋势项和周期项的影响。大量实验计算数据表明,ΔUT1R 差分序列的 LS 拟合,采用如下函数模型为宜:

$$\Delta \vartheta_t = b_0 + b_1 t + b_2 \sin(2\pi t) + b_3 \cos(2\pi t) + b_4 \sin(4\pi t) + b_5 \cos(4\pi t) \quad (5.14)$$

式中:　　　　$\Delta \vartheta_t$——参数 ΔUT1R 的(一阶)差分值;

　　　　　　t——参数 ΔUT1R 基础序列的数据个数,$t = 1, 2, \cdots, n-1, n$;

　　　　　　b_0、b_1——ΔUT1R 差分序列变化的趋势项;

　　　　　　$b_2 \sim b_5$——ΔUT1R 差分序列变化的周期项。

根据式(5.14)对 ΔUT1R 差分序列进行 LS 拟合,拟合构建的 LS 模型的数据变化图像如图 5-2 所示,ΔUT1R 差分序列的 LS 模型残差序列数据变化如图 5-3 所示。

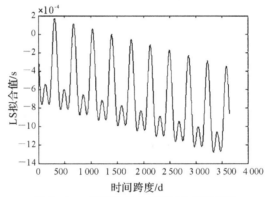

图 5-2　ΔUT1R 差分序列 LS 模型图像

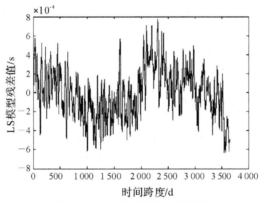

图 5-3　LS 模型残差序列图像

一些关于 ΔUT1 数值预报的研究文献(如参考文献[12]),直接对该 LS 模型残差序列进行 AR 拟合,通过建立用于 LS 模型残差预报计算的 AR(p)模型,实现 ΔUT1R 参数的数值预报。不过由图 5-3 可清楚地看出,ΔUT1R 差分序列的 LS 模型残差序列并不是严格意义上的平稳时间序列。由平稳时间序列的有关文献可知,平稳时间序列是指均值为常数,协方差函数与时间无关的时间序列。基于该特征,一个时间序列是否平稳,一般可按图检法进行简单判断,即通过观察其时序图和相关图的图像特征进行判断。一个平稳时间序列,其时序图的图像特征通常呈现的是围绕一个均值(常数)的上下随机摆动;其自相关图的图像特征一般是随着阶数的增加迅速衰减至 0 附近,非平稳时间序列可能先减后增或呈周期性波动。

　　为便于观察,图 5-4 绘出了图 5-3 所示的 LS 模型残差序列($k=1\,825$)的自相关图。由时序图 5-3 及自相关图 5-4 可清楚地看到,ΔUT1R 差分序列的 LS 模型残差序列,其时序图并不呈现围绕均值上下随机摆动的特征;其自相关图也呈现出明显的周期波动。显然,本算例中 ΔUT1R 差分序列的 LS 模型残差序列并不是一个平稳时间序列。因此,对于这样的残差序列不宜直接进行 AR 拟合。

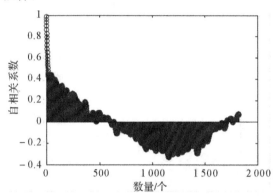

图 5-4　LS 模型残差序列的自相关图

5.4.2　LS 模型残差序列的平稳化处理

　　由时间序列平稳化处理方法可知,差分是非平稳序列平稳化处理的一种有效手段。基于此,这里对图 5-3 所示的 LS 模型残差序列进行差分处理,获取 LS 模型残差序列的(一阶)差分序列。该差分序列的数据变化如图 5-5 所示。图 5-5 给出的 LS 模型残差差分序列图像非常接近离散白噪声图像。为便于直观地进行图像比较,图 5-6 绘制了由 3 650 个数据构成的均值 $\mu=0$、均方差 $\sigma=0.001$ 的离散白噪声图像。

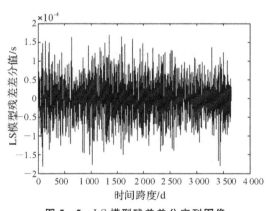

图 5-5　LS 模型残差差分序列图像

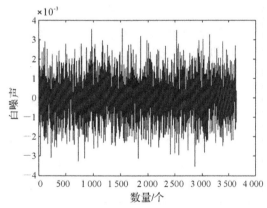

图 5-6　离散白噪声图像

　　由参考文献[6]可知,离散白噪声(常用于表示随机误差的随机变量序列)是最简单的平稳时间序列。对比图 5-5、图 5-6 可清楚地看出,本算例中 ΔUT1R 差分序列的 LS 模型残差序列虽然不是一个平稳时间序列,但其差分序列则可认为是一个均值 $\mu=0$ 的平稳时间序列。这里的均值 $\mu=0$ 由最小二乘拟合构建的 LS 模型予以保证。

5.4.3　LS模型残差差分序列的线性模型识别

ΔUT1R差分序列的LS模型残差序列,其差分序列(见图5-5)虽然是一个平稳时间序列,但还需要看其是否具有AR(p)模型。为此,还需要借助平稳时间序列的自相关函数和偏相关函数的基本特征进行计算分析。取$k=1\sim730$计算LS模型残差差分序列的自相关函数、偏相关函数,自相关函数的杆形图像如图5-7所示,偏相关函数的杆形图像如图5-8所示。

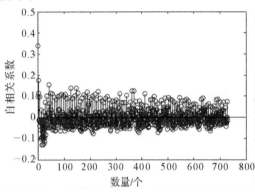

图5-7　LS模型残差差分序列的自相关函数图像

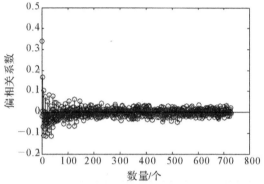

图5-8　LS模型残差差分序列的偏相关函数图像

由图5-7、图5-8可知,LS模型残差差分序列的自相关函数图像拖尾,偏相关函数图像截尾。不过,单就图5-8的偏相关函数图像来看,由于随着k的增大,偏相关函数ϕ_{kk}并不为0,故其截尾的图像特征并不十分明显。对此,这里再对偏相关函数ϕ_{kk}的数据分布进行计算分析:本算例中,式(5.12)中的$n=3\,648,2/n^{1/2}=0.033\,117\,848$。取$k=730$计算,$|\phi_{kk}|\geqslant2n^{-1/2}$的共60个,按式(5.12)计算的$P=91.78\%$。在计算的730个偏相关函数$\phi_{kk}$的数值中,当$k=65$时,其后的680个$\phi_{kk}$值中,出现$|\phi_{kk}|\geqslant2n^{-1/2}$的共11个,平均每61.82个出现1个。显然,函数ϕ_{kk}的此分布满足偏相关函数截尾的概率分布特征。对于本算例,可认为LS模型残差差分序列的偏相关函数ϕ_{kk}截尾在$k=65$处。

本算例说明,通过对ΔUT1R差分序列的LS拟合,再通过对LS模型残差序列的差分处理,所得的LS模型残差差分序列是一个具有自回归模型AR(p)的平稳时间序列。

5.4.4　双差分拟合预报的计算程序

基于LS+AR模型双差分拟合的ΔUT1R预报计算,为确保预报精度,一般采用如下程序的迭代算法。为了便于叙述与书写,以下的程序介绍中以符号ϑ表示参数ΔUT1R。

(1)按下式计算参数ϑ基础序列相邻数据间差分值$\Delta\vartheta_i$,构建参数ϑ的差分序列$\{\Delta\vartheta_i\}$:

$$\Delta\vartheta_i = \vartheta_{i+1} - \vartheta_i \tag{5.15}$$

式中:$i=1,2,\cdots,n-1$(n为参数ϑ基础序列的数据个数)。

(2)按式(5.14)对差分序列$\{\Delta\vartheta_i\}$进行LS拟合,构建差分序列$\{\Delta\vartheta_i\}$的LS模型,并进行LS模型第一天的外推值$(\Delta\vartheta_n)$计算。

(3)按下式计算LS模型残差序列相邻数据间的差分值ΔV_k,构建LS模型残差差分序列$\{\Delta V_k\}$:

$$\Delta V_k = V_{k+1} - V_k \tag{5.16}$$

式中：$k=1,2,\cdots,n-2$。

（4）对 LS 模型残差差分序列 $\{\Delta V_k\}$ 进行 AR 拟合，构建预报值 ΔV_{n-1} 计算的 AR(p) 模型：

$$\Delta V_t = \sum_{i=1}^{p} \varphi_i \Delta V_{t-i} \tag{5.17}$$

式中：$t = n-1$；

p（正整数）——AR 模型的阶数；

φ_i——AR(p) 模型参数。

（5）根据计算的预报值 ΔV_{n-1}，按下式计算差分序列 $\{\Delta\vartheta_i\}$ 的第一天预报值：

$$\Delta\hat{\vartheta}_n = \Delta\vartheta_n + V_{n-1} + \Delta V_{n-1} \tag{5.18}$$

式中：V_{n-1}——LS 模型残差序列 $\{V_i\}$ 的最后一个残差值；

$\Delta\vartheta_n$——LS 模型的第一天外推值。

（6）按下式计算参数 ϑ 的第一天预报值：

$$\hat{\vartheta}_{n+1} = \vartheta_n + \Delta\hat{\vartheta}_n \tag{5.19}$$

式中：ϑ_n——基础序列 $\{\vartheta_i\}$ 的最后一个值。

将按第（5）条计算的差分序列 $\{\Delta\vartheta_i\}$ 的第一天预测值加入差分序列 $\{\Delta\vartheta_i\}$ 中，构成新的差分序列，重复上述（2）～（6）条的计算，完成第二天的预报值计算。按此相同方法反复迭代计算，直至完成第 3～N 天的预报值计算为止。

这里需要特别指出，按式（5.19）计算各时间跨度的预报值时，除第一天的预报值计算采用的是 ΔUT1R 基础序列 $\{\vartheta_i\}$ 的最后一个数值 ϑ_n 外，其他时间跨度的预报值计算均采用的是前一天的预报值。

5.4.5　AR 模型的阶数确定

5.4.5.1　AR 模型阶数的确定准则

按式（5.17）进行 LS 模型残差差分序列 $\{\Delta V_k\}$ 的 AR 拟合，关键问题在于如何确定 AR(p) 模型的阶数。显然，单纯地依据前述的偏相关函数 ϕ_{kk} 的数值分布进行判断是不现实的。地球自转参数的预报计算，一般采用最终预报误差准则（FPE）、信息量准则（AIC）、传递函数准则等确定 AR 模型的阶数。这里采用最终预报误差准则确定 AR 模型的阶数，该准则定义的函数模型为

$$\text{FPE}(m) = \frac{n+p}{n-p} P_m \tag{5.20}$$

一般将按式（5.20）计算的 FPE(m) 为最小时的 p 值作为 AR 模型的阶，式中 P_m 的计算式为

$$P_m = \frac{1}{n-p} \sum_{t=p+1}^{n} \left(\Delta V_t - \sum_{i=1}^{p} \varphi_i \Delta V_{t-i} \right)^2 \tag{5.21}$$

实际计算中，一般将 p 值的最大范围确定在 $n/10$。

5.4.5.2　迭代预报计算 AR 模型阶数的取值问题

由双差分拟合的 ΔUT1R 预报计算程序可知，每一天的预报计算既要进行 ΔUT1R 差分序列的 LS 拟合，又要进行 LS 模型残差差分序列的 AR 拟合，计算量很大。例如使用××型

号的电脑按 MATLAB 编程计算,取长度 10 a 的基础序列进行 1～500 d 的迭代预报计算,需要的计算时间为 2 h 10 m;当取长度 15 a 的基础序列进行 1～500 d 的迭代预报计算时,需要的计算时间增至 15 h 36 m。显然,按此方法进行预报算法的精度评定,即按照一定的时间间隔进行百余期的依次移动计算,耗费的计算时间简直是令人难以忍受的。该方法计算耗时最大的当属 AR 拟合中的模型阶数(p)值计算与确定,要将该方法用于工程实践,必须认真研究 LS 模型残差差分序列 AR 拟合的模型阶数(p)取值问题。

大量实验计算表明,双差分拟合的 ΔUT1R 预报算法具有一个显著特征,即每一步迭代计算的 LS 模型残差差分序列 $\{\Delta V_i\}$ 的 AR 拟合,模型阶数 p 的取值虽不完全相同,但在一定时间跨度内的取值往往相同。例如在表 5-5 给出的算例中,1～360 d 的迭代预报计算中 AR 模型阶数 p 的取值均为两个值。此外,各时间跨度预报计算的 AR 拟合,均采用第 1 d 预报计算的 AR 模型阶数(以下以符号 p_1 表示)值也是可行的,对预报计算结果的影响甚微。

为便于更好地理解,这里取 2010 年 10 月 1 日前不同长度(见表 5-5)的 ΔUT1R 基础序列进行 1～360 d 的预报计算分析。计算包括:不同长度基础序列预报计算的 AR 模型阶数值及其分布;各时间跨度预报计算采用第一天的 AR 模型阶数值 p_1,以及采用各跨度的 AR 模型阶数值的预报计算结果间的差异。计算结果的差异见表 5-5。表 5-5 中未列出长度 4 a、6 a 基础序列的计算结果,是因为取这两个长度基础序列进行的 1～360 d 迭代预报计算时的 AR 模型阶数值均相同,前者为 $p=43$,后者为 $p=164$。

表 5-5　ΔUT1R 参数预报 AR 模型不同阶数引起的计算结果差异　　（单位:s）

预报计算时间跨度/d	ΔUT1R 基础序列长度/a					
	3	5	7	8	9	10
44	—	—	−0.000 000 71			
164	—	—	0.000 289 65	−0.000 003 38		
170	—	—	0.000 289 45	−0.000 005 11		0.000 000 11
180	—	—	0.000 302 39	0.000 028 00		0.000 010 87
225	—	0.000 001 37	0.000 333 90	0.000 489 37	—	0.000 026 43
252	—	0.000 089 33	0.000 396 50	0.000 830 82	−0.000 000 49	−0.000 015 03
270	—	0.000 159 81	0.000 425 25	0.001 103 05	0.000 039 97	−0.000 028 27
334	0.000 000 002	0.000 473 46	0.000 526 72	0.002 292 45	0.000 414 89	−0.000 127 79
360	0.000 001 040	0.000 634 26	0.000 567 20	0.002 868 37	0.000 624 37	−0.000 174 46
AR 阶数 p 值及分布	36　[1～333] 38 [334～360]	43 [1～224] 173 [225～360]	106　[1～43] 148 [44～360]	58　[1～163] 147 [164～360]	59　[1～251] 106 [252～360]	137　[1～169] 147 [170～360]

由表 5-5 列出的计算结果可知,本算例中差异最大的是采用长度 8 a 基础序列进行的预报计算,第 270 d、360 d 的差异分别为 1.103 ms、2.868 ms。显然这样的差异与预报结果的误差值(详见后续的实验计算结果)相比是完全可以忽略的。这充分说明,采用双差分拟合的 ΔUT1R 预报计算,完全可以采用第 1 d 预报计算的 AR 模型阶数 p_1 值进行各时间跨度的预报计算。按此方法计算,仍使用上述××型号的电脑按 MATLAB 编程计算,取长度 10 a 的基础序列进行 1～500 d 的数值预报,一般都可在 60 s 内完成计算。正因为如此,以下的数值

预报实验计算,各时间跨度的预报计算均采用第一天的 AR 模型阶数 p_1 值进行。

实际工程应用中的预报计算,大多是采用一定长度的基础序列,进行一期特定时间跨度的数值预报。因此,也可在迭代预报计算中适当增加 AR 模型阶数值的计算次数。例如,当采用表 5-5 中的长度 8 a 基础序列,按间隔 30 d 计算一次 AR 模型阶数值的方法进行计算时,可将表 5-5 中的 270 d、360 d 的差异值分别减小至 0.271 ms 和 0.307 ms。

5.4.6　数值预报实验计算

5.4.6.1　双差分拟合的 ΔUT1R 预报计算

基于 LS+AR 模型双差分拟合的 ΔUT1R 数值预报,分别取长度 5 a、10 a、15 a、20 a 的基础序列进行 1~500 d 的实验计算。预报计算以 IERS 公布的 EOP 14 C04 数据文件中的 ΔUT1 数据(1990 年 1 月 1 日—2014 年 10 月 17 日)为基础。为了使预报计算的精度评定结果具有较高的可信度,不同长度基础序列的预报计算,均按照间隔 10 d 依次移动计算 300 期(预报数据覆盖的时间区间约为 9.589 a)的方法进行。此外,为了比较不同长度基础序列的预报计算精度,各长度初始基础序列均由 2010 年 10 月 1 日向前取值,第 1 d 预报均从 2010 年 10 月 1 日开始。参数 ΔUT1R 长度 5 a 与 10 a 基础序列预报计算结果的精度统计数据(即差值的绝对值最大值、差值的平均值以及根据差值计算的平均误差和均方根差,以 s 为单位)见表 5-6。

表 5-6　参数 ΔUT1R 长度 5 a/10 a 基础序列双差分拟合预报计算的精度统计数据

预报计算跨度/d	长度 5 a 基础序列的预报计算				长度 10 a 基础序列的预报计算			
	最大差值/s	平均误差/s	均方根差/s	差值均值/s	最大差值/s	平均误差/s	均方根差/s	差值均值/s
1	0.000 115	0.000 023	0.000 030	0.000 000	0.000 133	0.000 023	0.000 031	0.000 000
2	0.000 267	0.000 064	0.000 081	−0.000 000	0.000 301	0.000 065	0.000 083	−0.000 001
4	0.000 724	0.000 192	0.000 236	−0.000 003	0.000 656	0.000 193	0.000 238	−0.000 004
6	0.001 383	0.000 373	0.000 461	−0.000 008	0.001 365	0.000 369	0.000 458	−0.000 009
8	0.002 215	0.000 585	0.000 731	−0.000 011	0.002 238	0.000 569	0.000 717	−0.000 011
10	0.003 082	0.000 818	0.001 023	−0.000 011	0.003 047	0.000 784	0.000 992	−0.000 011
15	0.005 108	0.001 436	0.001 808	−0.000 027	0.005 081	0.001 348	0.001 712	−0.000 023
20	0.007 806	0.002 030	0.002 582	−0.000 050	0.008 033	0.001 858	0.002 394	−0.000 038
30	0.011 511	0.003 179	0.004 005	−0.000 115	0.012 018	0.002 861	0.003 635	−0.000 078
40	0.013 539	0.004 305	0.005 289	−0.000 183	0.014 220	0.003 745	0.004 716	−0.000 124
50	0.017 950	0.005 341	0.006 524	−0.000 253	0.017 852	0.004 516	0.005 757	−0.000 171
60	0.023 036	0.006 365	0.007 761	−0.000 316	0.022 986	0.005 347	0.006 836	−0.000 220
90	0.037 388	0.009 859	0.012 018	−0.000 543	0.039 411	0.008 223	0.010 517	−0.000 440
120	0.049 516	0.013 175	0.016 492	−0.000 773	0.053 716	0.011 350	0.014 536	−0.000 774
180	0.071 188	0.021 162	0.026 367	−0.001 396	0.077 524	0.018 045	0.023 168	−0.001 754
270	0.118 332	0.036 323	0.045 212	−0.003 227	0.132 372	0.030 280	0.039 539	−0.004 644
360	0.180 318	0.055 139	0.067 817	−0.006 877	0.173 405	0.045 705	0.059 284	−0.010 068
500	0.273 394	0.090 942	0.109 759	−0.016 414	0.218 265	0.074 942	0.094 454	−0.022 984

参数 ΔUT1R 长度 15 a 与 20 a 基础序列预报计算结果的精度统计数据见表 5-7。

表 5-7　参数 ΔUT1R 长度 15 a/20 a 基础序列双差分拟合预报计算的精度统计数据

预报计算跨度/d	长度 15 a 基础序列的预报计算				长度 20 a 基础序列的预报计算			
	最大差值/s	平均误差/s	均方根差/s	差值均值/s	最大差值/s	平均误差/s	均方根差/s	差值均值/s
1	0.000 131	0.000 024	0.000 031	0.000 000	0.000 127	0.000 025	0.000 032	−0.000 000
2	0.000 293	0.000 065	0.000 083	−0.000 001	0.000 287	0.000 067	0.000 086	−0.000 001
4	0.000 642	0.000 192	0.000 237	−0.000 006	0.000 665	0.000 197	0.000 244	−0.000 005
6	0.001 259	0.000 360	0.000 452	−0.000 012	0.001 413	0.000 371	0.000 463	−0.000 010
8	0.001 984	0.000 554	0.000 705	−0.000 018	0.002 150	0.000 567	0.000 717	−0.000 010
10	0.002 701	0.000 770	0.000 976	−0.000 026	0.002 782	0.000 779	0.000 989	−0.000 007
15	0.004 973	0.001 326	0.001 685	−0.000 065	0.004 863	0.001 315	0.001 699	−0.000 013
20	0.007 215	0.001 819	0.002 364	−0.000 113	0.007 321	0.001 824	0.002 378	−0.000 018
30	0.010 571	0.002 813	0.003 574	−0.000 239	0.010 657	0.002 794	0.003 591	−0.000 041
40	0.013 040	0.003 656	0.004 626	−0.000 390	0.015 035	0.003 652	0.004 685	−0.000 073
50	0.017 463	0.004 377	0.005 623	−0.000 547	0.018 221	0.004 479	0.005 738	−0.000 105
60	0.019 172	0.005 119	0.006 626	−0.000 708	0.019 764	0.005 294	0.006 820	−0.000 127
90	0.032 250	0.007 835	0.010 039	−0.001 174	0.031 064	0.008 330	0.010 607	−0.000 054
120	0.043 319	0.010 731	0.013 855	−0.001 563	0.041 231	0.011 696	0.014 865	0.000 280
180	0.062 539	0.017 680	0.022 736	−0.002 255	0.059 681	0.019 575	0.024 502	0.001 641
270	0.108 704	0.031 305	0.040 118	−0.004 032	0.110 807	0.034 843	0.043 537	0.004 628
360	0.152 611	0.048 121	0.060 975	−0.007 547	0.152 817	0.054 302	0.066 636	0.007 577
500	0.232 353	0.080 460	0.097 362	−0.018 650	0.212 094	0.093 724	0.108 135	0.008 228

由表 5-6 和表 5-7 列出的计算结果可知：

（1）基于 LS+AR 模型双差分拟合的 ΔUT1R 预报计算，预报计算精度并不完全随着基础序列长度的增大而提高。

（2）本算例中 1～180 d 的预报计算，长度 15 a 基础序列的预报计算精度最优；270～500 d 的预报计算，长度 10 a 基础序列的预报计算精度最优。

（3）本算例中长度 10～20 a 基础序列的预报计算，10～40 d 的短期预报计算精度（MAE）均优于 IERS 公报 A 的预报数据精度（见表 1-4）。

考虑到本算例中 ΔUT1R 不同长度基础序列的预报数据覆盖了近 10 a 的时间区间，故可以认为表 5-6、表 5-7 给出的不同长度基础序列的预报计算精度能较全面客观地反映双差分拟合迭代预报算法的精度，可作为工程应用的统一技术指标。

5.4.6.2　双差分拟合的 ΔUT2R 预报计算

基于 LS+AR 模型双差分拟合的预报算法，不仅适用于参数 ΔUT1R 的预报计算，而且也适用于参数 ΔUT2R 的预报计算。作为与参数 ΔUT1R 预报计算结果的数据比较，这里仍取表 5-6 和表 5-7 参数 ΔUT1R 预报计算的相同算例及计算方法，进行双差分拟合 ΔUT2R 预报计算。鉴于参数 ΔUT1R 采用长度 20 a 基础序列的预报计算精度（见表 5-7），参数 ΔUT2R 的预报计算，分别取长度 5 a、10 a、15 a 的基础序列进行。

按上述要求进行预报计算的精度统计数据（即预报计算结果差值的绝对值最大值以及根

据差值计算的平均误差及均方根差,以 s 为单位)见表 5-8。考虑到各长度基础序列预报计算结果的误差均值与 ΔUT1R 的计算结果相近,故表 5-8 中未再单独列出。

表 5-8　参数 ΔUT2R 不同长度基础序列双差分拟合预报计算的精度统计数据

预报跨度/d	长度 5 a 基础序列的预报计算			长度 10 a 基础序列的预报计算			长度 15 a 基础序列的预报计算		
	最大差值 s	平均误差 s	均方根差 s	最大差值 s	平均误差 s	均方根差 s	最大差值 s	平均误差 s	均方根差 s
1	0.000 115	0.000 023	0.000 030	0.000 133	0.000 023	0.000 031	0.000 131	0.000 024	0.000 031
2	0.000 266	0.000 064	0.000 081	0.000 300	0.000 065	0.000 083	0.000 291	0.000 065	0.000 083
4	0.000 720	0.000 192	0.000 236	0.000 656	0.000 193	0.000 238	0.000 636	0.000 192	0.000 237
6	0.001 375	0.000 373	0.000 461	0.001 365	0.000 370	0.000 458	0.001 287	0.000 361	0.000 452
8	0.002 221	0.000 585	0.000 731	0.002 240	0.000 572	0.000 718	0.001 960	0.000 558	0.000 705
10	0.003 091	0.000 818	0.001 023	0.003 090	0.000 788	0.000 994	0.002 665	0.000 774	0.000 975
15	0.005 107	0.001 437	0.001 808	0.005 030	0.001 355	0.001 715	0.004 882	0.001 331	0.001 683
20	0.007 839	0.002 037	0.002 582	0.007 958	0.001 862	0.002 394	0.007 095	0.001 823	0.002 360
30	0.011 586	0.003 183	0.004 043	0.011 913	0.002 872	0.003 626	0.010 503	0.002 783	0.003 560
40	0.013 502	0.004 300	0.005 283	0.014 315	0.003 728	0.004 695	0.012 857	0.003 604	0.004 600
50	0.017 809	0.005 340	0.006 515	0.018 120	0.004 469	0.005 724	0.017 228	0.004 334	0.005 580
60	0.022 888	0.006 374	0.007 755	0.023 489	0.005 306	0.006 791	0.019 482	0.005 116	0.006 565
90	0.038 225	0.009 852	0.012 009	0.040 880	0.008 216	0.010 451	0.033 759	0.007 771	0.009 916
120	0.050 901	0.013 192	0.016 479	0.056 193	0.011 308	0.014 446	0.046 102	0.010 517	0.013 674
180	0.070 895	0.021 111	0.026 355	0.080 961	0.017 986	0.023 039	0.066 436	0.017 610	0.022 562
270	0.118 745	0.036 334	0.045 214	0.137 045	0.030 398	0.039 477	0.113 981	0.031 150	0.040 017
360	0.177 841	0.055 095	0.067 788	0.178 332	0.045 761	0.059 201	0.150 531	0.048 097	0.060 927
500	0.269 632	0.090 960	0.109 673	0.210 704	0.075 183	0.094 327	0.222 413	0.080 530	0.097 124

由表 5-8 列出的预报计算结果的精度统计数据可知:基于 LS+AR 模型双差分拟合的 ΔUT2R 预报计算,也可获得与采用参数 ΔUT1R 计算大体一致的预报计算精度。例如,长度 10 a 基础序列预报计算结果的平均误差(MAE),第 60 d 两者相差仅为 0.041 ms,第 360 d 两者相差仅为 0.056 ms,差异最大的第 500 d 也只有 0.241 ms。采用长度 10~20 a 的基础序列进行预报计算,10~40 d 的预报精度(MAE)同样优于 IERS 公报 A 的数据精度。

之所以如此,主要是因为在对 ΔUT1R 的差分序列进行 LS 拟合时,采用的函数模型已顾及了季节变化影响中的周年项及半周年项。因此,采用参数 ΔUT1R 与 ΔUT2R 分别对它们的差分序列进行 LS 模型拟合,所得的 LS 模型中的趋势项系数(b_0、b_1)基本一致,区别主要体现在周期项系数 $b_2 \sim b_5$ 的数值不同。该特征可从表 5-9 列出的 ΔUT1R、ΔUT2R 两参数同一算例 LS 模型拟合的系数值中清楚地看出。表中两参数的周期项系数不同,恰恰是季节变化影响(即世界时 UT2 与 UT1 之差 T_s)中的周年项及半周年项的影响所致。

表 5-9　参数 ΔUT1R、ΔUT2R LS 模型拟合系数的数据比较

参　数	趋势项系数值/($\times 10^{-3}$)		周期项系数值/($\times 10^{-3}$)			
	b_0	b_1	b_3	b_4	b_5	b_6
ΔUT2R	$-0.684\ 920$	$0.193\ 455$	$0.058\ 648$	$-0.019\ 273$	$0.037\ 967$	$0.113\ 273$
ΔUT1R	$-0.685\ 010$	$0.193\ 494$	$-0.319\ 451$	$0.187\ 910$	$-0.203\ 752$	$-0.092\ 389$

由此可知,采用双差分拟合进行的预报计算,无论是采用去除了固体地球带谐潮影响的参数 ΔUT1R,还是采用在 ΔUT1R 基础上顾及季节影响的参数 ΔUT2R 都是可行的。这也是一些文献采用参数 ΔUT2R 进行预报计算方法研究的原因之一。

5.4.7　不同函数模型 LS 拟合的预报计算数据比较

前述的双差分拟合预报计算,LS 拟合针对的是 ΔUT1R(或 ΔUT2R)基础序列的一阶差分序列,采用的数学模型为式(5.14)形式的函数模型。大量实验计算结果表明,LS 拟合采用的函数模型不同对预报计算的影响也不尽相同。作为不同函数模型 LS 拟合对预报计算影响的探讨,这里取一些文献在式(5.14)中增加 t^2 项的函数模型进行分析,即按

$$\Delta\vartheta_t = b_0 + b_1 t + b_2 t^2 + b_3\sin(2\pi t) + b_4\cos(2\pi t) + b_5\sin(4\pi t) + b_6\cos(4\pi t) \quad (5.22)$$

进行参数 ΔUT1R、ΔUT2R 预报的实验计算分析,计算按前述 5.4.4 节的相同计算程序进行。

5.4.7.1　ΔUT1R 参数预报的实验计算

为便于预报计算结果的数据比较,这里的实验计算采用与 5.4.6 节中 ΔUT1R 参数预报计算相同的算例及计算方法。限于篇幅,表 5-10 只是列出了长度 10 a、15 a、20 a 基础序列预报计算结果的精度统计数据(即预报值与已知值的最大差值以及根据差值计算的平均误差及均方根差,以 s 为单位)。

表 5-10　ΔUT1R 参数不同长度基础序列双差分拟合预报计算的精度统计数据

预报跨度/d	长度 10 a 基础序列的预报计算			长度 15 a 基础序列的预报计算			长度 20 a 基础序列的预报计算		
	最大差值 s	平均误差 s	均方根差 s	最大差值 s	平均误差 s	均方根差 s	最大差值 s	平均误差 s	均方根差 s
1	0.000 134	0.000 023	0.000 031	0.000 131	0.000 024	0.000 031	0.000 124	0.000 025	0.000 032
2	0.000 305	0.000 065	0.000 083	0.000 292	0.000 065	0.000 083	0.000 279	0.000 068	0.000 086
4	0.000 674	0.000 193	0.000 238	0.000 640	0.000 192	0.000 239	0.000 687	0.000 197	0.000 245
6	0.001 406	0.000 370	0.000 458	0.001 268	0.000 361	0.000 454	0.001 453	0.000 370	0.000 465
8	0.002 311	0.000 570	0.000 718	0.001 923	0.000 556	0.000 708	0.002 219	0.000 567	0.000 720
10	0.003 158	0.000 787	0.000 995	0.002 608	0.000 774	0.000 979	0.002 887	0.000 777	0.000 992
15	0.004 969	0.001 364	0.001 722	0.004 852	0.001 335	0.001 694	0.004 538	0.001 330	0.001 707
20	0.007 847	0.001 891	0.002 414	0.007 221	0.001 829	0.002 378	0.007 018	0.001 840	0.002 390
30	0.011 656	0.002 927	0.003 689	0.011 242	0.002 839	0.003 605	0.011 020	0.002 866	0.003 620
40	0.014 220	0.003 854	0.004 816	0.014 004	0.003 740	0.004 681	0.013 835	0.003 760	0.004 734

续表

预报跨度/d	长度 10 a 基础序列的预报计算			长度 15 a 基础序列的预报计算			长度 20 a 基础序列的预报计算		
	最大差值 s	平均误差 s	均方根差 s	最大差值 s	平均误差 s	均方根差 s	最大差值 s	平均误差 s	均方根差 s
50	0.017 852	0.004 686	0.005 917	0.018 812	0.004 494	0.005 709	0.017 399	0.004 578	0.005 813
60	0.022 985	0.005 609	0.007 071	0.019 199	0.005 290	0.006 752	0.020 178	0.005 444	0.006 932
90	0.039 406	0.008 955	0.011 130	0.033 139	0.008 126	0.010 301	0.029 773	0.008 496	0.010 847
120	0.053 704	0.012 610	0.015 806	0.044 764	0.011 310	0.014 200	0.041 402	0.011 801	0.015 245
180	0.077 486	0.021 565	0.026 696	0.065 527	0.018 380	0.022 993	0.069 231	0.019 914	0.025 236
270	0.132 259	0.038 836	0.048 520	0.114 988	0.031 383	0.039 959	0.118 628	0.035 914	0.045 078
360	0.176 731	0.062 131	0.076 091	0.155 975	0.046 549	0.059 849	0.175 982	0.056 677	0.069 508
500	0.278 996	0.109 031	0.127 952	0.217 739	0.075 905	0.094 082	0.271 708	0.094 352	0.115 662

5.4.7.2　ΔUT2R 参数预报的实验计算

按式(5.22)形式构建 LS 模型进行的 ΔUT2R 双差分拟合预报计算，按参数 ΔUT1R 预报计算相同的算例和方法进行。预报计算结果的精度统计数据(以 s 为单位)见表 5-11。

表 5-11　ΔUT2R 参数不同长度基础序列双差分拟合预报计算的精度统计数据

预报跨度/d	长度 10 a 基础序列的预报计算			长度 15 a 基础序列的预报计算			长度 20 a 基础序列的预报计算		
	最大差值 s	平均误差 s	均方根差 s	最大差值 s	平均误差 s	均方根差 s	最大差值 s	平均误差 s	均方根差 s
1	0.000 134	0.000 023	0.000 031	0.000 130	0.000 024	0.000 031	0.000 124	0.000 025	0.000 032
2	0.000 303	0.000 065	0.000 083	0.000 290	0.000 066	0.000 083	0.000 277	0.000 068	0.000 086
4	0.000 675	0.000 194	0.000 239	0.000 635	0.000 192	0.000 239	0.000 681	0.000 197	0.000 245
6	0.001 407	0.000 371	0.000 459	0.001 296	0.000 362	0.000 454	0.001 497	0.000 371	0.000 464
8	0.002 313	0.000 572	0.000 720	0.001 972	0.000 560	0.000 708	0.002 294	0.000 569	0.000 719
10	0.003 162	0.000 791	0.000 997	0.002 571	0.000 778	0.000 979	0.002 998	0.000 779	0.000 990
15	0.004 918	0.001 365	0.001 724	0.004 761	0.001 340	0.001 692	0.004 434	0.001 334	0.001 701
20	0.007 773	0.001 893	0.002 411	0.007 178	0.001 834	0.002 374	0.006 862	0.001 839	0.002 379
30	0.011 553	0.002 934	0.003 677	0.011 177	0.002 813	0.003 593	0.010 689	0.002 833	0.003 589
40	0.014 319	0.003 821	0.004 793	0.013 826	0.003 683	0.004 657	0.013 486	0.003 711	0.004 677
50	0.018 125	0.004 642	0.005 887	0.018 582	0.004 446	0.005 672	0.016 860	0.004 536	0.005 726
60	0.023 497	0.005 568	0.007 037	0.019 566	0.005 245	0.006 700	0.019 583	0.005 425	0.006 811
90	0.040 894	0.008 895	0.011 075	0.034 671	0.007 964	0.010 192	0.029 789	0.008 471	0.010 615
120	0.056 218	0.012 510	0.015 740	0.047 582	0.010 997	0.014 039	0.039 157	0.011 793	0.014 934
180	0.081 022	0.021 499	0.026 601	0.069 495	0.018 105	0.022 861	0.014 909	0.019 941	0.024 969
270	0.137 187	0.038 944	0.048 479	0.120 427	0.031 321	0.039 951	0.108 173	0.036 485	0.045 022
360	0.178 597	0.062 212	0.076 047	0.161 572	0.047 043	0.059 904	0.163 629	0.057 211	0.069 648
500	0.271 255	0.108 871	0.127 860	0.207 212	0.076 756	0.094 035	0.263 195	0.094 507	0.115 604

表 5-10、表 5-11 列出的精度统计数据表明,按式(5.22)形式的函数模型进行 LS 拟合,无论是采用参数 $\Delta UT1R$ 还是参数 $\Delta UT2R$,都可获得较好的预报计算精度。不过,相对按式(5.14)进行的 LS 拟合长度 15 a 基础序列的预报计算精度最优,不仅优于长度 10 a 基础序列的预报计算精度,而且也优于长度 20 a 基础序列的预报计算精度。

总结按式(5.14)和式(5.22)进行 LS 拟合的预报计算结果可知:

(1)按式(5.22)进行 LS 拟合虽然也可以获得一定精度的预报计算结果,但需要的基础序列较长(例如 15 a)。

(2)比较表 5-7 和表 5-10 列出的精度统计数据可知,对于 $1 \sim 180$ d 的短中期预报,采用长度 15 a 的 $\Delta UT1R$ 差分序列,按式(5.14)进行 LS 拟合的预报效果最优。

(3)比较表 5-6 和表 5-10 列出的精度统计数据可知,对于 $180 \sim 500$ d 的中长期预报,采用长度 10 a 的 $\Delta UT1R$ 差分序列,按式(5.14)进行 LS 拟合的预报计算效果最优。之所以如此,主要是式(5.22)更适合直接对参数 $\Delta UT1R$(或 $\Delta UT2R$)的基础序列进行 LS 拟合。事实上,只要以时间 t 为变量对式(5.22)微分,即可得到与式(5.14)相同形式的函数模型,故式(5.14)更适合对 $\Delta UT1R$ 差分序列的 LS 拟合。

5.4.8 与参考文献[10]、[12]预报算法的精度比较

为了对双差分拟合预报算法的精度有一个清晰的认识,这里取参考文献[10]与参考文献[12]所述的预报算法,并按照前述 5.4.6 节给出的相同算例及计算方法,统一进行参数 $\Delta UT1R$ 长度 10 a 基础序列预报计算的精度比较。

参考文献[10]的预报算法可概括如下:先对参数 $\Delta UT1R$ 基础序列的二阶差分(文献中称为双差分)序列进行 LS 拟合,再对 LS 模型的残差序列进行 AR 拟合;各时间跨度的预报计算按迭代计算的方法进行。参考文献[12]的预报计算方法可概括如下:先对参数 $\Delta UT1R$ 基础序列的一阶差分序列进行 LS 拟合,再对 LS 模型的残差序列进行 AR 拟合;各时间跨度的预报计算按 AR 模型递推计算的方法进行。LS 拟合采用的函数模型,参考文献[10]给出的是对 $\Delta UT1R$ 基础序列 LS 拟合的函数模型,并未给出对二阶差分序列 LS 拟合的函数模型;参考文献[12]采用的是式(5.14)形式的函数模型。

作为比对计算,这里的 3 种算法的 LS 拟合均采用式(5.14)形式的函数模型。3 种预报算法的计算结果的精度统计数据(以 s 为单位)见表 5-12。

表 5-12 $\Delta UT1R$ 参数预报 3 种不同算法的精度数据比较

预报跨度/d	参考文献[10]预报算法			参考文献[12]预报算法			双差分拟合预报算法		
	最大差值 s	平均误差 s	均方根差 s	最大差值 s	平均误差 s	均方根差 s	最大差值 s	平均误差 s	均方根差 s
1	0.000 132	0.000 023	0.000 031	0.000 127	0.000 024	0.000 032	0.000 133	0.000 023	0.000 031
2	0.000 297	0.000 065	0.000 083	0.000 288	0.000 066	0.000 084	0.000 301	0.000 065	0.000 083
4	0.000 652	0.000 194	0.000 239	0.000 747	0.000 196	0.000 243	0.000 656	0.000 193	0.000 238

续　表

预报跨度/d	参考文献[10]预报算法			参考文献[12]预报算法			双差分拟合预报算法		
	最大差值 s	平均误差 s	均方根差 s	最大差值 s	平均误差 s	均方根差 s	最大差值 s	平均误差 s	均方根差 s
6	0.001 356	0.000 373	0.000 461	0.001 409	0.000 374	0.000 466	0.001 365	0.000 369	0.000 458
8	0.002 224	0.000 578	0.000 724	0.002 226	0.000 580	0.000 731	0.002 238	0.000 569	0.000 717
10	0.003 024	0.000 799	0.001 006	0.003 024	0.000 806	0.001 016	0.003 047	0.000 784	0.000 992
15	0.004 572	0.001 380	0.001 745	0.005 929	0.001 394	0.001 778	0.005 081	0.001 348	0.001 712
20	0.007 180	0.001 942	0.002 455	0.009 404	0.001 932	0.002 529	0.008 033	0.001 858	0.002 394
30	0.011 147	0.003 017	0.003 767	0.014 637	0.003 048	0.003 975	0.012 018	0.002 861	0.003 635
40	0.013 413	0.003 941	0.004 920	0.017 772	0.004 138	0.005 333	0.014 220	0.003 745	0.004 716
50	0.016 774	0.004 772	0.006 024	0.021 533	0.005 221	0.006 727	0.017 852	0.004 516	0.005 757
60	0.021 658	0.005 738	0.007 175	0.027 817	0.006 372	0.008 223	0.022 986	0.005 347	0.006 836
90	0.037 452	0.009 130	0.011 412	0.040 754	0.010 346	0.013 390	0.039 411	0.008 223	0.010 517
120	0.052 374	0.012 781	0.016 473	0.055 228	0.014 610	0.019 131	0.053 716	0.011 350	0.014 536
180	0.097 056	0.022 342	0.028 991	0.079 759	0.023 699	0.031 620	0.077 524	0.018 045	0.023 168
270	0.194 546	0.043 209	0.055 701	0.135 410	0.040 450	0.053 209	0.132 372	0.030 280	0.039 539
360	0.314 131	0.069 531	0.089 868	0.177 083	0.060 003	0.077 760	0.173 547	0.045 705	0.059 284
500	0.562 176	0.121 448	0.157 360	0.275 188	0.098 614	0.123 542	0.218 265	0.074 942	0.094 454

由表 5-12 列出的精度统计数据可知:双差分拟合的 ΔUT1R 预报算法,计算精度不仅优于参考文献[12]的预报算法,同时也优于参考文献[10]的预报算法。1～60 d 的短期数值预报,3 种算法计算精度间的差异很小,基本在同一量级上。双差分拟合预报算法的优势主要体现在中长期的数值预报上,例如第 500 d 预报计算结果的平均误差(MAE),双差分拟合算法为参考文献[12]算法的 76.0%,为参考文献[10]算法的 61.7%。不过这里需要特别指出的是,参考文献[10]给出的算例只是以长度 20 a(1989 年 1 月 1 日—2009 年 10 月 2 日)的 ΔUT1R 数据为初始基础序列,按间隔 1 d 依次移动预报计算 90 期的方法,计算统计了 1～30 d 短期预报计算的精度数据(MAE),并未对中长期的预报计算进行深入讨论。

5.4.9　与 IERS 公报 A 的中长期预报数据的精度比较

地球自转参数 ΔUT1 的中长期预报数据工程应用,现采用最多的还是 IERS 快速服务预报中心向用户每周发布一次的公报 A 数据(包括过去一周的 ERP 每日归算值及未来一年的每日预报值)。正是因为这样,地球自转参数 ΔUT1 的任何一种预报计算方法能否达到 IERS 公报 A 预报数据的同等精度就成为人们关心的问题。IERS 公报 A 数据只是给出了 10～40 d 间隔 10 d 的数据精度(MAE),并未给出 40 d 以上至 365 d 的预报数据精度。为了进行双差分拟合预报算法与 IERS 公报 A 中长期预报数据的精度比对,这里取 IERS 于 2018 年 1 月 5

日—2021年11月6日发布的40期公报A数据为例,对双差分拟合的ΔUT1R预报算法进行相应的计算比对。双差分拟合的ΔUT1R预报计算,采用长度15 a的ΔUT1R基础序列按式(5.14)的函数模型进行ΔUT1R差分序列的LS拟合;LS模型残差差分序列的AR拟合、1~365 d的迭代计算均采用第1 d预报计算的AR模型阶数(p_1)值。为便于预报计算的精度比较,双差分拟合预报计算结果及IERS公报A预报数据均以误差(即精确值与预报值的差值)曲线图的形式给出,40期数据的误差曲线图详见附录D。

由附录D中的误差曲线图(见图F-1~图F-40)可看到这40期1~365 d预报数据误差的整体分布如下:双差分拟合预报算法的计算数据误差小于IERS公报A数据误差的共23期,占总期数的57.5%;误差大于IERS公报A数据误差的共10期,占总数的25.0%;两者误差基本相同的共7期,占总数的17.5%。为了进行这40期预报数据的精度整体比对,图5-9绘制了这40期预报数据的平均误差(MAE)曲线。

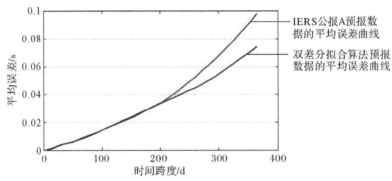

图5-9 ΔUT1预报数据平均误差曲线图

仅从这40期预报数据误差的整体分布及其平均误差曲线来看,基于LS+AR模型双差分拟合的ΔUT1R预报算法,预报计算精度并不低于IERS公报A的预报数据精度,至少可以认为两者的精度相当。

5.4.10　小结

通过上述相关内容的分析探讨,对于参数ΔUT1的预报计算,可得到基于LS+AR模型双差分拟合的ΔUT1R(或ΔUT2R)预报算法的以下基本结论:

(1)基于LS+AR模型的双差分拟合预报计算,无论是采用参数ΔUT1R还是采用参数ΔUT2R,均可获得较好的预报计算结果,精度不低于IERS公报A的预报数据精度。

(2)无论是短中期预报还是长期预报,均按式(5.14)形式的函数模型对ΔUT1R(或ΔUT2R)的差分序列进行LS拟合为宜。

(3)各时间跨度的预报计算,构建AR(p)模型的阶数(p)取第一天计算值即可,若为了减小差异,也可按照30~60 d的间隔适当增加AR模型阶数的计算次数。

(4)1~180 d的短中期预报,取参数ΔUT1R(或ΔUT2R)长度15 a的基础序列计算为宜。

(5)180 d以上的长期预报,取参数ΔUT1R(或ΔUT2R)长度10 a的基础序列计算为宜。

5.5 极移参数的预报计算

双差分拟合预报计算法,虽然适用于参数 ΔUT1R(或 ΔUT2R)的预报计算,但并不适合极移参数(x_p,y_p)的预报计算。究其原因,可能与极移参数具有明显的周期变化有关。大量实验计算数据表明,极移参数的数值预报采用基于 LS+AR 模型单差分拟合的预报算法(以下简称为单差分拟合预报算法)更为适宜。这里的单差分拟合主要是为了区别参数 ΔUT1R 预报的双差分拟合。单差分拟合预报算法的基本特点如下:首先对极移参数的基础序列进行 LS 拟合;再对 LS 模型残差差分序列进行 AR 拟合;然后按迭代计算的方法进行各时间跨度的数值预报。

5.5.1 极移参数单差分拟合的预报计算程序

极移参数(x_p,y_p)基于 LS+AR 模型的单差分拟合预报计算按如下程序进行:

(1)采用如下形式的函数模型对极坐标 $X(x_p,y_p)$ 的基础序列进行 LS 拟合,并根据拟合构建的 LS 模型进行第 1 d 的外推值计算:

$$X(t) = b_0 + b_1 t + b_2 \sin(1.678\,16\pi t) + b_3 \cos(1.678\,16\pi t) +$$
$$b_4 \sin(2\pi t) + b_5 \cos(2\pi t) + b_6 \sin(4\pi t) + b_7 \cos(4\pi t) \tag{5.23}$$

式中:$X(t)$ ——极坐标$(x_p,y_p)$$t$ 时刻的值;

b_0、b_1 ——趋势项系数;

$b_2 \sim b_7$ ——周期项系数。

(2)计算 LS 模型的残差,构成 LS 模型残差序列$\{V_i\}$($i=1,2,\cdots,n,n$ 为极坐标基础序列的数据个数)。

(3)按下式计算 LS 模型残差序列$\{V_i\}$相邻数据之间的一阶差分值,构成 LS 模型残差的差分序列$\{\Delta V_k\}$($k=1,2,\cdots,n-1$):

$$\Delta V_k = V_{k+1} - V_k \tag{5.24}$$

(4)对 LS 模型残差差分序列$\{\Delta V_k\}$进行 AR 拟合,构建 LS 模型残差差分序列第 1 d 预测值 ΔV_n计算的 AR(p)模型:

$$\Delta V_n = \sum_{i=1}^{p} \varphi_i \Delta V_{n-i} \tag{5.25}$$

式中:p ——AR(p)模型的阶数;

φ_i ——模型参数。

(5)根据按式(5.25)计算的预测值 ΔV_n,按下式计算极坐标 X 的第 1 d 预报值:

$$X_{n+1} = X'_{n+1} + (V_n + \Delta V_n) \tag{5.26}$$

式中:X'_{n+1}——极坐标(x_p,y_p)的 LS 模型的第 1 d 的外推值;

V_n——LS 模型残差的最后一个值。

将按(5)计算的极坐标第 1 d 预报值加入其基础序列,构成极坐标新的基础序列,重复上述(1)~(5)的计算,完成第 2 d 的预报值计算。按此相同方法反复迭代计算,直至完成跨度第 N d 的预报值计算为止。

基于 LS+AR 模型单差分拟合的极移参数预报计算,是认为对极移参数的基础序列进行

LS 拟合后，LS 模型残差的差分序列是一具有自回归模型 AR(p)的平稳时间序列。为了清楚地说明该问题，这里以 IERS 发布的 EOP 14 C04 文件中 2010 年 1 月 1 日前 5 a 的极坐标 x_p 数据为例进行计算分析。这 5 a 极坐标 x_p 的基础序列图像如图 5-10 所示。

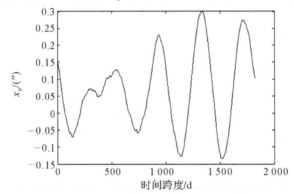

图 5-10 极坐标 x_p 的基础序列图像

按式(5.23)的函数模型对极坐标 x_p 这 5 a 的基础序列进行 LS 拟合，构建的 LS 模型图像如图 5-11 所示。

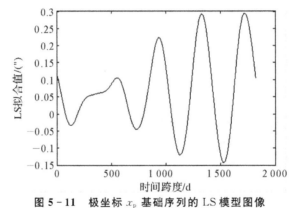

图 5-11 极坐标 x_p 基础序列的 LS 模型图像

对照图 5-10、图 5-11 可知，采用式(5.23)形式的函数模型进行极坐标 x_p 基础序列的 LS 拟合是适宜的，它较充分地反映了极坐标 x_p 基础序列的数据变化规律。LS 模型残差序列的数据变化图像如图 5-12 所示。

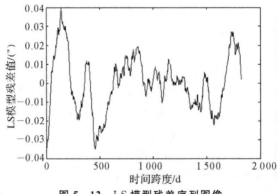

图 5-12 LS 模型残差序列图像

图 5-12 给出的图像清晰地表明，对极坐标 x_p 基础序列进行 LS 拟合后，得到的 LS 模型

残差序列并不是一个平稳时间序列,故不适宜对其直接进行 AR 拟合。为此,对该残差序列进行一阶差分计算,获取其差分序列,该差分序列的图像如图 5-13 所示。

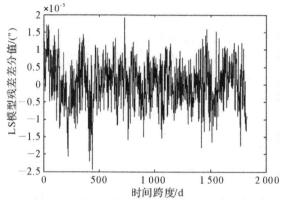

图 5-13　LS 模型残差差分序列图像

由图 5-13 可知,极坐标 x_p 基础序列 LS 模型残差的差分序列图像,已基本接近于离散白噪声图像(见图 5-6),可以认为该差分序列为一平稳时间序列。为了确定该序列是否具有自回归模型,现分别计算其自相关函数与偏相关函数。该差分序列由 1 824 个数据组成,现取 $k=182$ 进行该序列的自相关函数及偏相关函数计算。

由 182 个自相关函数 ρ_k 数值构成的自相关函数图像如图 5-14 所示。

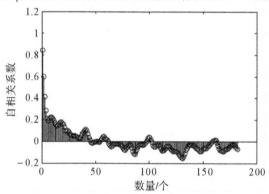

图 5-14　残差差分序列的自相关函数图像

由 182 个偏相关函数 ϕ_{kk} 数值构成的偏相关函数图像如图 5-15 所示。

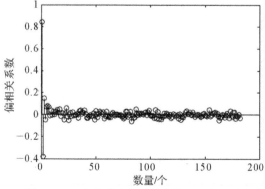

图 5-15　残差差分序列的偏相关函数图像

图 5-14 与图 5-15 清楚地表明,LS 模型残差差分序列的自相关函数 ρ_k 拖尾,偏相关函数 ϕ_{kk} 截尾。关于偏相关函数的截尾特征,这里对偏相关函数 ϕ_{kk} 的数据分布再作进一步的简要分析。该残差差分序列中的 $n=1\ 824$,$2/n^{1/2}=0.046\ 829$。在偏相关函数 ϕ_{kk} 的 182 个数据中,满足 $|\phi_{kk}| \geqslant 0.046\ 829$ 的共 14 个,占总数的 92.31%。在 $k=25$ 后的 157 个 ϕ_{kk} 数据中,$|\phi_{kk}|$ 超出 0.060 467 的共 4 个,平均每 39.25 个出现 1 个,满足平均每 20 个至多出现中 1 个的概率分布。因此,该 LS 模型残差的差分序列具有自回归模型 AR(p),并可认为截尾于 $k=25$ 处。

5.5.2　预报计算 AR 模型阶数的确定

对 LS 模型残差差分序列 $\{\Delta V_k\}$ 进行 AR 拟合,并按式(5.25)构建残差差分序列预测值 ΔV_n 计算的 AR(p)模型,同样需要先确定 AR 模型的阶数值。这里虽然是极移参数的预报计算,但 AR 模型阶数值同样可按照式(5.20)给出的最终预报误差准则函数确定。

大量实验计算表明,极移参数基于 LS+AR 模型的单差分拟合预报计算,极坐标 x_p 的计算采用长度 2 a 的基础序列为宜;极坐标 y_p 的计算采用长度 3 a 的基础序列为宜。对于这样长度的基础序列,各时间跨度的预报计算,AR 模型的阶数均可采用第 1 d 预报计算的 p_1 值。对此,表 5-13 列出了极坐标 x_p、y_p 采用 2010 年 1 月 1 日前 3 a 基础序列进行 1～500 d 预报计算,各时间跨度的 AR 模型阶数均采用第 1 d 预报计算的 p_1 值。表 5-13 中的快速计算是指按第 1 d 的 AR 模型阶数 p_1 值进行的预报计算,精确计算是指严格按照最终预报误差准则确定的 AR 模型阶数 p_1 值进行的计算。表 5-13 中列出的差异数据以角秒(")为单位。

表 5-13　极移参数预报计算 AR 模型阶数不同取值的结果比对

时间跨度/d	极坐标 x_p 的预报计算			极坐标 y_p 的预报计算		
	精确计算/(")	快速计算/(")	差异/(")	精确计算/(")	快速计算/(")	差异/(")
43	−0.001 018 73	−0.001 018 69	−0.000 000 04	—	—	—
93	0.001 758 29	0.001 763 06	−0.000 004 76	−0.013 384 10	−0.013 384 34	0.000 000 24
103	0.003 595 29	0.003 600 87	−0.000 005 58	−0.007 927 56	−0.007 936 09	0.000 008 52
151	0.004 224 81	0.004 275 78	−0.000 050 97	0.009 378 07	0.009 336 24	0.000 041 84
349	0.056 959 20	0.056 802 70	0.000 156 50	0.015 843 70	0.015 798 24	0.000 045 47
400	0.050 626 99	0.050 498 54	0.000 128 45	0.066 823 08	0.066 788 99	0.000 034 09
500	−0.027 481 04	−0.027 537 40	0.000 056 37	0.062 939 28	0.062 885 79	0.000 053 50
AR 模型阶数 p_i 值及其分布	10 [1～92 d]; 36 [93～399 d]; 87 [400～500 d]			8 [1～43 d]; 7 [44～102 d]; 33 [103～150 d]; 78 [151～348 d]; 79 [349～500 d]		

由表 5-13 列出的计算数据可清晰地看到,虽然不同时间跨度区间的 AR 模型阶数取值相差较大(如极坐标 x_p 的预报计算,1～92 d 的取值为 10,400～500 d 的取值为 87),但取第 1 d 的 p_1 值进行各时间跨度的预报计算,引起的预报计算结果差异却很小。例如,本算例中极坐标 x_p 的最大差异仅为 0.156 mas;极坐标 y_p 的最大差异仅为 0.054 mas。这样的差异相对预报数据的误差完全可以忽略。正因为如此,不同时间跨度的预报计算取第 1 d 预报计算的 p_1 值即可。

5.5.3　实验计算

极移参数(x_p, y_p)基于 LS+AR 模型的单差分拟合的预报计算,极移参数的基础长度既不宜过短,也不宜过长。对此,笔者曾就不同长度的基础序列进行了大量的预报计算。大量计算数据表明,按本书方法进行极移参数的预报,基础序列的长度以 2~3 a 为宜。因此,这里的实验计算,分别取极移参数长度 2~5 a 的基础序列进行计算分析,计算以 EOP 14 C04 文件给出的极移参数值为基准。

为了使预报计算的精度评定结果具有更广泛的代表性,不同长度基础序列预报的实验计算均按照间隔 2 d 依次移动计算 1 500 期(预报数据覆盖 9.205 a)的方法进行,预报计算的时间跨度为 1~500 d。为了便于不同长度基础序列预报计算结果的精度比较,不同长度基础序列预报计算的初始数据一律由 2010 年 1 月 1 日向前取值。

5.5.3.1　极坐标 x_p 预报的实验计算

极坐标 x_p 预报的实验计算,长度 2 a、3 a 基础序列预报计算结果的精度统计数据(即预报值与已知值的最大差值、差值平均值以及根据差值计算的平均误差与均方根差)见表 5-14,长度 4 a、5 a 基础序列预报计算结果的精度统计数据见表 5-15。限于篇幅,表中只列出了有代表性的 18 个时间点的精度统计数据[以角秒(″)为单位]。

这里需要特别指出,表中给出的预报值与已知值的差值均值,严格地讲它并不是一个精度衡量指标,这里只是将其列入了精度统计数据中。前文(见 5.1.2 节)已指出,差值均值的绝对值较大时,说明预报结果含有明显的系统误差影响。表 5-14 和表 5-15 列出的各跨度差值均值的绝对值均较小,这说明预报实验计算的精度评定数据没有受到严重的系统误差影响,评定结果是可信的。

表 5-14　极坐标 x_p 长度 2 a/3 a 基础序列预报计算的精度统计数据

时间跨度/d	长度 2 a 基础序列长度的预报计算				长度 3 a 基础序列长度的预报计算			
	最大误差(″)	平均误差(″)	均方根差(″)	误差均值(″)	最大误差(″)	平均误差(″)	均方根差(″)	误差均值(″)
1	0.001 091	0.000 243	0.000 304	−0.000 001	0.001 112	0.000 242	0.000 303	−0.000 001
5	0.008 834	0.001 726	0.002 161	0.000 013	0.008 299	0.001 734	0.002 159	0.000 014
10	0.015 901	0.003 239	0.004 098	0.000 032	0.015 742	0.003 324	0.004 149	0.000 033
15	0.025 373	0.004 604	0.005 842	0.000 046	0.023 909	0.004 849	0.006 006	0.000 049
20	0.026 564	0.005 903	0.007 457	0.000 066	0.025 369	0.006 325	0.007 767	0.000 070
30	0.044 688	0.008 275	0.010 559	0.000 089	0.043 170	0.009 218	0.011 260	0.000 120
40	0.054 108	0.010 614	0.013 416	0.000 119	0.052 169	0.012 082	0.014 586	0.000 162
50	0.061 124	0.012 808	0.015 999	0.000 160	0.059 087	0.014 745	0.017 670	0.000 208
60	0.061 511	0.014 875	0.018 320	0.000 231	0.060 569	0.017 239	0.020 488	0.000 288
90	0.063 873	0.019 504	0.023 818	0.000 566	0.065 050	0.022 590	0.027 309	0.000 657
120	0.072 664	0.021 712	0.026 982	0.000 862	0.076 329	0.025 289	0.031 326	0.001 022
180	0.074 839	0.023 348	0.029 177	0.001 241	0.082 651	0.027 213	0.033 397	0.001 597

续 表

时间跨度/d	长度 2 a 基础序列长度的预报计算				长度 3 a 基础序列长度的预报计算			
	最大误差(")	平均误差(")	均方根差(")	误差均值(")	最大误差(")	平均误差(")	均方根差(")	误差均值(")
225	0.080 406	0.024 138	0.029 958	0.001 509	0.084 683	0.026 748	0.032 732	0.001 974
270	0.082 282	0.024 509	0.030 511	0.001 510	0.082 176	0.025 979	0.031 857	0.002 058
315	0.083 355	0.024 782	0.030 946	0.001 334	0.079 923	0.025 631	0.031 394	0.001 923
360	0.086 822	0.025 292	0.031 623	0.001 005	0.084 132	0.025 162	0.030 887	0.001 539
430	0.100 061	0.033 809	0.041 035	0.000 145	0.086 252	0.030 911	0.037 639	0.000 494
500	0.136 062	0.038 672	0.047 989	−0.000 289	0.138 274	0.036 690	0.046 672	0.000 085

表 5-15 极坐标 x_p 长度 4 a/5 a 基础序列预报计算的精度统计数据

时间跨度/d	长度 4 a 基础序列长度的预报计算				长度 5 a 基础序列长度的预报计算			
	最大误差(")	平均误差(")	均方根差(")	误差均值(")	最大误差(")	平均误差(")	均方根差(")	误差均值(")
1	0.001 055	0.000 241	0.000 302	−0.000 000	0.000 973	0.000 240	0.000 302	−0.000 001
5	0.007 507	0.001 721	0.002 155	0.000 028	0.007 744	0.001 725	0.002 174	0.000 032
10	0.015 714	0.003 307	0.004 148	0.000 078	0.015 849	0.003 360	0.004 245	0.000 094
15	0.024 828	0.004 849	0.006 047	0.000 130	0.025 690	0.004 982	0.006 257	0.000 153
20	0.026 689	0.006 339	0.007 873	0.000 174	0.027 055	0.006 526	0.008 216	0.000 215
30	0.045 079	0.009 382	0.011 568	0.000 236	0.045 146	0.009 801	0.012 304	0.000 319
40	0.054 129	0.012 406	0.015 183	0.000 279	0.055 072	0.013 193	0.016 420	0.000 402
50	0.061 923	0.015 214	0.018 600	0.000 318	0.063 141	0.016 368	0.020 373	0.000 484
60	0.063 811	0.017 851	0.021 815	0.000 385	0.067 424	0.019 432	0.024 165	0.000 595
90	0.073 867	0.024 158	0.030 239	0.000 666	0.087 321	0.027 899	0.034 397	0.001 029
120	0.095 195	0.029 081	0.036 261	0.000 922	0.111 967	0.034 825	0.042 389	0.001 449
180	0.103 500	0.033 304	0.040 543	0.001 402	0.125 158	0.042 668	0.050 173	0.002 102
225	0.097 509	0.032 024	0.039 005	0.001 873	0.117 948	0.042 499	0.049 696	0.002 482
270	0.088 089	0.029 684	0.036 251	0.002 157	0.101 809	0.039 676	0.046 331	0.002 600
315	0.083 396	0.028 059	0.034 379	0.002 288	0.091 548	0.035 733	0.041 836	0.002 600
360	0.081 457	0.027 035	0.033 138	0.002 155	0.088 830	0.031 353	0.037 277	0.002 383
430	0.093 533	0.027 936	0.035 148	0.001 157	0.099 262	0.029 809	0.036 135	0.001 452
500	0.137 113	0.036 376	0.045 226	0.000 354	0.138 432	0.038 831	0.047 924	0.001 046

　　表 5-14 和表 5-15 只给出了部分时间点的精度数据,为了更清楚地描述不同长度基础序列的预报数据精度,图 5-16 分别绘制了长度 2 a、3 a、4 a、5 a 基础序列预报计算(1~500 d)结果的平均误差(MAE)数据变化曲线。

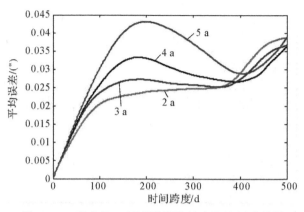

图 5 - 16　极坐标 x_p 预报数据的精度（MAE）曲线图

由图 5 - 16 可清楚地看出：本算例中，极坐标 x_p 的数值预报，跨度 1～360 d 的预报计算采用长度 2 a 的基础序列为宜；360～500 d 的预报计算采用长度 4 a 的基础序列为宜。

5.5.3.2　极坐标 y_p 预报的实验计算

极坐标 y_p 预报的实验计算，长度 2 a、3 a 基础序列预报计算结果的精度统计数据见表 5 - 16，长度 4 a、5 a 基础序列预报计算结果的精度统计数据见表 5 - 17。限于篇幅，表中同样只列出了有代表性的 18 个时间点的精度统计数据[以角秒（"）为单位]。

表 5 - 16　极坐标 y_p 长度 2 a/3 a 基础序列预报计算的精度统计数据

时间跨度/d	长度 2 a 基础序列长度的预报计算				长度 3 a 基础序列长度的预报计算			
	最大误差（"）	平均误差（"）	均方根差（"）	误差均值（"）	最大误差（"）	平均误差（"）	均方根差（"）	误差均值（"）
1	0.000 965	0.000 208	0.000 262	0.000 001	0.000 868	0.000 205	0.000 258	0.000 001
5	0.005 147	0.001 282	0.001 589	0.000 029	0.005 026	0.001 227	0.001 527	0.000 029
10	0.011 068	0.002 458	0.003 041	0.000 102	0.009 808	0.002 313	0.002 867	0.000 085
15	0.014 158	0.003 673	0.004 538	0.000 205	0.012 768	0.003 440	0.004 251	0.000 151
20	0.017 397	0.004 922	0.006 074	0.000 327	0.017 109	0.004 621	0.005 685	0.000 216
30	0.028 191	0.007 466	0.009 250	0.000 586	0.025 269	0.007 095	0.008 666	0.000 342
40	0.035 523	0.010 046	0.012 433	0.000 882	0.030 782	0.009 550	0.011 607	0.000 466
50	0.043 771	0.012 558	0.015 588	0.001 208	0.037 276	0.011 879	0.014 437	0.000 583
60	0.052 017	0.014 918	0.018 659	0.001 563	0.043 267	0.014 082	0.017 108	0.000 710
90	0.073 037	0.021 260	0.026 876	0.002 632	0.058 733	0.019 831	0.023 907	0.001 089
120	0.088 126	0.025 623	0.032 486	0.003 445	0.069 836	0.023 665	0.028 410	0.001 457
180	0.097 546	0.029 304	0.036 816	0.003 481	0.080 125	0.026 233	0.031 512	0.001 899
225	0.097 160	0.030 899	0.038 488	0.002 364	0.076 979	0.026 210	0.031 464	0.001 753
270	0.096 858	0.032 129	0.039 730	0.000 819	0.074 449	0.025 759	0.031 056	0.001 188
315	0.097 445	0.032 558	0.040 102	−0.000 790	0.072 668	0.025 210	0.030 585	0.000 474
360	0.095 528	0.031 181	0.038 337	−0.002 093	0.069 912	0.024 288	0.029 481	−0.000 379
430	0.089 694	0.031 164	0.037 274	−0.001 164	0.081 060	0.027 215	0.033 771	−0.000 948
500	0.129 836	0.038 862	0.047 359	0.001 816	0.111 320	0.034 828	0.043 569	−0.000 347

表 5-17　极坐标 y_p 长度 4 a/5 a 基础序列预报计算的精度统计数据

时间跨度/d	长度 4 a 基础序列长度的预报计算				长度 5 a 基础序列长度的预报计算			
	最大误差(″)	平均误差(″)	均方根差(″)	误差均值(″)	最大误差(″)	平均误差(″)	均方根差(″)	误差均值(″)
1	0.000 884	0.000 204	0.000 257	0.000 002	0.000 860	0.000 204	0.000 257	0.000 002
5	0.004 660	0.001 206	0.001 504	0.000 033	0.005 187	0.001 208	0.001 519	0.000 036
10	0.009 406	0.002 244	0.002 792	0.000 086	0.009 515	0.002 298	0.002 850	0.000 095
15	0.013 094	0.003 371	0.004 145	0.000 141	0.014 919	0.003 488	0.004 264	0.000 159
20	0.017 943	0.004 564	0.005 575	0.000 194	0.020 665	0.004 750	0.005 789	0.000 220
30	0.028 188	0.007 172	0.008 659	0.000 284	0.032 914	0.007 548	0.009 158	0.000 330
40	0.033 072	0.009 841	0.011 841	0.000 372	0.039 954	0.010 562	0.012 757	0.000 432
50	0.038 704	0.012 512	0.015 039	0.000 455	0.045 042	0.013 697	0.016 463	0.000 518
60	0.044 470	0.015 098	0.018 173	0.000 551	0.048 988	0.016 966	0.020 204	0.000 603
90	0.058 360	0.022 212	0.026 932	0.000 850	0.076 009	0.026 615	0.031 070	0.000 785
120	0.068 887	0.027 873	0.033 772	0.001 159	0.089 918	0.034 633	0.040 237	0.000 865
180	0.084 916	0.033 009	0.039 866	0.001 546	0.113 064	0.043 228	0.050 242	0.000 634
225	0.082 639	0.032 456	0.039 521	0.001 409	0.112 330	0.043 517	0.050 873	0.000 104
270	0.078 386	0.030 646	0.037 504	0.000 874	0.102 392	0.040 362	0.047 848	−0.000 584
315	0.076 615	0.028 411	0.035 352	0.000 160	0.092 191	0.035 466	0.042 955	−0.001 140
360	0.076 983	0.026 487	0.033 234	−0.000 760	0.086 965	0.030 641	0.037 679	−0.001 673
430	0.078 214	0.025 851	0.033 489	−0.001 494	0.079 551	0.028 530	0.035 243	−0.001 885
500	0.113 807	0.036 475	0.044 090	−0.000 978	0.114 299	0.039 060	0.046 610	−0.001 505

与图 5-16 一样,为了更清楚地描述不同长度基础序列的预报数据精度,图 5-17 也分别绘制了长度 2 a、3 a、4 a、5 a 基础序列预报计算(1～500 d)结果的平均误差(MAE)数据变化曲线。

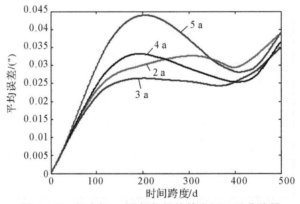

图 5-17　极坐标 y_p 预报数据的精度(MAE)曲线图

由图 5-17 可清楚地看出:本算例中,极坐标 y_p 的数值预报,1～400 d 的预报计算采用长度 3 a 的基础序列为宜;400～500 d 的预报计算采用长度 4 a 的基础序列为宜。

综合上述实验计算结果,同时比较表 1-4 中给出的 IERS 公报 A 极移参数 10～40 d 的短期预报数据精度可知,按本书方法进行极移参数的预报计算,分别取长度 2 a、3 a 的基础序列进行极坐标 x_p、y_p 的数值预报,10～40 d 的短期预报计算精度均优于公报 A 的短期预报数据的精度。

第 6 章　基于天顶摄影定位实测数据的数值预报

依据地球自转参数实测数据的数值预报,是基于天顶摄影定位测量地球自转参数的一项重要的研究内容。考虑到天顶摄影定位测量的精度较低,根据实测数据的数值预报计算通常是通过选择适当长度的基础序列及与之相适应的函数模型,采用最小二乘(LS)拟合并利用拟合构建的 LS 模型外推的方法进行。

6.1　根据 ΔUT1 实测数据的预报计算

基于天顶摄影定位获得的 ΔUT1 实测数据的预报计算,作为此项内容的初步探讨,这里仅以正在研制的仪器预期达到的 ΔUT1 测定精度($\sigma = 5$ ms)为基准,重点探讨通过 ΔUT2R 数据线性回归的方法进行预报计算可能达到的精度。

众所周知,受天候等条件的制约,基于天顶摄影定位测量得到的 ΔUT1 数据,既可能是每日一个值的连续数据,也可能是几天一个值的不连续数据。为了根据这些实测的 ΔUT1 数据进行数值预报,实测的 ΔUT1 数据无论连续与否,一般都须将其转换为 ΔUT2R 数据进行线性回归,并以回归模型计算值构成的数据序列作为 ΔUT2R 线性回归预报计算的基础序列。通过这样的数据处理,不仅解决了基础序列的数据连续性,而且还可以提高数据精度。对此,第4 章已通过连续数据、不连续数据(间隔 1~2 d)的线性回归模拟计算进行了较详细的分析,这里不再赘述。

6.1.1　线性回归预报的计算程序

根据 ΔUT1 实测数据通过 ΔUT2R 参数的线性回归预报,计算按如下程序进行:

(1)将实测的 ΔUT1 数据,移去闰秒、固体地球带谐潮及季节变化项影响,转换为 ΔUT2R 数据,并按照第 4 章所述方法进行分段线性回归平滑。

(2)取适当数量的 ΔUT2R 平滑数据,构成 ΔUT2R 预报计算的基础序列。

(3)按最小二乘原理对构建的 ΔUT2R 基础序列进行线性回归,建立预报计算回归模型。

(4)根据建立的 ΔUT2R 线性回归模型进行一定跨度的 ΔUT2R 外推值(即预报值)计算。

(5)在 ΔUT2R 的外推值中加入固体地球带谐潮、季节变化及闰秒影响,计算出 ΔUT1 参数的预报值。

6.1.2 实验计算分析

将 ΔUT1 实测数据转换为 ΔUT2R 数据,虽然通过分段线性回归的平滑处理,得到了连续的 ΔUT2R 数据,数据精度也得到了一定程度的提升,但仍不可避免地含有一定程度的系统误差和偶然误差。考虑到偶然误差和系统误差的不同影响,实验计算分析分别对偶然误差和系统误差对 ΔUT2R 预报计算的影响进行讨论。

为了便于计算机编程,这里的实验计算不考虑 ΔUT2R 数据的分段平滑问题。计算以 IERS 发布于 EOP 14 C04 文件中 2010 年 5 月 24 日—2019 年 4 月 15 日的 ΔUT1 数据为基础,并以模拟数据代替实测数据(以下仍将这样的模拟数据称为实测数据),按模拟计算的方法进行。

6.1.2.1 偶然误差影响的实验计算

偶然误差影响的实验计算,分别取 30 d、50 d、70 d、90 d、110 d、130 d 的模拟数据进行预报计算。不同数量的 ΔUT2R 模拟数据均按照"模拟值(实测值)=已知值+偶然误差"的方法求得。其中,已知数据由 EOP 14 C04 给出的 ΔUT1 数据按第 4 章中的式(4.2)转换获取;偶然误差按 ΔUT1 实测数据精度 $\sigma = 5$ ms 生成正态分布随机数的方法获取。为了便于不同数量实测数据预报计算结果的精度数据比较,不同数量实测数据的初始数据均由 2010 年 10 月 1 日向前取值,预报计算一律按间隔 2 d 依次移动计算 1 500 期的方法进行。

偶然误差影响预报模拟计算结果的精度统计数据(即预报值与已知值差值的绝对值最大值、差值平均值以及根据差值计算的平均误差及均方根差)见表 6-1～表 6-3。限于篇幅,表中只列出部分跨度预报计算结果的精度统计数据(以 s 为单位)。

表 6-1　ΔUT2R 参数 30 d、50 d 实测数据线性回归预报计算结果的精度统计数据

预报计算跨度/d	长度 30 d 基础序列的预报计算				长度 50 d 基础序列的预报计算			
	最大差值 s	平均误差 s	均方根差 s	差值均值 s	最大差值 s	平均误差 s	均方根差 s	差值均值 s
1	0.005 544	0.001 484	0.001 825	0.000 102	0.006 667	0.001 509	0.001 937	0.000 026
5	0.007 889	0.002 027	0.002 497	0.000 131	0.008 721	0.001 967	0.002 525	0.000 034
10	0.010 217	0.002 743	0.003 399	0.000 166	0.011 302	0.002 568	0.003 285	0.000 043
20	0.016 584	0.004 247	0.005 266	0.000 230	0.016 062	0.003 765	0.004 778	0.000 055
30	0.021 176	0.005 724	0.007 113	0.000 291	0.022 062	0.004 942	0.006 268	0.000 063
40	0.026 322	0.007 177	0.008 985	0.000 352	0.030 120	0.006 180	0.007 834	0.000 071
50	0.032 112	0.008 649	0.010 843	0.000 416	0.033 246	0.007 542	0.009 493	0.000 083
60	0.038 709	0.010 205	0.012 741	0.000 485	0.036 765	0.008 986	0.011 254	0.000 100
90	0.058 939	0.015 342	0.019 070	0.000 706	0.049 704	0.013 302	0.016 805	0.000 163
120	0.079 686	0.020 394	0.025 323	0.000 915	0.064 860	0.017 464	0.022 213	0.000 216
150	0.094 056	0.025 331	0.031 498	0.001 104	0.079 864	0.021 351	0.027 252	0.000 247
180	0.109 319	0.029 842	0.037 288	0.001 303	0.095 352	0.025 285	0.032 310	0.000 289

续　表

预报计算跨度/d	长度 30 d 基础序列的预报计算				长度 50 d 基础序列的预报计算			
	最大差值 s	平均误差 s	均方根差 s	差值均值 s	最大差值 s	平均误差 s	均方根差 s	差值均值 s
225	0.146 080	0.037 766	0.047 261	0.001 586	0.125 889	0.032 675	0.041 394	0.000 336
270	0.181 183	0.047 130	0.059 151	0.001 509	0.157 764	0.041 319	0.052 563	0.000 024
315	0.227 201	0.056 580	0.071 052	0.000 865	0.188 993	0.049 482	0.063 104	−0.000 856
360	0.259 073	0.065 538	0.082 198	−0.000 358	0.213 601	0.057 337	0.072 840	−0.002 314
430	0.307 381	0.081 329	0.101 550	−0.003 112	0.253 971	0.072 277	0.090 955	−0.005 435
500	0.368 401	0.099 514	0.123 636	−0.006 782	0.306 382	0.089 503	0.111 485	−0.009 472

表 6－2　△UT2R 参数 70 d、90 d 实测数据线性回归预报计算结果的精度统计数据

预报计算跨度/d	长度 70 d 基础序列的预报计算				长度 90 d 基础序列的预报计算			
	最大差值 s	平均误差 s	均方根差 s	差值均值 s	最大差值 s	平均误差 s	均方根差 s	差值均值 s
1	0.008 142	0.001 749	0.002 226	−0.000 032	0.010 130	0.002 116	0.002 691	0.000 009
5	0.010 421	0.002 166	0.002 769	−0.000 031	0.012 666	0.002 558	0.003 253	0.000 014
10	0.012 977	0.002 710	0.003 465	−0.000 031	0.014 651	0.003 132	0.003 971	0.000 019
20	0.018 169	0.003 820	0.004 879	−0.000 038	0.017 557	0.004 315	0.005 430	0.000 022
30	0.020 653	0.005 024	0.006 342	−0.000 048	0.020 031	0.005 552	0.006 933	0.000 023
40	0.023 912	0.006 268	0.007 886	−0.000 058	0.023 793	0.006 816	0.008 480	0.000 023
50	0.027 463	0.007 564	0.009 517	−0.000 065	0.028 178	0.008 084	0.010 081	0.000 027
60	0.032 269	0.008 905	0.011 199	−0.000 066	0.034 003	0.009 371	0.011 711	0.000 035
90	0.047 305	0.012 879	0.016 319	−0.000 058	0.046 474	0.013 093	0.016 579	0.000 074
120	0.063 820	0.016 638	0.021 165	−0.000 061	0.060 079	0.016 730	0.021 103	0.000 102
150	0.076 176	0.020 285	0.025 709	−0.000 086	0.074 340	0.020 402	0.025 534	0.000 109
180	0.087 398	0.024 249	0.030 622	−0.000 099	0.086 377	0.024 294	0.030 518	0.000 126
225	0.114 856	0.031 128	0.039 633	−0.000 135	0.119 177	0.031 214	0.039 825	0.000 137
270	0.140 490	0.039 284	0.050 227	−0.000 531	0.146 077	0.038 874	0.050 059	−0.000 213
315	0.166 724	0.046 898	0.059 956	−0.001 493	0.165 863	0.046 368	0.059 267	−0.001 129
360	0.189 888	0.054 900	0.069 337	−0.003 035	0.186 990	0.054 418	0.068 657	−0.002 625
430	0.223 024	0.069 722	0.087 347	−0.006 284	0.223 484	0.069 265	0.086 848	−0.005 802
500	0.265 285	0.086 209	0.107 242	−0.010 451	0.261 330	0.085 680	0.106 334	−0.009 896

表 6－3　△UT2R 参数 110 d、130 d 实测数据线性回归预报计算结果的精度统计数据

预报计算跨度/d	长度 110 d 基础序列的预报计算				长度 130 d 基础序列的预报计算			
	最大差值 s	平均误差 s	均方根差 s	差值均值 s	最大差值 s	平均误差 s	均方根差 s	差值均值 s
1	0.010 158	0.002 563	0.003 221	−0.000 009	0.011 188	0.003 042	0.003 791	−0.000 016
5	0.012 002	0.003 017	0.003 789	−0.000 006	0.013 052	0.003 490	0.004 359	−0.000 013
10	0.014 303	0.003 597	0.004 515	−0.000 003	0.015 019	0.004 049	0.005 079	−0.000 012

续 表

预报计算 跨度/d	长度 110 d 基础序列的预报计算				长度 130 d 基础序列的预报计算			
	最大差值 s	平均误差 s	均方根差 s	差值均值 s	最大差值 s	平均误差 s	均方根差 s	差值均值 s
20	0.017 842	0.004 793	0.005 993	−0.000 005	0.018 227	0.005 217	0.006 545	−0.000 015
30	0.020 249	0.006 005	0.007 480	−0.000 009	0.023 099	0.006 420	0.008 032	−0.000 022
40	0.025 227	0.007 237	0.009 008	−0.000 013	0.028 002	0.007 623	0.009 540	−0.000 028
50	0.028 966	0.008 491	0.010 577	−0.000 014	0.032 292	0.008 844	0.011 063	−0.000 031
60	0.032 732	0.009 718	0.012 158	−0.000 010	0.036 036	0.010 041	0.012 583	−0.000 030
90	0.047 485	0.013 253	0.016 761	0.000 015	0.049 551	0.013 411	0.016 965	−0.000 011
120	0.061 439	0.016 700	0.021 075	0.000 029	0.061 640	0.016 881	0.021 214	−0.000 004
150	0.072 593	0.020 456	0.025 514	0.000 022	0.078 746	0.020 674	0.025 814	−0.000 017
180	0.083 979	0.024 314	0.030 694	0.000 025	0.089 838	0.024 636	0.031 279	−0.000 020
225	0.114 368	0.031 303	0.040 185	0.000 015	0.123 473	0.031 673	0.040 794	−0.000 040
270	0.140 390	0.038 680	0.050 029	−0.000 355	0.148 126	0.038 966	0.050 256	−0.000 421
315	0.158 523	0.046 163	0.058 973	−0.001 292	0.169 003	0.046 369	0.059 145	−0.001 367
360	0.178 486	0.054 195	0.068 633	−0.002 808	0.183 170	0.054 609	0.069 098	−0.002 893
430	0.216 404	0.069 289	0.087 039	−0.006 018	0.224 840	0.069 933	0.087 613	−0.006 118
500	0.254 851	0.085 813	0.106 212	−0.010 144	0.262 047	0.086 776	0.106 705	−0.010 260

由表 6-1～表 6-3 列出的预报计算结果的精度统计数据可知,不同跨度的预报计算精度随着实测数据数量的不同而不同。综合上述不同数量实测数据预报计算结果的精度统计数据,根据 ΔUT1 实测数据进行跨度 1～500 d 的预报计算,一般可按照如下规定进行。

(1)采用 50 d 的实测数据进行跨度 1～60 d 的预报计算。

(2)采用 70 d 的实测数据进行跨度 61～235 d 的预报计算。

(3)采用 90 d 或 110 d 的实测数据进行跨度 236～500 d 的预报计算。

按此规定,本算例跨度 1～500 d 预报计算结果的平均误差(MAE)曲线如图 6-1 所示。

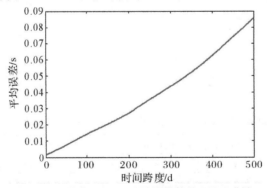

图 6-1 跨度 1～500 d 预报计算的 MAE 曲线

6.1.2.2 系统误差影响的实验计算

关于 ΔUT1 实测数据中的系统误差影响,这里仅以 50 d 实测数据的预报计算为例进行实验计算分析,计算按偶然误差影响预报计算的相同方法进行。计算中实测数据中的系统误差

按 $\mu_0 = \pm 1.667$ ms 加入,预报计算结果的精度统计数据见表 6 - 4。为便于比较,表中同时列出了采用 IERS 精确数据进行预报的精度统计数据。表中数据以时秒(s)为单位。

表 6 - 4　线性回归预报系统误差影响的计算结果精度统计数据

预报跨度/d	采用精确数据的预报计算			含系统误差 1.667 ms 的预报计算			含系统误差 −1.667 ms 的预报计算		
	最大差值 s	平均误差 s	差值均值 s	最大差值 s	平均误差 s	差值均值 s	最大差值 s	平均误差 s	差值均值 s
1	0.004 454	0.001 167	0.000 010	0.006 121	0.001 869	0.001 677	0.002 787	0.001 909	−0.001 657
5	0.006 019	0.001 625	0.000 016	0.007 686	0.002 158	0.001 683	0.004 352	0.002 220	−0.001 651
10	0.007 639	0.002 219	0.000 022	0.009 306	0.002 595	0.001 689	0.005 972	0.002 696	−0.001 645
20	0.011 432	0.003 400	0.000 028	0.013 099	0.003 614	0.001 695	0.009 765	0.003 726	−0.001 639
30	0.015 646	0.004 554	0.000 030	0.017 313	0.004 703	0.001 697	0.013 979	0.004 793	−0.001 637
40	0.019 375	0.005 751	0.000 032	0.021 042	0.005 869	0.001 699	0.017 708	0.005 906	−0.001 635
50	0.022 582	0.007 047	0.000 038	0.024 249	0.007 140	0.001 705	0.020 915	0.007 198	−0.001 629
60	0.025 328	0.008 427	0.000 049	0.026 995	0.008 499	0.001 716	0.023 661	0.008 570	−0.001 618
90	0.041 112	0.012 597	0.000 094	0.042 779	0.012 643	0.001 761	0.039 445	0.012 683	−0.001 573
120	0.059 063	0.016 670	0.000 128	0.060 730	0.016 636	0.001 795	0.057 396	0.016 811	−0.001 539
150	0.072 270	0.020 248	0.000 141	0.073 937	0.020 200	0.001 808	0.070 603	0.020 400	−0.001 526
180	0.084 173	0.024 098	0.000 165	0.085 840	0.023 990	0.001 832	0.082 506	0.024 274	−0.001 502
225	0.103 226	0.031 217	0.000 185	0.104 893	0.031 091	0.001 852	0.101 559	0.031 322	−0.001 482
270	0.136 163	0.039 686	−0.000 155	0.137 830	0.039 630	0.001 512	0.134 496	0.039 789	−0.001 822
315	0.158 216	0.047 716	−0.001 061	0.159 883	0.047 634	0.000 606	0.156 549	0.047 849	−0.002 728
360	0.176 049	0.055 693	−0.002 547	0.177 716	0.055 503	−0.000 880	0.174 382	0.055 905	−0.004 214
430	0.213 669	0.070 558	−0.005 710	0.215 336	0.070 334	−0.004 043	0.212 002	0.070 806	−0.007 377
500	0.233 065	0.087 683	−0.009 789	0.234 732	0.087 478	−0.008 122	0.231 398	0.087 903	−0.011 456

设采用 IERS 精确数据预报计算结果的最大差值、差值均值分别为 Δ_0、p_0;含有系统误差 $\mu_0 = \pm 1.667$ ms 影响的预报计算结果的最大差值、差值均值分别为 Δ、p,则由表 6 - 4 列出的精度统计数据可知有如下关系式成立:

$$p = p_0 + \mu_0 \atop \Delta = \Delta_0 + \mu_0 \Big\} \tag{6.1}$$

该关系式充分说明,采用 ΔUT2R 实测数据的线性回归预报计算,系统误差(μ_0)对各跨度预报计算结果的影响一致,与系统误差的大小相同。

6.1.2.3　同时含系统误差、偶然误差影响的实验计算

实测数据同时含有偶然误差、系统误差影响的实验计算,这里仅以长度 50 d、110 d 的模拟数据预报计算进行说明。计算中,实测数据中的偶然误差按 $\sigma = 5$ ms 生成正态分布随机数的方法获取。长度 50 d 实测数据中的系统误差按 $\mu_0 = 1.667$ ms 加入,长度 110 d 实测数据中

的系统误差按 $\mu_0=-1.667$ ms 加入。为便于计算结果的精度比较,长度 50 d、110 d 实测数据的初始数据同样均由 2010 年 10 月 1 日向前取值,并按照间隔 2 d 依次移动预报计算 1 500期。预报计算结果的精度统计数据(以 s 为单位)见表 6-5。

表 6-5　同时含有偶然误差、系统误差影响预报计算结果的精度统计数据

预报计算跨度/d	长度 50 d 基础序列的预报计算				长度 110 d 基础序列的预报计算			
	最大差值 s	平均误差 s	均方根差 s	差值均值 s	最大差值 s	平均误差 s	均方根差 s	差值均值 s
1	0.009 194	0.002 095	0.002 588	0.001 676	0.008 238	0.002 962	0.003 625	−0.001 721
5	0.010 773	0.002 450	0.003 074	0.001 682	0.009 721	0.003 358	0.004 127	−0.001 721
10	0.012 858	0.002 950	0.003 749	0.001 687	0.011 958	0.003 893	0.004 797	−0.001 722
20	0.016 692	0.004 023	0.005 156	0.001 692	0.016 157	0.005 017	0.006 190	−0.001 732
30	0.022 081	0.005 167	0.006 597	0.001 694	0.019 340	0.006 170	0.007 634	−0.001 744
40	0.027 233	0.006 393	0.008 124	0.001 696	0.023 806	0.007 371	0.009 124	−0.001 756
50	0.031 040	0.007 727	0.009 767	0.001 701	0.026 868	0.008 507	0.010 661	−0.001 765
60	0.034 584	0.009 178	0.011 531	0.001 711	0.031 308	0.009 833	0.012 222	−0.001 769
90	0.052 921	0.013 571	0.017 022	0.001 754	0.045 230	0.013 430	0.016 777	−0.001 769
120	0.073 683	0.017 843	0.022 417	0.001 787	0.059 348	0.016 872	0.021 048	−0.001 778
150	0.089 579	0.021 830	0.027 470	0.001 799	0.071 490	0.020 516	0.025 444	−0.001 810
180	0.103 969	0.025 836	0.032 564	0.001 821	0.082 148	0.024 291	0.030 588	−0.001 830
225	0.127 258	0.033 185	0.041 681	0.001 838	0.103 573	0.031 234	0.040 044	−0.001 877
270	0.163 907	0.041 888	0.052 766	0.001 496	0.133 503	0.038 706	0.049 887	−0.002 283
315	0.190 185	0.050 036	0.063 252	0.000 586	0.156 103	0.046 264	0.058 835	−0.003 256
360	0.211 622	0.058 000	0.072 997	−0.000 902	0.172 131	0.054 338	0.068 504	−0.004 809
430	0.254 816	0.073 142	0.091 275	−0.004 068	0.205 881	0.069 410	0.086 934	−0.008 075
500	0.286 142	0.090 639	0.111 942	−0.008 152	0.229 593	0.085 748	0.106 147	−0.012 257

上述实验计算结果说明,采用 ΔUT1 实测数据通过 ΔUT2R 的数据转换,按线性回归的方法进行预报计算,考虑到实测数据的精度,不可能获得高精度的预报计算结果。通常情况下,该方法不宜进行较长时间跨度的预报计算。在参数 ΔUT1 实测数据精度(RMS)约为 5 ms 的情况下,若要求预报计算结果的最大误差不超过 45 ms,采用 ΔUT2R 数据线性回归的方法进行预报计算,预报计算的时间跨度以不超过 90 d 为宜。

上述各种数量实测数据的间隔 2 d 依次移动 1 500 期的实验计算,每期计算实测数据中的偶然误差均以 $\sigma=5$ ms 生成正态分布随机数的方法单独产生。这不仅与采用 IERS 精确数据进行的多期预报计算使用的数据性质不同,而且与真实的实测数据含有的偶然误差也存在着一定程度的差异,特别是在实测数据数量较少的情况下。不过,考虑到各种实测数据中的偶然误差数值较小且分布各不相同,故可以认为上述实验计算结果基本反映了采用实测数据(按线性回归方法)预报计算可达到的实际精度。

6.2　根据极移参数实测数据的预报计算

与前述的 ΔUT1 实测数据一样,这里的极移参数实测数据是指实际测量数据经过分段平滑处理(线性回归或抛物线回归)后的数据。鉴于极移参数数据变化的周期性,根据其实测数据进行数值预报,用于预报计算的基础序列必须具有一定的长度。其中,用于极坐标 x_p 预报计算的基础序列长度一般不少于 2 a;用于极坐标 y_p 预报计算的基础序列长度一般不少于 3 a。当实测数据不足时,应以 IERS 发布的精确数据予以补充。

为了更好地掌握由实测数据与 IERS 发布数据构成的基础序列的图像特征,图 6 - 2、图 6 - 3分别给出了极坐标 x_p、y_p 长度 2 a、3 a 不同数量实测数据构成的基础序列数据变化图像。其中,基础序列中的实测数据,偶然误差的均方根差(RMS)为 $0.05''$,系统误差为 $0.015''$。

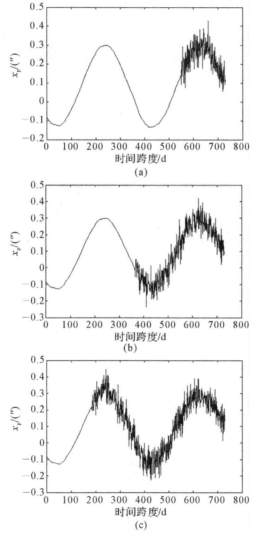

图 6 - 2　极坐标 x_p 不同数量实测数据的基础序列图像

(a)180 d 实测数据图像;(b)365 d 实测数据图像;(c)545 d 实测数据图像

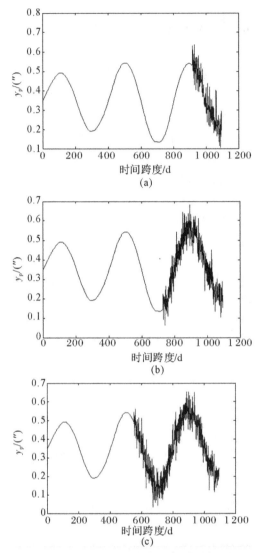

图 6 - 3 极坐标 y_p 不同数量实测数据的基础序列图像

(a)180 d实测数据图像;(b)365 d实测数据图像;(c)545 d实测数据图像

6.2.1 根据实测数据预报的计算程序

采用实测数据进行的极移参数数值预报,由于实测数据的测定精度较差,其数值预报一般只能通过建立 LS 模型的方法进行外推计算,即按如下程序进行计算:

(1)构建极移参数预报计算的基础序列,实测数据不足(极坐标 x_p、y_p 分别不足 2 a、3 a)时,以 IERS 发布的历史数据予以补充。

(2)按式(5.23)形式的函数模型,对构建的基础序列进行 LS 拟合,建立用于基础序列外推计算的 LS 模型。

(3)根据建立的 LS 模型进行极移参数的外推值(即预报值)计算。

大量数据计算表明，采用实测数据按上述程序进行的极移参数数值预报，实测数据中的偶然误差和系统误差对预报计算结果的影响，与参数 $\Delta UT2R$ 的预报影响大不相同。服从正态分布的偶然误差影响较小，而较小的系统误差却会造成较大的影响。为了清楚说明实测数据偶然误差、系统误差对极移参数预报计算结果影响的特征，这里以极坐标 x_p 的预报计算为例，采用模拟（即以模拟数据代替实测数据）的方法进行实验计算，计算所需的精确数据取 EOP 14 C04 给出的参数值。考虑到参加预报计算的实测数据数量不同，为便于预报计算结果精度评定的数据比较，实验计算基础序列的初始数据均由 2010 年 10 月 1 日向前取值，并按照间隔 2 d 依次移动计算 1 500 期。

6.2.2　实测数据偶然误差影响的实验计算

极坐标 x_p 实测数据偶然误差影响的实验计算，取长度 2 a 的基础序列进行。基础序列中的实测数据分别取 30 d、60 d、120 d、180 d、365 d、545 d、730 d 的模拟数据。实测数据不足的数据取 EOP 14 C04 中的精确数据予以补充。

上述实测数据中的偶然误差，均以极坐标 x_p 的实测数据精度 $\sigma=0.05''$ 生成正态分布随机数的方法获取。不同数量实测数据预报计算的精度统计数据见表 6-6～表 6-9。为便于计算结果精度统计的数据比较，表 6-6 中同时列出了采用 IERS 精确数据（即 EOP 14 C04 中的数据）预报计算的精度统计数据。

表 6-6　基础序列中实测数据 30 d 预报计算结果的精度统计数据

预报计算跨度/d	采用 IERS 精确数据预报计算的精度统计数据				实测数据长度 30 d 预报计算的精度统计数据			
	最大差值 ('')	平均误差 ('')	均方根差 ('')	差值均值 ('')	最大差值 ('')	平均误差 ('')	均方根差 ('')	差值均值 ('')
1	0.045 509	0.009 359	0.011 901	0.000 204	0.044 907	0.009 431	0.011 955	0.000 247
5	0.050 109	0.010 252	0.013 022	0.000 231	0.050 149	0.010 326	0.013 086	0.000 278
10	0.055 033	0.011 364	0.014 424	0.000 263	0.056 281	0.011 461	0.014 498	0.000 317
20	0.060 255	0.012 470	0.015 816	0.000 286	0.060 685	0.012 558	0.015 899	0.000 344
30	0.064 280	0.013 559	0.017 174	0.000 310	0.066 310	0.013 629	0.017 262	0.000 372
40	0.070 540	0.015 604	0.019 741	0.000 348	0.071 930	0.015 682	0.019 833	0.000 417
50	0.071 432	0.017 490	0.022 053	0.000 381	0.073 045	0.017 570	0.022 148	0.000 454
60	0.070 411	0.019 141	0.024 048	0.000 419	0.073 332	0.019 201	0.024 146	0.000 492
90	0.074 536	0.020 479	0.025 687	0.000 489	0.075 674	0.020 532	0.025 783	0.000 559
120	0.080 603	0.022 514	0.028 522	0.000 775	0.082 504	0.022 541	0.028 575	0.000 825
150	0.077 752	0.023 106	0.028 995	0.000 996	0.078 394	0.023 103	0.029 009	0.001 021
180	0.073 803	0.023 279	0.028 720	0.001 284	0.073 803	0.023 279	0.028 720	0.001 289
210	0.076 293	0.023 755	0.029 345	0.001 482	0.076 230	0.023 756	0.029 346	0.001 479
240	0.081 524	0.024 300	0.030 191	0.001 534	0.081 585	0.024 306	0.030 199	0.001 516
270	0.083 812	0.024 824	0.030 924	0.001 478	0.083 831	0.024 846	0.030 940	0.001 443
300	0.083 398	0.024 867	0.031 016	0.001 402	0.083 599	0.024 873	0.031 026	0.001 366
330	0.083 193	0.024 807	0.031 062	0.001 268	0.083 171	0.024 806	0.031 062	0.001 258
360	0.093 138	0.027 134	0.033 788	0.001 137	0.094 061	0.027 156	0.033 814	0.001 172

表 6-7　基础序列中实测数据 60 d、120 d 预报计算结果的精度统计数据

预报计算跨度/d	实测数据长度 60 d 预报计算的精度统计数据				实测数据长度 120 d 预报计算的精度统计数据			
	最大差值(″)	平均误差(″)	均方根差(″)	差值均值(″)	最大差值(″)	平均误差(″)	均方根差(″)	差值均值(″)
1	0.045 117	0.009 483	0.012 074	0.000 222	0.050 954	0.010 014	0.012 680	0.000 240
5	0.051 532	0.010 401	0.013 202	0.000 250	0.053 564	0.010 919	0.013 798	0.000 272
10	0.059 438	0.011 530	0.014 629	0.000 284	0.062 070	0.012 054	0.015 210	0.000 312
20	0.064 088	0.012 625	0.016 017	0.000 309	0.062 924	0.013 133	0.016 580	0.000 342
30	0.067 561	0.013 706	0.017 359	0.000 333	0.067 338	0.014 154	0.017 893	0.000 371
40	0.071 353	0.015 776	0.019 922	0.000 373	0.075 099	0.016 068	0.020 336	0.000 418
50	0.074 452	0.017 688	0.022 214	0.000 406	0.075 456	0.017 883	0.022 577	0.000 456
60	0.074 533	0.019 292	0.024 188	0.000 443	0.072 733	0.019 542	0.024 501	0.000 494
90	0.073 664	0.020 600	0.025 779	0.000 511	0.078 551	0.020 820	0.026 072	0.000 559
120	0.081 627	0.022 567	0.028 523	0.000 789	0.083 406	0.022 651	0.028 690	0.000 818
150	0.077 777	0.023 081	0.028 984	0.001 003	0.078 125	0.023 174	0.029 064	0.001 014
180	0.073 812	0.023 273	0.028 716	0.001 285	0.075 045	0.023 259	0.028 700	0.001 312
210	0.076 964	0.023 770	0.029 357	0.001 478	0.079 223	0.023 766	0.029 378	0.001 513
240	0.083 884	0.024 339	0.030 224	0.001 524	0.084 531	0.024 475	0.030 351	0.001 542
270	0.087 051	0.024 877	0.030 958	0.001 463	0.088 835	0.025 033	0.031 132	0.001 449
300	0.085 327	0.024 880	0.031 009	0.001 390	0.086 403	0.024 962	0.031 149	0.001 353
330	0.083 121	0.024 800	0.031 058	0.001 268	0.084 296	0.024 831	0.031 081	0.001 240
360	0.096 206	0.027 183	0.033 839	0.001 154	0.095 453	0.027 470	0.033 978	0.001 161

表 6-8　基础序列中实测数据 180 d、365 d 预报计算结果的精度统计数据

预报计算跨度/d	实测数据长度 180 d 预报计算的精度统计数据				实测数据长度 365 d 预报计算的精度统计数据			
	最大差值(″)	平均误差(″)	均方根差(″)	差值均值(″)	最大差值(″)	平均误差(″)	均方根差(″)	差值均值(″)
1	0.051 886	0.010 280	0.012 991	0.000 218	0.054 298	0.010 706	0.013 623	0.000 072
5	0.058 331	0.011 110	0.014 052	0.000 254	0.055 408	0.011 600	0.014 742	0.000 066
10	0.061 587	0.012 176	0.015 407	0.000 298	0.063 442	0.012 722	0.016 129	0.000 058
20	0.065 317	0.013 253	0.016 723	0.000 331	0.068 026	0.013 815	0.017 527	0.000 040
30	0.068 835	0.014 301	0.018 022	0.000 363	0.067 236	0.014 902	0.018 877	0.000 025
40	0.077 363	0.016 262	0.020 455	0.000 414	0.076 185	0.017 004	0.021 450	−0.000 008
50	0.075 523	0.017 993	0.022 625	0.000 452	0.082 340	0.018 835	0.023 682	−0.000 031
60	0.075 664	0.019 504	0.024 514	0.000 491	0.078 805	0.020 388	0.025 570	−0.000 031
90	0.080 390	0.020 711	0.026 040	0.000 556	0.081 500	0.021 680	0.027 116	0.000 023

续 表

预报计算跨度/d	实测数据长度 180 d 预报计算的精度统计数据				实测数据长度 365 d 预报计算的精度统计数据			
	最大差值 (″)	平均误差 (″)	均方根差 (″)	差值均值 (″)	最大差值 (″)	平均误差 (″)	均方根差 (″)	差值均值 (″)
120	0.081 918	0.022 606	0.028 635	0.000 818	0.086 897	0.023 498	0.029 601	0.000 397
150	0.078 720	0.023 176	0.029 070	0.001 040	0.087 993	0.023 702	0.029 759	0.000 836
180	0.080 228	0.023 564	0.029 181	0.001 415	0.080 904	0.023 637	0.029 320	0.001 425
210	0.085 638	0.023 987	0.029 802	0.001 608	0.083 958	0.024 132	0.029 883	0.001 638
240	0.089 385	0.024 458	0.030 415	0.001 587	0.090 739	0.024 610	0.030 644	0.001 718
270	0.087 446	0.024 925	0.031 046	0.001 430	0.086 489	0.025 205	0.031 401	0.001 747
300	0.088 735	0.024 974	0.031 127	0.001 294	0.094 356	0.025 208	0.031 617	0.001 748
330	0.087 481	0.025 064	0.031 270	0.001 175	0.097 783	0.025 478	0.031 899	0.001 565
360	0.098 558	0.027 601	0.034 185	0.001 112	0.114 287	0.028 231	0.035 090	0.001 215

表 6-9 基础序列中实测数据 545 d、730 d 预报计算结果的精度统计数据

预报计算跨度/d	实测数据长度 545 d 预报计算的精度统计数据				实测数据长度 730 d 预报计算的精度统计数据			
	最大差值 (″)	平均误差 (″)	均方根差 (″)	差值均值 (″)	最大差值 (″)	平均误差 (″)	均方根差 (″)	差值均值 (″)
1	0.052 698	0.010 685	0.013 573	0.000 058	0.047 925	0.011 135	0.014 012	0.000 453
5	0.054 685	0.011 586	0.014 675	0.000 071	0.054 655	0.012 052	0.015 156	0.000 484
10	0.063 315	0.012 682	0.016 102	0.000 090	0.058 588	0.013 190	0.016 616	0.000 521
20	0.064 358	0.013 815	0.017 490	0.000 100	0.065 225	0.014 359	0.018 020	0.000 548
30	0.072 279	0.014 865	0.018 856	0.000 115	0.071 484	0.015 494	0.019 452	0.000 575
40	0.075 783	0.016 916	0.021 461	0.000 144	0.082 504	0.017 538	0.021 996	0.000 620
50	0.090 469	0.018 861	0.023 716	0.000 181	0.081 458	0.019 414	0.024 267	0.000 659
60	0.090 180	0.020 469	0.025 672	0.000 238	0.085 053	0.020 964	0.026 157	0.000 706
90	0.090 446	0.021 684	0.027 216	0.000 338	0.091 262	0.022 076	0.027 709	0.000 785
120	0.094 893	0.023 396	0.029 619	0.000 768	0.093 885	0.023 847	0.030 036	0.001 108
150	0.095 473	0.023 544	0.029 639	0.001 135	0.092 359	0.024 105	0.030 248	0.001 344
180	0.087 725	0.023 543	0.029 256	0.001 505	0.094 579	0.024 048	0.030 074	0.001 428
210	0.089 142	0.024 036	0.029 850	0.001 698	0.096 625	0.024 764	0.030 778	0.001 443
240	0.090 587	0.024 996	0.030 819	0.001 778	0.094 260	0.025 347	0.031 405	0.001 360
270	0.095 222	0.025 689	0.031 928	0.001 760	0.102 060	0.025 729	0.032 011	0.001 275
300	0.102 065	0.026 177	0.032 544	0.001 663	0.095 066	0.025 786	0.032 086	0.001 275
330	0.100 507	0.026 361	0.033 081	0.001 405	0.107 311	0.025 795	0.032 218	0.001 270
360	0.109 934	0.029 049	0.035 956	0.001 087	0.108 817	0.028 454	0.035 540	0.001 276

由表 6-6~表 6-9 列出的精度统计数据可知,不同数量实测数据的预报计算结果虽然存

在一定的差异,但差异并不十分明显。预报计算结果精度略低于采用 IERS 精确数据建模外推计算的预报精度。为了更清楚地说明实测数据偶然误差对预报计算的影响,图 6-4 绘制了不同数量实测数据系统误差影响下的预报计算结果平均误差(MAE)曲线(从上至下依次为 730 d、545 d、365 d、180 d、120 d、60 d、30 d、0000)。

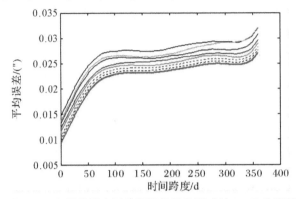

图 6-4   不同数量实测数据偶然误差影响的 MAE 曲线图

图 6-4 绘制的 MAE 曲线,为了防止不同数量实测数据预报计算结果的 MAE 曲线交集在一起,曲线绘制时将 30 d、60 d、…、730 d 实测数据预报计算的各跨度平均误差值分别加入了 0.5 mas、1.0 mas、…、3.5 mas 的系统差值。图中最下方的"0000"曲线是采用 IERS 精确数据建立 LS 模型外推预报计算的 MAE 曲线。

采用实测数据的预报计算,受实测数据测定精度的限制,不可能采用第 5 章给出的基于 LS+AR 模型的预报计算方法(计算程序见 5.5.1 节)。与采用 IERS 精确数据基于 LS+AR 模型的迭代预报计算结果比较,采用实测数据预报的差异主要体现在跨度 1～30 d 的预报结果上。本算例中,采用精度(RMS)$\sigma=0.05''$的实测数据构建 LS 模型进行跨度 1～360 d 的外推预报计算,计算精度(MAE)约为 $0.010''～0.029''$,略低于采用 2 a 精确数据按 LS+AR 模型进行的跨度 30～360 d 的预报计算精度($0.008''～0.025''$)。

6.2.3   系统误差影响的实验计算

极移参数实测数据系统误差对预报计算结果的影响,要比 $\Delta UT1$ 实测数据中系统误差对预报计算结果的影响复杂得多。系统误差的影响不仅与系统误差的大小、预报计算的时间跨度有关,而且与实测数据数量的不同分布直接相关。

6.2.3.1   系统误差影响的基本特征

关于系统误差影响的基本特征探讨,这里仍以极坐标 x_p 的预报为例进行模拟计算分析。模拟计算取长度 2 a 的基础序列,基础序列末端 120 d 的数据为实测数据,实测数据中的系统误差分别取 $0.015''$、$0.005''$、$0.001\,5''$,偶然误差仍按精度(RMS)$\sigma=0.05''$生成正态分布随机数的方法产生并加入。

为了便于不同系统误差对预报计算结果影响的数据比对,不同系统误差的预报计算,实测数据中的偶然误差采用相同的大小及分布。不同系统误差影响的预报计算结果见表 6-10。为了便于计算结果的比较,表 6-10 中同时列出了仅含有偶然误差影响(即无系统误差影响)的预报计算结果。

表 6 - 10　**极移参数实测数据系统误差不同大小对预报计算结果的影响**

预报计算的时间跨度/d	仅含偶然误差影响的预报计算结果/(″)	同时含有偶然误差、系统误差的预报计算结果					
		$\mu_0 = 0.001\,5''$的计算结果		$\mu_0 = 0.005''$的计算结果		$\mu_0 = 0.015''$的计算结果	
		预报值/(″)	差值/(″)	预报值/(″)	差值/(″)	预报值/(″)	差值/(″)
1	−0.024 879	−0.023 539	0.001 340	−0.020 413	0.004 466	−0.011 481	0.013 398
5	−0.028 267	−0.026 964	0.001 303	−0.023 923	0.004 344	−0.015 235	0.013 032
10	−0.026 005	−0.024 750	0.001 254	−0.021 824	0.004 181	−0.013 463	0.012 542
20	−0.024 764	−0.023 563	0.001 202	−0.020 759	0.004 006	−0.012 747	0.012 017
30	−0.019 861	−0.018 715	0.001 146	−0.016 040	0.003 821	−0.008 399	0.011 462
40	−0.020 273	−0.019 245	0.001 028	−0.016 848	0.003 425	−0.009 997	0.010 275
50	−0.019 504	−0.018 603	0.000 901	−0.016 501	0.003 002	−0.010 497	0.009 006
60	−0.020 632	−0.019 864	0.000 768	−0.018 073	0.002 559	−0.012 954	0.007 678
90	−0.019 411	−0.019 190	0.000 221	−0.018 675	0.000 735	−0.017 205	0.002 206
120	0.009 333	0.009 198	−0.000 135	0.008 882	−0.000 451	0.007 979	−0.001 354
150	0.004 557	0.004 278	−0.000 279	0.003 627	−0.000 930	0.001 767	−0.002 791
180	−0.005 317	−0.005 219	0.000 098	−0.004 990	0.000 326	−0.004 338	0.000 979
210	−0.020 253	−0.019 512	0.000 741	−0.017 784	0.002 469	−0.012 845	0.007 408
240	−0.026 502	−0.025 012	0.001 490	−0.021 534	0.004 967	−0.011 600	0.014 902
270	−0.021 865	−0.019 719	0.002 146	−0.014 712	0.007 153	−0.000 407	0.021 458
300	−0.026 458	−0.023 905	0.002 553	−0.017 948	0.008 510	−0.000 929	0.025 529
360	−0.023 152	−0.020 503	0.002 649	−0.014 321	0.008 830	0.003 339	0.026 491

由表 6 - 10 列出的预报计算结果可知：

(1)极移参数实测数据系统误差对预报计算结果的影响,不仅与系统误差的大小有关,而且与预报计算的时间跨度有关。

(2)系统误差愈小对预报计算结果的影响愈小,例如本算例中跨度第 360 d 的预报计算,系统误差 0.015″对预报结果的影响高达 0.026 491″;而系统误差 0.001 5″对预报结果的影响仅有 0.002 649″。

(3)相同的系统误差对不同跨度预报结果的影响不尽相同。例如本算例中,系统误差 0.005″对跨度 180 d 的预报计算结果影响最小,仅为 0.000 326″;而对跨度 360 d 的预报计算结果影响最大,达到了 0.008 830″。

(4)由系统误差 0.015″的影响可知,约为偶然误差均方根差(0.05″) 1/3 的系统误差,对预报计算结果的影响远大于偶然误差的影响。

6.2.3.2　实测数据数量分布不同时系统误差影响的精度分析

前已指出,鉴于极移参数数据变化的周期性,用于预报计算的基础序列必须具有一定的长度。极坐标 x_p 的基础序列长度一般不少于 2 a,极坐标 y_p 的基础序列长度一般不少于 3 a。显然,当实测数据的数量不足时,就需要应用 IERS 数据予以补充。这样,用于预报计算的基础序列,实测数据势必具有不同的数量分布。大量的预报计算数据表明,不同数量的实测数据,系统误差对预报计算结果的影响也不尽相同。为探讨基础序列实测数据不同数量分布系统误差对预报计算的影响,这里我们仍然取极坐标 x_p 长度 2 a 的基础序列进行模拟计算分析。计算中,基础序列中的实测数据数量分别取 60 d、180 d、365 d、545 d、730 d(即全部为实测数据),每种实测数据预报计算时的系统误差分别取 $\mu_0 = 0.015''$ 和 $\mu_0 = -0.015''$ 进行。

各种不同数量实测数据预报计算结果的精度统计数据见表 6-11~表 6-15。

表 6-11　极移参数 60 d 实测数据系统误差影响下的预报计算精度统计数据

预报计算跨度/d	系统误差 0.015″影响预报计算的精度统计				系统误差－0.015″影响预报计算的精度统计			
	最大差值(″)	平均误差(″)	均方根差(″)	差值均值(″)	最大差值(″)	平均误差(″)	均方根差(″)	差值均值(″)
1	0.058 346	0.014 870	0.017 654	0.013 041	0.041 218	0.014 288	0.017 355	－0.012 633
5	0.062 903	0.015 368	0.018 416	0.013 024	0.044 113	0.014 715	0.018 093	－0.012 563
10	0.067 697	0.015 964	0.019 367	0.012 926	0.047 427	0.015 292	0.019 019	－0.012 400
20	0.072 705	0.016 548	0.020 305	0.012 736	0.050 760	0.015 932	0.019 950	－0.012 163
30	0.076 438	0.017 135	0.021 220	0.012 468	0.054 115	0.016 630	0.020 862	－0.011 848
40	0.081 901	0.018 265	0.022 950	0.011 709	0.059 184	0.018 049	0.022 602	－0.011 012
50	0.081 758	0.019 377	0.024 512	0.010 707	0.063 375	0.019 414	0.024 188	－0.009 945
60	0.079 530	0.020 309	0.025 867	0.009 538	0.065 417	0.020 638	0.025 570	－0.008 699
90	0.082 344	0.021 042	0.026 989	0.008 297	0.066 728	0.021 654	0.026 705	－0.007 319
120	0.084 500	0.022 497	0.028 891	0.004 672	0.076 705	0.023 023	0.028 682	－0.003 123
150	0.078 609	0.023 062	0.029 037	0.001 853	0.076 895	0.023 171	0.028 978	0.000 139
180	0.071 332	0.023 529	0.028 715	－0.001 187	0.076 274	0.023 171	0.028 936	0.003 755
210	0.073 354	0.024 025	0.029 344	－0.001 458	0.079 233	0.023 690	0.029 639	0.004 421
240	0.079 890	0.024 404	0.030 152	0.000 100	0.083 158	0.024 280	0.030 318	0.003 168
270	0.086 119	0.024 860	0.031 120	0.003 785	0.081 505	0.024 943	0.030 900	－0.000 829
300	0.091 909	0.025 594	0.032 531	0.009 913	0.074 888	0.026 013	0.031 789	－0.007 108
330	0.098 258	0.027 286	0.035 072	0.016 333	0.070 862	0.028 271	0.033 965	－0.013 798
360	0.112 659	0.031 240	0.039 587	0.020 658	0.082 074	0.031 795	0.038 449	－0.018 384

表 6-12　极移参数 180 d 实测数据系统误差影响下的预报计算精度统计数据

预报计算跨度/d	系统误差 0.015″影响预报计算的精度统计				系统误差－0.015″影响预报计算的精度统计			
	最大差值(″)	平均误差(″)	均方根差(″)	差值均值(″)	最大差值(″)	平均误差(″)	均方根差(″)	差值均值(″)
1	0.058 439	0.014 936	0.017 722	0.013 133	0.041 310	0.014 359	0.017 422	－0.012 726
5	0.062 667	0.015 205	0.018 250	0.012 789	0.043 877	0.014 551	0.017 930	－0.012 328
10	0.067 084	0.015 562	0.018 963	0.012 314	0.046 814	0.014 908	0.018 626	－0.011 787
20	0.071 749	0.015 978	0.019 719	0.011 781	0.049 805	0.015 407	0.019 383	－0.011 208

续 表

预报计算跨度/d	系统误差 0.015″影响预报计算的精度统计				系统误差 −0.015″影响预报计算的精度统计			
	最大差值(″)	平均误差(″)	均方根差(″)	差值均值(″)	最大差值(″)	平均误差(″)	均方根差(″)	差值均值(″)
30	0.075 170	0.016 438	0.020 501	0.011 199	0.053 391	0.016 006	0.020 169	−0.010 580
40	0.080 081	0.017 509	0.022 076	0.009 889	0.061 000	0.017 336	0.021 773	−0.009 192
50	0.079 461	0.018 633	0.023 599	0.008 410	0.063 404	0.018 669	0.023 338	−0.007 647
60	0.076 810	0.019 671	0.024 992	0.006 818	0.064 013	0.019 925	0.024 777	−0.005 979
90	0.079 252	0.020 595	0.026 204	0.005 205	0.069 820	0.020 984	0.026 027	−0.004 227
120	0.080 792	0.022 503	0.028 527	0.000 964	0.080 413	0.022 527	0.028 517	0.000 585
150	0.076 023	0.023 257	0.028 987	−0.000 733	0.079 481	0.023 036	0.029 106	0.002 725
180	0.079 895	0.023 276	0.029 624	0.007 377	0.067 710	0.024 116	0.029 091	−0.004 808
210	0.089 683	0.025 288	0.032 864	0.014 871	0.070 392	0.026 596	0.031 634	−0.011 907
240	0.101 702	0.028 530	0.037 156	0.021 712	0.075 375	0.030 067	0.035 451	−0.018 644
270	0.109 185	0.031 626	0.040 928	0.026 852	0.078 467	0.033 289	0.039 053	−0.023 896
300	0.112 279	0.033 871	0.043 325	0.030 283	0.081 780	0.035 488	0.041 414	−0.027 479
330	0.113 866	0.035 009	0.044 536	0.031 941	0.086 470	0.036 656	0.042 754	−0.029 406
360	0.123 250	0.036 179	0.046 009	0.031 249	0.092 665	0.037 321	0.044 496	−0.028 975

表 6−13　极移参数 365 d 实测数据系统误差影响下的预报计算精度统计数据

预报计算跨度/d	系统误差 0.015″影响预报计算的精度统计				系统误差 −0.015″影响预报计算的精度统计			
	最大差值(″)	平均误差(″)	均方根差(″)	差值均值(″)	最大差值(″)	平均误差(″)	均方根差(″)	差值均值(″)
1	0.064 472	0.019 738	0.022 560	0.019 167	0.047 343	0.019 449	0.022 214	−0.018 759
5	0.069 678	0.020 601	0.023 697	0.019 799	0.050 887	0.020 219	0.023 313	−0.019 338
10	0.075 360	0.021 691	0.025 138	0.020 590	0.055 091	0.021 218	0.024 709	−0.020 064
20	0.081 332	0.022 774	0.026 579	0.021 363	0.059 388	0.022 236	0.026 122	−0.020 791
30	0.086 090	0.023 842	0.028 002	0.022 119	0.063 767	0.023 252	0.027 515	−0.021 499
40	0.093 723	0.025 821	0.030 713	0.023 531	0.071 006	0.025 301	0.030 182	−0.022 834
50	0.095 818	0.027 610	0.033 160	0.024 767	0.077 434	0.027 238	0.032 594	−0.024 004
60	0.095 788	0.029 068	0.035 264	0.025 796	0.081 675	0.028 993	0.034 655	−0.024 957
90	0.100 674	0.030 224	0.036 994	0.026 627	0.083 548	0.030 541	0.036 297	−0.025 650
120	0.107 837	0.031 698	0.039 968	0.028 009	0.082 567	0.033 258	0.038 897	−0.026 459
150	0.105 341	0.031 658	0.040 704	0.028 585	0.086 361	0.033 908	0.039 331	−0.026 593
180	0.104 191	0.033 717	0.042 735	0.031 672	0.088 194	0.035 204	0.040 868	−0.029 104
210	0.108 151	0.035 184	0.044 389	0.033 339	0.088 861	0.036 370	0.042 209	−0.030 376

续表

预报计算跨度/d	系统误差 0.015″影响预报计算的精度统计				系统误差 −0.015″影响预报计算的精度统计			
	最大差值 (″)	平均误差 (″)	均方根差 (″)	差值均值 (″)	最大差值 (″)	平均误差 (″)	均方根差 (″)	差值均值 (″)
240	0.113 279	0.035 389	0.044 915	0.033 289	0.086 952	0.036 726	0.042 690	−0.030 221
270	0.114 005	0.034 610	0.044 240	0.031 672	0.083 287	0.036 180	0.042 175	−0.028 715
300	0.112 160	0.033 794	0.043 242	0.030 164	0.081 660	0.035 414	0.041 335	−0.027 359
330	0.112 374	0.034 027	0.043 478	0.030 449	0.084 977	0.035 703	0.041 742	−0.027 913
360	0.124 897	0.037 176	0.047 143	0.032 896	0.094 312	0.038 371	0.045 586	−0.030 622

表 6-14 极移参数 545 d 实测数据系统误差影响下的预报计算精度统计数据

预报计算跨度/d	系统误差 0.015″影响预报计算的精度统计				系统误差 −0.015″影响预报计算的精度统计			
	最大差值 (″)	平均误差 (″)	均方根差 (″)	差值均值 (″)	最大差值 (″)	平均误差 (″)	均方根差 (″)	差值均值 (″)
1	0.063 185	0.018 646	0.021 477	0.017 880	0.046 056	0.018 293	0.021 139	−0.017 472
5	0.068 362	0.019 505	0.022 609	0.018 483	0.049 572	0.019 068	0.022 234	−0.018 022
10	0.074 044	0.020 609	0.024 072	0.019 274	0.053 774	0.020 090	0.023 652	−0.018 747
20	0.080 056	0.021 748	0.025 565	0.020 087	0.058 111	0.021 162	0.025 118	−0.019 515
30	0.084 894	0.022 895	0.027 068	0.020 924	0.062 572	0.022 277	0.026 592	−0.020 304
40	0.092 810	0.025 118	0.030 020	0.022 618	0.070 093	0.024 602	0.029 498	−0.021 922
50	0.095 334	0.027 248	0.032 800	0.024 283	0.076 951	0.026 882	0.032 240	−0.023 521
60	0.095 850	0.029 114	0.035 310	0.025 858	0.081 737	0.029 036	0.034 700	−0.025 019
90	0.101 357	0.030 722	0.037 489	0.027 310	0.084 231	0.031 015	0.036 782	−0.026 332
120	0.110 316	0.033 495	0.041 742	0.030 488	0.085 046	0.034 924	0.040 624	−0.028 938
150	0.108 525	0.034 038	0.043 000	0.031 769	0.089 545	0.036 017	0.041 550	−0.029 778
180	0.103 980	0.033 558	0.042 579	0.031 461	0.087 983	0.035 066	0.040 718	−0.028 893
210	0.104 949	0.032 851	0.042 038	0.030 137	0.085 659	0.034 280	0.039 967	−0.027 174
240	0.106 968	0.031 252	0.040 460	0.026 978	0.080 641	0.032 806	0.038 482	−0.023 910
270	0.104 479	0.029 241	0.038 007	0.022 146	0.073 761	0.030 787	0.036 364	−0.019 189
300	0.099 353	0.027 515	0.035 514	0.017 357	0.068 854	0.028 672	0.034 231	−0.014 553
330	0.096 883	0.026 868	0.034 453	0.014 958	0.069 502	0.027 725	0.033 430	−0.012 423
360	0.108 554	0.029 843	0.037 608	0.016 553	0.077 969	0.030 251	0.036 664	−0.014 279

表 6 - 15　**极移参数 730 d 实测数据系统误差影响下的预报计算精度统计数据**

预报计算跨度/d	系统误差 0.015″影响预报计算的精度统计				系统误差 −0.015″影响预报计算的精度统计			
	最大差值(″)	平均误差(″)	均方根差(″)	差值均值(″)	最大差值(″)	平均误差(″)	均方根差(″)	差值均值(″)
1	0.060 509	0.016 481	0.019 306	0.015 204	0.043 381	0.016 005	0.018 987	−0.014 796
5	0.065 109	0.016 946	0.020 037	0.015 231	0.046 319	0.016 363	0.019 689	−0.014 769
10	0.070 033	0.017 571	0.020 999	0.015 263	0.049 764	0.016 902	0.020 619	−0.014 737
20	0.075 255	0.018 211	0.021 994	0.015 286	0.053 310	0.017 538	0.021 600	−0.014 714
30	0.079 280	0.018 871	0.023 005	0.015 310	0.056 958	0.018 237	0.022 598	−0.014 690
40	0.085 540	0.020 182	0.025 003	0.015 348	0.062 823	0.019 822	0.024 582	−0.014 652
50	0.086 432	0.021 419	0.026 884	0.015 381	0.068 049	0.021 428	0.026 455	−0.014 619
60	0.085 411	0.022 558	0.028 564	0.015 419	0.071 299	0.022 899	0.028 120	−0.014 581
90	0.089 536	0.023 474	0.029 991	0.015 489	0.072 410	0.024 172	0.029 498	−0.014 511
120	0.095 603	0.025 002	0.032 584	0.015 775	0.070 333	0.026 577	0.031 863	−0.014 225
150	0.092 752	0.025 221	0.033 100	0.015 996	0.073 771	0.027 092	0.032 184	−0.014 004
180	0.088 803	0.025 159	0.032 990	0.016 284	0.072 806	0.026 964	0.031 801	−0.013 716
210	0.091 293	0.025 807	0.033 624	0.016 482	0.072 003	0.027 244	0.032 275	−0.013 518
240	0.096 524	0.026 618	0.034 388	0.016 534	0.070 197	0.027 744	0.033 023	−0.013 466
270	0.098 812	0.027 188	0.035 009	0.016 478	0.068 812	0.028 218	0.033 719	−0.013 522
300	0.098 398	0.027 214	0.035 058	0.016 402	0.068 398	0.028 273	0.033 836	−0.013 598
330	0.098 193	0.027 265	0.035 041	0.016 268	0.070 796	0.028 244	0.033 938	−0.013 732
360	0.108 138	0.029 715	0.037 427	0.016 137	0.078 138	0.030 110	0.036 504	−0.013 863

将表 6 - 11～表 6 - 15 列出的精度统计数据与表 6 - 6 中采用 IERS 精确数据预报的精度统计数据进行比较,可知:

(1)相对偶然误差对预报计算结果的影响,虽然系统误差不足偶然误差 $\sigma = 0.05''$ 的 1/3,但其对预报计算结果的影响要比偶然误差的影响大得多。例如,本算例中采用 180 d 实测数据进行跨度 1～360 d 的预报计算,在仅含有偶然误差影响的情况下,根据 1 500 期预报计算结果计算的平均误差为 $0.010''\sim0.028''$(见表 6 - 8);而在仅含有系统误差影响的情况下,预报计算结果的平均误差就达到了 $0.014''\sim0.037''$(见表 6 - 12)。

(2)基础序列中实测数据数量的不同分布,系统误差对预报计算的影响不尽相同,且存在较大的差异。这可由图 6 - 5 绘制的不同数量实测数据预报计算结果的平均误差(MAE)曲线清楚地看出。图 6 - 5 中 MAE 曲线为系统误差 $\mu_0 = 0.015''$ 对预报计算结果影响的平均误差曲线,为便于数据比较,图中标记为“0000”的曲线是没有系统误差影响预报计算结果的 MAE 曲线。

本算例中,与按 IERS 数据预报计算的精度(MAE)比对,60 d 实测数据预报精度的差异主要在跨度 1～60 d 与 270～360 d 的区间;180 d 实测数据预报精度的差异主要在跨度 1～60 d 和 180～360 d 的区间;730 d 实测数据预报的精度,除跨度 1～60 d 的差异略大些以外,跨度 60～

360 d 的差异基本为同一数量;365 d 实测数据预报的精度,在跨度 1~360 d 区间内的差异均较大;545 d 实测数据预报的精度,跨度 1~150 d 的差异为 10 mas 左右,而后逐渐减小,第 360 d 预报的精度差异减小至 3 mas 左右。

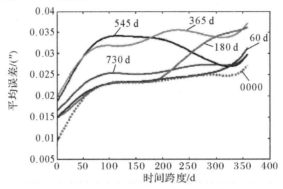

图 6-5　不同数量实测数据系统误差影响的 MAE 曲线

综上所述,极移参数采用实测数据进行的预报计算,系统误差是一个不可忽视的重要误差源。实际测量中应采取有效措施,努力减小实测数据中的系统误差,确保采用实测数据进行预报的计算精度。

6.2.4　同时顾及偶然误差和系统误差影响的实验计算

实测数据同时顾及偶然误差和系统误差的实验计算,这里仍以极坐标 x_p 的预报计算为例进行计算分析。为了与前面系统误差影响预报计算的精度统计数据进行比较,预报计算仍取长度 2 a 的基础序列,实测数据分别取 60 d、120 d、180 d、365 d、545 d、730 d。偶然误差仍按 $\sigma=0.05''$ 生成正态分布随机数的方法获取。考虑到表 6-11~表 6-15 中列出的最大差值,取系统误差 $\mu_0=-0.015''$ 的计算值均小于取 $\mu_0=0.015''$ 的计算值,故这里实测数据中的系统误差均取 $\mu_0=0.015''$ 计算。基础序列的初始值仍由 2010 年 10 月 1 日向前取值,并按间隔 2 d 依次移动计算 1 500 期。实测数据 60 d、120 d 基础序列预报计算结果的精度统计数据见表 6-16;实测数据 180 d、365 d 基础序列预报计算结果的精度统计数据见表 6-17;实测数据 545 d、730 d 基础序列预报计算结果的精度统计数据见表 6-18。

表 6-16　**实测数据 60 d、120 d 预报计算的精度统计数据**

预报计算跨度/d	60 d 实测数据预报计算的精度统计数据				120 d 实测数据预报计算的精度统计数据			
	最大差值 ('')	平均误差 ('')	均方根差 ('')	差值均值 ('')	最大差值 ('')	平均误差 ('')	均方根差 ('')	差值均值 ('')
1	0.057 954	0.014 950	0.017 784	0.013 059	0.064 352	0.015 597	0.018 620	0.013 638
5	0.064 325	0.015 442	0.018 558	0.013 044	0.066 596	0.015 885	0.019 166	0.013 305
10	0.072 101	0.016 065	0.019 534	0.012 948	0.074 612	0.016 350	0.019 911	0.012 854
20	0.076 538	0.016 648	0.020 475	0.012 758	0.074 942	0.016 854	0.020 676	0.012 359
30	0.079 719	0.017 259	0.021 383	0.012 491	0.078 800	0.017 369	0.021 449	0.011 833
40	0.082 714	0.018 412	0.023 118	0.011 733	0.085 374	0.018 400	0.022 972	0.010 694

续 表

预报计算跨度/d	60 d 实测数据预报计算的精度统计数据				120 d 实测数据预报计算的精度统计数据			
	最大差值 (″)	平均误差 (″)	均方根差 (″)	差值均值 (″)	最大差值 (″)	平均误差 (″)	均方根差 (″)	差值均值 (″)
50	0.084 778	0.019 533	0.024 667	0.010 732	0.084 463	0.019 456	0.024 475	0.009 462
60	0.083 652	0.020 480	0.026 006	0.009 561	0.080 411	0.020 374	0.025 823	0.008 172
90	0.081 472	0.021 193	0.027 083	0.008 319	0.084 863	0.021 126	0.026 957	0.006 872
120	0.085 524	0.022 557	0.028 895	0.004 686	0.085 612	0.022 612	0.028 837	0.003 024
150	0.078 634	0.023 037	0.029 026	0.001 860	0.076 771	0.023 282	0.029 048	−0.00 0340
180	0.071 341	0.023 522	0.028 712	−0.001 186	0.072 254	0.023 554	0.028 708	−0.001 479
210	0.074 024	0.024 040	0.029 356	−0.001 462	0.080 202	0.023 706	0.029 445	0.002 492
240	0.082 250	0.024 432	0.030 185	−0.000 110	0.091 939	0.024 877	0.031 606	0.008 950
270	0.089 358	0.024 909	0.031 153	0.003 770	0.103 738	0.027 256	0.035 135	0.016 351
300	0.093 838	0.025 596	0.032 522	0.009 901	0.107 861	0.029 723	0.038 585	0.022 812
330	0.098 186	0.027 273	0.035 069	0.016 334	0.109 824	0.031 857	0.041 000	0.026 768
360	0.115 726	0.031 281	0.039 638	0.020 675	0.121 944	0.034 353	0.043 792	0.027 652

表 6-17　实测数据 180 d、365 d 预报计算的精度统计数据

预报计算跨度/d	180 d 实测数据预报计算的精度统计数据				365 d 实测数据预报计算的精度统计数据			
	最大差值 (″)	平均误差 (″)	均方根差 (″)	差值均值 (″)	最大差值 (″)	平均误差 (″)	均方根差 (″)	差值均值 (″)
1	0.064 815	0.015 351	0.018 482	0.013 148	0.072 166	0.020 071	0.023 360	0.019 047
5	0.070 889	0.015 675	0.019 015	0.012 812	0.077 373	0.020 905	0.024 489	0.019 648
10	0.073 637	0.016 105	0.019 742	0.012 349	0.080 786	0.021 934	0.025 908	0.020 399
20	0.076 811	0.016 587	0.020 479	0.011 825	0.088 125	0.023 009	0.027 340	0.021 133
30	0.079 725	0.017 057	0.021 243	0.011 252	0.087 801	0.024 093	0.028 753	0.021 850
40	0.086 903	0.018 089	0.022 744	0.009 954	0.094 723	0.026 050	0.031 414	0.023 191
50	0.083 551	0.019 183	0.024 158	0.008 481	0.102 199	0.027 828	0.033 826	0.024 369
60	0.082 062	0.020 120	0.025 459	0.006 889	0.107 958	0.029 313	0.035 936	0.025 359
90	0.085 106	0.020 871	0.026 563	0.005 272	0.107 809	0.030 471	0.037 579	0.026 173
120	0.082 108	0.022 596	0.028 642	0.001 008	0.125 246	0.032 029	0.040 465	0.027 634
150	0.076 991	0.023 320	0.029 060	−0.000 689	0.120 154	0.032 157	0.041 203	0.028 423
180	0.086 321	0.023 572	0.030 098	0.007 507	0.114 097	0.034 164	0.043 223	0.031 815
210	0.099 027	0.025 609	0.033 324	0.014 997	0.114 589	0.035 686	0.044 784	0.033 497
240	0.109 563	0.028 735	0.037 367	0.021 765	0.119 974	0.035 851	0.045 292	0.033 469

续 表

预报计算跨度/d	180 d 实测数据预报计算的精度统计数据				365 d 实测数据预报计算的精度统计数据			
	最大差值 (″)	平均误差 (″)	均方根差 (″)	差值均值 (″)	最大差值 (″)	平均误差 (″)	均方根差 (″)	差值均值 (″)
270	0.112 819	0.031 617	0.040 991	0.026 804	0.121 718	0.035 008	0.044 741	0.031 930
300	0.117 616	0.033 833	0.043 333	0.030 175	0.125 928	0.034 329	0.043 876	0.030 500
330	0.118 155	0.035 110	0.044 618	0.031 849	0.125 143	0.034 737	0.044 268	0.030 746
360	0.128 670	0.036 505	0.046 285	0.031 224	0.132 344	0.038 240	0.048 030	0.032 986

表 6-18 实测数据 545 d、730 d 预报计算的精度统计数据

预报计算跨度/d	545 d 实测数据预报计算的精度统计数据				730 d 实测数据预报计算的精度统计数据			
	最大差值 (″)	平均误差 (″)	均方根差 (″)	差值均值 (″)	最大差值 (″)	平均误差 (″)	均方根差 (″)	差值均值 (″)
1	0.070 374	0.018 994	0.022 332	0.017 734	0.062 925	0.017 464	0.020 856	0.015 454
5	0.072 938	0.019 867	0.023 476	0.018 324	0.069 655	0.018 036	0.021 662	0.015 484
10	0.082 326	0.021 018	0.024 982	0.019 100	0.073 588	0.018 812	0.022 732	0.015 521
20	0.084 159	0.022 202	0.026 495	0.019 901	0.080 225	0.019 562	0.023 795	0.015 548
30	0.092 893	0.023 408	0.028 022	0.020 729	0.086 484	0.020 372	0.024 913	0.015 575
40	0.098 053	0.025 729	0.031 031	0.022 414	0.097 504	0.021 858	0.026 971	0.015 620
50	0.114 371	0.027 868	0.033 800	0.024 083	0.096 458	0.023 152	0.028 874	0.015 659
60	0.115 619	0.029 732	0.036 308	0.025 676	0.100 053	0.024 295	0.030 502	0.015 706
90	0.117 267	0.031 340	0.038 448	0.027 159	0.106 262	0.025 203	0.031 880	0.015 785
120	0.124 606	0.034 031	0.042 495	0.030 481	0.108 885	0.026 454	0.034 065	0.016 108
150	0.126 247	0.034 500	0.043 535	0.031 908	0.107 359	0.026 502	0.034 355	0.016 344
180	0.117 902	0.034 044	0.043 097	0.031 682	0.109 579	0.026 046	0.034 239	0.016 428
210	0.117 798	0.033 497	0.042 538	0.030 353	0.111 625	0.026 963	0.034 865	0.016 443
240	0.116 031	0.032 002	0.041 081	0.027 222	0.109 260	0.027 598	0.035 385	0.016 360
270	0.115 890	0.030 257	0.038 978	0.022 427	0.117 060	0.028 044	0.035 888	0.016 275
300	0.118 020	0.028 656	0.036 970	0.017 618	0.110 066	0.028 040	0.035 955	0.016 275
330	0.114 198	0.028 216	0.036 335	0.015 095	0.122 311	0.028 058	0.036 071	0.016 270
360	0.125 351	0.031 207	0.039 547	0.016 503	0.123 817	0.030 667	0.039 068	0.016 276

为了便于数据比较,图 6-6 绘制出了实测数据同时含有偶然误差、系统误差影响,不同数量实测数据预报计算结果的 MAE 曲线。

比较表 6-16~表 6-18 列出的精度统计数据,同时对比图 6-4~图 6-6 绘制出的不同数量实测数据预报计算结果的平均误差(MAE)曲线,可以清楚地看到:采用实测数据进行的极移参数预报计算,服从正态分布的偶然误差对预报计算结果的影响较小;系统误差则是影响

预报计算结果的重要误差源,微小的系统误差都可能造成较大的影响。因此,要确保极移参数的预报计算精度,天顶摄影定位测量应采取有效技术措施,尽量减小实测数据中的系统误差影响。

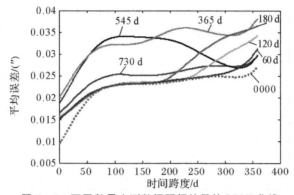

图 6-6　不同数量实测数据预报结果的 MAE 曲线

第7章　参数 ΔUT1 的单测站测定试验

基于天顶摄影定位的地球自转参数测定,严格地讲至少应布设 2～3 个测站进行相关内容的试验,以取得可用于指导工程实践的经验。限于各种客观条件的制约,作为地球自转参数测定的试验性探讨,西安航光仪器厂的仪器研制人员,采用工厂现存的一台天顶摄影仪样机(第一代仪器),于 2020 年 8 月 25 日—2020 年 11 月 15 日的 86 d 间,在厂内一固定测站上,按天顶摄影定位测量"1+4"的作业模式(即在仪器大倾斜状态下进行倾角仪状态参数测定的 1 个循环的观测;在仪器精整平状态下进行测站定位测量的 4 个循环的观测),进行了地球自转参数 ΔUT1 的单测站测定试验。现将此次单测站测定 ΔUT1 的数据处理及预报计算的有关情况汇集如下,以飨读者。

7.1　参数 ΔUT1 单测站测定的基本情况

7.1.1　测站定位测量结果

地球自转参数 ΔUT1 的单测站测定,由于天气条件的制约,在 2020 年 8 月 25 日—2020 年 11 月 18 日的 86 d 内,只完成了 15 个晚上的有效观测。其中,9 月 24 日—10 月 20 日的 27 d 与 10 月 22 日—11 月 5 日的 15 d 内都没有观测,连续观测的只有 5 个夜晚。每晚均按照天顶摄影定位"1+4"的作业模式进行观测,测量结果见表 7-1。

表 7-1 中的数据分别为:"精密定位值"列(即 2、5 列)中的数据为每晚的精密天文定位测量结果,是以 UT1 时间为基准同时顾及极移影响计算的测站天文经、纬度值,以度(°)为单位;"UTC 计算值"列(即 3、6 列)中的数据,是以 UTC 时间为基准且不考虑极移影响计算的测站天文经、纬度值,以度(°)为单位;$\Delta\lambda_{UTC}$、$\Delta\varphi_{UTC}$ 列(即 4、7 列)中的数据,是"UTC 计算值"列中的数据与精密定位结果平均值的差值,其中 $\Delta\lambda_{UTC}$ 列中的数据以时秒(s)为单位,$\Delta\varphi_{UTC}$ 列中的数据以角秒(″)为单位。

由于没有测站精确的天文坐标值,试验中只能以 15 d 精密定位结果的平均值作为测站的天文坐标精确值。表 7-1 中的"均值及精度"行中的前、后三个数据,分别为天文经度和天文纬度精密测定值的平均值,以及按测站平差计算的平均值均方差、每晚("1+4"模式)观测定位结果的均方差值。

显然,表 7-1 中的 $\Delta\lambda_{UTC}$ 列数据,是计算地球自转参数 ΔUT1 的基础数据,数据中除了测量误差的影响外,不仅含有 ΔUT1 的影响,还含有极移参数的影响;$\Delta\varphi_{UTC}$ 列中的数据除测量误差的影响外,仅含有极移参数的影响。

表 7 - 1 基于天顶摄影定位的单测站定位测量结果

测量时间	测站天文经度的测定结果			测站天文纬度的测定结果		
	精密定位值 (°)	UTC 计算值 (°)	$\Delta\lambda_{UTC}$ s	精密定位值 (°)	UTC 计算值 (°)	$\Delta\varphi_{UTC}$ (″)
2020 - 08 - 25	108.844 034 7	108.843 247 5	−0.182 424	34.173 151 39	34.173 035 28	−0.444 192
2020 - 08 - 31	108.843 972 8	108.843 213 1	−0.190 680	34.173 181 67	34.173 067 50	−0.328 200
2020 - 09 - 02	108.844 053 6	108.843 301 4	−0.169 488	34.173 196 94	34.173 083 33	−0.271 212
2020 - 09 - 17	108.844 022 5	108.843 304 2	−0.168 816	34.173 146 67	34.173 038 33	−0.433 212
2020 - 09 - 23	108.844 020 8	108.843 312 8	−0.166 752	34.173 164 17	34.173 056 94	−0.366 216
2020 - 10 - 21	108.843 989 2	108.843 278 3	−0.175 032	34.173 133 61	34.173 038 06	−0.434 184
2020 - 11 - 06	108.843 995 6	108.843 274 2	−0.176 016	34.173 173 33	34.173 082 78	−0.273 192
2020 - 11 - 07	108.844 076 7	108.843 356 4	−0.156 288	34.173 161 39	34.173 071 11	−0.315 204
2020 - 11 - 09	108.843 984 4	108.843 262 8	−0.178 752	34.173 136 39	34.173 046 67	−0.403 188
2020 - 11 - 10	108.843 981 4	108.843 257 8	−0.179 952	34.173 159 44	34.173 069 72	−0.320 208
2020 - 11 - 11	108.844 013 9	108.843 286 7	−0.173 016	34.173 171 39	34.173 082 22	−0.275 208
2020 - 11 - 12	108.843 998 6	108.843 267 2	−0.177 696	34.173 154 17	34.173 065 28	−0.336 192
2020 - 11 - 13	108.843 995 6	108.843 250 6	−0.181 680	34.173 143 61	34.173 055 00	−0.373 200
2020 — 11 — 16	108.843 982 8	108.843 240 6	−0.184 080	34.173 155 83	34.173 068 33	−0.325 212
2020 — 11 — 18	108.843 991 4	108.843 249 2	−0.182 016	34.173 150 00	34.173 063 06	−0.344 184
均值及精度	108.844 006 9	±0.027″	±0.102″	34.173 158 67	±0.016″	±0.059″

7.1.2 单测站测定参数 ΔUT1 的计算结果

各观测日的参数 ΔUT1 值按式(3.18)和式(3.19)进行计算,计算结果见表 7 - 2。

表 7 - 2 单测站定位测量参数 ΔUT1 计算结果

测量时间	ΔUT1 的 IERS 公布值及计算值			差值及精度统计	
	IERS 公布值/s	数据Ⅰ/s	数据Ⅱ/s	数据Ⅰ的差值/s	数据Ⅱ的差值/s
2020 - 08 - 25	−0.192 708	−0.185 788	−0.181 463	0.006 920	0.011 245
2020 - 08 - 31	−0.186 391	−0.194 015	−0.189 696	−0.007 624	−0.003 305
2020 - 09 - 02	−0.184 447	−0.172 825	−0.168 562	0.011 622	0.015 885
2020 - 09 - 17	−0.175 662	−0.172 102	−0.167 892	0.003 560	0.007 770
2020 - 09 - 23	−0.176 812	−0.169 928	−0.165 833	0.006 884	0.010 979
2020 - 10 - 21	−0.173 099	−0.177 522	−0.174 091	−0.004 423	−0.000 992
2020 - 11 - 06	−0.175 055	−0.177 874	−0.175 072	−0.002 819	−0.000 017
2020 - 11 - 07	−0.174 729	−0.158 146	−0.155 398	0.016 583	0.019 331
2020 - 11 - 09	−0.174 583	−0.180 439	−0.177 801	−0.005 856	−0.003 218
2020 - 11 - 10	−0.174 915	−0.181 580	−0.178 997	−0.006 665	−0.004 082

续 表

测量时间	ΔUT1 的 IERS 公布值及计算值			差值及精度统计	
	IERS 公布值/s	数据Ⅰ/s	数据Ⅱ/s	数据Ⅰ的差值/s	数据Ⅱ的差值/s
2020 - 11 - 11	−0.175 507	−0.174 606	−0.172 080	0.000 901	0.003 427
2020 - 11 - 12	−0.176 317	−0.179 216	−0.176 747	−0.002 899	−0.000 430
2020 - 11 - 13	−0.177 159	−0.183 131	−0.180 721	−0.005 972	−0.003 562
2020 - 11 - 16	−0.179 025	−0.185 346	−0.183 114	−0.006 321	−0.004 089
2020 - 11 - 18	−0.179 047	−0.183 165	−0.181 056	−0.004 118	−0.002 009

参数 ΔUT1 值的计算中,极移参数按两种方法取值:一是取 IERS 发布的 A 公报中的每周预报值,计算结果见表 7 - 2 中"数据Ⅰ"列中的数据;二是取 IERS 发布的 2020 年 8 月 25 日前 6 a 精确值的平均值,计算结果见表 7 - 2 中"数据Ⅱ"列中的数据。此外,为了便于计算结果的数据对比,表 7 - 2 中同时列出了 IERS 公布的 ΔUT1 值。根据参数 ΔUT1 两种计算值与 IERS 公布值的差值进行的精度统计数据见表 7 - 3。

表 7 - 3 ΔUT1 计算结果的精度统计

序 号	数据差值项目	最大差值/s	最小差值/s	差值平均值/s	均方差/s
1	数据Ⅰ的差值	0.016 583	0.000 901	−0.000 015	0.007 230
2	数据Ⅱ的差值	0.019 331	0.000 017	0.003 129	0.008 237

7.2 实测数据的线性回归

由表 7 - 2 列出的 15 dΔUT1 计算结果及表 7 - 3 列出的精度统计数据可知:极移参数取 IERS 预报值计算,最大差值为 16.583 ms,差值的平均值为 −0.015 ms,相应的均方差值为 7.230 ms;极移参数取 2020 年 8 月 25 日前 6 a 公布值平均值计算,最大差值为 19.331 ms,差值的平均值为 3.129 ms,相应的均方差值为 8.237 ms。显然,后者计算的 ΔUT1 值中含有明显的系统误差。要根据这 15 d 的 ΔUT1 测定结果获取连续的 86 d 的 ΔUT1 值,必须对 15 d 的数据进行线性回归(具体方法详见本书第 4 章)。这里仅给出线性回归的处理方法与结果。

7.2.1 线性回归的处理方法及结果

参数的线性回归计算按两种方法进行:一是直接对测定的 ΔUT1 数据进行线性回归;二是将测定的 ΔUT1 数据转换为 ΔUT2R 数据后再进行线性回归。为了便于数据比对,在对 ΔUT1、ΔUT2R 数据线性回归的同时,对 15 d 对应的 IERS 公布值也进行线性回归。相关数据的线性回归结果见表 7 - 4,表中列出的计算结果,均为线性回归处理后的回归模型计算值与 IERS 公布值的差值(以时秒 s 为单位)。

表 7 - 4　参数 ΔUT1、ΔUT2R 数据的线性回归计算结果

线性回归 计算日期	ΔUT1 数据线性回归结果			ΔUT2R 数据线性回归结果		
	IERS 值回归 s	数据 I 回归 s	数据 II 回归 s	IERS 值回归 s	数据 I 回归 s	数据 II 回归 s
2020 - 08 - 25	0.007 650	0.012 858	0.017 445	0.001 374	0.006 581	0.011 168
2020 - 08 - 26	0.007 182	0.012 295	0.016 856	0.001 426	0.006 539	0.011 100
2020 - 08 - 27	0.006 450	0.011 468	0.016 003	0.001 419	0.006 437	0.010 972
2020 - 08 - 28	0.005 416	0.010 340	0.014 848	0.001 256	0.006 179	0.010 688
2020 - 08 - 29	0.004 313	0.009 143	0.013 625	0.001 087	0.005 916	0.010 399
2020 - 08 - 30	0.003 158	0.007 892	0.012 348	0.000 847	0.005 581	0.010 037
2020 - 08 - 31	0.002 061	0.006 701	0.011 131	0.000 579	0.005 219	0.009 649
2020 - 09 - 01	0.001 133	0.005 678	0.010 082	0.000 352	0.004 897	0.009 301
2020 - 09 - 02	0.000 359	0.004 810	0.009 188	0.000 136	0.004 587	0.008 965
2020 - 09 - 03	−0.000 274	0.004 082	0.008 433	−0.000 070	0.004 286	0.008 637
2020 - 09 - 04	−0.000 835	0.003 426	0.007 752	−0.000 304	0.003 957	0.008 283
2020 - 09 - 05	−0.001 287	0.002 880	0.007 179	−0.000 485	0.003 682	0.007 981
2020 - 09 - 06	−0.001 736	0.002 337	0.006 610	−0.000 668	0.003 404	0.007 677
2020 - 09 - 07	−0.002 178	0.001 799	0.006 046	−0.000 804	0.003 174	0.007 421
2020 - 09 - 08	−0.002 687	0.001 196	0.005 417	−0.000 926	0.002 958	0.007 178
2020 - 09 - 09	−0.003 298	0.000 491	0.004 685	−0.001 049	0.002 739	0.006 934
2020 - 09 - 10	−0.004 003	−0.000 309	0.003 860	−0.001 165	0.002 529	0.006 697
2020 - 09 - 11	−0.004 647	−0.001 048	0.003 094	−0.001 139	0.002 460	0.006 603
2020 - 09 - 12	−0.005 339	−0.001 834	0.002 282	−0.001 117	0.002 388	0.006 504
2020 - 09 - 13	−0.006 009	−0.002 599	0.001 491	−0.001 095	0.002 315	0.006 405
2020 - 09 - 14	−0.006 519	−0.003 204	0.000 860	−0.001 024	0.002 291	0.006 355
2020 - 09 - 15	−0.005 794	−0.002 573	0.001 464	0.000 079	0.003 299	0.007 337
2020 - 09 - 16	−0.006 827	−0.003 701	0.000 311	−0.000 854	0.002 272	0.006 284
2020 - 09 - 17	−0.006 607	−0.003 575	0.000 410	−0.000 829	0.002 203	0.006 189
2020 - 09 - 18	−0.006 155	−0.003 218	0.000 741	−0.000 810	0.002 127	0.006 086
2020 - 09 - 19	−0.005 566	−0.002 724	0.001 210	−0.000 768	0.002 074	0.006 007
2020 - 09 - 20	−0.005 115	−0.002 367	0.001 540	−0.000 826	0.001 921	0.005 828
2020 - 09 - 21	−0.004 770	−0.002 117	0.001 765	−0.000 820	0.001 833	0.005 714
2020 - 09 - 22	−0.006 000	−0.003 442	0.000 413	−0.002 145	0.000 414	0.004 269
2020 - 09 - 23	−0.004 729	−0.002 265	0.001 564	−0.000 722	0.001 742	0.005 571
2020 - 09 - 24	−0.004 953	−0.002 584	0.001 219	−0.000 605	0.001 764	0.005 566
2020 - 09 - 25	−0.005 266	−0.002 992	0.000 785	−0.000 479	0.001 795	0.005 572
2020 - 09 - 26	−0.005 606	−0.003 426	0.000 324	−0.000 371	0.001 809	0.005 559
2020 - 09 - 27	−0.006 020	−0.003 935	−0.000 210	−0.000 404	0.001 681	0.005 405
2020 - 09 - 28	−0.006 445	−0.004 454	−0.000 756	−0.000 565	0.001 426	0.005 124

续表

线性回归 计算日期	ΔUT1 数据线性回归结果			ΔUT2R 数据线性回归结果		
	IERS 值回归 s	数据Ⅰ回归 s	数据Ⅱ回归 s	IERS 值回归 s	数据Ⅰ回归 s	数据Ⅱ回归 s
2020 − 09 − 29	−0.006 777	−0.004 881	−0.001 209	−0.000 771	0.001 125	0.004 797
2020 − 09 − 30	−0.006 972	−0.005 171	−0.001 525	−0.000 972	0.000 829	0.004 475
2020 − 10 − 01	−0.007 067	−0.005 400	−0.001 740	−0.001 180	0.000 527	0.004 147
2020 − 10 − 02	−0.007 193	−0.005 580	−0.001 987	−0.001 484	0.000 129	0.003 722
2020 − 10 − 03	−0.007 236	−0.005 719	−0.002 151	−0.001 721	−0.000 203	0.003 364
2020 − 10 − 04	−0.007 252	−0.005 829	−0.002 288	−0.001 893	−0.000 470	0.003 071
2020 − 10 − 05	−0.007 301	−0.005 972	−0.002 457	−0.002 017	−0.000 689	0.002 826
2020 − 10 − 06	−0.007 435	−0.006 202	−0.002 713	−0.002 118	−0.000 884	0.002 605
2020 − 10 − 07	−0.007 674	−0.006 535	−0.003 072	−0.002 205	−0.001 066	0.002 397
2020 − 10 − 08	−0.008 025	−0.006 980	−0.003 544	−0.002 300	−0.001 255	0.002 181
2020 − 10 − 09	−0.008 623	−0.007 673	−0.004 262	−0.002 574	−0.001 625	0.001 786
2020 − 10 − 10	−0.009 123	−0.008 268	−0.004 884	−0.002 740	−0.001 885	0.001 500
2020 − 10 − 11	−0.009 529	−0.008 768	−0.005 410	−0.002 875	−0.002 114	0.001 244
2020 − 10 − 12	−0.009 802	−0.009 136	−0.005 804	−0.003 029	−0.002 363	0.000 969
2020 − 10 − 13	−0.009 836	−0.009 264	−0.005 958	−0.003 182	−0.002 610	0.000 696
2020 − 10 − 14	−0.009 544	−0.009 067	−0.005 788	−0.003 299	−0.002 822	0.000 458
2020 − 10 − 15	−0.008 943	−0.008 561	−0.005 307	−0.003 383	−0.003 001	0.000 253
2020 − 10 − 16	−0.008 133	−0.007 845	−0.004 618	−0.003 451	−0.003 163	0.000 065
2020 − 10 − 17	−0.007 194	−0.007 001	−0.003 799	−0.003 435	−0.003 242	−0.000 041
2020 − 10 − 18	−0.006 300	−0.006 202	−0.003 026	−0.003 354	−0.003 255	−0.000 080
2020 − 10 − 19	−0.005 640	−0.005 636	−0.002 487	−0.003 273	−0.003 269	−0.000 120
2020 − 10 − 20	−0.005 245	−0.005 336	−0.002 212	−0.003 180	−0.003 270	−0.000 147
2020 − 10 − 21	−0.005 046	−0.005 232	−0.002 135	−0.003 037	−0.003 223	−0.000 126
2020 − 10 − 22	−0.004 935	−0.005 215	−0.002 144	−0.002 822	−0.003 103	−0.000 032
2020 − 10 − 23	−0.004 784	−0.005 159	−0.002 114	−0.002 510	−0.002 885	0.000 160
2020 − 10 − 24	−0.004 586	−0.005 055	−0.002 036	−0.002 183	−0.002 652	0.000 366
2020 − 10 − 25	−0.004 335	−0.004 899	−0.001 907	−0.001 896	−0.002 460	0.000 532
2020 − 10 − 26	−0.004 033	−0.004 692	−0.001 725	−0.001 678	−0.002 336	0.000 630
2020 − 10 − 27	−0.003 649	−0.004 402	−0.001 462	−0.001 498	−0.002 251	0.000 689
2020 − 10 − 28	−0.003 177	−0.004 024	−0.001 110	−0.001 331	−0.002 179	0.000 735
2020 − 10 − 29	−0.002 660	−0.003 603	−0.000 715	−0.001 184	−0.002 127	0.000 761
2020 − 10 − 30	−0.002 293	−0.003 330	−0.000 468	−0.001 203	−0.002 240	0.000 622
2020 − 10 − 31	−0.001 867	−0.002 998	−0.000 163	−0.001 128	−0.002 260	0.000 576
2020 − 11 − 01	−0.001 482	−0.002 709	0.000 101	−0.001 013	−0.002 239	0.000 570
2020 − 11 − 02	−0.001 200	−0.002 521	0.000 262	−0.000 881	−0.002 202	0.000 581

续表

线性回归计算日期	ΔUT1 数据线性回归结果			ΔUT2R 数据线性回归结果		
	IERS 值回归 s	数据 I 回归 s	数据 II 回归 s	IERS 值回归 s	数据 I 回归 s	数据 II 回归 s
2020 - 11 - 03	−0.001 028	−0.002 443	0.000 314	−0.000 723	−0.002 139	0.000 618
2020 - 11 - 04	−0.000 961	−0.002 471	0.000 260	−0.000 541	−0.002 051	0.000 680
2020 - 11 - 05	−0.001 030	−0.002 634	0.000 071	−0.000 397	−0.002 001	0.000 704
2020 - 11 - 06	−0.001 150	−0.002 849	−0.000 171	−0.000 257	−0.001 956	0.000 722
2020 - 11 - 07	−0.001 350	−0.003 149	−0.000 496	−0.000 224	−0.002 018	0.000 635
2020 - 11 - 08	−0.001 440	−0.003 331	−0.000 705	−0.000 175	−0.002 063	0.000 563
2020 - 11 - 09	−0.001 260	−0.003 241	−0.000 641	−0.000 035	−0.002 018	0.000 582
2020 - 11 - 10	−0.000 805	−0.002 883	−0.000 309	0.000 130	−0.001 948	0.000 626
2020 - 11 - 11	−0.000 092	−0.002 264	0.000 284	0.000 288	−0.001 884	0.000 664
2020 - 11 - 12	0.000 839	−0.001 428	0.001 094	0.000 441	−0.001 826	0.000 696
2020 - 11 - 13	0.001 803	−0.000 559	0.001 937	0.000 508	−0.001 854	0.000 642
2020 - 11 - 14	0.002 748	0.000 292	0.002 761	0.000 586	−0.001 871	0.000 599
2020 - 11 - 15	0.003 522	0.000 971	0.003 415	0.000 665	−0.001 886	0.000 558
2020 - 11 - 16	0.004 033	0.001 387	0.003 805	0.000 743	−0.001 903	0.000 515
2020 - 11 - 17	0.004 263	0.001 523	0.003 914	0.000 815	−0.001 925	0.000 466
2020 - 11 - 18	0.004 297	0.001 462	0.003 828	0.000 905	−0.001 929	0.000 436

7.2.2　线性回归结果的比较与分析

为了更好地进行线性回归结果的数据比较,现将表 7 - 4 给出的参数 ΔUT1 和 ΔUT2R 的 3 类数据线性回归计算结果进行精度统计,分别给出差值的绝对值最大值、最小值,差值的平均值,以及根据差值计算的均方差值。统计计算结果见表 7 - 5。显然,这里的均方差值是对线性回归模型精度的一个总体评价。

表 7 - 5　ΔUT1、ΔUT2R 数据线性回归模型的计算结果比对

精度统计项目	ΔUT1 数据线性回归模型计算结果			ΔUT2R 数据线性回归模型计算结果		
	IERS 数据/s	数据 I 回归/s	数据 II 回归/s	IERS 数据/s	数据 I 回归/s	数据 II 回归/s
最大差值	0.009 836	0.012 858	0.017 445	0.003 451	0.006 581	0.011 168
最小差值	0.000 092	0.000 292	0.000 071	0.000 035	0.000 129	0.000 032
平均值	−0.003 296	−0.002 109	0.001 366	−0.000 995	0.000 192	0.003 667
均方差	0.005 360	0.005 292	0.005 379	0.001 632	0.002 882	0.005 048

由表 7 - 5 列出的精度统计可清晰地得到如下结论:

(1)对极移参数采用 IERS 预报值(每周值)计算的 ΔUT1 直接进行线性回归,回归模型的计算结果(见表中的第 3 列数据)并不十分理想;但是将 ΔUT1 数据转换为 ΔUT2R 数据后再进行线性回归,回归模型计算结果的精度(见表中的第 6 列数据)显著提升,线性回归模型计算值与已知值的 86 个差值中,绝对值最大值减小至 6.581 ms,绝对值最小值为 0.129 ms,平均值为 0.192 ms,均方差减小至 2.882 ms。

(2)对极移参数采用 6 a 平均值计算的 ΔUT1 进行线性回归,效果也不理想;但将其转换为 ΔUT2R 数据后再进行线性回归,回归模型计算值与已知值的 86 个差值中,绝对值最大值明显减小至 11.168 ms,然而均方差减小幅度并不明显,究其原因,主要是极移参数 6 a 平均值误差影响所致。

为了分析采用极移参数 6 a 平均值计算的 ΔUT1 数据含有的误差,这里分别取 15 个观测日的极移参数平均值进行计算,对 ΔUT1 的系统影响为 3.261 ms;如果取 86 d 的极移参数平均值进行计算,对 ΔUT1 的系统影响为 3.829 ms。如果取 15 d 和 86 d 极移参数均值影响的平均值 3.545 ms 进行计算,可求得回归模型计算值与已知值差值的绝对值最大值为 7.623 ms,平均值为 0.122 ms,均方差为 3.471 ms。这充分表明,单测站测定 ΔUT1,采用极移参数 6 a 平均值计算一般都会含有一定的系统误差。正因为如此,可能情况下应尽量采用高精度的极移参数,例如采用 IERS 给出的长期预报值,利用多个测站测定值的推算数据等。

作为不同参数线性回归计算的数据对比,这里在将 ΔUT1 数据转换为 ΔUT2R 数据进行线性回归的同时,还将 ΔUT1 数据转换为 ΔUT1R 数据进行线性回归计算,回归计算结果的精度统计数据见表 7-6。

表 7-6   ΔUT1、ΔUT1R 数据线性回归的计算结果比对

精度统计项目	ΔUT1 数据的线性回归			ΔUT1R 数据的线性回归		
	IERS 值回归/s	数据 I 回归/s	数据 II 回归/s	IERS 值回归/s	数据 I 回归/s	数据 II 回归/s
最大差值	0.009 836	0.012 858	0.017 445	0.009 466	0.012 222	0.016 809
最小差值	0.000 092	0.000 292	0.000 071	0.000 054	0.000 041	0.000 009
平均值	−0.003 296	−0.002 109	0.001 366	−0.003 850	−0.002 664	0.000 812
均方差	0.005 360	0.005 292	0.005 379	0.005 952	0.005 952	0.005 751

由表 7-6 列出的 ΔUT1R 数据线性回归结果的统计数据可知,采用 ΔUT1R 数据的线性回归与直接采用 ΔUT1 数据的线性回归,计算结果的精度差异相差不大。之所以如此,主要是因为季节对世界时 UT1 的影响短时间内也是系统性的。因此,实际的线性回归计算,最好还是将实测的 ΔUT1 数据转换为 ΔUT2R 数据再进行回归处理。

7.3   利用实测数据线性回归模型的预报计算

通过将 ΔUT1 实测数据转换 ΔUT2R 数据后再进行线性回归,不仅可获得连续的回归模型计算数据,而且以模型计算数据代替实测数据可获得精度更好的基础序列。那么,利用线性回归模型进行预报计算的精度如何,显然是人们更为关心的问题。

为了便于数据比对,这里同样分别采用上述 3 种数据源建立的回归模型,直接进行相应的预报计算,预报计算比对采用的已知数据,分别采用 IERS 公布的精确数据中的 29 d 数据,以及 IERS 于 2020 年 11 月 12 日公布的一年预报数据(由 2020 年 11 月 13 日开始)中的 60 d 数

据。预报计算结果的精度统计数据见表 7-7。

表 7-7 利用 ΔUT2R 数据线性回归模型进行的预报计算结果精度统计

精度统计项目	29 d 预报计算结果的精度统计			60 d 预报计算结果的精度统计		
	IERS 值回归/s	数据Ⅰ回归/s	数据Ⅱ回归/s	IERS 值回归/s	数据Ⅰ回归/s	数据Ⅱ回归/s
最大差值	0.003 893	0.002 353	0.000 451	0.004 694	0.003 275	0.004 072
最小差值	0.000 866	0.001 313	0.000 005	0.001 547	0.000 020	0.000 401
平均值	0.002 356	−0.001 897	0.000 076	0.003 901	−0.000 252	−0.001 820
均方差	0.002 604	0.001 931	0.000 221	0.003 999	0.001 637	0.002 188

　　由表 7-7 列出的预报计算结果的精度统计数据可知,本次单测站测定 ΔUT1 的试验数据,通过建立 ΔUT2R 数据的线性回归模型进行预报计算,无论是与 IERS 发布的 29 d 精确数据比较,还是与 IERS 发布的 60 d 预报数据比较,均获得了较好的预报计算结果。利用"数据Ⅰ"建立的回归模型进行预报计算,与 IERS 发布的 29 d 精确值比较,差值绝对值的最大值为 2.353 ms,按 29 个差值计算的均方差仅为 1.931 ms;与 IERS 在 2020 年 11 月 12 日发布的一年预报数据中的 60 d 数据比较,差值绝对值的最大值为 3.275 ms,按 60 个差值计算的均方差仅为 1.637 ms。利用"数据Ⅱ"建立的回归模型进行预报计算,与 IERS 发布的 29 d 精确值比较,差值绝对值的最大值仅为 0.451 ms,按 29 个差值计算的均方差仅为 0.221 ms;与 IERS 发布的 60 d 数据比较,差值绝对值的最大值为 4.072 ms,按 60 个差值计算的均方差为 2.188 ms。显然,这样精度的预报计算结果,比直接采用 IERS 发布 15 d 精确值建立回归模型进行预报计算的精度还要好。

　　此次参数 ΔUT1 的单测站测定试验,虽然得到的是一组连续性极差的 ΔUT1 数据,但从数据处理的效果看,无论是根据实测数据建立的线性回归模型精度,还是根据回归模型进行的预报计算精度,应该说都十分理想。不过这里需要特别指出,这样的结果并不具有普遍意义,只能说明在该时间段进行的试验效果不错,其他时间段,特别是数据变化起伏较大时间段的试验,未必可以达到这样的精度。因此,本次试验,某种意义上也可以说是一种时间段上的巧合。

　　上述 ΔUT1 单测站实测数据处理情况,既可以说明基于天顶摄影定位的地球自转参数测定是可行的,也可以说明当无法获取高精度极移参数时难以测得高精度的 ΔUT1 数据。采用极移参数 6 a 均值计算时,一短时间段内的 ΔUT1 测定值,既含有偶然误差的影响也含有极移参数 6 a 均值误差(通常为系统误差)的影响。因此,基于天顶摄影定位的地球自转参数测定,应尽量布设多个测站,以确保一段时间内至少有几个时间点有 2 个(含)以上的测站能够同时观测,以便在测得 ΔUT1 数据的同时,也能够获取一定精度的极移参数。这样,即使实际测定中只有一个测站的数据需要处理时,也可以根据近期的极移参数值进行外推计算,得到较高精度的极移参数,以提高参数 ΔUT1 的测定精度。

第8章 数据处理软件的编制与应用

8.1 数据处理软件的模块构成及主界面设计

8.1.1 数据处理软件的模块构成

基于天顶摄影定位(PSZC)的地球自转参数(ERP)测定,数据处理软件的编制既要考虑 PSZC 测量的数据处理,也要考虑 ERP 的数值预报。PSZC 测量的数据处理既要考虑多测站、单测站观测的数据计算,又要考虑 ERP 实测数据的平滑处理;ERP 的数值预报既要考虑应用国际地球自转与参考系服务(IERS)发布的 ERP 数据进行的数值预报,又要考虑采用 PSZC 获取的 ERP 数据进行的数值预报。基于此,我们编制的数据处理软件(以下简称适用软件)主要由数据配置管理、ERP 实测(PSZC)数据处理、ERP 数值预报等 3 个模块构成。各模块功能相对独立,通过数据处理的计算流程相联系。数据处理的适用软件采用批处理或自动处理的方式运行。

8.1.1.1 数据配置管理模块

数据配置管理模块由地面网数据、ERP(IERS)数据、PSZC 实测数据、成果管理等 4 个子模块构成。各子模块按照数据处理的格式要求建立相应的数据库文件。

(1)地面网数据模块。地面网数据(即用于天顶摄影定位 ERP 测定的地面观测网数据)模块是对地面网各测站点信息的配置与管理,包括测站点的名称、编号、天文经纬度数据、高程数据等。地面网配置时,文件存储各测站点的概略经纬度,用于完成地面网精度因子(即 ERP 各参数的协因数)的计算。地面网各测站点配置完成并精确测定了其天文经纬度值后,地面网数据文件管理各测站点的精确天文经纬度,为 ERP 测定的数据处理提供基准数据。

(2)ERP(IERS)数据模块。ERP(IERS)数据模块是对 IERS 以不同形式定期向用户发布的 ERP 数据的管理。数据主要包括:IERS 快速服务预报中心以公报 A 形式每周向用户发布的数据(即过去一周 ERP 的每日归算值及未来一年内 ERP 的每日预报值);IERS 快速服务预报中心发布的最近 3 个月的 ERP 快速产品数据 finals. daily,每天更新一次;IERS 地球指向中心以公报 B 形式每月向用户发布的数据(即过去一个月 ERP 的每日归算值及未来一个月 ERP 的每日预报值);IERS 以文件 EOP ××C04 (IAU2000A)形式发布的 ERP 长期精确数据。

其目的是通过对不同形式数据的整合,为 ERP 数值预报提供基准数据。

(3)PSZC 实测数据模块。PSZC 实测数据模块是对 PSZC 测量数据及其获得的 ERP 数据的管理。数据主要包括:PSZC 多测站、单测站观测数据(即各测站测得的以 UTC 时间为基准的天文经纬度、观测的循环数等);多测站测定的 ERP 数据;单测站测定的 ΔUT1 数据。

(4)成果管理模块。成果管理模块具备成果显示与输出功能,该模块对实测 ERP 的平滑数据及 ERP 预报值进行智能化管理,用户可自定义查看历史及当前日期的平滑数据具体数值,也可对地球自转参数平滑数据、预报数据进行图形界面显示及固定格式的下载输出。

8.1.1.2　地球自转参数测定数据处理模块

地球自转参数测定数据处理模块由地面网精度因子计算、多测站测定 ERP 的数据处理、单测站测定 ΔUT1 的数据处理等功能模块组成。

(1)地面网精度因子计算。采用地面网的多个测站同步观测进行 ERP 测定,由第 3 章的式(3.8)和式(3.9)可知,当各测站观测测得的 $\Delta\varphi$、$\Delta\lambda$ 值的精度相同时,地球自转参数的最小二乘解为

$$\boldsymbol{X} = (\boldsymbol{B}^\mathrm{T}\boldsymbol{B})^{-1}\boldsymbol{B}^\mathrm{T}l = \boldsymbol{N}^{-1}\boldsymbol{B}^\mathrm{T}l = \boldsymbol{Q}_{XX}\boldsymbol{B}^\mathrm{T}l \tag{8.1}$$

式中：　$\boldsymbol{X}$——地球自转参数的解;

$\boldsymbol{B}$——地球自转参数解算的误差方程组系数阵,其表达式详见第 3 章中的式(3.8);

$\boldsymbol{Q}_{XX}$——协因数阵,其表达式为

$$\boldsymbol{Q}_{XX} = \begin{bmatrix} q_{11} & q_{12} & q_{13} \\ q_{12} & q_{22} & q_{23} \\ q_{13} & q_{23} & q_{33} \end{bmatrix} \tag{8.2}$$

式中:q_{11}——参数 ΔUT1 的协因数;

q_{22}——极坐标 x_p 的协因数;

q_{33}——极坐标 y_p 的协因数。

设参数 ΔUT1 及极坐标 x_p、y_p 测定的精度因子(又称精度衰减因子 Dilution of Precision)分别为 TDOP、XDOP、YDOP,仿照卫星导航定位中的定义有

$$\left.\begin{aligned} \mathrm{TDOP} &= \sqrt{q_{11}} \\ \mathrm{XDOP} &= \sqrt{q_{22}} \\ \mathrm{YDOP} &= \sqrt{q_{33}} \end{aligned}\right\} \tag{8.3}$$

令 $\Delta\varphi$、$\Delta\lambda$ 值的测定中误差为 m,则由式(8.1)~式(8.3)可知参数 ΔUT1 及极坐标 x_p、y_p 的测定中误差分别为

$$\left.\begin{aligned} m_{\Delta t} &= m \cdot \mathrm{TDOP} \\ m_{x_\mathrm{p}} &= m \cdot \mathrm{XDOP} \\ m_{y_\mathrm{p}} &= m \cdot \mathrm{YDOP} \end{aligned}\right\} \tag{8.4}$$

由此可知,按式(8.3)定义的地面网精度因子,充分反映了利用地面网各测站同步观测测定地球自转参数精度的强弱程度,精度因子的值愈小,测定的精度愈高。式(8.1)中的协因数

阵 Q_{xx} 仅与地面网各测站点的位置有关,因此,地面网精度因子的计算就成为地面网各测站点位置选择时的一项重要计算内容。

(2)多测站测定 ERP 的数据处理。基于天顶摄影定位的 ERP 测定,多测站同步观测是最重要的作业模式。多测站同步观测测定 ERP,数据处理方法主要包括以下 3 种:

1)视各测站上测得的 $\Delta\varphi$、$\Delta\lambda$ 值精度相同,根据各测站观测的不同循环数确权进行计算。

2)同步观测的测站数超过 4 个且各测站观测的循环数相同时,将各测站测得的 $\Delta\varphi_i$、$\Delta\lambda_i$ 值分为 $\Delta\varphi$、$\Delta\lambda$ 两类观测量,按验后方差估计的方法进行计算。

3)各测站观测的循环数相同,当测站数小于等于 4 个时,按等权平差的方法进行计算。

(3)单测站测定 ΔUT1 的数据处理。单站观测测定参数 ΔUT1 的数据处理,关键是如何取极坐标 x_p、y_p 的值,适用软件编制采用以下两种方法取值:

1)取 IERS 公报 A 发布的预报值。

2)在极坐标实测数据的基础上,赋予 IERS 公布的历史数据的预报值。

8.1.1.3　ERP 实测数据的平滑处理

基于天顶摄影定位的 ERP 测定,受天候条件的制约,无论是参数 ΔUT1 还是极坐标,通常测得的是一组不连续的数据。为了获得每日一个值的连续数据并改善实测数据的精度,应对实测的 ERP 数据进行平滑处理。

(1)ΔUT1 的实测数据平滑。ΔUT1 实测数据平滑,一般应先将其转换为 ΔUT2R 数据,然后按线性回归的方法进行数据平滑,最后将平滑后的 ΔUT2R 数据转换为 ΔUT1 数据。

(2)极坐标的实测数据平滑。极坐标的数据变化具有明显的周期性,因此,极坐标的实测数据平滑,首先应判断实测数据在极坐标周期变化中的位置,根据实测数据所处位置的不同,采用线性回归或抛物线回归的方法进行数据平滑。

8.1.1.4　地球自转参数的数值预报

地球自转参数的数值预报包括两部分内容:一是基于 ERP(IERS)数据的数值预报,即采用 IERS 发布的 EOP 14 C04 数据进行的数值预报;二是采用天顶摄影定位测得的 ERP 数据进行的数值预报。

(1)基于 ERP(IERS)数据的数值预报。基于 ERP(IERS)数据的数值预报,适用软件编制采用 LS＋AR 模型进行。其中,ΔUT1 参数的数值预报以 ΔUT1R(或 ΔUT2R)为过渡参数,采用双差分拟合的方法进行计算;极坐标的数值预报,采用单差分拟合的方法进行计算。

(2)基于 ERP 实测数据的数值预报。基于 ERP 实测数据的数值预报,参数 ΔUT1 的预报计算仍以 ΔUT1R(或 ΔUT2R)为过渡参数,采用线性回归的方法进行计算;极坐标的预报计算在实测数据的基础上赋予 IERS 公布的历史数据,按构建 LS 模型进行外推的方法进行计算。

8.1.2　适用软件编制的主界面设计

适用软件是在 Windows 操作系统上以交互式界面方式运行的集 ERP 参数测定与数值预报的数据处理软件。软件各模块的源代码采用 C＋＋语言编写,软件界面采用 C♯语言编写,软件中使用的大量数据采用 Microsoft Office Access 数据库进行存储管理。数据处理软件主界面设计如图 8-1 所示。

　　数据处理软件主界面为"厂"字形布局,分为 3 个功能区,分别为左侧菜单栏、右上方数据配置管理功能区及右下方软件计算主功能区。

　　(1)左侧菜单栏中包含"地面网精度因子计算""ΔUT1 单测站测定计算""ERP 多测站测定计算""ERP 实测数据平滑""ERP 基于 IERS 数据的预报"及"ERP 基于实测数据的预报"6个菜单按钮。

图 8-1　数据处理软件的主界面设计

　　(2)右上方数据配置管理功能区包含"地面网数据""ERP(IERS)数据""PSZC 实测数据""成果管理"4 个组合控件,单击控件左上角的方形按钮可以进入对应数据配置管理的详细设置页面;组合控件右上角分别显示地面网已入库的站点数量、ERP(IERS)数据的最新入库日期、PSZC 实测数据的最新入库日期及已选中的成果项数量;组合控件右侧中部为控件名称;组合控件底部文字为控件功能的简单介绍。

　　(3)右下方软件计算主功能区的实际内容与导航菜单一一对应,由上到下分别为"地面网精度因子计算""ΔUT1 单测站测定计算""ERP 多测站测定计算""ERP 实测数据平滑""ERP 基于 IERS 数据的预报"及"ERP 基于实测数据的预报"6 种功能的用户操作区域。主功能区与左侧菜单栏具有联动关系:点击左侧菜单栏中的菜单按钮,右侧主功能区内容将滚动至对应区域;在右侧主功能区滚动页面时,左侧菜单栏中对应菜单按钮也会亮起。

8.2　软件主要模块设计

8.2.1　ERP 测定

PSZC - ERP 测定由地面网精度因子计算、ERP 多测站测定计算和 △UT1 单测站测定计算组成,这三部分在功能上相互独立。ERP 测定的基础数据包括各测站以 UT1 时间为基准的天文经纬度、各测站天顶摄影仪测得的以 UTC 时间为基准的天文经纬度以及天顶摄影仪观测循环数等。

8.2.1.1　地面网精度因子计算

地面网精度因子计算是对地面测站选址及布站的合理性进行计算分析,根据选定站址的概略经纬度计算地球自转参数协因数,进而获得强度因子,强度因子的大小标志着测站配置的合理性,过程如下:

（1）在地面网数据列表中选定测站位置。

（2）获取测站的概略经纬度计算协因数。

（3）由协因数计算得到强度因子。

（4）根据强度因子值的大小判断测站配置是否合理,强度因子值愈小,对应的测站配置愈合理。

8.2.1.2　ERP 多测站测定计算

ERP 多测站测定是在测定日有多个测站（至少 2 个测站）的天顶摄影仪进行有效观测,从而获得测定日地球自转参数 △UT1 和极移(x_p,y_p)的测定值。在 ERP 多测站测定计算时,根据参与观测作业的测站数及各测站天顶摄影仪观测作业循环数选择不同的计算方法。本软件中的 3 种数据处理方法为:

（1）当各测站天顶摄影仪观测的循环数不同时,按各测站天顶摄影仪观测作业循环数定权,计算 ERP 参数。

（2）当各测站天顶摄影仪观测的循环数相同,但测站数小于或等于 4 个时,按等权平差的方法计算 ERP 参数。

（3）当各测站天顶摄影仪观测的循环数相同,但测站数多于 4 个时,将各测站测得的以 UTC 时间为基准的经纬度 $\Delta\varphi_i$、$\Delta\lambda_i$ 值分为 $\Delta\varphi$、$\Delta\lambda$ 两类观测量,按验后方差估计的方法计算 ERP 参数。

该模块软件运行流程如图 8 - 2 所示。

图 8 - 2 为 ERP 多测站测定的数据处理过程流程图,测站精确经纬度以世界时 UT1 为基准,各测站精确经纬度值存放在"地面网数据"的数据库中,计算时直接调用。本模块的天顶仪观测数据是指各测站以世界协调时 UTC 为基准的经纬度和天顶仪的作业循环数,各测站天顶仪观测数据可从"PSZC 实测数据"的观测信息数据库中获取。关于 $P = n / N$ 的相关概念

在前面章节中有介绍，其中 n 为各观测站天顶摄影仪的观测循环数，N 为观测循环最多的测站上的观测循环数。验后方差估计中，观测初始权一般可定为 1，$\sigma_{0\lambda}^2$ 为经度的单位权方差，$\sigma_{0\alpha}^2$ 为纬度的单位权方差。ERP 多测站测定计算结果将保存至"PSZC 实测数据"单元下的 ERP 多站测定实测值数据库中。

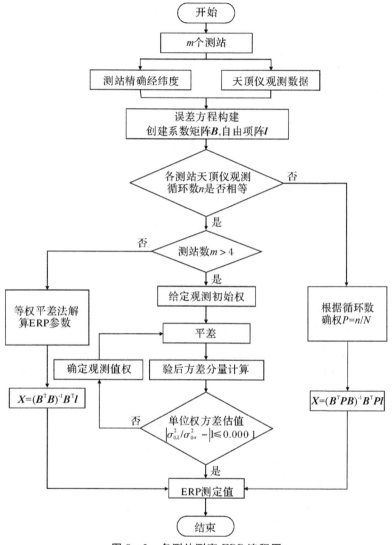

图 8 - 2　多测站测定 ERP 流程图

8.2.1.3　ΔUT1 单测站测定计算

ΔUT1 单测站测定是指在单个工作日中只有一个测站的天顶摄影仪进行了有效的观测数据采集，并完成 ΔUT1 参数的单独测定。单测站测定仅能计算 ERP 参数中的 ΔUT1 参数，并且需将测定日的极移参数作为已知值参与到计算中。对于单测站测定 ΔUT1 计算所需的极移参数，本软件可通过两种方式获取：第一种是通过互联网查询，从 IERS 快速服务预报中心的公报 A 中获取预报值；第二种是通过本软件进行极移的预报计算，获取其计算值。该模块软件运行流程如图 8 - 3 所示。

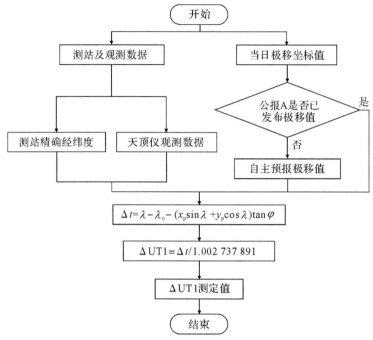

图 8 - 3　单测站测定 ΔUT1 流程图

图 8 - 3 中,测站精确经纬度以世界时 UT1 为基准,本模块的天顶仪观测数据是指以世界协调时 UTC 为基准的经纬度,各数据的获取路径方法同 ERP 多测站测定。当日极移坐标 (x_p, y_p) 计算时,优先选用公报 A 中发布的预报值,若公报 A 未发布,再用本软件的自主预报值。(λ, φ) 是以 UTC 时间为基准测得的测站天文经度、纬度,λ_0 为测站点天文经度精确的已知值。ΔUT1 单测站测定计算结果将保存至"PSZC 实测数据"单元下的 ΔUT1 单测站测定实测值数据库中。

8.2.2　ERP 实测数据平滑

ERP 实测数据平滑处理是对 PSZC-ERP 测定的地球自转参数值进行一系列的拟合处理,以达到优化测定值的目的,其包括对 ΔUT1 测定值的平滑处理和对极移坐标测定值的平滑处理。

在进行 ΔUT1 测定值的平滑处理时,本软件首先对 ΔUT1 测定数据进行预处理,移除闰秒、带谐潮及季节变化影响后,再对数据序列进行线性回归拟合,拟合完成后再将预处理的项目逐一恢复,进而获得 ΔUT1 平滑序列值。在进行极移坐标测定值的平滑处理时,由于极移参数具有明显的周期性,平滑处理时要将处理的极移测定值分段,根据数据在周期变化曲线中的所在位置选择相应的拟合方法。平滑处理后的 ERP 数据,既可作为 ERP 测定值进行发布,也可作为基础序列用于 ERP 参数的预报。ERP 实测数据平滑处理程序流程如图 8 - 4 所示。

ERP 实测数据平滑处理所得的 ΔUT1 平滑值、极移平滑值均保存至"成果管理"单元下的平滑值数据库中,且可通过"成果管理"进行查看与发布。

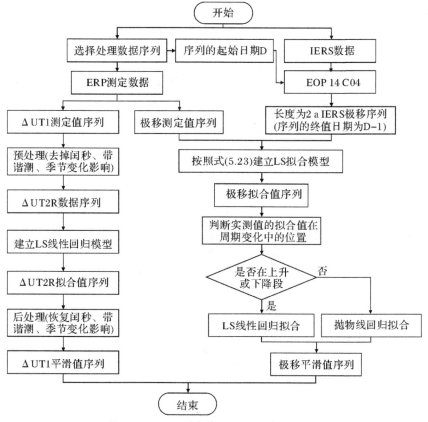

图 8 - 4　ERP 测定值平滑处理过程流程图

8.2.3　ERP 预报

ERP 预报根据采用的基础序列来源不同分为两类,包括基于 IERS 发布的历史数据的预报和基于自主测定的地球自转参数的预报,不同类型的预报采用不同的预报方法。基于 IERS 数据的 ΔUT1 预报采用双差分 LS+AR 迭代预报法,极移预报采用单差分 LS+AR 预报法;基于自主测定的地球自转参数的 ΔUT1 预报采用线性回归预报法,极移预报采用最小二乘预报法。本软件的 ERP 预报结果均保存至"成果管理"单元下相应的数据库中,可通过"成果管理"进行查看与发布。

8.2.3.1　ERP 基于 IERS 数据的预报

对基于 IERS 数据的 ΔUT1 预报采用双差分拟合预报计算法,本软件选择 IERS 发布的 EOP 14 C04 中的数据作为预报的基础序列,其中的双差分拟合,一是指对预处理后的基础序列进行一阶差分后所得的序列的 LS 拟合;二是指对 LS 模型残差序列作一阶差分后的序列的 AR 拟合。双差分拟合确保了模型序列的平稳性。基于 IERS 数据的 ΔUT1 预报的程序流程图如图 8 - 5 所示。

经过大量数据计算分析,基于 IERS 预报 ΔUT1,其基础序列长度以 10 a 为宜。在 AR 模型阶数确定时,为了提高计算效率,仅对第 1 d 的预报采用 FPE 准则计算阶数 p 的值,对后续天数的预报,其 AR 模型的阶数均使用第 1 d 预报的 p 值。在预报过程中,本软件使用了迭代计算方法,每次仅进行跨度为 1 d 的预报,然后将这 1 d 的预报值加入基础序列中进行下次预报,如此循环计算直至完成最后 1 d 的预报。对基于 IERS 数据的极移预报采用单差分拟合预报计算法,这里的"单差分拟合"主要是相对 ΔUT1 预报的双差分拟合而言的,指的是对极移参数 LS 模型残差的一阶差分序列的 AR 拟合计算。

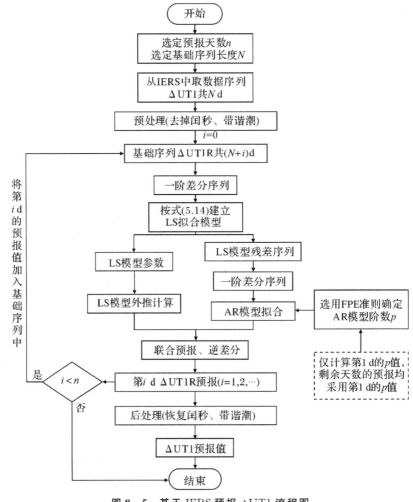

图 8-5 基于 IERS 预报 ΔUT1 流程图

基于 IERS 预报极移参数,与 ΔUT1 预报相同,仍采用迭代预报模式,AR 模型阶数的确定方法也不变。极移参数 x_p 及 y_p 的预报方法相同,两者的区别仅表现为基础序列的长度不同,基于 IERS 数据的极移预报的程序流程图如图 8-6 所示。

极移参数的预报同样采用迭代计算方法,经过大量数据计算表明,对预报中的基础序列长度选取,极坐标 x_p 的计算采用 2 a 的基础序列为宜,极坐标 y_p 的计算采用 3 a 的基础序列为宜。在基于 IERS 数据的 ERP 预报中,由于 EOP 14 C04 每周更新两次,包含了 1 a 的 ERP 数据，但数据滞后一个月，而 finals. daily 每天更新一次，包含了近 90 d 的 ERP 数据。故在预报时采用 EOP 14 C04＋finals. daily 的方法，用 finals. daily 中数据对 EOP 14 C04 数据进行查缺补齐。预报中关于 AR 模型阶数，本软件采用 FPE 准则确定，在阶数确定过程中采取迭代搜索方法选取最优模型阶数，阶数搜索范围为 $1\sim\text{int}(n/10)$（其中 int 为取整符号，n 为基础序列长度），利用 FPE 准则计算出每一阶 FPE 值，最小 FPE 值对应阶数即为最优的 AR 模型阶数。

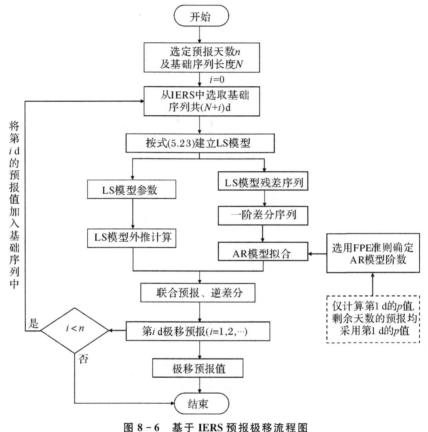

图 8-6　基于 IERS 预报极移流程图

8.2.3.2　ERP 基于实测数据的预报

在基于实测数据的地球自转参数预报子模块中，基础序列数据采用经过平滑处理后的天顶摄影仪实测值，根据预报日期选取基础序列进行预报计算，包括 $\Delta UT1$ 预报和极移参数预报。

与基于 IERS 预报 $\Delta UT1$ 不同，在对基础序列进行预处理时还需移除闰秒、带谐潮及季节变化的影响，基础序列长度以 $50\sim90$ d 为宜。在极移的预报中，经过计算分析其基础序列应不少于 2 a，因此在实测数据不够的情况下，需要从 EOP 14 C04 中取部分数据将基础序列补齐至 2 a。ERP 基于实测数据预报模块的软件运行流程如图 8-7 所示。

基于实测数据的 ERP 预报采用递推模式，即在计算出模型参数后，直接进行递推预报。基于实测数据的预报是采用经平滑处理后的 ERP 参数实测值作为基础序列进行地球自转参数的预报，其预报精度也能够保持在基于 IERS 数据预报的预报精度范围内。

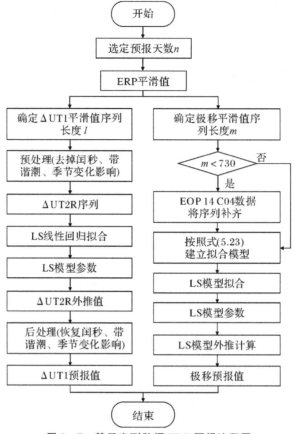

图 8-7　基于实测数据 ERP 预报流程图

8.3　软件的应用

应用软件可为 GNSS 卫星精密定轨、深空探测、天文自主导航、精密授时等领域提供实时、近实时地球自转参数及短期、中长期、长期 ERP 预报参数。其主要功能是实现地球自转参数的自主测定及预报,同时提供了分析不同测站数量及网形分布对 ERP 参数测定精度影响的计算工具。考虑到地球自转参数的使用需求及软件的主要功能,本软件的具体应用可分为地面网测站配置分析、地球自转参数测定及数据平滑、地球自转参数预报三部分。下面分别就这三部分应用作以具体阐述。

8.3.1　地面网测站配置分析

利用天顶摄影定位技术开展我国地球自转参数测定及相关服务体系建立,首要任务是完成站网的优化配置及建设。本软件以地面网精度因子为评定指标,可以全面分析不同测站数量及不同空间几何构型的站网分布对地球自转参数测量精度的影响。软件全面顾及测站跨度、站网覆盖面积、测站数量、网形空间几何强度与 ERP 观测精度之间的相关性,并在地面网数据子模块中给出了不同备选测站与不同测站数量相结合的方案分析,可为我国开展基于

PSZC 的 ERP 测定技术中网形设计提供理论计算及技术参考。这对建立我国独立技术状态的 ERP 观测及预报机制,实现高精度 ERP 观测和预报产品的自主供给有着深远的科学和现实意义。

8.3.2　地球自转参数测定及数据平滑

自主确定高精度且长期稳定的地球自转参数具有毋庸置疑的科学意义,天顶摄影定位技术作为我国地球自转参数自主测定的备用技术手段,是对国际高精度 ERP 常规测定手段的有效补充。使用本软件进行 ERP 参数解算,可实现 $\Delta UT1$ 参数 ± 5 ms、极移参数 $\pm 0.06''$ 的测量精度。另外,单测站 $\Delta UT1$ 实测精度为 $5 \sim 8$ ms,可满足特定军事工程需求,同时可为多测站联合解算 ERP 参数提供数据支撑。

本软件中地球自转参数测定模块是利用天顶摄影定位技术测定地球自转参数在工程领域中的实际应用,软件是以交互式界面方式运行,可人为确定参与计算的特定测站及特定时段,并根据指定参数的数值比较不断调整和删除产生异常域的测站或时段,综合处理同期观测数据中的多测站解以获得当日的 ERP 测定值(或处理单测站解以获得当日的 UT1－UTC 测定值)。也可一键式批量完成基于数字天顶摄影定位的地球自转参数测定。

ERP 实测数据平滑模块为独立模块,用户须以图形交互的方式判识平滑数据所在序列的位置,并智能选取不同平滑方法进行数据拟合。该模块实现了 ERP 观测数据可视化及观测数据($\Delta UT1$、极移)平滑滤波功能。用户可根据不同需求自定义查看 ERP 实测值及其测量精度,而实测数据的平滑滤波旨在得到高精度、高稳定性的连续 ERP 观测值,并将该数据与 IERS 历史数据进行一定格式的整合,为 ERP 预报提供不同形式的基础数据。

8.3.3　地球自转参数预报

目前国内外许多学者在高精度 ERP 预报方面已取得了显著的成绩,但我国尚未拥有可以发布高精度 ERP 测定与预报产品的权威机构。本软件全面顾及极移和 $\Delta UT1$ 的运动特点及固有周期项和趋势项特征,应用基于 LS＋AR 模型双差分拟合的 ΔUT 预报算法及基于 LS＋AR 模型单差分拟合的极移预报算法,可为用户提供不同跨度的 ERP 预报产品。

为顾及平时与战时 ERP 参数的应用需求,本软件提供了基于 IERS 数据和基于实测数据的两种预报模式,两种模式使用的基础序列不同,适用的应用领域也有所差别。但在目前实际应用中,主要倾向于使用基于 IERS 数据为基础序列的预报模式,基于实测数据的预报模式旨在解决战时 ERP 参数获取受限情况下的预报参数正常供给。软件在地球自转参数预报中,当采用 IERS 数据进行预报计算时,在跨度为 60 d 的短期预报中,UT1－UTC 的预报精度(平均误差)优于 6 ms,极移的预报精度优于 15 ms;在跨度为 500 d 的长期预报中,UT1－UTC 的预报精度优于 80 ms,极移的预报精度优于 40 ms。采用自主测定的地球自转参数进行预报时,其预报精度也能够保持在基于 IERS 数据进行预报的预报精度范围内。

附　　录

附录 A　地球自转参数验后方差估计算法

　　基于天顶摄影定位的地球自转参数测定，由于观测值 l_i（$\Delta\varphi_i$、$\Delta\lambda_i$）数量较少，数据处理（即平差计算）不宜将观测值做过多的分类。一般观测值按两种情况分类：一是视同一测站的观测值 $\Delta\varphi$、$\Delta\lambda$ 精度相同，按各测站定位测量观测循环数的多少分类；二是各测站定位测量观测循环数相同或相近时，按 $\Delta\varphi$、$\Delta\lambda$ 将各测站的观测值分作两类。对于观测值的第二种分类，由于平差前很难给出 $\Delta\varphi$、$\Delta\lambda$ 准确的精度估值，故其数据处理一般按观测值验后方差估计（又称平差随机模型验后估计）的计算方法进行。

A.1　观测值验后方差估计的数学模型

　　验后方差估计又称验后方差分量估计，最早由赫尔默特（F. R. Helmert）提出，Welsch 推证给出了计算的严密数学模型。现以两类观测值为例做简要介绍。设观测值由两类互不相关且不同方差的观测值组成，由测量平差[5]可知，这两类观测值间接平差的数学模型为

$$\left.\begin{array}{l} \underset{n_1\times1}{\boldsymbol{L}_1} = \underset{n_1\times t}{\boldsymbol{B}_1}\ \underset{t\times1}{\widetilde{\boldsymbol{X}}} - \underset{n\times1}{\boldsymbol{\Delta}_1} \\[2ex] \underset{n_2\times1}{\boldsymbol{L}_2} = \underset{n_2\times t}{\boldsymbol{B}_2}\ \underset{t\times1}{\widetilde{\boldsymbol{X}}} - \underset{n\times1}{\boldsymbol{\Delta}_2} \end{array}\right\} \tag{F.1}$$

$$\left.\begin{array}{l} D(\boldsymbol{L}_1) = D(\boldsymbol{\Delta}_1) = \sigma_0^2\boldsymbol{P}_1^{-1} \\[1ex] D(\boldsymbol{L}_2) = D(\boldsymbol{\Delta}_2) = \sigma_0^2\boldsymbol{P}_2^{-1} \\[1ex] D(\boldsymbol{L}_1,\boldsymbol{L}_2) = D(\boldsymbol{\Delta}_1,\boldsymbol{\Delta}_2) = 0 \end{array}\right\} \tag{F.2}$$

$$\left.\begin{array}{l} \boldsymbol{V}_1 = \boldsymbol{B}_1\hat{\boldsymbol{x}} - \boldsymbol{l}_1 \\[1ex] \boldsymbol{V}_2 = \boldsymbol{B}_2\hat{\boldsymbol{x}} - \boldsymbol{l}_2 \end{array}\right\} \tag{F.3}$$

　　式（F.1）为函数模型，又称观测值方程，其中的 n_1、n_2 为两类观测值的数量；式（F.2）为随机模型；式（F.3）为误差方程。相应的法方程及其解为

$$\left.\begin{array}{l} \boldsymbol{N}\hat{\boldsymbol{X}} = \boldsymbol{W} \\[1ex] \hat{\boldsymbol{X}} = \boldsymbol{N}^{-1}\boldsymbol{W} \end{array}\right\} \tag{F.4}$$

式中

$$N = B_1^T P_1 B_1 + B_2^T P_2 B_2 = N_1 + N_2 \atop W = B_1^T P_1 l_1 + B_2^T P_2 l_2 = W_1 + W_2 \left.\right\} \tag{F.5}$$

一般情况下，由于平差前观测值 L_1、L_2 的方差 $D(L_1)$、$D(L_2)$ 未知，第一次平差给定的两类观测值的权 P_1、P_2 往往是不适当的，或者说它们对应的单位权方差不相等。

令这两类观测值对应的单位权方差分别为 σ_{01}^2、σ_{02}^2，则有

$$D(L_1) = \sigma_{01}^2 P_1^{-1} \atop D(L_2) = \sigma_{02}^2 P_2^{-1} \left.\right\} \tag{F.6}$$

以 P_1、P_2 为权进行平差，只有这两类观测值对应的单位权方差相等时，确定的权才是正确的，由式(F.4)解算的未知数估值才是最优线性无偏估计。

验后方差估计就是利用各次平差后求得的观测值改正数二次方和($V_i^T P_i V_i$)，按式(F.6)计算观测值的方差或单位权方差估值，重新确定权 P_1、P_2 的值，再进行平差。反复迭代直至两类观测值的单位权方差相等，或通过必要的检验认为单位权方差之比等于1为止。

两类观测值的验后方差估计的严密数学模型(详细推导见参考文献[13]，这里略)为

$$\boldsymbol{\theta} = S^{-1} W_{\theta} \tag{F.7}$$

式中

$$\boldsymbol{\theta} = \begin{bmatrix} \sigma_{01}^2 & \sigma_{02}^2 \end{bmatrix}^T \atop W_{\theta} = \begin{bmatrix} V_1^T P_1 V_1 & V_2^T P_2 V_2 \end{bmatrix}^T \left.\right\} \tag{F.8}$$

$$S = \begin{bmatrix} s_{11} & s_{12} \\ s_{21} & s_{22} \end{bmatrix} \tag{F.9}$$

$$s_{11} = n_1 - 2\mathrm{tr}(N^{-1}N_1) + \mathrm{tr}(N^{-1}N_1)^2 \atop s_{12} = \mathrm{tr}(N^{-1}N_1 N^{-1}N_2) \atop s_{21} = \mathrm{tr}(N^{-1}N_1 N^{-1}N_2) \atop s_{22} = n_2 - 2\mathrm{tr}(N^{-1}N_2) + \mathrm{tr}(N^{-1}N_2)^2 \left.\right\} \tag{F.10}$$

A.2　地球自转参数计算方差分量估计的计算程序

由式(F.7)～式(F.10)给出的观测值验后方差估计模型及式(F.6)，可得到地球自转参数计算的验后方差估计计算程序如下：

(1)设各测站定位测量得到的 $\Delta\varphi_i$ 的权为 P_1，$\Delta\lambda_i$ 的权为 P_2。

(2)赋予 P_1、P_2 初值进行预平差，求取 $\Delta\varphi_i$、$\Delta\lambda_i$ 的改正数二次方和 $V_1^T P_1 V_1$、$V_2^T P_2 V_2$。

(3)按式(F.7)进行平差后的验后方差分量估计，计算 $\Delta\varphi_i$、$\Delta\lambda_i$ 的单位权方差估值。

(4)按下式重新确定观测值的权：

$$\hat{P}_k = \frac{c}{\sigma_{0k}^2 P_k^{-1}} \tag{F.11}$$

式中：$k=1,2$；c 为任一常数，一般取单位权方差中的某一个值。

（5）按新确定权再次进行平差。

（6）按上述（2）～（5）反复迭代，直至 $\Delta\varphi_i$、$\Delta\lambda_i$ 的单位权方差相等，或者通过必要的检验认为单位权方差的比等于 1 为止。

A.3　模拟计算算例

本算例以本书第 3 章表 3－6 给出的哈尔滨市、黄山市、西安市、兰州市、三亚市、乌鲁木齐市、昆明市、拉萨市等 8 个测站构成的观测网进行模拟计算。测站点的天文经、纬度精确值（即已知值）按下式计算，式中 $\Delta t = 1.002\ 737\ 891\Delta UT1$。式中的 φ、λ 值分别取表 3－6 给出的纬度值、经度值，地球自转参数 $\Delta UT1$ 及极坐标 x_p、y_p 分别取 $-0.172\ 272$ s、$0.160\ 95''$、$0.416\ 13''$。

$$\left.\begin{array}{l} \varphi_0 = \varphi - (x_p\cos\lambda - y_p\sin\lambda) \\ \lambda_0 = \lambda - \Delta t - (x_p\sin\lambda + y_p\cos\lambda)\tan\varphi \end{array}\right\} \tag{F.12}$$

天顶摄影定位测量测站点经、纬度值（按 UTC 时间计算），在表 3－6 所给数据的基础上加正态分布随机误差的方法获取，随机误差生成计算中，测站天文纬度随机误差按均方差 $\sigma_1 = 0.05''$ 生成；天文经度随机误差按均方差 $\sigma_2 = 0.1''$ 生成。按此方法生成的各测站点天文经、纬度数据［以（°）为单位］见表 F－1。

为便于查阅，表 F－1 同时列出了按下式计算的 $\Delta\varphi_i$、$\Delta\lambda_i$ 的值，以角秒（"）为单位。式中的 Δt_0 取各测站（$\lambda - \lambda_0$）的平均值。

$$\left.\begin{array}{l} \Delta\varphi = \varphi - \varphi_0 \\ \Delta\lambda = \lambda - \Delta t_0 - \lambda_0 \end{array}\right\} \tag{F.13}$$

表 F－1　观测值验后方差估计模拟计算测站点数据

测站名称	测站天文经纬度精确值		自转参数测定（UTC）测量值		观　测　值	
	纬度值/(°)	经度值/(°)	纬度值/(°)	经度值/(°)	$\Delta\varphi_i/('')$	$\Delta\lambda_i/('')$
哈尔滨市	46.700 117 29	130.000 762 27	46.700 005 94	130.000 038 04	$-0.466\ 58$	$-0.130\ 67$
黄山市	30.000 123 05	118.000 072 831	30.000 019 92	118.000 025 37	$-0.405\ 49$	$0.059\ 20$
西安市	34.000 123 75	108.000 715 18	33.999 975 78	107.999 960 82	$-0.412\ 10$	$0.068\ 33$
兰州市	36.000 122 92	103.800 708 25	36.000 009 44	103.800 029 53	$-0.408\ 70$	$-0.034\ 36$
三亚市	18.600 123 85	109.000 718 20	18.600 003 58	108.999 993 34	$-0.449\ 86$	$0.003\ 80$
乌鲁木齐市	44.000 114 79	89.000 674 65	43.999 986 04	88.999 980 98	$-0.512\ 55$	$0.026\ 69$
昆明市	24.300 122 69	103.000 711 84	24.299 995 47	102.999 993 17	$-0.443\ 35$	$0.100\ 36$
拉萨市	29.500 116 35	91.000 695 62	29.500 003 84	90.999 978 76	$-0.374\ 26$	$-0.093\ 36$
$\Delta t_0/('')$	$-2.571\ 44$					

设两类观测值 $\Delta\varphi_i$、$\Delta\lambda_i$ 的权分别为 $\boldsymbol{P}_1$、$\boldsymbol{P}_2$，首先按 $\boldsymbol{P}_1 = 1$、$\boldsymbol{P}_2 = 1$ 进行预平差，并在此基础上进行验后方差估计的 5 次迭代计算，结果见表 F－2，表中的 σ_k 为两类观测值 $\Delta\varphi_i$、$\Delta\lambda_i$ 的均方差估值，按下式计算：

$$\sigma_k = \sqrt{\sigma_{0k}^2/P_k} \tag{F.14}$$

表 F-2　观测值验后方差估计 5 次迭代计算结果统计

迭代次数	S 矩阵系数		$(V^T PV)_i$	$(\sigma_{0k})^2$	σ_k	$(\sigma_{01})^2/(\sigma_{02})^2$
1	6.231 739　0.284 820	0.284 820　6.198 621	0.019 547 0.066 723	0.002 650 0.010 642	0.051 481 0.206 727	0.249 027
2	6.035 023　0.161 247	0.161 247　6.642 484	0.015 392 0.018 477	0.002 478 0.002 722	0.049 777 0.109 561	0.910 439
3	6.030 025　0.151 571	0.151 571　6.666 834	0.015 298 0.016 912	0.002 475 0.002 481	0.049 745 0.104 725	0.997 587
4	6.029 905　0.151 325	0.151 325　6.667 446	0.015 295 0.016 874	0.002 474 0.002 475	0.049 744 0.104 603	0.999 941
5	6.029 902　0.151 319	0.151 319　6.667 461	0.015 295 0.016 873	0.002 474 0.002 474	0.049 744 0.104 600	0.999 999

　　取观测值权的初值 $P_1=1$、$P_2=1$ 进行预平差,并在此基础上进行验后方差估计的 5 次迭代计算,求得的地球自转参数结果详见表 F-3 中的第一行数据。为了探讨观测值权的初值不同对验后方差估计迭代计算结果的影响,特别是对地球自转参数计算结果的影响,表 F-3 在列出 P_1、P_2 的初值为(1,1)5 次迭代求得的地球自转参数结果外,同时还列出了初值分别为(1,0.5),(0.5,1),(0.8,0.6)3 种不同数值 5 次迭代计算求得的地球自转参数结果。计算结果表明,观测值权的初值虽然取不同的数值,但通过验后方差估计的多次迭代计算,并不影响地球自转参数的最后计算结果。

表 F-3　观测值权初值不同验后方差估计的计算结果

权的初值		ΔUT1 的计算结果		极坐标 x_p 的计算结果		极坐标 y_p 的计算结果		$(\sigma_{01})^2/(\sigma_{02})^2$
P_1	P_2	差值/s	均方差/s	差值/(")	均方差/(")	差值/(")	均方差/(")	
1.0	1.0	0.002 153	0.004 058	−0.048 673	0.071 701	0.011 480	0.027 003	0.999 999
1.0	0.5	0.002 153	0.004 058	−0.048 673	0.071 701	0.011 480	0.027 003	0.999 999
0.5	1.0	0.002 153	0.004 058	−0.048 673	0.071 701	0.011 480	0.027 003	0.999 996
0.8	0.6	0.002 153	0.004 058	−0.04 8673	0.071 701	0.011 480	0.027 003	0.999 999

注:表中差值为计算值与已知值之差。

　　这里需要指出的是,观测值权初值取不同值进行验后方差估计迭代计算,虽不影响地球自转参数的计算结果,但计算的观测值的权、单位权方差分量以及整体平差计算的单位权均方差(μ)等并不完全一致。与表 F-3 中结果对应的有关验后方差估计数据见表 F-4。

表 F-4　观测值权初值不同验后方差估计的精度统计数据(一)

初始权值		单位权方差分量		迭代后的观测值权值		观测值的均方差值		单位权均
P_1	P_2	$(\sigma_{01})^2$	$(\sigma_{02})^2$	P_1	P_2	$\sigma_1/(")$	$\sigma_2/(")$	方差 $\mu/(")$
1.0	1.0	0.002 474	0.002 474	1.000 000	0.226 163	0.049 744	0.104 600	0.049 744
1.0	0.5	0.002 474	0.002 474	1.000 000	0.226 163	0.049 744	0.104 600	0.049 744
0.5	1.0	0.001 237	0.001 237	0.500 000	0.113 082	0.049 744	0.104 600	0.035 174
0.8	0.6	0.001 980	0.001 980	0.800 000	0.180 931	0.049 744	0.104 600	0.044 493

表 F-4 列出的数据,之所以计算的观测值的权、单位权方差分量以及整体平差计算的单位权均方差等不完全一致,不仅与观测值权的初始值不同有关,而且与迭代计算中根据式(F.11)重新计算观测值的权时,c 的取值不同有关。本算例的迭代计算中,c 的值取的是观测值 $\Delta\varphi_i$ 的单位权方差,故各次迭代计算中始终保持 P_1 的值与初值一致。当迭代计算中 c 的值取的是观测值 $\Delta\lambda_i$ 的单位权方差时,各次迭代计算中始终保持 P_2 的值与初值一致,可得到表 F-5 中的精度统计数据。

表 F-5 观测值权初值不同验后方差估计的精度统计数据(二)

初始权值		单位权方差分量		迭代后的观测值权值		观测值的均方差值		单位权均方差 $\mu/('')$
P_1	P_2	$(\sigma_{01})^2$	$(\sigma_{02})^2$	P_1	P_2	$\sigma_1/('')$	$\sigma_2/('')$	
1.0	1.0	0.010 941	0.010 941	4.421 581	1.000 000	0.049 744	0.104 600	0.104 600
1.0	0.5	0.005 471	0.005 471	2.210 790	0.500 000	0.049 744	0.104 600	0.073 963
0.5	1.0	0.010 941	0.010 941	4.421 580	1.000 000	0.049 744	0.104 600	0.104 600
0.8	0.6	0.006 566	0.006 565	2.652 948	0.600 000	0.049 744	0.104 600	0.081 023

基于天顶摄影定位的地球自转参数测定,考虑到测站 $\Delta\varphi_i$ 的精度一般优于 $\Delta\lambda_i$ 的精度,故实际计算中一般可取 $\Delta\varphi_i$ 的权初值 $P_1=1$ 进行预平差,并且在验后方差估计的迭代计算中指定其单位权方差为式(F.11)中的 c 值。这样可确保整体平差计算的单位权均方差与 $\Delta\varphi_i$ 的均方差一致。

关于验后方差估计迭代计算,迭代次数不仅与测站个数(或观测值个数)有关,而且与观测值中的随机误差分布直接相关。若令

$$\Delta\varepsilon = \left| \sigma_{01}^2 / \sigma_{02}^2 - 1 \right| \tag{F.15}$$

迭代计算中,一般可当 $\Delta\varepsilon \leqslant 0.000\ 1$ 时停止迭代。

A.4 计算中的特殊情况处理

由上述可知,观测值验后方差估计是根据实测数据,利用预平差的改正数估计各类观测值的方差因子,据此确定观测值的权后再进行平差,直至按式(F.15)计算的 $\Delta\varepsilon \leqslant 0.000\ 1$ 为止。不过这里需要特别指出的是,对于地球自转参数测定的数据处理,测站数不宜太少。过少的测站若仍按此要求进行计算,有时会出现无法解释的意外结果。在此情况下,按观测值等权进行平差计算更为合理。

为更清楚地说明该现象,这里采用 A.3 节给出的算例,分别取哈尔滨市、三亚市、乌鲁木齐市等 3 个测站,以及哈尔滨市、三亚市、乌鲁木齐市、西安市等 4 个测站进行模拟计算分析。计算中,各测站 $\Delta\varphi_i$、$\Delta\lambda_i$ 中的偶然误差分别按均方差 $0.05''$、$0.10''$ 生成。平差按观测值验后方差估计、观测值等权两种方法进行。考虑到随机误差的不同分布,两种方法的模拟计算均进行 1 000 次,且各次计算的观测值随机误差分布相同。模拟计算结果见表 F-6,表中的第 1、3 行数据为观测值验后方差估的计算结果;第 2、4 行数据为观测值等权平差计算结果。

表 F-6　地球自转参数多测站测定模拟计算(1 000 次)精度统计数据

测站数量	ΔUT1 计算结果			极坐标 x_p 计算结果			极坐标 y_p 计算结果		
	最大差值 s	最小差值 s	均方差 s	最大差值 (″)	最小差值 (″)	均方差 (″)	最大差值 (″)	最小差值 (″)	均方差 (″)
3 站	0.174 539	0.000 011	0.009 442	11.945 566	0.000 161	0.435 770	22.159 847	0.000 023	0.773 386
	0.010 515	0.000 003	0.005 412	0.200 441	0.000 126	0.102 918	0.075 540	0.000 013	0.040 370
4 站	0.017 469	0.000 014	0.006 580	0.340 133	0.000 053	0.117 985	0.225 646	0.000 067	0.050 425
	0.012 846	0.000 012	0.005 733	0.231 009	0.000 275	0.103 381	0.093 836	0.000 029	0.042 907

　　由表 F-6 列出的计算结果可清楚地看到,3 个测站按观测值验后方差估进行的 1 000 次模拟计算,无论是 ΔUT1 的计算结果还是极坐标的计算结果,都出现了与观测值等权平差结果差异很大的计算数据。其中,与观测值等权平差结果的最大差值相比较,ΔUT1 的差值超出的有 146 个;极坐标 x_p 的差值超出的有 133 个;极坐标 y_p 的差值超出的有 101 个。4 个测站的计算,也出现了与观测值等权平差结果差异较为明显的计算数据。同样与观测值等权平差结果的最大差值相比较,ΔUT1 的差值超出的有 62 个;极坐标 x_p 的差值超出的有 58 个;极坐标 y_p 的差值超出的有 49 个。之所以出现这样的计算结果,主要是因为观测值的数量太少。大量的计算数据表明,采用观测值验后方差估计进行地球自转参数的平差计算,测站数最好在 4 个以上。测站数小于等于 4 个时,可视各测站的观测值($\Delta\varphi_i$,$\Delta\lambda_i$)精度相同,按观测值等权进行平差,以确保地球自转参数计算结果的可靠性。

附录 B　地球固体潮计算用表

表 F-7　月亮轨道参数$(c_m/r_m)^3$、$(c_m/r_m)^4$ 计算的幅角数及系数表

幅角数	系数值		幅角数	系数值		幅角数	系数值	
	$(c_m/r_m)^3$	$(c_m/r_m)^4$		$(c_m/r_m)^3$	$(c_m/r_m)^4$		$(c_m/r_m)^3$	$(c_m/r_m)^4$
55.555	1.004 736	1.009 5	66.575	0.000 006	—	82.456	0.000 308	
55.654	0.000 007		67.255	−0.000 002	0.000 001	82.555	−0.000 010	
55.775	−0.000 034	−0.000 1	67.453	−0.000 009	—	82.654	−0.000 014	
56.455	−0.000 042	−0.000 1	67.475	−0.000 077	−0.000 001	83.455	0.004 189	0.000 086
56.454	−0.000 318	−0.000 4	68.254	0.000 001		83.675	0.000 015	
57.355	0.001 463	0.003 2	70.756	0.000 004 3	0.000 001	84.256	0.000 021	—
57.553	−0.000 007		71.557	0.000 088	0.000 001	84.355	−0.000 016	−0.000 001
57.575	−0.000 105	−0.000 2	71.755	0.000 513	0.000 008	84.454	−0.000 065	0.000 019
58.354	0.000 047	0.000 1	72.556	0.001 171	0.000 024	85.255	0.001 076	—
58.574	−0.000 006		72.655	−0.000 041	−0.000 001	85.475	−0.000 004	
61.657	0.000 046	0.000 1	73.355	−0.000 006		86.254	−0.000 016	
61.855	0.000 026	0.000 1	73.555	0.026 580	0.000 367	91.755	0.000 017	
62.656	0.001 348	0.001 8	73.775	−0.000 018		90.556	0.000 050	0.000 001
62.755	−0.000 011	—	74.356	0.000 167	0.000 003	91.555	0.000 396	0.000 006

续 表

幅角数	系数值		幅角数	系数值		幅角数	系数值	
	$(c_m/r_m)^3$	$(c_m/r_m)^4$		$(c_m/r_m)^3$	$(c_m/r_m)^4$		$(c_m/r_m)^3$	$(c_m/r_m)^4$
63.435	−0.000 052	−0.000 1	74.455	−0.000 143	−0.000 002	92.356	0.000 036	0.000 001
63.457	0.000 019	0.043 0	74.554	−0.000 287	−0.000 004	92.554	−0.000 005	—
63.655	0.031 475	—	75.355	0.013 442	0.000 210	93.355	0.000 496	0.000 009
64.456	0.001 014	0.001 4	75.454	0.000 022	—	94.354	−0.000 008	
64.555	−0.000 886	−0.001 2	75.575	−0.000 048	−0.000 001	95.155	0.000 085	0.000 002
64.654	−0.000 208	−0.000 3	76.354	−0.000 135	−0.000 002	XE.655	0.000 015	
65.455	0.164 395	0.220 1	77.155	−0.000 011	—	X0.456	0.000 011	
65.554	0.000 133	0.000 2	77.375	−0.000 013		X1.455	0.000 079	0.000 001
65.653	−0.000 018	—	78.855	0.000 006	—	X2.256	0.000 003	
65.675	−0.000 629	−0.000 8	80.656	0.000 091	0.000 001	X3.255	0.000 052	0.000 001
66.355	0.000 013	—	81.457	0.000 013	0.000 013	X5.055	0.000 004	—
66.454	−0.000 846	−0.001 1	81.655	0.000 814	0.000 005	X1.355	0.000 009	—

表 F-8 月亮真黄经(λ_m)计算的幅角数及系数表

幅角数	系数值	幅角数	系数值	幅角数	系数值	幅角数	系数值
55.654	0.000 005	64.555	−0.000 605	74.356	0.000 047	85.255	0.000 175
55.753	0.000 001	64.654	−0.000 138	74.455	−0.000 041	85.475	−0.000 219
55.775	0.000 006	65.356	−0.000 002	74.554	−0.000 119	86.254	−0.000 003
56.356	−0.000 012	65.455	0.109 760	75.355	0.003 728	−91.755	0.000 003
56.455	0.000 090	65.554	0.000 087	75.454	0.000 006	90.556	0.000 009
56.554	−0.003 243	65.653	−0.000 012	75.575	−0.001 996	91.555	0.000 067
56.576	0.000 007	65.675	−0.000 192	76.354	−0.000 037	92.356	0.000 006
57.355	−0.001 026	66.355	0.000 009	76.574	0.000 002	92.554	−0.000 001
57.553	−0.000 037	66.454	−0.000 532	77.155	−0.000 005	92.576	−0.000 002
57.575	−0.000 267	66.575	0.000 003	77.375	0.000 003	93.355	0.000 070
58.354	−0.000 042	67.255	−0.000 064	−81.657	0.000 002	93.575	−0.000 028
58.574	−0.000 011	67.453	−0.000 006	−81.855	0.000 001	94.354	−0.000 001
59.353	−0.000 001	68.254	−0.000 002	80.656	0.000 021	95.155	0.000 009
60.658	0.000 001	70.558	0.000 002	81.457	0.000 004	95.375	−0.000 019
61.635	0.000 001	70.576	0.000 013	81.655	0.000 186	95.595	0.000 002
61.657	0.000 036	71.557	0.000 040	82.456	0.000 071	XE.655	0.000 002
61.855	0.000 006	71.656	−0.000 001	82.555	0.000 002	X0.456	0.000 001
62.436	−0.000 002	71.755	0.000 149	82.654	−0.000 003	X1.455	0.000 010
62.535	−0.000 001	72.556	0.000 802	82.676	−0.000 002	X1.675	−0.000 001
62.656	0.001 000	72.655	−0.000 016	83.455	0.000 931	X3.255	0.000 005
62.755	−0.000 006	72.754	−0.000 002	83.675	−0.000 046	X3.475	−0.000 005
63.435	−0.000 031	73.335	−0.000 002	84.256	0.000 003	X5.275	−0.000 002
63.457	0.000 013	73.357	0.000 001	84.355	−0.000 003	Y1.355	0.000 001

续表

幅角数	系数值	幅角数	系数值	幅角数	系数值	幅角数	系数值
63.556	−0.000 003	73.555	0.011 490	84.454	−0.000 014		
63.655	0.022 236	73.654	0.000 001	84.476	−0.000 001		
64.456	0.000 717	73.775	−0.000 003	84.575	0.000 001		

表 F-9　月亮真黄纬(β_m)计算的幅角数及系数表

幅角数	系数值	幅角数	系数值	幅角数	系数值	幅角数	系数值
55.566	−0.000 004	64.544	−0.000 059	74.466	0.000 033	84.366	0.000 004
55.665	−0.004 847	64.566	0.000 024	74.565	−0.000 026	84.465	−0.000 003
56.444	−0.000 025	65.345	0.000 154	74.664	−0.000 006	84.564	−0.000 006
56.466	0.000 004	65.565	−0.089 504	75.245	0.000 008	85.365	0.000 300
56.565	0.000 023	66.344	0.000 002	75.465	0.004 897	85.585	−0.000 031
56.664	−0.000 027	66.465	0.000 002	75.564	0.000 004	86.364	−0.000 003
57.245	−0.000 001	66.564	−0.000 031	75.685	−0.000 014	90.666	0.000 002
57.465	−0.000 808	67.365	−0.000 075	76.464	−0.000 026	91.445	0.000 002
57.685	0.000 001	67.585	−0.000 011	77.265	−0.000 007	91.665	0.000 015
58.464	−0.000 036	68.364	−0.000 003	77.485	−0.000 002	92.466	0.000 006
59.463	−0.000 001	70.646	0.000 001	80.546	0.000 001	93.465	0.000 073
61.547	0.000 005	71.645	0.000 032	80.766	0.000 001	93.685	−0.000 001
61.745	0.000 003	71.667	0.000 002	81.545	0.000 018	94.464	−0.000 001
62.546	0.000 144	72.446	0.000 009	81.567	0.000 002	95.265	0.000 019
62.645	−0.000 002	72.545	−0.000 002	81.765	0.000 012	95.485	−0.000 005
63.545	0.003 024	72.666	0.000 043	82.556	0.000 039	X1.565	0.000 006
63.765	−0.000 008	73.445	0.000 162	82.665	−0.000 001	X3.365	0.000 007
64.346	0.000 001	73.665	0.000 967	83.345	0.000 010	X5.165	0.000 001
64.515	−0.000 003	74.444	−0.000 004	83.565	0.000 568	Y1.464	0.000 001

附录 C　参数 ΔUT2R 数据计算模型及用表

C.1　地球自转参数 ΔUT2R 的数据计算

地球自转参数 ΔUT1 的预报计算,一般不直接将参数 ΔUT1 的数据本身进行最小二乘拟合计算,实际计算既可采用扣除了固体地球带谐潮影响后的 ΔUT1R 数据,也可采用在 ΔUT1R 数据基础上再顾及季节变化对世界时 UT1 影响后的 ΔUT2R 数据进行拟合计算,即

$$\Delta UT2R = \Delta UT1 - \Delta D_t + \Delta T_s \tag{F.16}$$

式中:ΔD_t——固体地球带谐潮影响;

ΔT_s——季节变化对世界时 $UT1$ 的影响。

C.1.1 固体地球带谐潮影响的计算

固体地球带谐潮影响 ΔD_t 的计算，IERS 给出了周期 5.64 d～18.6 a 的如下计算模型：

$$\Delta D_t = \sum_{i=1}^{62} (B_i \sin\alpha_i + C_i \cos\alpha_i) \tag{F.17}$$

式中：B_i、C_i——固体地球带谐潮各周期项的系数，系数取值详见 C.2 节中的表 F-10；

α_i——幅角，为 5 个基本幅角的线性组合，即

$$\alpha_i = \sum_{k=1}^{5} n_{ik} F_k = n_{i1}F_1 + n_{i2}F_2 + n_{i3}F_3 + n_{i4}F_4 + n_{i5}F_5 \tag{F.18}$$

$$
\left.
\begin{aligned}
F_1 &\equiv l = 134.963\,402\,51° + 1\,717\,915\,923.217\,8''T + 31.879\,27''T^2 + \\
&\quad 0.051\,635''T^3 - 0.000\,244\,7''T^4 \\
F_2 &\equiv l' = 357.529\,109\,18° + 129\,596\,581.048\,1''T - 0.553\,2''T^2 + \\
&\quad 0.000\,136''T^3 - 0.000\,011\,49''T^4 \\
F_3 &\equiv F = 93.272\,090\,62° + 1\,739\,527\,262.847\,8''T - 12.751\,2''T^2 - \\
&\quad 0.001\,037''T^3 + 0.000\,004\,17''T^4 \\
F_4 &\equiv D = 297.850\,195\,47° + 1\,602\,961\,601.209\,0''T - 6.370\,6''T^2 + \\
&\quad 0.006\,593''T^3 - 0.000\,031\,69''T^4 \\
F_5 &\equiv \Omega = 125.044\,555\,01° - 6\,962\,890.543\,1''T + 7.472\,2''T^2 + \\
&\quad 0.007\,702''T^3 - 0.000\,059\,39''T^4
\end{aligned}
\right\} \tag{F.19}
$$

式中：$\qquad n_{ik}$——整数，其中 $i=1,2,\cdots,62$；

$F_k(k=1,2,\cdots,5)$——基本幅角，是 5 个与太阳、月亮位置有关的量；

$\qquad F_1$——月亮平近点角，即月亮相对于轨道近地点的平位置；

$\qquad F_2$——太阳平近点角，即地月质心相对于轨道近日点的平位置；

$\qquad F_3$——月亮平升交点角距，即月亮相对于轨道升交点的平位置；

$\qquad F_4$——日月平交距，即太阳月亮相对平位置；

$\qquad F_5$——月亮升交点平黄经，即月亮轨道升交点的平位置；

$\qquad T$——由 2000.0 起算至观测瞬间的儒略世纪数。

$$T = \frac{MJD + 2\,400\,000.5}{36\,525} \tag{F.20}$$

式中：MJD——简略儒略日，MJD＝JD－2 400 000.5；

$\qquad$ JD——儒略日。

C.1.2 季节变化对 UT1 影响的计算

季节变化对世界时 UT1 影响的 ΔT_s 计算，按国际上普遍采用的经验计算式进行，即

$$\Delta T_s = (0.022\sin2\pi - 0.012\cos2\pi - 0.006\sin4\pi + 0.007\cos4\pi)T_0 \tag{F.21}$$

式中：T_0——由贝塞尔年首起算的回归年小数部分，可按下式计算：

$$T_0 = \text{peanut}[(MJD - 46\,430.642\,72)/365.242\,2] \tag{F.22}$$

式中：符号 peanut[ ]表示取括号内的小数部分。

C. 2　固体地球带谐潮计算用表

固体地球带谐潮影响 ΔD_t 计算用表见表 F-10。

表 F-10　固体地球带谐潮计算系数表

序号	l'	l	D	F	Ω	天	B_i	C_i
1	1	0	2	2	2	5.64	−0.023 5	0.000 0
2	2	0	2	0	1	6.85	−0.040 4	0.000 0
3	2	0	2	0	2	6.86	−0.098 7	0.000 0
4	0	0	2	2	1	7.09	−0.050 8	0.000 0
5	0	0	2	2	2	7.10	−0.123 1	0.000 0
6	1	0	2	0	0	9.11	−0.038 5	0.000 0
7	1	0	2	0	1	9.12	−0.410 8	0.000 0
8	1	0	2	0	2	9.13	−0.992 6	0.000 0
9	3	0	0	0	0	9.18	−0.017 9	0.000 0
10	−1	0	2	2	1	9.54	−0.081 8	0.000 0
11	−1	0	2	2	2	9.56	−0.197 4	0.000 0
12	1	0	0	2	0	9.61	−0.076 1	0.000 0
13	2	0	2	−2	2	12.81	0.021 6	0.000 0
14	0	1	2	0	2	13.17	0.025 4	0.000 0
15	0	0	2	0	0	13.61	−0.298 9	0.000 0
16	0	0	2	1	1	13.63	−3.187 3	0.201 0
17	0	0	2	0	2	13.66	−7.846 8	0.532 0
18	2	0	0	0	−1	13.75	0.021 6	0.000 0
19	2	0	0	0	0	13.78	−0.338 4	0.000 0
20	2	0	0	0	1	13.81	0.017 9	0.000 0
21	0	−1	2	0	2	14.19	−0.024 4	0.000 0
22	0	0	0	2	−1	14.73	0.047 0	0.000 0
23	0	0	0	2	0	14.77	−0.734 1	0.000 0
24	0	0	0	2	1	14.80	−0.052 6	0.000 0
25	0	−1	0	2	0	15.39	−0.050 8	0.000 0
26	1	0	2	−2	1	23.86	0.049 8	0.000 0
27	1	0	2	−2	2	23.94	0.100 6	0.000 0
28	1	1	0	0	0	25.62	0.039 5	0.000 0
29	−1	0	2	0	0	26.88	0.047 0	0.000 0
30	−1	0	2	0	1	26.98	0.176 7	0.000 0
31	−1	0	2	0	2	27.09	0.435 2	0.000 0
32	1	0	0	0	−1	27.44	0.533 9	0.000 0
33	1	0	0	0	0	27.56	−8.404 6	0.250 0
34	1	0	0	0	1	27.67	0.544 3	0.000 0

续 表

序 号	l'	l	D	F	Ω	天	B_i	C_i
35	0	0	0	1	0	29.53	0.047 0	0.000 0
36	1	−1	0	0	0	29.80	−0.055 5	0.000 0
37	−1	0	0	2	−1	31.66	0.117 5	0.000 0
38	−1	0	0	2	0	31.81	−1.823 6	0.000 0
29	−1	0	0	2	1	31.86	0.131 6	0.000 0
40	1	0	−2	2	−1	32.61	0.017 9	0.000 0
41	−1	−1	0	2	0	34.85	−0.085 5	0.000 0
42	0	2	2	−2	2	91.31	−0.057 3	0.000 0
43	0	1	2	−2	1	119.61	0.032 9	0.000 0
44	0	1	2	−2	2	121.75	−1.884 7	0.000 0
45	0	0	2	−2	0	173.31	0.251 0	0.000 0
46	0	0	2	−2	1	177.84	1.170 3	0.000 0
47	0	0	2	−2	2	182.62	−49.717 4	0.433 0
48	0	2	0	0	0	182.63	−0.193 6	0.000 0
49	2	0	0	−2	−1	199.84	0.048 9	0.000 0
50	2	0	0	−2	0	205.89	−0.547 1	0.000 0
51	2	0	0	−2	1	212.32	0.036 7	0.000 0
52	0	−1	2	−2	1	346.60	−0.045 1	0.000 0
53	0	1	0	0	−1	346.64	0.092 1	0.000 0
54	0	−1	2	−2	2	365.22	0.828 1	0.000 0
55	0	1	0	0	0	365.26	−15.888 7	0.153 0
56	0	1	0	0	1	386.00	−0.138 2	0.000 0
57	1	0	0	−1	0	411.78	0.034 8	0.000 0
58	2	0	−2	0	0	−1 095.18	−0.137 2	0.000 0
59	−2	0	2	0	1	1 305.48	0.421 1	0.000 0
60	−1	1	0	1	0	3 232.86	−0.040 4	0.000 0
61	0	0	0	0	2	−3 399.19	7.899 8	0.000 0
62	0	0	0	0	1	−6 798.38	−1 617.268 1	0.000 0

附录 D ΔUT1 双差分拟合预报数据及 IERS 公报 A 预报数据的误差曲线图

本附录以误差曲线图的形式给出 ΔUT1 参数 40 期(2018 年 1 月 5 日—2021 年 11 月 6 日)IERS 公报 A 的预报数据误差,以及与之相应的基于 LS+AR 模型双差分拟合的预报数据误差(见图 F-1~图 F-40)。预报数据误差计算中的精确数据,取自 IERS 发布的 EOP 14

C04 地球定向参数长期数据文件。各误差曲线图中,实线为公报 A 预报数据的误差曲线,虚线为 LS+AR 模型双差分拟合预报数据的误差曲线,图题中【】内的数字为预报计算开始的第 1 d 时间。

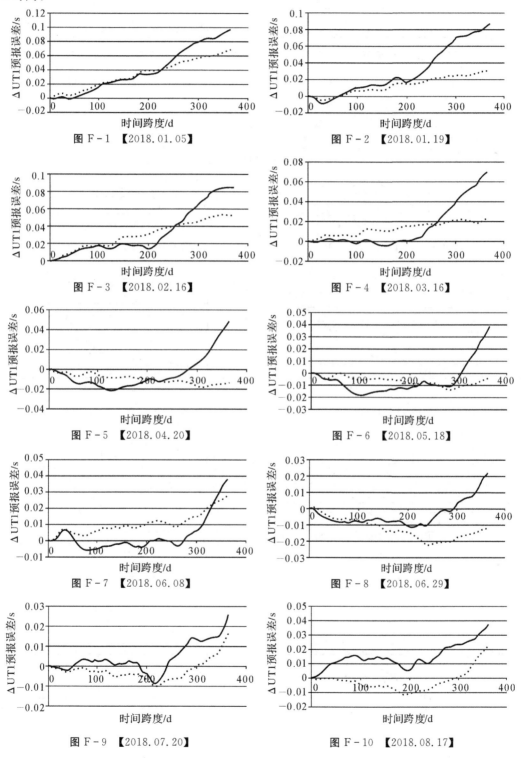

图 F-1　【2018.01.05】

图 F-2　【2018.01.19】

图 F-3　【2018.02.16】

图 F-4　【2018.03.16】

图 F-5　【2018.04.20】

图 F-6　【2018.05.18】

图 F-7　【2018.06.08】

图 F-8　【2018.06.29】

图 F-9　【2018.07.20】

图 F-10　【2018.08.17】

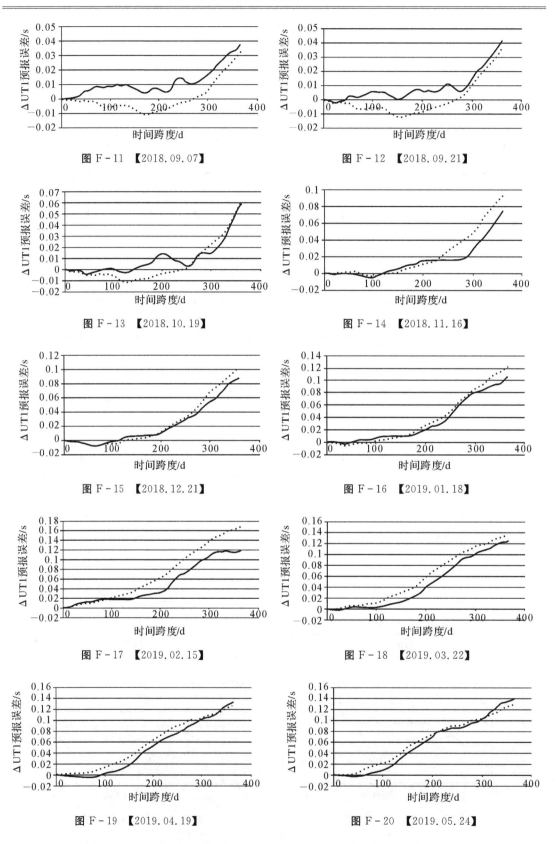

图 F-11 【2018.09.07】

图 F-12 【2018.09.21】

图 F-13 【2018.10.19】

图 F-14 【2018.11.16】

图 F-15 【2018.12.21】

图 F-16 【2019.01.18】

图 F-17 【2019.02.15】

图 F-18 【2019.03.22】

图 F-19 【2019.04.19】

图 F-20 【2019.05.24】

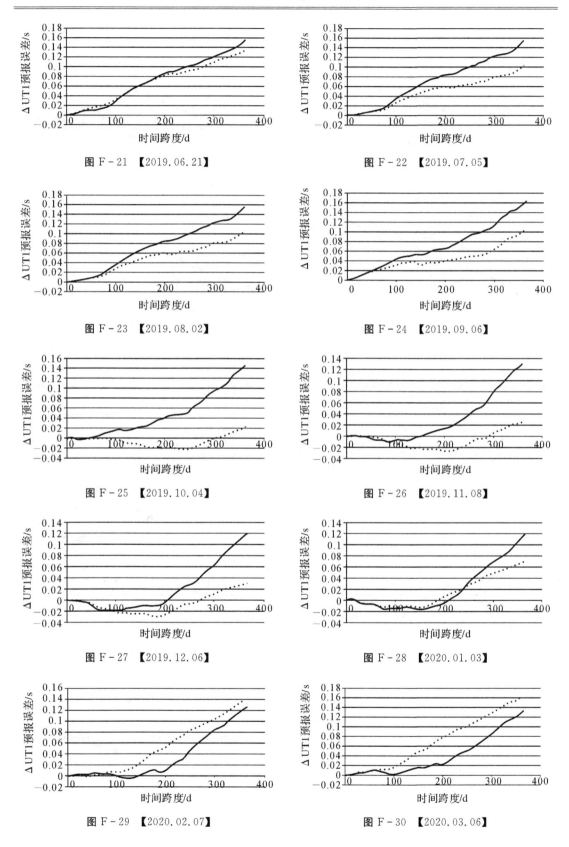

图 F-21 【2019.06.21】

图 F-22 【2019.07.05】

图 F-23 【2019.08.02】

图 F-24 【2019.09.06】

图 F-25 【2019.10.04】

图 F-26 【2019.11.08】

图 F-27 【2019.12.06】

图 F-28 【2020.01.03】

图 F-29 【2020.02.07】

图 F-30 【2020.03.06】

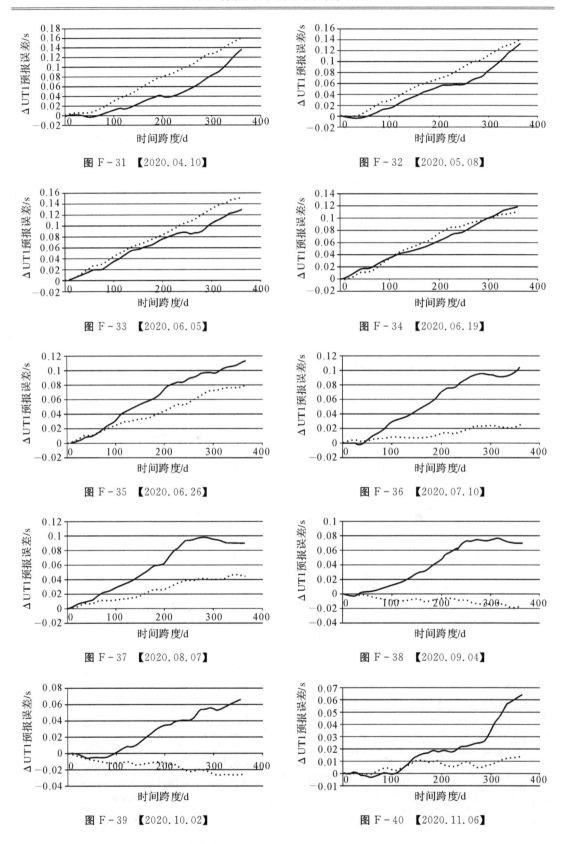

图 F-31 【2020.04.10】

图 F-32 【2020.05.08】

图 F-33 【2020.06.05】

图 F-34 【2020.06.19】

图 F-35 【2020.06.26】

图 F-36 【2020.07.10】

图 F-37 【2020.08.07】

图 F-38 【2020.09.04】

图 F-39 【2020.10.02】

图 F-40 【2020.11.06】

附录 E　EOP 14 C04 数据文件摘录

　　表 F-11 摘录了 IERS 发布的 EOP 14 C04 数据文件中 2000 年 1 月 1 日—2020 年 12 月 30 日涉及地球自转参数(ERP)的有关数据。

表 F-11　地球自转参数(ERP)数据表

年	月	日	儒略日	x_p/(″)	y_p/(″)	ΔUT1/s	年	月	日	儒略日	x_p/(″)	y_p/(″)	ΔUT1/s
2000	01	01	51 544	0.043 282	0.377 909	0.355 388 0	2000	01	02	51 545	0.043 551	0.377 738	0.354 504 8
2000	01	03	51 546	0.043 681	0.377 422	0.353 767 2	2000	01	04	51 547	0.043 462	0.377 133	0.353 179 7
2000	01	05	51 548	0.043 084	0.376 869	0.352 750 3	2000	01	06	51 549	0.043 029	0.376 412	0.352 324 5
2000	01	07	51 550	0.043 535	0.376 280	0.351 891 4	2000	01	08	51 551	0.043 845	0.376 262	0.351 434 6
2000	01	09	51 552	0.043 831	0.376 026	0.351 038 8	2000	01	10	51 553	0.043 606	0.375 570	0.350 534 7
2000	01	11	51 554	0.043 690	0.375 057	0.349 893 3	2000	01	12	51 555	0.044 197	0.374 815	0.349 071 1
2000	01	13	51 556	0.045 019	0.374 871	0.348 090 0	2000	01	14	51 557	0.046 584	0.374 991	0.346 925 0
2000	01	15	51 558	0.047 652	0.375 073	0.345 690 8	2000	01	16	51 559	0.048 551	0.374 963	0.344 517 7
2000	01	17	51 560	0.049 428	0.375 013	0.343 462 0	2000	01	18	51 561	0.050 704	0.375 187	0.342 499 1
2000	01	19	51 562	0.052 041	0.375 908	0.341 606 8	2000	01	20	51 563	0.053 163	0.375 867	0.340 723 9
2000	01	21	51 564	0.054 297	0.376 106	0.339 828 6	2000	01	22	51 565	0.055 145	0.376 466	0.338 916 2
2000	01	23	51 566	0.055 844	0.377 019	0.337 902 6	2000	01	24	51 567	0.056 264	0.377 371	0.336 735 1
2000	01	25	51 568	0.056 538	0.377 605	0.335 493 6	2000	01	26	51 569	0.056 600	0.377 523	0.334 251 9
2000	01	27	51 570	0.056 911	0.377 104	0.332 928 4	2000	01	28	51 571	0.057 432	0.376 888	0.331 683 9
2000	01	29	51 572	0.057 244	0.376 640	0.330 632 7	2000	01	30	51 573	0.056 960	0.376 311	0.329 729 5
2000	01	31	51 574	0.056 972	0.376 210	0.328 971 1	2000	02	01	51 575	0.056 990	0.375 764	0.328 324 8
2000	02	02	51 576	0.057 184	0.375 204	0.327 711 1	2000	02	03	51 577	0.057 629	0.374 563	0.327 184 5
2000	02	04	51 578	0.058 248	0.373 981	0.326 669 4	2000	02	05	51 579	0.058 980	0.373 381	0.326 094 6
2000	02	06	51 580	0.059 991	0.372 895	0.325 428 7	2000	02	07	51 581	0.061 145	0.372 475	0.324 651 1
2000	02	08	51 582	0.062 204	0.372 129	0.323 744 7	2000	02	09	51 583	0.063 500	0.372 097	0.322 596 7
2000	02	10	51 584	0.064 867	0.371 940	0.321 378 3	2000	02	11	51 585	0.065 953	0.371 392	0.320 149 1
2000	02	12	51 586	0.066 402	0.370 960	0.319 045 9	2000	02	13	51 587	0.066 212	0.370 340	0.318 067 8
2000	02	14	51 588	0.066 047	0.369 946	0.317 292 0	2000	02	15	51 589	0.065 976	0.369 514	0.316 640 9
2000	02	16	51 590	0.066 612	0.368 965	0.315 994 5	2000	02	17	51 591	0.067 406	0.368 647	0.315 281 7
2000	02	18	51 592	0.068 119	0.368 571	0.314 526 6	2000	02	19	51 593	0.068 547	0.368 542	0.313 723 5
2000	02	20	51 594	0.069 060	0.368 395	0.312 731 1	2000	02	21	51 595	0.069 323	0.368 272	0.311 566 1
2000	02	22	51 596	0.069 109	0.367 564	0.310 336 6	2000	02	23	51 597	0.068 886	0.366 973	0.309 114 4
2000	02	24	51 598	0.068 517	0.366 276	0.307 934 2	2000	02	25	51 599	0.067 957	0.365 512	0.306 877 7
2000	02	26	51 600	0.067 429	0.364 489	0.306 010 0	2000	02	27	51 601	0.067 020	0.363 666	0.305 287 1
2000	02	28	51 602	0.066 583	0.362 775	0.304 616 5	2000	02	29	51 603	0.066 512	0.362 125	0.304 060 5
2000	03	01	51 604	0.066 345	0.361 610	0.303 598 1	2000	03	02	51 605	0.066 499	0.361 104	0.303 013 2
2000	03	03	51 606	0.067 093	0.360 610	0.302 344 9	2000	03	04	51 607	0.067 859	0.360 414	0.301 622 7
2000	03	05	51 608	0.067 994	0.360 535	0.300 700 8	2000	03	06	51 609	0.068 076	0.360 166	0.299 607 6
2000	03	07	51 610	0.068 510	0.359 999	0.298 373 2	2000	03	08	51 611	0.068 897	0.359 855	0.297 077 3

续 表

年	月	日	儒略日	$x_p/('')$	$y_p/('')$	$\Delta UT1/s$	年	月	日	儒略日	$x_p/('')$	$y_p/('')$	$\Delta UT1/s$
2000	03	09	51 612	0.069 186	0.359 399	0.295 642 7	2000	03	10	51 613	0.070 155	0.359 049	0.294 229 5
2000	03	11	51 614	0.071 688	0.358 815	0.292 974 3	2000	03	12	51 615	0.073 143	0.358 957	0.291 849 1
2000	03	13	51 616	0.074 031	0.358 646	0.290 888 6	2000	03	14	51 617	0.074 604	0.358 204	0.290 060 7
2000	03	15	51 618	0.074 769	0.357 418	0.289 291 8	2000	03	16	51 619	0.074 915	0.356 420	0.288 458 4
2000	03	17	51 620	0.074 698	0.355 799	0.287 550 6	2000	03	18	51 621	0.074 260	0.354 954	0.286 607 9
2000	03	19	51 622	0.073 971	0.354 172	0.285 653 7	2000	03	20	51 623	0.073 725	0.353 205	0.284 665 6
2000	03	21	51 624	0.073 931	0.352 673	0.283 647 8	2000	03	22	51 625	0.074 115	0.352 471	0.282 635 0
2000	03	23	51 626	0.074 035	0.351 743	0.281 571 4	2000	03	24	51 627	0.074 094	0.351 189	0.280 624 9
2000	03	25	51 628	0.073 861	0.350 695	0.279 901 1	2000	03	26	51 629	0.073 468	0.349 799	0.279 304 8
2000	03	27	51 630	0.073 137	0.348 856	0.278 871 8	2000	03	28	51 631	0.072 830	0.348 178	0.278 492 2
2000	03	29	51 632	0.072 618	0.347 435	0.278 100 6	2000	03	30	51 633	0.073 356	0.346 488	0.277 637 4
2000	03	31	51 634	0.074 464	0.346 126	0.277 120 8	2000	04	01	51 635	0.075 340	0.346 061	0.276 512 0
2000	04	02	51 636	0.075 735	0.346 320	0.275 579 8	2000	04	03	51 637	0.076 482	0.346 647	0.274 474 1
2000	04	04	51 638	0.077 226	0.347 082	0.273 235 0	2000	04	05	51 639	0.077 189	0.347 143	0.271 938 1
2000	04	06	51 640	0.077 024	0.346 919	0.270 590 1	2000	04	07	51 641	0.077 278	0.346 353	0.269 307 5
2000	04	08	51 642	0.077 731	0.345 818	0.268 194 3	2000	04	09	51 643	0.077 798	0.345 231	0.267 269 0
2000	04	10	51 644	0.078 076	0.344 341	0.266 457 4	2000	04	11	51 645	0.079 111	0.343 534	0.265 706 2
2000	04	12	51 646	0.080 331	0.343 409	0.264 946 5	2000	04	13	51 647	0.081 472	0.343 411	0.263 970 8
2000	04	14	51 648	0.082 121	0.343 673	0.262 847 1	2000	04	15	51 649	0.082 048	0.343 986	0.261 634 5
2000	04	16	51 650	0.082 160	0.344 331	0.260 269 4	2000	04	17	51 651	0.082 314	0.344 301	0.258 797 8
2000	04	18	51 652	0.082 532	0.344 198	0.257 352 7	2000	04	19	51 653	0.082 328	0.343 973	0.256 027 1
2000	04	20	51 654	0.082 356	0.343 225	0.254 723 9	2000	04	21	51 655	0.082 627	0.342 565	0.253 550 6
2000	04	22	51 656	0.082 550	0.341 903	0.252 555 6	2000	04	23	51 657	0.082 778	0.340 963	0.251 696 0
2000	04	24	51 658	0.083 355	0.340 230	0.250 938 3	2000	04	25	51 659	0.084 119	0.339 736	0.250 234 9
2000	04	26	51 660	0.084 972	0.339 378	0.249 621 5	2000	04	27	51 661	0.085 832	0.338 986	0.248 929 1
2000	04	28	51 662	0.086 614	0.338 790	0.248 099 6	2000	04	29	51 663	0.087 428	0.338 522	0.247 111 1
2000	04	30	51 664	0.088 320	0.338 017	0.245 978 2	2000	05	01	51 665	0.089 160	0.337 532	0.244 657 1
2000	05	02	51 666	0.089 619	0.337 245	0.243 215 9	2000	05	03	51 667	0.090 108	0.336 866	0.241 741 6
2000	05	04	51 668	0.089 970	0.336 192	0.240 216 2	2000	05	05	51 669	0.089 517	0.335 016	0.238 806 1
2000	05	06	51 670	0.089 168	0.333 928	0.237 650 3	2000	05	07	51 671	0.088 610	0.333 122	0.236 658 7
2000	05	08	51 672	0.087 910	0.332 071	0.235 781 6	2000	05	09	51 673	0.087 538	0.330 997	0.234 941 3
2000	05	10	51 674	0.087 301	0.330 222	0.234 050 8	2000	05	11	51 675	0.087 345	0.329 786	0.233 037 5
2000	05	12	51 676	0.088 037	0.329 743	0.231 895 0	2000	05	13	51 677	0.088 864	0.329 725	0.230 666 1
2000	05	14	51 678	0.089 523	0.329 858	0.229 410 4	2000	05	15	51 679	0.090 082	0.329 836	0.228 101 7
2000	05	16	51 680	0.090 670	0.329 436	0.226 884 9	2000	05	17	51 681	0.090 943	0.328 621	0.225 874 5
2000	05	18	51 682	0.091 505	0.327 809	0.224 869 9	2000	05	19	51 683	0.092 249	0.327 219	0.223 966 9
2000	05	20	51 684	0.093 309	0.326 704	0.223 210 5	2000	05	21	51 685	0.094 143	0.326 295	0.222 602 6
2000	05	22	51 686	0.094 656	0.325 813	0.222 099 1	2000	05	23	51 687	0.094 718	0.324 964	0.221 634 6
2000	05	24	51 688	0.094 792	0.323 558	0.221 113 9	2000	05	25	51 689	0.095 375	0.322 523	0.220 537 7
2000	05	26	51 690	0.096 124	0.321 709	0.219 916 5	2000	05	27	51 691	0.097 346	0.320 982	0.219 255 0

续　表

年	月	日	儒略日	$x_p/('')$	$y_p/('')$	$\Delta UT1/s$	年	月	日	儒略日	$x_p/('')$	$y_p/('')$	$\Delta UT1/s$
2000	05	28	51 692	0. 098 911	0. 320 301	0. 218 449 9	2000	05	29	51 693	0. 100 783	0. 319 487	0. 217 580 1
2000	05	30	51 694	0. 102 450	0. 318 903	0. 216 664 7	2000	05	31	51 695	0. 103 803	0. 318 226	0. 215 784 8
2000	06	01	51 696	0. 105 113	0. 317 643	0. 214 906 6	2000	06	02	51 697	0. 106 412	0. 316 737	0. 214 135 9
2000	06	03	51 698	0. 107 800	0. 315 668	0. 213 517 3	2000	06	04	51 699	0. 108 840	0. 314 688	0. 213 023 6
2000	06	05	51 700	0. 109 845	0. 313 739	0. 212 571 5	2000	06	06	51 701	0. 111 019	0. 312 822	0. 212 098 7
2000	06	07	51 702	0. 111 955	0. 312 030	0. 211 570 6	2000	06	08	51 703	0. 112 636	0. 311 329	0. 210 805 6
2000	06	09	51 704	0. 112 602	0. 310 501	0. 209 903 5	2000	06	10	51 705	0. 112 488	0. 309 184	0. 208 965 5
2000	06	11	51 706	0. 112 664	0. 307 665	0. 208 071 8	2000	06	12	51 707	0. 113 214	0. 306 193	0. 207 298 8
2000	06	13	51 708	0. 113 522	0. 305 075	0. 206 673 8	2000	06	14	51 709	0. 113 693	0. 303 785	0. 206 237 2
2000	06	15	51 710	0. 113 849	0. 302 616	0. 206 027 1	2000	06	16	51 711	0. 113 217	0. 301 386	0. 206 003 8
2000	06	17	51 712	0. 112 244	0. 300 375	0. 206 070 7	2000	06	18	51 713	0. 111 057	0. 299 442	0. 206 166 6
2000	06	19	51 714	0. 109 902	0. 297 909	0. 206 386 2	2000	06	20	51 715	0. 108 857	0. 296 247	0. 206 602 3
2000	06	21	51 716	0. 108 158	0. 294 504	0. 206 711 2	2000	06	22	51 717	0. 107 765	0. 292 734	0. 206 650 4
2000	06	23	51 718	0. 107 582	0. 290 950	0. 206 509 8	2000	06	24	51 719	0. 107 854	0. 289 269	0. 206 346 3
2000	06	25	51 720	0. 108 234	0. 288 074	0. 206 055 9	2000	06	26	51 721	0. 108 590	0. 286 830	0. 205 661 8
2000	06	27	51 722	0. 109 021	0. 285 481	0. 205 232 3	2000	06	28	51 723	0. 109 571	0. 284 098	0. 204 837 6
2000	06	29	51 724	0. 110 187	0. 283 079	0. 204 446 2	2000	06	30	51 725	0. 110 329	0. 281 805	0. 204 166 6
2000	07	01	51 726	0. 110 239	0. 280 109	0. 204 064 7	2000	07	02	51 727	0. 110 106	0. 278 752	0. 204 085 8
2000	07	03	51 728	0. 109 621	0. 277 637	0. 204 077 1	2000	07	04	51 729	0. 109 086	0. 276 473	0. 203 951 1
2000	07	05	51 730	0. 108 261	0. 275 685	0. 203 657 6	2000	07	06	51 731	0. 107 371	0. 274 941	0. 203 198 2
2000	07	07	51 732	0. 106 970	0. 274 116	0. 202 582 2	2000	07	08	51 733	0. 106 981	0. 273 402	0. 201 912 0
2000	07	09	51 734	0. 106 417	0. 272 972	0. 201 267 7	2000	07	10	51 735	0. 105 561	0. 272 208	0. 200 704 1
2000	07	11	51 736	0. 104 447	0. 271 613	0. 200 259 5	2000	07	12	51 737	0. 103 671	0. 270 534	0. 199 910 6
2000	07	13	51 738	0. 102 946	0. 269 478	0. 199 705 2	2000	07	14	51 739	0. 102 245	0. 268 223	0. 199 616 7
2000	07	15	51 740	0. 101 308	0. 267 224	0. 199 640 0	2000	07	16	51 741	0. 100 084	0. 265 984	0. 199 788 9
2000	07	17	51 742	0. 099 269	0. 265 027	0. 199 980 1	2000	07	18	51 743	0. 098 336	0. 264 133	0. 200 171 9
2000	07	19	51 744	0. 097 105	0. 263 129	0. 200 324 0	2000	07	20	51 745	0. 096 050	0. 261 735	0. 200 461 6
2000	07	21	51 746	0. 094 886	0. 260 340	0. 200 547 9	2000	07	22	51 747	0. 093 481	0. 259 256	0. 200 595 9
2000	07	23	51 748	0. 092 040	0. 258 376	0. 200 539 4	2000	07	24	51 749	0. 091 253	0. 257 108	0. 200 452 1
2000	07	25	51 750	0. 090 781	0. 256 261	0. 200 375 0	2000	07	26	51 751	0. 090 438	0. 255 796	0. 200 292 6
2000	07	27	51 752	0. 090 290	0. 255 342	0. 200 255 7	2000	07	28	51 753	0. 089 950	0. 254 846	0. 200 303 3
2000	07	29	51 754	0. 089 060	0. 254 203	0. 200 419 2	2000	07	30	51 755	0. 088 355	0. 253 500	0. 200 606 9
2000	07	31	51 756	0. 087 599	0. 252 614	0. 200 698 4	2000	08	01	51 757	0. 086 972	0. 251 926	0. 200 641 0
2000	08	02	51 758	0. 086 351	0. 251 350	0. 200 467 4	2000	08	03	51 759	0. 085 922	0. 250 926	0. 200 111 1
2000	08	04	51 760	0. 085 375	0. 250 533	0. 199 675 7	2000	08	05	51 761	0. 084 659	0. 249 907	0. 199 255 5
2000	08	06	51 762	0. 083 947	0. 249 250	0. 198 934 1	2000	08	07	51 763	0. 083 269	0. 248 705	0. 198 748 8
2000	08	08	51 764	0. 082 358	0. 248 329	0. 198 723 3	2000	08	09	51 765	0. 081 260	0. 247 985	0. 198 883 0
2000	08	10	51 766	0. 080 084	0. 247 712	0. 199 061 8	2000	08	11	51 767	0. 078 274	0. 247 447	0. 199 279 4
2000	08	12	51 768	0. 076 590	0. 246 574	0. 199 528 5	2000	08	13	51 769	0. 074 991	0. 245 841	0. 199 778 6
2000	08	14	51 770	0. 073 597	0. 245 259	0. 199 947 7	2000	08	15	51 771	0. 072 564	0. 244 767	0. 199 991 7

续 表

年	月	日	儒略日	$x_p/('')$	$y_p/('')$	$\Delta UT1/s$	年	月	日	儒略日	$x_p/('')$	$y_p/('')$	$\Delta UT1/s$
2000	08	16	51 772	0.071 989	0.244 294	0.199 912 7	2000	08	17	51 773	0.071 351	0.244 277	0.199 661 6
2000	08	18	51 774	0.070 444	0.244 289	0.199 247 1	2000	08	19	51 775	0.069 204	0.244 415	0.198 683 5
2000	08	20	51 776	0.067 540	0.244 210	0.198 028 3	2000	08	21	51 777	0.065 964	0.244 069	0.197 343 0
2000	08	22	51 778	0.063 894	0.243 836	0.196 684 0	2000	08	23	51 779	0.062 095	0.243 576	0.196 063 2
2000	08	24	51 780	0.060 583	0.243 283	0.195 516 8	2000	08	25	51 781	0.059 125	0.242 833	0.195 043 5
2000	08	26	51 782	0.057 446	0.242 980	0.194 603 8	2000	08	27	51 783	0.055 606	0.242 954	0.194 188 9
2000	08	28	51 784	0.053 815	0.242 678	0.193 650 0	2000	08	29	51 785	0.052 284	0.242 385	0.192 945 7
2000	08	30	51 786	0.051 227	0.242 020	0.192 098 1	2000	08	31	51 787	0.050 094	0.241 838	0.191 133 7
2000	09	01	51 788	0.049 149	0.242 016	0.190 157 3	2000	09	02	51 789	0.047 956	0.242 121	0.189 256 5
2000	09	03	51 790	0.046 791	0.242 052	0.188 510 3	2000	09	04	51 791	0.045 267	0.242 208	0.187 952 2
2000	09	05	51 792	0.043 388	0.242 258	0.187 584 2	2000	09	06	51 793	0.041 473	0.242 320	0.187 384 9
2000	09	07	51 794	0.039 014	0.242 166	0.187 267 1	2000	09	08	51 795	0.036 693	0.241 767	0.187 238 2
2000	09	09	51 796	0.034 228	0.241 347	0.187 323 2	2000	09	10	51 797	0.031 784	0.240 621	0.187 364 9
2000	09	11	51 798	0.029 885	0.240 222	0.187 329 7	2000	09	12	51 799	0.027 876	0.239 906	0.187 202 7
2000	09	13	51 800	0.025 274	0.239 634	0.187 035 3	2000	09	14	51 801	0.022 086	0.239 787	0.186 628 9
2000	09	15	51 802	0.019 134	0.239 916	0.186 064 5	2000	09	16	51 803	0.016 783	0.240 022	0.185 373 4
2000	09	17	51 804	0.015 191	0.240 015	0.184 655 3	2000	09	18	51 805	0.013 685	0.240 526	0.183 974 8
2000	09	19	51 806	0.012 390	0.241 222	0.183 378 8	2000	09	20	51 807	0.010 673	0.242 265	0.182 897 9
2000	09	21	51 808	0.008 863	0.243 294	0.182 503 5	2000	09	22	51 809	0.006 863	0.243 810	0.182 073 8
2000	09	23	51 810	0.005 365	0.243 669	0.181 622 8	2000	09	24	51 811	0.004 159	0.243 572	0.181 219 7
2000	09	25	51 812	0.002 970	0.243 639	0.180 639 2	2000	09	26	51 813	0.001 745	0.243 714	0.179 862 8
2000	09	27	51 814	0.000 719	0.244 100	0.178 884 0	2000	09	28	51 815	−0.000 550	0.244 683	0.177 719 4
2000	09	29	51 816	−0.002 260	0.245 702	0.176 552 9	2000	09	30	51 817	−0.004 300	0.246 566	0.175 536 4
2000	10	01	51 818	−0.005 834	0.247 135	0.174 618 0	2000	10	02	51 819	−0.007 143	0.247 786	0.173 877 0
2000	10	03	51 820	−0.009 083	0.248 486	0.173 334 7	2000	10	04	51 821	−0.011 243	0.248 977	0.173 049 7
2000	10	05	51 822	−0.013 099	0.249 524	0.172 784 5	2000	10	06	51 823	−0.014 650	0.250 125	0.172 529 3
2000	10	07	51 824	−0.016 103	0.250 552	0.172 268 1	2000	10	08	51 825	−0.017 586	0.250 708	0.171 852 9
2000	10	09	51 826	−0.019 009	0.251 060	0.171 289 3	2000	10	10	51 827	−0.020 528	0.251 898	0.170 547 8
2000	10	11	51 828	−0.021 815	0.253 145	0.169 596 3	2000	10	12	51 829	−0.022 870	0.254 828	0.168 477 7
2000	10	13	51 830	−0.024 222	0.256 585	0.167 191 9	2000	10	14	51 831	−0.026 177	0.258 129	0.165 835 6
2000	10	15	51 832	−0.028 172	0.259 351	0.164 532 1	2000	10	16	51 833	−0.030 374	0.260 496	0.163 308 4
2000	10	17	51 834	−0.032 251	0.261 189	0.162 205 1	2000	10	18	51 835	−0.033 909	0.262 038	0.161 180 1
2000	10	19	51 836	−0.035 688	0.262 804	0.160 226 6	2000	10	20	51 837	−0.037 464	0.263 626	0.159 322 5
2000	10	21	51 838	−0.039 128	0.264 584	0.158 363 7	2000	10	22	51 839	−0.040 589	0.265 507	0.157 277 7
2000	10	23	51 840	−0.042 007	0.266 930	0.156 018 4	2000	10	24	51 841	−0.043 341	0.268 602	0.154 594 4
2000	10	25	51 842	−0.044 253	0.270 088	0.153 052 9	2000	10	26	51 843	−0.045 550	0.271 814	0.151 440 0
2000	10	27	51 844	−0.046 939	0.273 705	0.149 845 1	2000	10	28	51 845	−0.048 327	0.275 161	0.148 321 4
2000	10	29	51 846	−0.049 265	0.276 439	0.147 037 9	2000	10	30	51 847	−0.050 052	0.278 395	0.145 917 4
2000	10	31	51 848	−0.051 094	0.280 815	0.144 943 1	2000	11	01	51 849	−0.052 417	0.282 867	0.144 041 6
2000	11	02	51 850	−0.053 694	0.284 365	0.143 219 7	2000	11	03	51 851	−0.055 164	0.286 178	0.142 420 6

续 表

年	月	日	儒略日	$x_p/('')$	$y_p/('')$	$\Delta UT1/s$	年	月	日	儒略日	$x_p/('')$	$y_p/('')$	$\Delta UT1/s$
2000	11	04	51 852	−0.056 481	0.287 857	0.141 594 7	2000	11	05	51 853	−0.057 678	0.289 390	0.140 698 8
2000	11	06	51 854	−0.059 210	0.291 272	0.139 703 7	2000	11	07	51 855	−0.060 754	0.293 583	0.138 594 7
2000	11	08	51 856	−0.062 173	0.295 889	0.137 369 2	2000	11	09	51 857	−0.063 771	0.297 999	0.136 061 3
2000	11	10	51 858	−0.065 175	0.299 623	0.134 721 0	2000	11	11	51 859	−0.066 122	0.300 859	0.133 418 9
2000	11	12	51 860	−0.066 267	0.301 790	0.132 230 9	2000	11	13	51 861	−0.066 359	0.303 416	0.131 213 7
2000	11	14	51 862	−0.067 272	0.305 461	0.130 382 2	2000	11	15	51 863	−0.069 108	0.307 209	0.129 692 8
2000	11	16	51 864	−0.071 235	0.308 677	0.129 032 4	2000	11	17	51 865	−0.073 178	0.309 937	0.128 365 0
2000	11	18	51 866	−0.074 827	0.311 678	0.127 698 2	2000	11	19	51 867	−0.075 726	0.313 629	0.126 866 3
2000	11	20	51 868	−0.075 931	0.315 766	0.125 887 8	2000	11	21	51 869	−0.075 827	0.318 170	0.124 804 0
2000	11	22	51 870	−0.075 821	0.320 485	0.123 694 4	2000	11	23	51 871	−0.076 148	0.322 508	0.122 562 5
2000	11	24	51 872	−0.076 556	0.324 300	0.121 501 5	2000	11	25	51 873	−0.077 094	0.326 015	0.120 568 5
2000	11	26	51 874	−0.077 702	0.327 843	0.119 778 0	2000	11	27	51 875	−0.078 454	0.329 906	0.119 118 2
2000	11	28	51 876	−0.079 116	0.331 758	0.118 555 9	2000	11	29	51 877	−0.079 303	0.333 520	0.118 055 2
2000	11	30	51 878	−0.079 567	0.335 367	0.117 466 4	2000	12	01	51 879	−0.080 088	0.337 160	0.116 821 3
2000	12	02	51 880	−0.080 678	0.338 938	0.116 193 2	2000	12	03	51 881	−0.080 846	0.340 656	0.115 411 3
2000	12	04	51 882	−0.080 899	0.342 253	0.114 483 1	2000	12	05	51 883	−0.081 176	0.343 996	0.113 411 1
2000	12	06	51 884	−0.081 761	0.345 538	0.112 226 5	2000	12	07	51 885	−0.082 310	0.347 259	0.110 861 5
2000	12	08	51 886	−0.082 802	0.349 206	0.109 470 1	2000	12	09	51 887	−0.083 382	0.351 179	0.108 238 4
2000	12	10	51 888	−0.083 754	0.352 915	0.107 081 3	2000	12	11	51 889	−0.083 843	0.354 191	0.106 102 2
2000	12	12	51 890	−0.083 646	0.355 623	0.105 299 6	2000	12	13	51 891	−0.082 664	0.357 131	0.104 591 1
2000	12	14	51 892	−0.081 393	0.359 260	0.103 942 1	2000	12	15	51 893	−0.080 135	0.361 383	0.103 191 0
2000	12	16	51 894	−0.079 024	0.363 630	0.102 347 4	2000	12	17	51 895	−0.078 067	0.365 887	0.101 543 0
2000	12	18	51 896	−0.077 727	0.368 191	0.100 654 7	2000	12	19	51 897	−0.078 190	0.369 885	0.099 743 1
2000	12	20	51 898	−0.078 619	0.371 768	0.098 794 4	2000	12	21	51 899	−0.078 763	0.374 025	0.097 863 4
2000	12	22	51 900	−0.078 429	0.376 450	0.097 082 5	2000	12	23	51 901	−0.077 978	0.379 162	0.096 580 5
2000	12	24	51 902	−0.077 583	0.381 643	0.096 091 5	2000	12	25	51 903	−0.077 083	0.384 328	0.095 721 0
2000	12	26	51 904	−0.076 528	0.386 679	0.095 432 1	2000	12	27	51 905	−0.076 299	0.388 960	0.095 178 9
2000	12	28	51 906	−0.076 091	0.390 943	0.094 912 2	2000	12	29	51 907	−0.075 460	0.392 853	0.094 612 1
2000	12	30	51 908	−0.074 894	0.394 769	0.094 231 0	2000	12	31	51 909	−0.074 242	0.396 478	0.093 759 6
2001	01	01	51 910	−0.073 506	0.398 095	0.093 162 6	2001	01	02	51 911	−0.072 651	0.399 806	0.092 454 6
2001	01	03	51 912	−0.071 557	0.401 864	0.091 657 3	2001	01	04	51 913	−0.071 024	0.403 840	0.090 719 5
2001	01	05	51 914	−0.070 723	0.405 333	0.089 766 7	2001	01	06	51 915	−0.070 378	0.406 725	0.088 929 2
2001	01	07	51 916	−0.070 068	0.408 041	0.088 237 5	2001	01	08	51 917	−0.070 205	0.409 479	0.087 686 1
2001	01	09	51 918	−0.070 220	0.410 814	0.087 244 5	2001	01	10	51 919	−0.069 861	0.412 336	0.086 819 9
2001	01	11	51 920	−0.069 330	0.414 004	0.086 400 3	2001	01	12	51 921	−0.068 456	0.416 120	0.085 845 1
2001	01	13	51 922	−0.067 463	0.418 251	0.085 116 1	2001	01	14	51 923	−0.066 479	0.420 226	0.084 239 0
2001	01	15	51 924	−0.065 406	0.422 044	0.083 310 0	2001	01	16	51 925	−0.063 999	0.423 541	0.082 418 0
2001	01	17	51 926	−0.062 602	0.425 076	0.081 638 4	2001	01	18	51 927	−0.061 434	0.426 438	0.080 936 9
2001	01	19	51 928	−0.060 301	0.428 009	0.080 399 2	2001	01	20	51 929	−0.059 175	0.429 380	0.080 102 6
2001	01	21	51 930	−0.058 122	0.430 418	0.079 997 0	2001	01	22	51 931	−0.056 745	0.431 190	0.079 990 4

续 表

年	月	日	儒略日	x_p/(")	y_p/(")	ΔUT1/s	年	月	日	儒略日	x_p/(")	y_p/(")	ΔUT1/s
2001	01	23	51 932	−0.055 378	0.432 515	0.080 035 4	2001	01	24	51 933	−0.054 038	0.434 299	0.080 105 4
2001	01	25	51 934	−0.052 227	0.436 048	0.080 110 5	2001	01	26	51 935	−0.050 435	0.438 026	0.079 958 9
2001	01	27	51 936	−0.049 130	0.439 812	0.079 678 7	2001	01	28	51 937	−0.047 602	0.441 607	0.079 294 4
2001	01	29	51 938	−0.045 537	0.443 509	0.078 817 2	2001	01	30	51 939	−0.043 660	0.444 974	0.078 278 2
2001	01	31	51 940	−0.042 067	0.446 396	0.077 706 0	2001	02	01	51 941	−0.040 683	0.447 325	0.077 206 6
2001	02	02	51 942	−0.039 012	0.448 060	0.076 791 7	2001	02	03	51 943	−0.037 722	0.448 868	0.076 483 7
2001	02	04	51 944	−0.036 102	0.449 525	0.076 349 7	2001	02	05	51 945	−0.034 057	0.450 440	0.076 312 8
2001	02	06	51 946	−0.032 137	0.451 811	0.076 298 1	2001	02	07	51 947	−0.030 357	0.453 129	0.076 185 0
2001	02	08	51 948	−0.028 446	0.454 738	0.075 840 0	2001	02	09	51 949	−0.026 509	0.456 415	0.075 193 5
2001	02	10	51 950	−0.024 658	0.457 716	0.074 293 5	2001	02	11	51 951	−0.023 316	0.459 250	0.073 265 3
2001	02	12	51 952	−0.022 418	0.459 847	0.072 146 3	2001	02	13	51 953	−0.020 876	0.460 700	0.071 040 8
2001	02	14	51 954	−0.019 291	0.462 062	0.069 934 0	2001	02	15	51 955	−0.017 628	0.463 391	0.068 981 4
2001	02	16	51 956	−0.015 912	0.464 796	0.068 095 3	2001	02	17	51 957	−0.014 004	0.466 027	0.067 321 4
2001	02	18	51 958	−0.012 265	0.467 304	0.066 741 9	2001	02	19	51 959	−0.010 537	0.468 393	0.066 192 4
2001	02	20	51 960	−0.008 328	0.469 468	0.065 625 2	2001	02	21	51 961	−0.005 562	0.470 907	0.064 976 8
2001	02	22	51 962	−0.002 336	0.472 215	0.064 279 5	2001	02	23	51 963	0.001 092	0.474 111	0.063 425 5
2001	02	24	51 964	0.004 163	0.475 950	0.062 409 3	2001	02	25	51 965	0.006 920	0.477 590	0.061 263 3
2001	02	26	51 966	0.009 549	0.478 908	0.059 998 8	2001	02	27	51 967	0.012 074	0.480 194	0.058 644 2
2001	02	28	51 968	0.014 486	0.481 242	0.057 206 6	2001	03	01	51 969	0.016 313	0.482 299	0.055 751 4
2001	03	02	51 970	0.017 274	0.482 873	0.054 378 9	2001	03	03	51 971	0.018 462	0.483 317	0.053 198 1
2001	03	04	51 972	0.020 361	0.483 895	0.052 198 5	2001	03	05	51 973	0.022 732	0.484 691	0.051 276 6
2001	03	06	51 974	0.024 518	0.485 505	0.050 355 6	2001	03	07	51 975	0.026 429	0.485 567	0.049 343 5
2001	03	08	51 976	0.028 751	0.485 696	0.048 126 2	2001	03	09	51 977	0.031 152	0.485 572	0.046 661 6
2001	03	10	51 978	0.033 442	0.485 468	0.045 040 5	2001	03	11	51 979	0.035 591	0.485 590	0.043 416 7
2001	03	12	51 980	0.038 016	0.485 669	0.041 851 3	2001	03	13	51 981	0.040 989	0.485 835	0.040 448 4
2001	03	14	51 982	0.043 953	0.486 209	0.039 227 2	2001	03	15	51 983	0.046 520	0.486 623	0.038 277 8
2001	03	16	51 984	0.048 698	0.486 701	0.037 543 6	2001	03	17	51 985	0.051 018	0.487 265	0.036 934 1
2001	03	18	51 986	0.053 561	0.487 517	0.036 479 7	2001	03	19	51 987	0.056 342	0.487 938	0.036 073 2
2001	03	20	51 988	0.059 115	0.488 661	0.035 655 0	2001	03	21	51 989	0.061 695	0.489 127	0.035 167 6
2001	03	22	51 990	0.064 563	0.489 220	0.034 579 4	2001	03	23	51 991	0.067 364	0.489 627	0.033 868 8
2001	03	24	51 992	0.070 242	0.490 171	0.033 030 2	2001	03	25	51 993	0.073 398	0.490 661	0.032 092 7
2001	03	26	51 994	0.076 419	0.491 045	0.031 073 6	2001	03	27	51 995	0.079 267	0.491 300	0.030 025 6
2001	03	28	51 996	0.081 786	0.491 316	0.028 956 8	2001	03	29	51 997	0.084 074	0.491 268	0.027 949 6
2001	03	30	51 998	0.086 376	0.491 079	0.027 034 7	2001	03	31	51 999	0.088 668	0.490 486	0.026 239 1
2001	04	01	52 000	0.090 643	0.489 891	0.025 576 1	2001	04	02	52 001	0.092 716	0.489 314	0.024 926 0
2001	04	03	52 002	0.094 782	0.489 040	0.024 203 6	2001	04	04	52 003	0.096 877	0.488 440	0.023 353 3
2001	04	05	52 004	0.099 092	0.487 414	0.022 294 4	2001	04	06	52 005	0.101 546	0.486 738	0.021 019 8
2001	04	07	52 006	0.104 351	0.486 582	0.019 598 5	2001	04	08	52 007	0.106 806	0.486 510	0.018 117 4
2001	04	09	52 008	0.108 467	0.485 965	0.016 726 3	2001	04	10	52 009	0.110 425	0.484 927	0.015 515 0
2001	04	11	52 010	0.112 921	0.484 015	0.014 560 1	2001	04	12	52 011	0.115 958	0.483 287	0.013 784 4

续表

年	月	日	儒略日	$x_p/('')$	$y_p/('')$	$\Delta UT1/s$	年	月	日	儒略日	$x_p/('')$	$y_p/('')$	$\Delta UT1/s$
2001	04	13	52 012	0.118 655	0.483 028	0.013 196 2	2001	04	14	52 013	0.120 964	0.482 256	0.012 826 0
2001	04	15	52 014	0.123 701	0.481 258	0.012 520 9	2001	04	16	52 015	0.126 518	0.480 432	0.012 204 8
2001	04	17	52 016	0.129 622	0.479 429	0.011 824 6	2001	04	18	52 017	0.132 967	0.478 701	0.011 225 9
2001	04	19	52 018	0.136 337	0.478 258	0.010 434 1	2001	04	20	52 019	0.139 524	0.477 840	0.009 519 2
2001	04	21	52 020	0.142 401	0.477 092	0.008 528 7	2001	04	22	52 021	0.145 000	0.476 196	0.007 580 4
2001	04	23	52 022	0.147 438	0.475 509	0.006 603 4	2001	04	24	52 023	0.149 332	0.474 887	0.005 663 7
2001	04	25	52 024	0.151 074	0.473 888	0.004 838 0	2001	04	26	52 025	0.153 489	0.472 430	0.004 005 0
2001	04	27	52 026	0.155 870	0.471 260	0.003 282 4	2001	04	28	52 027	0.157 884	0.469 680	0.002 753 6
2001	04	29	52 028	0.159 634	0.468 247	0.002 154 1	2001	04	30	52 029	0.161 412	0.466 474	0.001 479 7
2001	05	01	52 030	0.163 343	0.464 502	0.000 655 6	2001	05	02	52 031	0.165 079	0.462 656	−0.000 338 6
2001	05	03	52 032	0.167 137	0.461 377	−0.001 583 3	2001	05	04	52 033	0.169 543	0.460 381	−0.003 061 5
2001	05	05	52 034	0.171 788	0.458 755	−0.004 636 0	2001	05	06	52 035	0.173 647	0.456 783	−0.006 134 9
2001	05	07	52 036	0.175 636	0.454 616	−0.007 522 1	2001	05	08	52 037	0.178 388	0.452 385	−0.008 728 9
2001	05	09	52 038	0.181 220	0.450 210	−0.009 735 5	2001	05	10	52 039	0.183 898	0.447 997	−0.010 533 6
2001	05	11	52 040	0.186 538	0.445 818	−0.011 228 5	2001	05	12	52 041	0.189 232	0.444 156	−0.011 850 7
2001	05	13	52 042	0.191 478	0.442 735	−0.012 413 9	2001	05	14	52 043	0.193 353	0.440 993	−0.013 018 8
2001	05	15	52 044	0.194 973	0.438 827	−0.013 707 6	2001	05	16	52 045	0.196 751	0.436 472	−0.014 569 4
2001	05	17	52 046	0.198 595	0.433 810	−0.015 537 7	2001	05	18	52 047	0.200 834	0.430 859	−0.016 637 9
2001	05	19	52 048	0.203 269	0.428 087	−0.017 800 8	2001	05	20	52 049	0.205 242	0.425 349	−0.018 906 6
2001	05	21	52 050	0.206 960	0.422 645	−0.019 965 5	2001	05	22	52 051	0.208 906	0.420 355	−0.020 907 4
2001	05	23	52 052	0.210 576	0.418 261	−0.021 684 1	2001	05	24	52 053	0.211 964	0.415 725	−0.022 241 3
2001	05	25	52 054	0.213 367	0.413 349	−0.022 600 2	2001	05	26	52 055	0.214 680	0.410 594	−0.022 846 1
2001	05	27	52 056	0.215 948	0.407 537	−0.023 049 3	2001	05	28	52 057	0.217 314	0.404 589	−0.023 297 4
2001	05	29	52 058	0.219 027	0.401 915	−0.023 655 8	2001	05	30	52 059	0.221 009	0.399 359	−0.024 146 6
2001	05	31	52 060	0.222 944	0.396 800	−0.024 752 9	2001	06	01	52 061	0.224 506	0.394 237	−0.025 409 2
2001	06	02	52 062	0.225 875	0.391 518	−0.026 025 9	2001	06	03	52 063	0.227 305	0.388 622	−0.026 517 3
2001	06	04	52 064	0.228 720	0.385 679	−0.026 820 5	2001	06	05	52 065	0.230 509	0.382 729	−0.026 906 9
2001	06	06	52 066	0.232 448	0.380 067	−0.026 754 9	2001	06	07	52 067	0.234 496	0.377 402	−0.026 454 2
2001	06	08	52 068	0.236 517	0.374 857	−0.026 035 7	2001	06	09	52 069	0.238 041	0.372 667	−0.025 525 4
2001	06	10	52 070	0.239 209	0.370 282	−0.025 107 1	2001	06	11	52 071	0.240 213	0.367 616	−0.024 767 6
2001	06	12	52 072	0.241 027	0.364 819	−0.024 543 4	2001	06	13	52 073	0.241 976	0.361 794	−0.024 497 6
2001	06	14	52 074	0.243 189	0.358 621	−0.024 578 6	2001	06	15	52 075	0.244 846	0.355 434	−0.024 740 5
2001	06	16	52 076	0.246 391	0.352 484	−0.024 956 2	2001	06	17	52 077	0.247 403	0.349 751	−0.025 155 4
2001	06	18	52 078	0.248 324	0.346 743	−0.025 328 2	2001	06	19	52 079	0.248 674	0.343 768	−0.025 426 9
2001	06	20	52 080	0.248 367	0.340 897	−0.025 435 6	2001	06	21	52 081	0.248 326	0.337 899	−0.025 323 3
2001	06	22	52 082	0.248 492	0.335 095	−0.025 194 6	2001	06	23	52 083	0.248 675	0.332 056	−0.025 058 4
2001	06	24	52 084	0.248 947	0.328 995	−0.024 902 5	2001	06	25	52 085	0.249 502	0.325 952	−0.024 923 7
2001	06	26	52 086	0.250 523	0.322 776	−0.025 151 5	2001	06	27	52 087	0.251 375	0.319 902	−0.025 617 1
2001	06	28	52 088	0.252 063	0.317 128	−0.026 228 4	2001	06	29	52 089	0.252 398	0.314 177	−0.026 860 3
2001	06	30	52 090	0.253 036	0.310 888	−0.027 393 7	2001	07	01	52 091	0.253 874	0.307 810	−0.027 701 7

续 表

年	月	日	儒略日	x_p/(″)	y_p/(″)	$\Delta UT1$/s	年	月	日	儒略日	x_p/(″)	y_p/(″)	$\Delta UT1$/s
2001	07	02	52 092	0.254 062	0.304 573	−0.027 830 4	2001	07	03	52 093	0.253 784	0.301 280	−0.027 778 8
2001	07	04	52 094	0.254 220	0.298 265	−0.027 587 9	2001	07	05	52 095	0.254 380	0.295 688	−0.027 320 4
2001	07	06	52 096	0.253 881	0.292 961	−0.027 009 0	2001	07	07	52 097	0.253 621	0.290 226	−0.026 722 2
2001	07	08	52 098	0.252 721	0.287 569	−0.026 486 2	2001	07	09	52 099	0.251 604	0.284 336	−0.026 333 4
2001	07	10	52 100	0.251 676	0.280 890	−0.026 280 9	2001	07	11	52 101	0.251 979	0.277 734	−0.026 294 4
2001	07	12	52 102	0.251 517	0.274 891	−0.026 341 0	2001	07	13	52 103	0.250 912	0.271 844	−0.026 495 9
2001	07	14	52 104	0.250 408	0.269 055	−0.026 671 4	2001	07	15	52 105	0.249 418	0.265 886	−0.026 758 3
2001	07	16	52 106	0.248 423	0.262 536	−0.026 754 5	2001	07	17	52 107	0.247 910	0.259 210	−0.026 614 6
2001	07	18	52 108	0.247 977	0.256 049	−0.026 377 4	2001	07	19	52 109	0.247 914	0.252 919	−0.025 990 6
2001	07	20	52 110	0.247 667	0.249 822	−0.025 489 1	2001	07	21	52 111	0.247 147	0.246 726	−0.024 998 4
2001	07	22	52 112	0.246 325	0.243 670	−0.024 611 2	2001	07	23	52 113	0.245 260	0.240 773	−0.024 419 6
2001	07	24	52 114	0.244 240	0.238 097	−0.024 421 0	2001	07	25	52 115	0.243 601	0.235 525	−0.024 619 8
2001	07	26	52 116	0.243 047	0.232 861	−0.024 851 7	2001	07	27	52 117	0.242 083	0.230 046	−0.025 065 3
2001	07	28	52 118	0.240 732	0.227 022	−0.025 126 9	2001	07	29	52 119	0.239 023	0.223 938	−0.024 926 7
2001	07	30	52 120	0.237 221	0.220 905	−0.024 542 5	2001	07	31	52 121	0.235 788	0.218 036	−0.023 997 8
2001	08	01	52 122	0.234 811	0.215 812	−0.023 313 9	2001	08	02	52 123	0.233 408	0.213 706	−0.022 591 1
2001	08	03	52 124	0.231 042	0.211 638	−0.021 975 4	2001	08	04	52 125	0.228 146	0.208 922	−0.021 458 0
2001	08	05	52 126	0.225 844	0.205 942	−0.021 007 0	2001	08	06	52 127	0.223 850	0.203 319	−0.020 719 1
2001	08	07	52 128	0.221 856	0.200 922	−0.020 603 2	2001	08	08	52 129	0.219 727	0.198 738	−0.020 643 6
2001	08	09	52 130	0.217 154	0.196 708	−0.020 824 3	2001	08	10	52 131	0.214 324	0.194 253	−0.021 134 4
2001	08	11	52 132	0.211 250	0.191 715	−0.021 498 1	2001	08	12	52 133	0.208 368	0.188 951	−0.021 852 3
2001	08	13	52 134	0.206 012	0.186 355	−0.022 152 0	2001	08	14	52 135	0.203 716	0.183 869	−0.022 366 7
2001	08	15	52 136	0.201 260	0.181 383	−0.022 465 9	2001	08	16	52 137	0.198 498	0.179 249	−0.022 487 3
2001	08	17	52 138	0.196 016	0.177 035	−0.022 571 0	2001	08	18	52 139	0.193 439	0.174 825	−0.022 792 3
2001	08	19	52 140	0.190 971	0.172 488	−0.023 190 7	2001	08	20	52 141	0.188 837	0.170 525	−0.023 832 8
2001	08	21	52 142	0.186 538	0.168 365	−0.024 669 8	2001	08	22	52 143	0.183 992	0.166 047	−0.025 636 5
2001	08	23	52 144	0.181 165	0.164 135	−0.026 567 4	2001	08	24	52 145	0.178 630	0.162 319	−0.027 345 5
2001	08	25	52 146	0.176 420	0.160 433	−0.027 891 2	2001	08	26	52 147	0.174 467	0.158 273	−0.028 166 0
2001	08	27	52 148	0.172 442	0.156 154	−0.028 236 4	2001	08	28	52 149	0.170 564	0.154 149	−0.028 160 6
2001	08	29	52 150	0.168 399	0.152 565	−0.027 984 0	2001	08	30	52 151	0.166 078	0.151 088	−0.027 768 2
2001	08	31	52 152	0.163 367	0.150 184	−0.027 667 6	2001	09	01	52 153	0.160 267	0.149 322	−0.027 673 5
2001	09	02	52 154	0.157 128	0.148 056	−0.027 753 5	2001	09	03	52 155	0.153 938	0.146 473	−0.027 962 7
2001	09	04	52 156	0.150 885	0.144 997	−0.028 289 2	2001	09	05	52 157	0.147 630	0.143 013	−0.028 701 3
2001	09	06	52 158	0.144 428	0.140 847	−0.029 221 4	2001	09	07	52 159	0.141 802	0.139 324	−0.029 741 3
2001	09	08	52 160	0.139 450	0.137 944	−0.030 174 7	2001	09	09	52 161	0.137 251	0.136 953	−0.030 431 7
2001	09	10	52 162	0.134 864	0.135 817	−0.030 560 6	2001	09	11	52 163	0.132 093	0.134 614	−0.030 563 3
2001	09	12	52 164	0.128 825	0.133 420	−0.030 489 8	2001	09	13	52 165	0.125 793	0.132 301	−0.030 388 4
2001	09	14	52 166	0.122 506	0.131 183	−0.030 394 1	2001	09	15	52 167	0.118 894	0.130 049	−0.030 604 5
2001	09	16	52 168	0.115 057	0.129 252	−0.031 086 7	2001	09	17	52 169	0.111 659	0.128 302	−0.031 833 5
2001	09	18	52 170	0.108 287	0.127 584	−0.032 757 3	2001	09	19	52 171	0.104 669	0.126 693	−0.033 692 7

续 表

年	月	日	儒略日	$x_p/('')$	$y_p/('')$	$\Delta UT1/s$	年	月	日	儒略日	$x_p/('')$	$y_p/('')$	$\Delta UT1/s$
2001	09	20	52 172	0.101 253	0.126 131	−0.034 577 7	2001	09	21	52 173	0.097 825	0.125 594	−0.035 338 8
2001	09	22	52 174	0.094 443	0.125 083	−0.035 892 6	2001	09	23	52 175	0.091 408	0.124 460	−0.036 224 3
2001	09	24	52 176	0.088 580	0.123 455	−0.036 402 0	2001	09	25	52 177	0.085 561	0.122 211	−0.036 495 7
2001	09	26	52 178	0.082 376	0.121 069	−0.036 565 6	2001	09	27	52 179	0.078 988	0.120 026	−0.036 658 1
2001	09	28	52 180	0.075 369	0.119 164	−0.036 858 6	2001	09	29	52 181	0.071 758	0.118 710	−0.037 194 5
2001	09	30	52 182	0.068 681	0.118 297	−0.037 664 3	2001	10	01	52 183	0.065 487	0.117 977	−0.038 280 7
2001	10	02	52 184	0.061 719	0.117 811	−0.039 021 6	2001	10	03	52 185	0.057 809	0.117 662	−0.039 882 2
2001	10	04	52 186	0.054 796	0.117 488	−0.040 763 0	2001	10	05	52 187	0.052 116	0.117 560	−0.041 673 9
2001	10	06	52 188	0.049 011	0.117 875	−0.042 521 0	2001	10	07	52 189	0.046 000	0.117 982	−0.043 208 4
2001	10	08	52 190	0.043 151	0.117 919	−0.043 791 7	2001	10	09	52 191	0.039 906	0.117 880	−0.044 298 1
2001	10	10	52 192	0.036 279	0.117 781	−0.044 790 1	2001	10	11	52 193	0.031 894	0.117 373	−0.045 384 7
2001	10	12	52 194	0.027 433	0.117 359	−0.046 113 5	2001	10	13	52 195	0.023 005	0.117 694	−0.046 964 5
2001	10	14	52 196	0.019 309	0.117 804	−0.048 170 2	2001	10	15	52 197	0.015 882	0.118 440	−0.049 603 8
2001	10	16	52 198	0.012 768	0.119 030	−0.051 160 7	2001	10	17	52 199	0.009 838	0.119 639	−0.052 693 5
2001	10	18	52 200	0.006 773	0.119 974	−0.054 139 1	2001	10	19	52 201	0.003 162	0.120 528	−0.055 363 5
2001	10	20	52 202	−0.000 601	0.121 113	−0.056 30 44	2001	10	21	52 203	−0.004 479	0.121 950	−0.057 019 0
2001	10	22	52 204	−0.008 558	0.122 876	−0.057 586 7	2001	10	23	52 205	−0.012 659	0.123 839	−0.058 085 5
2001	10	24	52 206	−0.016 547	0.124 706	−0.058 600 9	2001	10	25	52 207	−0.020 134	0.125 825	−0.059 147 9
2001	10	26	52 208	−0.023 530	0.126 984	−0.059 819 4	2001	10	27	52 209	−0.027 001	0.128 301	−0.060 632 5
2001	10	28	52 210	−0.030 409	0.129 230	−0.061 597 3	2001	10	29	52 211	−0.033 434	0.130 425	−0.062 661 4
2001	10	30	52 212	−0.036 454	0.131 496	−0.063 787 8	2001	10	31	52 213	−0.039 629	0.132 664	−0.064 897 7
2001	11	01	52 214	−0.042 955	0.133 861	−0.065 963 4	2001	11	02	52 215	−0.046 575	0.134 963	−0.066 935 0
2001	11	03	52 216	−0.050 455	0.135 991	−0.067 757 9	2001	11	04	52 217	−0.054 051	0.137 004	−0.068 386 8
2001	11	05	52 218	−0.056 982	0.137 998	−0.068 891 6	2001	11	06	52 219	−0.059 340	0.139 382	−0.069 333 5
2001	11	07	52 220	−0.061 688	0.141 051	−0.069 810 2	2001	11	08	52 221	−0.063 544	0.142 860	−0.070 393 1
2001	11	09	52 222	−0.065 420	0.145 143	−0.071 258 8	2001	11	10	52 223	−0.067 853	0.147 696	−0.072 393 7
2001	11	11	52 224	−0.069 965	0.150 069	−0.073 724 7	2001	11	12	52 225	−0.071 446	0.152 724	−0.075 229 4
2001	11	13	52 226	−0.073 233	0.155 335	−0.076 795 3	2001	11	14	52 227	−0.075 320	0.157 488	−0.078 347 5
2001	11	15	52 228	−0.077 874	0.159 278	−0.079 670 1	2001	11	16	52 229	−0.080 514	0.160 857	−0.080 736 0
2001	11	17	52 230	−0.082 640	0.162 781	−0.081 583 2	2001	11	18	52 231	−0.084 487	0.164 622	−0.082 291 7
2001	11	19	52 232	−0.086 579	0.166 608	−0.082 889 5	2001	11	20	52 233	−0.088 882	0.168 702	−0.083 424 4
2001	11	21	52 234	−0.091 579	0.170 699	−0.083 888 4	2001	11	22	52 235	−0.094 433	0.173 109	−0.084 490 0
2001	11	23	52 236	−0.097 344	0.175 818	−0.085 209 4	2001	11	24	52 237	−0.100 633	0.178 320	−0.086 029 1
2001	11	25	52 238	−0.103 663	0.180 707	−0.086 936 0	2001	11	26	52 239	−0.106 091	0.183 323	−0.087 901 2
2001	11	27	52 240	−0.108 071	0.185 710	−0.088 878 7	2001	11	28	52 241	−0.110 143	0.188 101	−0.089 803 6
2001	11	29	52 242	−0.112 485	0.190 409	−0.090 685 6	2001	11	30	52 243	−0.115 251	0.192 945	−0.091 515 5
2001	12	01	52 244	−0.118 395	0.195 719	−0.092 177 4	2001	12	02	52 245	−0.121 719	0.198 252	−0.092 570 8
2001	12	03	52 246	−0.124 545	0.200 385	−0.092 852 1	2001	12	04	52 247	−0.127 137	0.202 510	−0.093 103 7
2001	12	05	52 248	−0.129 471	0.205 343	−0.093 401 2	2001	12	06	52 249	−0.131 684	0.208 683	−0.093 839 9
2001	12	07	52 250	−0.134 438	0.211 940	−0.094 510 6	2001	12	08	52 251	−0.137 742	0.214 601	−0.095 408 8

续 表

年	月	日	儒略日	x_p/($''$)	y_p/($''$)	ΔUT1/s	年	月	日	儒略日	x_p/($''$)	y_p/($''$)	ΔUT1/s
2001	12	09	52 252	−0.141 044	0.217 014	−0.096 495 9	2001	12	10	52 253	−0.143 805	0.219 732	−0.097 661 3
2001	12	11	52 254	−0.146 679	0.222 735	−0.098 801 9	2001	12	12	52 255	−0.149 828	0.225 535	−0.099 823 7
2001	12	13	52 256	−0.152 747	0.228 098	−0.100 703 2	2001	12	14	52 257	−0.155 174	0.230 602	−0.101 400 0
2001	12	15	52 258	−0.157 768	0.233 332	−0.101 871 9	2001	12	16	52 259	−0.160 003	0.235 945	−0.102 233 1
2001	12	17	52 260	−0.161 960	0.238 770	−0.102 562 8	2001	12	18	52 261	−0.163 863	0.241 642	−0.102 926 6
2001	12	19	52 262	−0.165 888	0.244 995	−0.103 367 2	2001	12	20	52 263	−0.167 906	0.248 560	−0.103 947 6
2001	12	21	52 264	−0.169 257	0.251 974	−0.104 771 9	2001	12	22	52 265	−0.170 277	0.255 526	−0.105 765 3
2001	12	23	52 266	−0.171 403	0.259 108	−0.106 826 7	2001	12	24	52 267	−0.172 094	0.262 625	−0.107 985 3
2001	12	25	52 268	−0.172 623	0.266 496	−0.109 194 6	2001	12	26	52 269	−0.173 033	0.270 573	−0.110 401 5
2001	12	27	52 270	−0.173 475	0.274 824	−0.111 540 9	2001	12	28	52 271	−0.174 635	0.278 732	−0.112 537 3
2001	12	29	52 272	−0.175 382	0.282 445	−0.113 458 1	2001	12	30	52 273	−0.175 973	0.286 626	−0.114 284 0
2001	12	31	52 274	−0.176 684	0.290 471	−0.115 056 2	2002	01	01	52 275	−0.176 989	0.294 107	−0.115 858 1
2002	01	02	52 276	−0.177 457	0.297 920	−0.116 731 7	2002	01	03	52 277	−0.178 403	0.301 070	−0.117 765 4
2002	01	04	52 278	−0.179 041	0.303 809	−0.118 918 0	2002	01	05	52 279	−0.179 568	0.306 633	−0.120 247 3
2002	01	06	52 280	−0.179 987	0.309 664	−0.121 614 3	2002	01	07	52 281	−0.180 604	0.312 922	−0.122 885 6
2002	01	08	52 282	−0.181 644	0.315 670	−0.123 967 7	2002	01	09	52 283	−0.182 807	0.318 387	−0.124 856 1
2002	01	10	52 284	−0.183 132	0.321 327	−0.125 481 0	2002	01	11	52 285	−0.182 964	0.324 311	−0.125 815 3
2002	01	12	52 286	−0.182 737	0.327 567	−0.125 969 2	2002	01	13	52 287	−0.182 301	0.330 647	−0.126 011 9
2002	01	14	52 288	−0.181 602	0.333 659	−0.126 015 5	2002	01	15	52 289	−0.181 285	0.336 962	−0.126 045 6
2002	01	16	52 290	−0.180 625	0.339 887	−0.126 121 5	2002	01	17	52 291	−0.179 800	0.343 101	−0.126 297 1
2002	01	18	52 292	−0.179 301	0.346 269	−0.126 584 6	2002	01	19	52 293	−0.178 714	0.349 408	−0.127 020 3
2002	01	20	52 294	−0.178 370	0.352 433	−0.127 554 8	2002	01	21	52 295	−0.178 142	0.355 441	−0.128 138 3
2002	01	22	52 296	−0.177 729	0.358 602	−0.128 733 3	2002	01	23	52 297	−0.177 025	0.362 003	−0.129 302 3
2002	01	24	52 298	−0.176 533	0.365 519	−0.129 827 2	2002	01	25	52 299	−0.175 801	0.368 884	−0.130 278 6
2002	01	26	52 300	−0.174 992	0.372 323	−0.130 625 4	2002	01	27	52 301	−0.174 353	0.375 666	−0.130 941 5
2002	01	28	52 302	−0.173 541	0.378 964	−0.131 329 5	2002	01	29	52 303	−0.172 972	0.382 324	−0.131 894 3
2002	01	30	52 304	−0.172 248	0.385 321	−0.132 726 5	2002	01	31	52 305	−0.170 789	0.388 424	−0.133 832 3
2002	02	01	52 306	−0.168 917	0.391 716	−0.135 171 1	2002	02	02	52 307	−0.167 365	0.394 941	−0.136 670 7
2002	02	03	52 308	−0.166 402	0.398 091	−0.138 175 8	2002	02	04	52 309	−0.165 582	0.401 103	−0.139 553 9
2002	02	05	52 310	−0.164 323	0.403 730	−0.140 725 9	2002	02	06	52 311	−0.163 218	0.406 598	−0.141 691 7
2002	02	07	52 312	−0.162 222	0.409 646	−0.142 449 9	2002	02	08	52 313	−0.161 212	0.412 583	−0.143 013 5
2002	02	09	52 314	−0.159 853	0.415 569	−0.143 447 6	2002	02	10	52 315	−0.157 926	0.418 994	−0.143 845 0
2002	02	11	52 316	−0.155 958	0.422 653	−0.144 276 1	2002	02	12	52 317	−0.154 384	0.425 954	−0.144 789 7
2002	02	13	52 318	−0.153 205	0.428 984	−0.145 404 8	2002	02	14	52 319	−0.152 516	0.431 930	−0.146 131 9
2002	02	15	52 320	−0.151 526	0.434 716	−0.146 972 5	2002	02	16	52 321	−0.150 118	0.437 262	−0.147 966 1
2002	02	17	52 322	−0.148 520	0.439 961	−0.149 033 3	2002	02	18	52 323	−0.146 688	0.442 534	−0.150 106 8
2002	02	19	52 324	−0.145 224	0.445 458	−0.151 127 4	2002	02	20	52 325	−0.143 755	0.448 150	−0.152 012 3
2002	02	21	52 326	−0.141 967	0.450 975	−0.152 868 8	2002	02	22	52 327	−0.140 221	0.454 163	−0.153 644 0
2002	02	23	52 328	−0.138 469	0.457 354	−0.154 320 6	2002	02	24	52 329	−0.136 625	0.460 936	−0.154 984 8
2002	02	25	52 330	−0.134 147	0.463 939	−0.155 747 1	2002	02	26	52 331	−0.131 005	0.467 077	−0.156 710 4

续 表

年	月	日	儒略日	$x_p/('')$	$y_p/('')$	$\Delta UT1/s$	年	月	日	儒略日	$x_p/('')$	$y_p/('')$	$\Delta UT1/s$
2002	02	27	52 332	−0.128 321	0.470 409	−0.157 953 7	2002	02	28	52 333	−0.125 980	0.473 663	−0.159 438 7
2002	03	01	52 334	−0.123 412	0.476 748	−0.161 015 5	2002	03	02	52 335	−0.120 630	0.479 911	−0.162 693 0
2002	03	03	52 336	−0.118 406	0.483 124	−0.164 287 4	2002	03	04	52 337	−0.116 623	0.486 109	−0.165 668 2
2002	03	05	52 338	−0.114 487	0.489 179	−0.166 789 9	2002	03	06	52 339	−0.111 910	0.491 939	−0.167 688 9
2002	03	07	52 340	−0.108 778	0.494 567	−0.168 413 4	2002	03	08	52 341	−0.105 577	0.497 244	−0.169 023 7
2002	03	09	52 342	−0.102 260	0.499 847	−0.169 568 2	2002	03	10	52 343	−0.099 104	0.502 663	−0.170 127 8
2002	03	11	52 344	−0.096 798	0.505 392	−0.170 757 6	2002	03	12	52 345	−0.094 990	0.507 801	−0.171 483 0
2002	03	13	52 346	−0.092 791	0.509 964	−0.172 368 1	2002	03	14	52 347	−0.090 172	0.512 402	−0.173 329 4
2002	03	15	52 348	−0.087 650	0.514 508	−0.174 337 1	2002	03	16	52 349	−0.084 921	0.516 617	−0.175 309 7
2002	03	17	52 350	−0.081 853	0.518 766	−0.176 225 5	2002	03	18	52 351	−0.078 647	0.520 428	−0.177 056 4
2002	03	19	52 352	−0.075 615	0.522 477	−0.177 770 4	2002	03	20	52 353	−0.072 546	0.524 217	−0.178 372 1
2002	03	21	52 354	−0.069 300	0.525 854	−0.178 852 3	2002	03	22	52 355	−0.065 768	0.527 713	−0.179 227 0
2002	03	23	52 356	−0.062 320	0.529 397	−0.179 595 1	2002	03	24	52 357	−0.058 847	0.530 826	−0.180 033 4
2002	03	25	52 358	−0.055 204	0.532 442	−0.180 638 8	2002	03	26	52 359	−0.051 400	0.534 244	−0.181 502 8
2002	03	27	52 360	−0.047 859	0.536 048	−0.182 670 2	2002	03	28	52 361	−0.044 859	0.537 526	−0.184 093 9
2002	03	29	52 362	−0.041 763	0.538 781	−0.185 640 7	2002	03	30	52 363	−0.038 212	0.539 711	−0.187 160 5
2002	03	31	52 364	−0.034 506	0.540 454	−0.188 509 4	2002	04	01	52 365	−0.030 744	0.540 991	−0.189 599 6
2002	04	02	52 366	−0.026 972	0.541 407	−0.190 393 0	2002	04	03	52 367	−0.022 961	0.541 916	−0.190 877 0
2002	04	04	52 368	−0.018 867	0.543 087	−0.191 291 9	2002	04	05	52 369	−0.014 798	0.544 475	−0.191 669 1
2002	04	06	52 370	−0.011 554	0.546 005	−0.192 067 5	2002	04	07	52 371	−0.008 701	0.547 255	−0.192 542 1
2002	04	08	52 372	−0.006 114	0.548 173	−0.193 125 3	2002	04	09	52 373	−0.003 795	0.548 795	−0.193 828 6
2002	04	10	52 374	−0.001 836	0.549 518	−0.194 637 1	2002	04	11	52 375	0.000 499	0.549 851	−0.195 550 6
2002	04	12	52 376	0.003 769	0.550 515	−0.196 509 0	2002	04	13	52 377	0.006 763	0.551 493	−0.197 426 5
2002	04	14	52 378	0.009 897	0.552 041	−0.198 263 3	2002	04	15	52 379	0.012 969	0.552 774	−0.198 981 4
2002	04	16	52 380	0.015 611	0.553 451	−0.199 550 8	2002	04	17	52 381	0.018 794	0.553 890	−0.199 956 1
2002	04	18	52 382	0.022 181	0.554 400	−0.200 233 7	2002	04	19	52 383	0.025 478	0.554 742	−0.200 459 0
2002	04	20	52 384	0.029 049	0.555 043	−0.200 660 0	2002	04	21	52 385	0.032 011	0.555 211	−0.200 958 1
2002	04	22	52 386	0.034 855	0.555 200	−0.201 464 9	2002	04	23	52 387	0.037 785	0.555 049	−0.202 248 7
2002	04	24	52 388	0.041 220	0.554 805	−0.203 316 2	2002	04	25	52 389	0.044 829	0.554 685	−0.204 604 2
2002	04	26	52 390	0.048 749	0.554 481	−0.206 001 2	2002	04	27	52 391	0.052 499	0.554 125	−0.207 347 7
2002	04	28	52 392	0.056 245	0.553 418	−0.208 496 3	2002	04	29	52 393	0.059 916	0.553 121	−0.209 371 2
2002	04	30	52 394	0.063 505	0.552 809	−0.209 980 8	2002	05	01	52 395	0.066 837	0.552 746	−0.210 380 7
2002	05	02	52 396	0.069 948	0.552 450	−0.210 640 3	2002	05	03	52 397	0.073 367	0.552 148	−0.210 764 7
2002	05	04	52 398	0.076 810	0.552 065	−0.211 018 5	2002	05	05	52 399	0.080 670	0.551 914	−0.211 409 7
2002	05	06	52 400	0.084 691	0.551 849	−0.211 939 2	2002	05	07	52 401	0.088 606	0.551 445	−0.212 611 3
2002	05	08	52 402	0.091 564	0.550 976	−0.213 438 9	2002	05	09	52 403	0.094 161	0.550 121	−0.214 355 5
2002	05	10	52 404	0.097 776	0.549 311	−0.215 323 3	2002	05	11	52 405	0.101 178	0.549 055	−0.216 293 7
2002	05	12	52 406	0.103 904	0.548 650	−0.217 209 1	2002	05	13	52 407	0.106 812	0.547 859	−0.218 026 6
2002	05	14	52 408	0.109 760	0.547 001	−0.218 725 4	2002	05	15	52 409	0.112 084	0.545 798	−0.219 335 6
2002	05	16	52 410	0.114 120	0.544 307	−0.219 859 2	2002	05	17	52 411	0.116 371	0.542 528	−0.220 342 1

续 表

年	月	日	儒略日	$x_p/('')$	$y_p/('')$	$\Delta UT1/s$	年	月	日	儒略日	$x_p/('')$	$y_p/('')$	$\Delta UT1/s$
2002	05	18	52 412	0.119 062	0.541 399	−0.220 879 8	2002	05	19	52 413	0.121 941	0.540 636	−0.221 571 3
2002	05	20	52 414	0.125 158	0.540 125	−0.222 480 8	2002	05	21	52 415	0.128 548	0.539 707	−0.223 624 8
2002	05	22	52 416	0.131 246	0.539 079	−0.224 974 0	2002	05	23	52 417	0.133 621	0.538 173	−0.226 416 2
2002	05	24	52 418	0.135 951	0.537 192	−0.227 805 2	2002	05	25	52 419	0.138 156	0.536 200	−0.229 013 3
2002	05	26	52 420	0.140 476	0.535 178	−0.229 938 1	2002	05	27	52 421	0.143 130	0.533 996	−0.230 545 0
2002	05	28	52 422	0.146 194	0.532 905	−0.230 868 1	2002	05	29	52 423	0.149 090	0.531 671	−0.230 987 0
2002	05	30	52 424	0.151 879	0.530 288	−0.231 036 5	2002	05	31	52 425	0.154 727	0.528 792	−0.231 067 0
2002	06	01	52 426	0.157 315	0.527 276	−0.231 126 9	2002	06	02	52 427	0.159 825	0.525 502	−0.231 239 5
2002	06	03	52 428	0.162 454	0.523 596	−0.231 405 3	2002	06	04	52 429	0.165 191	0.521 834	−0.231 607 2
2002	06	05	52 430	0.168 363	0.520 219	−0.231 812 5	2002	06	06	52 431	0.171 408	0.518 677	−0.231 964 3
2002	06	07	52 432	0.174 535	0.516 983	−0.231 969 3	2002	06	08	52 433	0.177 659	0.515 276	−0.231 891 6
2002	06	09	52 434	0.180 734	0.513 684	−0.231 673 0	2002	06	10	52 435	0.183 619	0.512 029	−0.231 282 1
2002	06	11	52 436	0.186 150	0.510 117	−0.230 728 1	2002	06	12	52 437	0.188 443	0.508 078	−0.230 077 1
2002	06	13	52 438	0.190 718	0.505 967	−0.229 387 5	2002	06	14	52 439	0.193 215	0.504 169	−0.228 706 9
2002	06	15	52 440	0.195 855	0.502 465	−0.228 184 0	2002	06	16	52 441	0.199 113	0.500 378	−0.227 893 2
2002	06	17	52 442	0.202 368	0.498 025	−0.227 857 7	2002	06	18	52 443	0.204 951	0.495 553	−0.228 056 4
2002	06	19	52 444	0.207 457	0.493 051	−0.228 368 1	2002	06	20	52 445	0.210 298	0.490 721	−0.228 720 7
2002	06	21	52 446	0.212 701	0.488 984	−0.229 000 3	2002	06	22	52 447	0.214 640	0.487 012	−0.229 241 0
2002	06	23	52 448	0.216 612	0.484 612	−0.229 341 9	2002	06	24	52 449	0.218 292	0.482 120	−0.229 280 7
2002	06	25	52 450	0.219 538	0.479 496	−0.229 114 6	2002	06	26	52 451	0.220 825	0.476 554	−0.228 951 7
2002	06	27	52 452	0.222 501	0.473 468	−0.228 813 2	2002	06	28	52 453	0.224 487	0.470 314	−0.228 771 1
2002	06	29	52 454	0.226 027	0.467 450	−0.228 804 9	2002	06	30	52 455	0.227 156	0.464 699	−0.228 954 2
2002	07	01	52 456	0.228 113	0.461 846	−0.229 221 3	2002	07	02	52 457	0.228 853	0.458 778	−0.229 569 5
2002	07	03	52 458	0.229 539	0.455 789	−0.230 006 0	2002	07	04	52 459	0.229 947	0.452 933	−0.230 518 4
2002	07	05	52 460	0.230 338	0.449 875	−0.230 896 8	2002	07	06	52 461	0.230 733	0.446 637	−0.231 116 0
2002	07	07	52 462	0.231 490	0.442 949	−0.231 196 9	2002	07	08	52 463	0.232 404	0.439 738	−0.231 126 0
2002	07	09	52 464	0.233 026	0.436 567	−0.230 923 4	2002	07	10	52 465	0.233 976	0.433 469	−0.230 661 5
2002	07	11	52 466	0.235 381	0.430 601	−0.230 384 3	2002	07	12	52 467	0.236 822	0.427 723	−0.230 179 5
2002	07	13	52 468	0.238 125	0.424 693	−0.230 199 2	2002	07	14	52 469	0.239 210	0.421 598	−0.230 458 4
2002	07	15	52 470	0.240 273	0.418 473	−0.230 912 1	2002	07	16	52 471	0.241 173	0.415 699	−0.231 475 8
2002	07	17	52 472	0.241 869	0.413 001	−0.232 054 3	2002	07	18	52 473	0.242 939	0.410 458	−0.232 513 9
2002	07	19	52 474	0.243 973	0.408 415	−0.232 804 9	2002	07	20	52 475	0.244 356	0.405 900	−0.232 795 0
2002	07	21	52 476	0.244 728	0.403 009	−0.232 508 0	2002	07	22	52 477	0.245 497	0.399 922	−0.232 014 8
2002	07	23	52 478	0.246 280	0.397 189	−0.231 395 2	2002	07	24	52 479	0.246 715	0.394 323	−0.230 680 4
2002	07	25	52 480	0.247 003	0.391 311	−0.229 986 9	2002	07	26	52 481	0.246 932	0.388 185	−0.229 410 2
2002	07	27	52 482	0.246 778	0.384 632	−0.228 988 7	2002	07	28	52 483	0.247 126	0.380 795	−0.228 687 3
2002	07	29	52 484	0.247 572	0.377 043	−0.228 468 6	2002	07	30	52 485	0.248 397	0.373 423	−0.228 293 3
2002	07	31	52 486	0.249 777	0.370 069	−0.228 130 4	2002	08	01	52 487	0.251 309	0.366 988	−0.227 905 7
2002	08	02	52 488	0.252 295	0.364 409	−0.227 527 6	2002	08	03	52 489	0.252 917	0.361 810	−0.227 076 3
2002	08	04	52 490	0.253 955	0.359 173	−0.226 521 5	2002	08	05	52 491	0.255 019	0.356 614	−0.225 864 9

续 表

年	月	日	儒略日	$x_p/('')$	$y_p/('')$	$\Delta UT1/s$	年	月	日	儒略日	$x_p/('')$	$y_p/('')$	$\Delta UT1/s$
2002	08	06	52 492	0. 255 699	0. 353 621	−0. 225 152 7	2002	08	07	52 493	0. 256 712	0. 350 416	−0. 224 440 2
2002	08	08	52 494	0. 257 950	0. 347 577	−0. 223 857 0	2002	08	09	52 495	0. 259 031	0. 345 017	−0. 223 509 8
2002	08	10	52 496	0. 260 005	0. 342 511	−0. 223 477 9	2002	08	11	52 497	0. 260 529	0. 339 986	−0. 223 745 2
2002	08	12	52 498	0. 260 530	0. 337 124	−0. 224 226 3	2002	08	13	52 499	0. 260 701	0. 333 928	−0. 224 792 1
2002	08	14	52 500	0. 260 889	0. 331 064	−0. 225 323 3	2002	08	15	52 501	0. 260 808	0. 328 379	−0. 225 695 0
2002	08	16	52 502	0. 260 597	0. 325 788	−0. 225 853 8	2002	08	17	52 503	0. 260 300	0. 323 216	−0. 225 762 0
2002	08	18	52 504	0. 259 745	0. 320 502	−0. 225 490 1	2002	08	19	52 505	0. 259 169	0. 317 811	−0. 225 128 8
2002	08	20	52 506	0. 258 501	0. 314 894	−0. 224 761 4	2002	08	21	52 507	0. 257 852	0. 311 945	−0. 224 472 7
2002	08	22	52 508	0. 257 215	0. 308 911	−0. 224 301 9	2002	08	23	52 509	0. 256 721	0. 305 649	−0. 224 263 4
2002	08	24	52 510	0. 256 320	0. 302 336	−0. 224 361 6	2002	08	25	52 511	0. 255 507	0. 298 938	−0. 224 573 4
2002	08	26	52 512	0. 254 848	0. 295 356	−0. 224 857 4	2002	08	27	52 513	0. 254 554	0. 291 924	−0. 225 161 0
2002	08	28	52 514	0. 254 525	0. 288 539	−0. 225 496 2	2002	08	29	52 515	0. 254 605	0. 285 680	−0. 225 750 0
2002	08	30	52 516	0. 254 164	0. 282 551	−0. 225 820 2	2002	08	31	52 517	0. 253 597	0. 279 436	−0. 225 785 3
2002	09	01	52 518	0. 252 821	0. 276 297	−0. 225 639 5	2002	09	02	52 519	0. 251 657	0. 273 045	−0. 225 407 5
2002	09	03	52 520	0. 250 006	0. 269 897	−0. 225 152 5	2002	09	04	52 521	0. 249 046	0. 266 788	−0. 224 968 8
2002	09	05	52 522	0. 248 301	0. 263 804	−0. 224 928 5	2002	09	06	52 523	0. 247 499	0. 260 749	−0. 225 153 3
2002	09	07	52 524	0. 246 305	0. 258 164	−0. 225 726 1	2002	09	08	52 525	0. 244 708	0. 255 874	−0. 226 580 9
2002	09	09	52 526	0. 242 815	0. 253 396	−0. 227 585 2	2002	09	10	52 527	0. 240 979	0. 250 652	−0. 228 580 5
2002	09	11	52 528	0. 239 335	0. 248 251	−0. 229 388 3	2002	09	12	52 529	0. 237 488	0. 245 737	−0. 229 940 7
2002	09	13	52 530	0. 235 829	0. 242 950	−0. 230 285 2	2002	09	14	52 531	0. 234 210	0. 239 875	−0. 230 424 7
2002	09	15	52 532	0. 232 915	0. 236 859	−0. 230 425 2	2002	09	16	52 533	0. 231 803	0. 234 741	−0. 230 378 7
2002	09	17	52 534	0. 230 233	0. 232 833	−0. 230 363 2	2002	09	18	52 535	0. 228 071	0. 231 111	−0. 230 389 6
2002	09	19	52 536	0. 225 427	0. 229 361	−0. 230 509 8	2002	09	20	52 537	0. 222 387	0. 227 448	−0. 230 747 2
2002	09	21	52 538	0. 219 379	0. 225 159	−0. 231 101 3	2002	09	22	52 539	0. 216 670	0. 222 972	−0. 231 528 4
2002	09	23	52 540	0. 214 367	0. 220 649	−0. 231 976 2	2002	09	24	52 541	0. 212 302	0. 218 067	−0. 232 392 5
2002	09	25	52 542	0. 210 524	0. 215 654	−0. 232 748 3	2002	09	26	52 543	0. 208 813	0. 213 319	−0. 232 994 7
2002	09	27	52 544	0. 206 830	0. 211 099	−0. 233 116 6	2002	09	28	52 545	0. 204 789	0. 208 782	−0. 233 121 1
2002	09	29	52 546	0. 202 712	0. 206 136	−0. 233 028 7	2002	09	30	52 547	0. 200 623	0. 203 428	−0. 232 887 9
2002	10	01	52 548	0. 198 440	0. 200 669	−0. 232 776 5	2002	10	02	52 549	0. 196 606	0. 198 370	−0. 232 814 5
2002	10	03	52 550	0. 194 707	0. 195 796	−0. 233 012 7	2002	10	04	52 551	0. 192 572	0. 193 644	−0. 233 459 6
2002	10	05	52 552	0. 189 948	0. 191 558	−0. 234 266 0	2002	10	06	52 553	0. 187 277	0. 189 506	−0. 235 322 6
2002	10	07	52 554	0. 185 037	0. 187 399	−0. 236 466 3	2002	10	08	52 555	0. 182 510	0. 185 214	−0. 237 530 8
2002	10	09	52 556	0. 180 045	0. 182 961	−0. 238 402 3	2002	10	10	52 557	0. 178 012	0. 180 845	−0. 239 007 3
2002	10	11	52 558	0. 175 571	0. 179 135	−0. 239 359 2	2002	10	12	52 559	0. 173 134	0. 177 116	−0. 239 545 7
2002	10	13	52 560	0. 171 017	0. 175 299	−0. 239 670 6	2002	10	14	52 561	0. 168 562	0. 173 675	−0. 239 828 8
2002	10	15	52 562	0. 165 847	0. 171 858	−0. 240 089 0	2002	10	16	52 563	0. 163 462	0. 170 301	−0. 240 474 8
2002	10	17	52 564	0. 161 230	0. 169 015	−0. 241 012 9	2002	10	18	52 565	0. 158 414	0. 167 978	−0. 241 691 1
2002	10	19	52 566	0. 154 602	0. 166 908	−0. 242 425 4	2002	10	20	52 567	0. 150 335	0. 165 623	−0. 243 186 9
2002	10	21	52 568	0. 146 480	0. 164 148	−0. 243 944 1	2002	10	22	52 569	0. 143 185	0. 162 883	−0. 244 679 2
2002	10	23	52 570	0. 139 949	0. 161 621	−0. 245 349 6	2002	10	24	52 571	0. 136 713	0. 160 260	−0. 245 909 8

续 表

年	月	日	儒略日	$x_p/('')$	$y_p/('')$	$\Delta UT1/s$	年	月	日	儒略日	$x_p/('')$	$y_p/('')$	$\Delta UT1/s$
2002	10	25	52 572	0.133 080	0.158 626	−0.246 334 5	2002	10	26	52 573	0.129 476	0.156 895	−0.246 629 5
2002	10	27	52 574	0.125 891	0.155 503	−0.246 845 3	2002	10	28	52 575	0.122 291	0.154 154	−0.247 022 7
2002	10	29	52 576	0.118 927	0.153 058	−0.247 199 4	2002	10	30	52 577	0.115 481	0.152 290	−0.247 516 6
2002	10	31	52 578	0.111 594	0.151 750	−0.248 080 9	2002	11	01	52 579	0.107 583	0.150 889	−0.248 922 0
2002	11	02	52 580	0.103 502	0.150 251	−0.250 024 5	2002	11	03	52 581	0.099 891	0.149 530	−0.251 275 4
2002	11	04	52 582	0.096 541	0.149 177	−0.252 515 6	2002	11	05	52 583	0.092 819	0.148 515	−0.253 590 3
2002	11	06	52 584	0.088 866	0.147 705	−0.254 433 0	2002	11	07	52 585	0.084 801	0.147 181	−0.254 988 3
2002	11	08	52 586	0.080 743	0.146 285	−0.255 333 5	2002	11	09	52 587	0.076 685	0.145 679	−0.255 472 6
2002	11	10	52 588	0.072 831	0.145 095	−0.255 548 2	2002	11	11	52 589	0.069 194	0.144 758	−0.255 674 5
2002	11	12	52 590	0.065 876	0.144 442	−0.255 904 7	2002	11	13	52 591	0.062 939	0.144 006	−0.256 260 3
2002	11	14	52 592	0.060 100	0.143 902	−0.256 752 7	2002	11	15	52 593	0.056 427	0.143 891	−0.257 336 1
2002	11	16	52 594	0.053 035	0.143 862	−0.257 973 6	2002	11	17	52 595	0.049 796	0.143 950	−0.258 620 3
2002	11	18	52 596	0.046 280	0.143 346	−0.259 227 8	2002	11	19	52 597	0.042 772	0.142 825	−0.259 754 6
2002	11	20	52 598	0.039 028	0.142 296	−0.260 135 6	2002	11	21	52 599	0.035 598	0.141 807	−0.260 385 9
2002	11	22	52 600	0.032 513	0.141 715	−0.260 571 6	2002	11	23	52 601	0.029 552	0.141 921	−0.260 724 9
2002	11	24	52 602	0.026 266	0.142 141	−0.260 889 7	2002	11	25	52 603	0.023 057	0.142 322	−0.261 139 4
2002	11	26	52 604	0.020 427	0.142 308	−0.261 555 2	2002	11	27	52 605	0.017 829	0.142 172	−0.262 206 9
2002	11	28	52 606	0.014 661	0.141 847	−0.263 152 4	2002	11	29	52 607	0.011 113	0.141 705	−0.264 333 6
2002	11	30	52 608	0.007 556	0.141 580	−0.265 686 1	2002	12	01	52 609	0.004 159	0.141 432	−0.267 101 9
2002	12	02	52 610	0.000 966	0.141 369	−0.268 435 3	2002	12	03	52 611	−0.002 085	0.141 690	−0.269 562 6
2002	12	04	52 612	−0.005 116	0.142 363	−0.270 428 2	2002	12	05	52 613	−0.008 461	0.143 326	−0.271 043 0
2002	12	06	52 614	−0.012 365	0.144 458	−0.271 417 2	2002	12	07	52 615	−0.016 697	0.145 777	−0.271 754 0
2002	12	08	52 616	−0.021 004	0.147 012	−0.272 153 2	2002	12	09	52 617	−0.024 296	0.147 790	−0.272 670 6
2002	12	10	52 618	−0.027 076	0.149 247	−0.273 336 7	2002	12	11	52 619	−0.030 031	0.150 767	−0.274 197 1
2002	12	12	52 620	−0.032 871	0.152 544	−0.275 182 7	2002	12	13	52 621	−0.036 315	0.153 885	−0.276 205 8
2002	12	14	52 622	−0.040 037	0.155 060	−0.277 239 0	2002	12	15	52 623	−0.044 181	0.156 073	−0.278 226 7
2002	12	16	52 624	−0.048 147	0.156 751	−0.279 112 0	2002	12	17	52 625	−0.051 643	0.157 544	−0.279 854 1
2002	12	18	52 626	−0.054 589	0.158 506	−0.280 432 0	2002	12	19	52 627	−0.056 962	0.159 964	−0.280 804 7
2002	12	20	52 628	−0.059 105	0.161 873	−0.281 033 1	2002	12	21	52 629	−0.061 535	0.164 238	−0.281 202 0
2002	12	22	52 630	−0.064 272	0.166 664	−0.281 386 8	2002	12	23	52 631	−0.066 804	0.168 829	−0.281 673 6
2002	12	24	52 632	−0.069 022	0.171 068	−0.282 151 0	2002	12	25	52 633	−0.071 585	0.173 428	−0.282 895 0
2002	12	26	52 634	−0.074 238	0.175 403	−0.283 861 8	2002	12	27	52 635	−0.076 449	0.177 018	−0.284 985 3
2002	12	28	52 636	−0.078 717	0.178 994	−0.286 131 8	2002	12	29	52 637	−0.081 128	0.181 392	−0.287 232 4
2002	12	30	52 638	−0.083 466	0.183 429	−0.288 180 0	2002	12	31	52 639	−0.085 605	0.185 700	−0.288 904 3
2003	01	01	52 640	−0.088 403	0.188 136	−0.289 442 7	2003	01	02	52 641	−0.091 526	0.190 449	−0.289 814 2
2003	01	03	52 642	−0.094 470	0.192 855	−0.290 102 4	2003	01	04	52 643	−0.097 576	0.195 433	−0.290 391 0
2003	01	05	52 644	−0.100 656	0.197 637	−0.290 777 6	2003	01	06	52 645	−0.103 554	0.199 542	−0.291 316 2
2003	01	07	52 646	−0.105 967	0.201 423	−0.292 013 7	2003	01	08	52 647	−0.108 585	0.203 581	−0.292 840 9
2003	01	09	52 648	−0.111 103	0.205 623	−0.293 758 2	2003	01	10	52 649	−0.113 163	0.208 112	−0.294 640 8
2003	01	11	52 650	−0.115 240	0.210 590	−0.295 575 4	2003	01	12	52 651	−0.117 285	0.212 902	−0.296 474 6

续　表

年	月	日	儒略日	$x_p/('')$	$y_p/('')$	$\Delta UT1/s$	年	月	日	儒略日	$x_p/('')$	$y_p/('')$	$\Delta UT1/s$
2003	01	13	52 652	−0. 119 012	0. 214 991	−0. 297 260 4	2003	01	14	52 653	−0. 120 363	0. 217 102	−0. 297 903 9
2003	01	15	52 654	−0. 121 697	0. 219 412	−0. 298 400 7	2003	01	16	52 655	−0. 122 929	0. 221 767	−0. 298 758 5
2003	01	17	52 656	−0. 124 238	0. 224 328	−0. 298 995 2	2003	01	18	52 657	−0. 126 095	0. 226 730	−0. 299 201 3
2003	01	19	52 658	−0. 127 695	0. 229 010	−0. 299 465 2	2003	01	20	52 659	−0. 128 820	0. 231 181	−0. 299 866 5
2003	01	21	52 660	−0. 129 901	0. 233 614	−0. 300 458 0	2003	01	22	52 661	−0. 130 921	0. 236 493	−0. 301 154 6
2003	01	23	52 662	−0. 132 153	0. 239 989	−0. 301 969 8	2003	01	24	52 663	−0. 133 562	0. 242 675	−0. 302 863 0
2003	01	25	52 664	−0. 135 112	0. 245 044	−0. 303 762 5	2003	01	26	52 665	−0. 136 860	0. 247 191	−0. 304 516 3
2003	01	27	52 666	−0. 138 170	0. 249 505	−0. 305 037 1	2003	01	28	52 667	−0. 139 063	0. 252 277	−0. 305 314 7
2003	01	29	52 668	−0. 139 362	0. 255 314	−0. 305 396 8	2003	01	30	52 669	−0. 139 317	0. 258 471	−0. 305 385 7
2003	01	31	52 670	−0. 139 771	0. 261 553	−0. 305 345 0	2003	02	01	52 671	−0. 141 099	0. 264 267	−0. 305 325 6
2003	02	02	52 672	−0. 142 574	0. 266 929	−0. 305 437 7	2003	02	03	52 673	−0. 144 077	0. 269 862	−0. 305 728 4
2003	02	04	52 674	−0. 145 329	0. 272 790	−0. 306 186 2	2003	02	05	52 675	−0. 146 065	0. 275 623	−0. 306 861 3
2003	02	06	52 676	−0. 147 291	0. 278 265	−0. 307 631 5	2003	02	07	52 677	−0. 148 324	0. 280 576	−0. 308 417 5
2003	02	08	52 678	−0. 149 527	0. 283 438	−0. 309 117 0	2003	02	09	52 679	−0. 151 289	0. 286 170	−0. 309 717 0
2003	02	10	52 680	−0. 152 964	0. 288 836	−0. 310 208 1	2003	02	11	52 681	−0. 154 288	0. 291 587	−0. 310 581 9
2003	02	12	52 682	−0. 155 415	0. 294 288	−0. 310 869 7	2003	02	13	52 683	−0. 155 947	0. 297 053	−0. 311 092 8
2003	02	14	52 684	−0. 156 243	0. 299 709	−0. 311 377 0	2003	02	15	52 685	−0. 156 352	0. 302 352	−0. 311 711 8
2003	02	16	52 686	−0. 156 356	0. 304 809	−0. 312 197 7	2003	02	17	52 687	−0. 155 738	0. 307 170	−0. 312 925 7
2003	02	18	52 688	−0. 155 179	0. 310 201	−0. 313 887 5	2003	02	19	52 689	−0. 154 897	0. 313 731	−0. 314 950 1
2003	02	20	52 690	−0. 154 595	0. 317 721	−0. 316 195 2	2003	02	21	52 691	−0. 155 056	0. 321 738	−0. 317 430 4
2003	02	22	52 692	−0. 155 489	0. 324 641	−0. 318 533 3	2003	02	23	52 693	−0. 155 458	0. 327 548	−0. 319 399 5
2003	02	24	52 694	−0. 155 050	0. 330 616	−0. 319 994 4	2003	02	25	52 695	−0. 154 607	0. 333 626	−0. 320 354 6
2003	02	26	52 696	−0. 154 535	0. 336 618	−0. 320 623 8	2003	02	27	52 697	−0. 154 696	0. 339 488	−0. 320 852 3
2003	02	28	52 698	−0. 154 353	0. 342 340	−0. 321 059 9	2003	03	01	52 699	−0. 153 849	0. 344 794	−0. 321 328 4
2003	03	02	52 700	−0. 153 096	0. 347 278	−0. 321 726 7	2003	03	03	52 701	−0. 152 721	0. 350 426	−0. 322 265 2
2003	03	04	52 702	−0. 153 024	0. 353 356	−0. 322 918 1	2003	03	05	52 703	−0. 153 356	0. 356 077	−0. 323 613 2
2003	03	06	52 704	−0. 153 744	0. 358 535	−0. 324 319 7	2003	03	07	52 705	−0. 154 117	0. 360 926	−0. 324 994 1
2003	03	08	52 706	−0. 154 519	0. 363 702	−0. 325 656 0	2003	03	09	52 707	−0. 154 800	0. 366 529	−0. 326 241 7
2003	03	10	52 708	−0. 154 791	0. 369 529	−0. 326 722 1	2003	03	11	52 709	−0. 155 560	0. 372 650	−0. 327 109 5
2003	03	12	52 710	−0. 156 470	0. 375 685	−0. 327 438 9	2003	03	13	52 711	−0. 157 077	0. 378 857	−0. 327 759 0
2003	03	14	52 712	−0. 157 462	0. 381 670	−0. 328 115 6	2003	03	15	52 713	−0. 157 201	0. 384 138	−0. 328 618 4
2003	03	16	52 714	−0. 156 933	0. 387 101	−0. 329 360 8	2003	03	17	52 715	−0. 156 710	0. 389 936	−0. 330 394 2
2003	03	18	52 716	−0. 156 037	0. 392 827	−0. 331 705 7	2003	03	19	52 717	−0. 154 945	0. 395 852	−0. 333 218 1
2003	03	20	52 718	−0. 153 782	0. 399 794	−0. 334 752 2	2003	03	21	52 719	−0. 153 126	0. 403 719	−0. 336 151 8
2003	03	22	52 720	−0. 152 313	0. 406 835	−0. 337 292 8	2003	03	25	52 723	−0. 149 108	0. 415 551	−0. 338 998 3
2003	03	24	52 722	−0. 150 569	0. 412 600	−0. 338 660 0	2003	03	25	52 723	−0. 149 108	0. 415 551	−0. 338 998 3
2003	03	26	52 724	−0. 147 594	0. 418 522	−0. 339 254 1	2003	03	27	52 725	−0. 145 818	0. 421 332	−0. 339 533 0
2003	03	28	52 726	−0. 143 390	0. 424 229	−0. 339 929 5	2003	03	29	52 727	−0. 140 614	0. 427 059	−0. 340 459 3
2003	03	30	52 728	−0. 137 753	0. 430 056	−0. 341 144 5	2003	03	31	52 729	−0. 135 312	0. 433 070	−0. 341 974 9
2003	04	01	52 730	−0. 133 278	0. 435 795	−0. 342 908 9	2003	04	02	52 731	−0. 131 283	0. 438 766	−0. 343 902 9

续 表

年	月	日	儒略日	x_p/(″)	y_p/(″)	ΔUT1/s	年	月	日	儒略日	x_p/(″)	y_p/(″)	ΔUT1/s
2003	04	03	52 732	−0.129 062	0.441 945	−0.344 884 5	2003	04	04	52 733	−0.127 010	0.444 933	−0.345 787 1
2003	04	05	52 734	−0.124 693	0.447 663	−0.346 614 5	2003	04	06	52 735	−0.122 107	0.450 921	−0.347 320 8
2003	04	07	52 736	−0.119 732	0.454 312	−0.347 892 3	2003	04	08	52 737	−0.117 650	0.457 220	−0.348 351 7
2003	04	09	52 738	−0.116 085	0.459 954	−0.348 703 7	2003	04	10	52 739	−0.114 728	0.462 602	−0.349 022 1
2003	04	11	52 740	−0.113 336	0.465 062	−0.349 409 7	2003	04	12	52 741	−0.111 454	0.467 643	−0.350 027 9
2003	04	13	52 742	−0.109 355	0.470 581	−0.350 858 0	2003	04	14	52 743	−0.107 142	0.473 073	−0.351 932 1
2003	04	15	52 744	−0.105 275	0.475 586	−0.353 235 0	2003	04	16	52 745	−0.103 926	0.477 661	−0.354 699 4
2003	04	17	52 746	−0.102 324	0.479 421	−0.356 121 0	2003	04	18	52 747	−0.100 367	0.481 349	−0.357 323 7
2003	04	19	52 748	−0.098 132	0.483 592	−0.358 197 3	2003	04	20	52 749	−0.095 481	0.485 872	−0.358 667 5
2003	04	21	52 750	−0.093 075	0.488 020	−0.358 849 6	2003	04	22	52 751	−0.090 732	0.489 881	−0.358 883 7
2003	04	23	52 752	−0.088 640	0.491 975	−0.358 915 4	2003	04	24	52 753	−0.086 040	0.493 929	−0.359 029 4
2003	04	25	52 754	−0.082 786	0.495 914	−0.359 282 7	2003	04	26	52 755	−0.079 982	0.498 263	−0.359 707 1
2003	04	27	52 756	−0.077 659	0.500 297	−0.360 274 8	2003	04	28	52 757	−0.075 235	0.502 705	−0.360 940 5
2003	04	29	52 758	−0.072 945	0.504 679	−0.361 649 8	2003	04	30	52 759	−0.070 445	0.506 411	−0.362 402 5
2003	05	01	52 760	−0.066 975	0.508 184	−0.363 091 2	2003	05	02	52 761	−0.063 131	0.510 122	−0.363 637 9
2003	05	03	52 762	−0.059 450	0.511 754	−0.363 969 0	2003	05	04	52 763	−0.056 097	0.513 622	−0.364 112 8
2003	05	05	52 764	−0.053 251	0.515 619	−0.364 116 0	2003	05	06	52 765	−0.050 190	0.517 716	−0.364 023 8
2003	05	07	52 766	−0.047 203	0.519 978	−0.363 900 5	2003	05	08	52 767	−0.044 674	0.521 838	−0.363 825 3
2003	05	09	52 768	−0.042 140	0.523 547	−0.363 906 8	2003	05	10	52 769	−0.039 675	0.525 328	−0.364 267 4
2003	05	11	52 770	−0.037 708	0.526 863	−0.364 807 6	2003	05	12	52 771	−0.036 050	0.528 129	−0.365 574 7
2003	05	13	52 772	−0.034 497	0.529 554	−0.366 564 9	2003	05	14	52 773	−0.032 631	0.530 820	−0.367 770 1
2003	05	15	52 774	−0.030 467	0.532 074	−0.368 937 5	2003	05	16	52 775	−0.028 221	0.533 378	−0.369 894 6
2003	05	17	52 776	−0.025 920	0.534 528	−0.370 551 9	2003	05	18	52 777	−0.023 650	0.535 750	−0.370 914 7
2003	05	19	52 778	−0.021 383	0.536 747	−0.371 093 1	2003	05	20	52 779	−0.018 647	0.537 687	−0.371 221 2
2003	05	21	52 780	−0.015 466	0.538 879	−0.371 425 9	2003	05	22	52 781	−0.012 505	0.539 926	−0.371 745 4
2003	05	23	52 782	−0.009 823	0.540 834	−0.372 198 9	2003	05	24	52 783	−0.007 001	0.541 231	−0.372 838 4
2003	05	25	52 784	−0.004 038	0.541 454	−0.373 487 0	2003	05	26	52 785	−0.001 013	0.541 717	−0.374 109 1
2003	05	27	52 786	0.002 399	0.542 207	−0.374 6898	2003	05	28	52 787	0.005 897	0.542 914	−0.375 169 9
2003	05	29	52 788	0.009 385	0.543 905	−0.375 554 5	2003	05	30	52 789	0.012 554	0.544 850	−0.375 778 6
2003	05	31	52 790	0.015 654	0.545 760	−0.375 811 3	2003	06	01	52 791	0.018 457	0.546 694	−0.375 658 6
2003	06	02	52 792	0.021 330	0.547 246	−0.375 357 4	2003	06	03	52 793	0.024 300	0.547 834	−0.374 968 6
2003	06	04	52 794	0.027 743	0.548 009	−0.374 540 5	2003	06	05	52 795	0.031 567	0.548 118	−0.374 142 7
2003	06	06	52 796	0.035 059	0.548 104	−0.373 768 3	2003	06	07	52 797	0.038 191	0.548 068	−0.373 695 9
2003	06	08	52 798	0.041 359	0.548 061	−0.373 894 4	2003	06	09	52 799	0.044 795	0.548 141	−0.374 287 1
2003	06	10	52 800	0.048 331	0.548 256	−0.374 775 8	2003	06	11	52 801	0.051 775	0.548 417	−0.375 316 0
2003	06	12	52 802	0.055 242	0.547 989	−0.375 672 0	2003	06	13	52 803	0.058 733	0.547 515	−0.375 636 8
2003	06	14	52 804	0.062 057	0.546 849	−0.375 329 0	2003	06	15	52 805	0.065 804	0.546 382	−0.374 776 4
2003	06	16	52 806	0.069 706	0.545 819	−0.374 096 9	2003	06	17	52 807	0.074 065	0.545 227	−0.373 427 7
2003	06	18	52 808	0.078 586	0.545 099	−0.372 894 9	2003	06	19	52 809	0.083 051	0.544 896	−0.372 476 6
2003	06	20	52 810	0.087 774	0.544 778	−0.372 235 8	2003	06	21	52 811	0.092 038	0.544 732	−0.372 108 8

续 表

年	月	日	儒略日	$x_p/('')$	$y_p/('')$	$\Delta UT1/s$	年	月	日	儒略日	$x_p/('')$	$y_p/('')$	$\Delta UT1/s$
2003	06	22	52 812	0.095 892	0.544 298	−0.372 031 8	2003	06	23	52 813	0.099 870	0.543 853	−0.371 948 4
2003	06	24	52 814	0.103 545	0.543 334	−0.371 802 2	2003	06	25	52 815	0.107 288	0.542 674	−0.371 521 4
2003	06	26	52 816	0.110 945	0.542 280	−0.371 100 0	2003	06	27	52 817	0.114 760	0.541 687	−0.370 558 9
2003	06	28	52 818	0.118 644	0.541 223	−0.369 889 8	2003	06	29	52 819	0.122 644	0.540 586	−0.369 069 4
2003	06	30	52 820	0.126 832	0.540 074	−0.368 154 6	2003	07	01	52 821	0.130 520	0.539 565	−0.367 230 4
2003	07	02	52 822	0.134 007	0.538 879	−0.366 388 4	2003	07	03	52 823	0.137 022	0.537 812	−0.365 685 1
2003	07	04	52 824	0.139 941	0.536 118	−0.365 122 4	2003	07	05	52 825	0.143 110	0.534 266	−0.364 738 9
2003	07	06	52 826	0.146 587	0.532 790	−0.364 519 8	2003	07	07	52 827	0.149 618	0.531 456	−0.364 393 3
2003	07	08	52 828	0.153 100	0.529 993	−0.364 256 3	2003	07	09	52 829	0.156 681	0.528 473	−0.363 995 2
2003	07	10	52 830	0.160 541	0.526 803	−0.363 525 6	2003	07	11	52 831	0.164 078	0.525 583	−0.362 806 5
2003	07	12	52 832	0.167 614	0.524 131	−0.361 951 7	2003	07	13	52 833	0.170 683	0.522 956	−0.360 990 2
2003	07	14	52 834	0.173 194	0.521 428	−0.360 036 5	2003	07	15	52 835	0.175 676	0.519 909	−0.359 216 5
2003	07	16	52 836	0.178 211	0.518 361	−0.358 608 1	2003	07	17	52 837	0.180 996	0.516 833	−0.358 231 5
2003	07	18	52 838	0.183 577	0.514 978	−0.358 016 6	2003	07	19	52 839	0.186 328	0.512 860	−0.357 868 5
2003	07	20	52 840	0.189 402	0.510 846	−0.357 748 2	2003	07	21	52 841	0.192 070	0.508 839	−0.357 606 0
2003	07	22	52 842	0.194 352	0.506 515	−0.357 390 4	2003	07	23	52 843	0.197 199	0.504 038	−0.357 094 6
2003	07	24	52 844	0.200 047	0.501 804	−0.356 664 8	2003	07	25	52 845	0.202 558	0.499 792	−0.356 052 0
2003	07	26	52 846	0.204 779	0.497 473	−0.355 422 7	2003	07	27	52 847	0.206 853	0.495 025	−0.354 773 5
2003	07	28	52 848	0.208 982	0.492 356	−0.354 140 6	2003	07	29	52 849	0.211 282	0.489 445	−0.353 601 1
2003	07	30	52 850	0.213 780	0.486 614	−0.353 282 2	2003	07	31	52 851	0.216 563	0.484 040	−0.353 158 6
2003	08	01	52 852	0.219 232	0.481 745	−0.353 113 7	2003	08	02	52 853	0.221 546	0.479 741	−0.353 337 0
2003	08	03	52 854	0.223 049	0.477 497	−0.353 700 8	2003	08	04	52 855	0.224 816	0.474 958	−0.354 065 7
2003	08	05	52 856	0.226 391	0.472 627	−0.354 315 3	2003	08	06	52 857	0.228 148	0.469 865	−0.354 412 2
2003	08	07	52 858	0.230 140	0.466 789	−0.354 249 7	2003	08	08	52 859	0.232 229	0.463 851	−0.353 753 0
2003	08	09	52 860	0.234 048	0.461 232	−0.353 168 7	2003	08	10	52 861	0.235 920	0.458 976	−0.352 579 9
2003	08	11	52 862	0.237 711	0.457 020	−0.352 084 0	2003	08	12	52 863	0.239 586	0.454 681	−0.351 765 2
2003	08	13	52 864	0.241 357	0.452 363	−0.351 670 1	2003	08	14	52 865	0.243 114	0.449 934	−0.351 766 5
2003	08	15	52 866	0.244 711	0.447 708	−0.351 991 9	2003	08	16	52 867	0.245 953	0.445 036	−0.352 313 8
2003	08	17	52 868	0.247 564	0.441 943	−0.352 622 4	2003	08	18	52 869	0.249 161	0.438 902	−0.352 831 6
2003	08	19	52 870	0.250 634	0.435 652	−0.352 892 1	2003	08	20	52 871	0.252 296	0.432 590	−0.352 691 6
2003	08	21	52 872	0.253 810	0.429 909	−0.352 296 3	2003	08	22	52 873	0.255 078	0.427 475	−0.351 820 5
2003	08	23	52 874	0.255 893	0.425 189	−0.351 270 6	2003	08	24	52 875	0.256 967	0.422 302	−0.350 619 2
2003	08	25	52 876	0.258 269	0.419 048	−0.349 992 1	2003	08	26	52 877	0.259 380	0.415 902	−0.349 523 4
2003	08	27	52 878	0.260 081	0.412 566	−0.349 329 0	2003	08	28	52 879	0.261 206	0.409 186	−0.349 433 8
2003	08	29	52 880	0.262 387	0.406 372	−0.349 861 0	2003	08	30	52 881	0.263 379	0.403 477	−0.350 590 2
2003	08	31	52 882	0.264 482	0.400 742	−0.351 342 3	2003	09	01	52 883	0.265 362	0.397 675	−0.351 982 6
2003	09	02	52 884	0.265 674	0.394 646	−0.352 433 8	2003	09	03	52 885	0.265 422	0.391 453	−0.352 633 1
2003	09	04	52 886	0.265 394	0.388 163	−0.352 571 0	2003	09	05	52 887	0.265 283	0.384 726	−0.352 358 0
2003	09	06	52 888	0.265 171	0.380 992	−0.352 137 5	2003	09	07	52 889	0.265 081	0.377 663	−0.351 847 8
2003	09	08	52 890	0.264 970	0.374 381	−0.351 618 8	2003	09	09	52 891	0.264 717	0.371 404	−0.351 563 0

续 表

年	月	日	儒略日	$x_p/('')$	$y_p/('')$	$\Delta UT1/s$	年	月	日	儒略日	$x_p/('')$	$y_p/('')$	$\Delta UT1/s$
2003	09	10	52 892	0.264 446	0.368 082	−0.351 733 8	2003	09	11	52 893	0.264 748	0.364 714	−0.352 057 2
2003	09	12	52 894	0.264 508	0.361 557	−0.352 453 4	2003	09	13	52 895	0.264 228	0.358 116	−0.352 863 4
2003	09	14	52 896	0.264 263	0.354 942	−0.353 192 1	2003	09	15	52 897	0.264 293	0.351 908	−0.353 397 2
2003	09	16	52 898	0.264 182	0.349 059	−0.353 461 4	2003	09	17	52 899	0.264 031	0.346 142	−0.353 491 9
2003	09	18	52 900	0.263 977	0.343 201	−0.353 347 5	2003	09	19	52 901	0.263 777	0.340 003	−0.353 090 7
2003	09	20	52 902	0.263 071	0.336 649	−0.352 860 8	2003	09	21	52 903	0.262 433	0.332 988	−0.352 615 0
2003	09	22	52 904	0.262 577	0.329 751	−0.352 448 5	2003	09	23	52 905	0.262 639	0.327 218	−0.352 480 7
2003	09	24	52 906	0.261 914	0.324 395	−0.352 811 0	2003	09	25	52 907	0.260 937	0.321 078	−0.353 423 2
2003	09	26	52 908	0.259 978	0.317 600	−0.354 236 4	2003	09	27	52 909	0.259 551	0.314 124	−0.355 208 0
2003	09	28	52 910	0.259 436	0.311 276	−0.356 109 4	2003	09	29	52 911	0.259 225	0.308 578	−0.356 815 4
2003	09	30	52 912	0.259 156	0.306 445	−0.357 266 0	2003	10	01	52 913	0.258 508	0.304 390	−0.357 526 3
2003	10	02	52 914	0.257 400	0.301 625	−0.357 606 0	2003	10	03	52 915	0.256 216	0.298 906	−0.357 541 9
2003	10	04	52 916	0.254 948	0.296 407	−0.357 570 0	2003	10	05	52 917	0.253 569	0.293 725	−0.357 740 7
2003	10	06	52 918	0.252 292	0.290 665	−0.358 085 5	2003	10	07	52 919	0.250 890	0.287 567	−0.358 616 6
2003	10	08	52 920	0.249 648	0.284 847	−0.359 266 2	2003	10	09	52 921	0.248 038	0.282 276	−0.359 996 9
2003	10	10	52 922	0.246 586	0.279 466	−0.360 742 6	2003	10	11	52 923	0.244 496	0.276 741	−0.361 416 5
2003	10	12	52 924	0.242 033	0.273 907	−0.361 967 9	2003	10	13	52 925	0.239 810	0.270 942	−0.362 364 6
2003	10	14	52 926	0.237 737	0.267 742	−0.362 596 2	2003	10	15	52 927	0.235 765	0.264 413	−0.362 699 3
2003	10	16	52 928	0.233 923	0.261 215	−0.362 671 8	2003	10	17	52 929	0.231 820	0.258 184	−0.362 589 2
2003	10	18	52 930	0.229 815	0.255 164	−0.362 571 4	2003	10	19	52 931	0.227 937	0.252 662	−0.362 649 9
2003	10	20	52 932	0.226 040	0.250 288	−0.362 898 0	2003	10	21	52 933	0.223 989	0.247 589	−0.363 393 9
2003	10	22	52 934	0.221 916	0.244 947	−0.364 217 7	2003	10	23	52 935	0.220 142	0.242 380	−0.365 320 3
2003	10	24	52 936	0.219 261	0.240 108	−0.366 605 5	2003	10	25	52 937	0.218 579	0.237 968	−0.367 965 6
2003	10	26	52 938	0.218 212	0.235 955	−0.369 118 4	2003	10	27	52 939	0.217 205	0.234 001	−0.369 946 3
2003	10	28	52 940	0.215 503	0.231 827	−0.370 426 9	2003	10	29	52 941	0.213 703	0.229 427	−0.370 592 2
2003	10	30	52 942	0.212 472	0.227 100	−0.370 547 6	2003	10	31	52 943	0.211 123	0.225 283	−0.370 425 4
2003	11	01	52 944	0.209 279	0.223 623	−0.370 396 4	2003	11	02	52 945	0.207 286	0.221 884	−0.370 486 0
2003	11	03	52 946	0.205 062	0.219 834	−0.370 723 0	2003	11	04	52 947	0.202 736	0.217 271	−0.371 107 3
2003	11	05	52 948	0.200 224	0.214 317	−0.371 631 2	2003	11	06	52 949	0.198 195	0.211 339	−0.372 209 9
2003	11	07	52 950	0.196 266	0.208 453	−0.372 736 4	2003	11	08	52 951	0.194 628	0.205 915	−0.373 203 2
2003	11	09	52 952	0.192 778	0.203 648	−0.373 541 6	2003	11	10	52 953	0.190 337	0.201 456	−0.373 733 5
2003	11	11	52 954	0.187 129	0.198 872	−0.373 793 7	2003	11	12	52 955	0.184 403	0.196 333	−0.373 764 7
2003	11	13	52 956	0.182 114	0.193 998	−0.373 713 1	2003	11	14	52 957	0.179 798	0.191 575	−0.373 686 9
2003	11	15	52 958	0.177 373	0.189 291	−0.373 775 9	2003	11	16	52 959	0.175 118	0.187 199	−0.373 951 6
2003	11	17	52 960	0.172 917	0.185 693	−0.374 289 8	2003	11	18	52 961	0.170 056	0.184 040	−0.374 866 1
2003	11	19	52 962	0.167 299	0.182 015	−0.375 667 9	2003	11	20	52 963	0.164 379	0.180 650	−0.376 635 9
2003	11	21	52 964	0.161 747	0.179 379	−0.377 679 6	2003	11	22	52 965	0.159 437	0.178 613	−0.378 806 2
2003	11	23	52 966	0.156 622	0.178 052	−0.379 749 6	2003	11	24	52 967	0.153 600	0.177 030	−0.380 378 8
2003	11	25	52 968	0.149 612	0.175 843	−0.380 696 3	2003	11	26	52 969	0.145 206	0.174 374	−0.380 768 8

续表

年	月	日	儒略日	$x_p/('')$	$y_p/('')$	$\Delta UT1/s$	年	月	日	儒略日	$x_p/('')$	$y_p/('')$	$\Delta UT1/s$
2003	11	27	52 970	0.141 083	0.173 118	−0.380 721 1	2003	11	28	52 971	0.137 967	0.172 009	−0.380 697 1
2003	11	29	52 972	0.134 377	0.170 891	−0.380 799 2	2003	11	30	52 973	0.130 384	0.169 202	−0.381 048 8
2003	12	01	52 974	0.126 302	0.167 983	−0.381 438 9	2003	12	02	52 975	0.123 077	0.166 803	−0.381 927 3
2003	12	03	52 976	0.120 093	0.165 585	−0.382 462 5	2003	12	04	52 977	0.116 969	0.164 609	−0.382 965 4
2003	12	05	52 978	0.114 048	0.164 061	−0.383 350 4	2003	12	06	52 979	0.111 377	0.163 780	−0.383 664 1
2003	12	07	52 980	0.108 493	0.163 287	−0.383 831 0	2003	12	08	52 981	0.105 420	0.162 723	−0.383 814 9
2003	12	09	52 982	0.102 475	0.162 223	−0.383 613 8	2003	12	10	52 983	0.099 787	0.161 814	−0.383 211 1
2003	12	11	52 984	0.096 848	0.161 305	−0.382 796 7	2003	12	12	52 985	0.093 398	0.160 611	−0.382 429 8
2003	12	13	52 986	0.089 686	0.159 694	−0.382 158 8	2003	12	14	52 987	0.086 365	0.158 898	−0.381 981 7
2003	12	15	52 988	0.083 520	0.158 729	−0.381 989 5	2003	12	16	52 989	0.080 602	0.158 731	−0.382 247 0
2003	12	17	52 990	0.077 647	0.158 365	−0.382 753 2	2003	12	18	52 991	0.074 429	0.157 925	−0.383 446 0
2003	12	19	52 992	0.071 446	0.157 462	−0.384 229 0	2003	12	20	52 993	0.068 896	0.157 144	−0.385 059 0
2003	12	21	52 994	0.066 392	0.156 667	−0.385 709 7	2003	12	22	52 995	0.063 589	0.156 108	−0.386 104 1
2003	12	23	52 996	0.060 432	0.155 650	−0.386 282 8	2003	12	24	52 997	0.056 666	0.155 297	−0.386 317 5
2003	12	25	52 998	0.052 581	0.154 963	−0.386 349 1	2003	12	26	52 999	0.048 811	0.154 680	−0.386 492 7
2003	12	27	53 000	0.045 865	0.154 673	−0.386 805 7	2003	12	28	53 001	0.042 906	0.154 955	−0.387 283 0
2003	12	29	53 002	0.039 909	0.155 028	−0.387 873 3	2003	12	30	53 003	0.036 981	0.154 689	−0.388 505 6
2003	12	31	53 004	0.034 060	0.154 396	−0.389 113 1	2004	01	01	53 005	0.031 182	0.154 037	−0.389 651 9
2004	01	02	53 006	0.028 859	0.153 811	−0.390 143 5	2004	01	03	53 007	0.026 738	0.154 042	−0.390 479 2
2004	01	04	53 008	0.024 264	0.154 439	−0.390 585 0	2004	01	05	53 009	0.021 611	0.155 070	−0.390 581 6
2004	01	06	53 010	0.018 737	0.155 647	−0.390 511 8	2004	01	07	53 011	0.015 921	0.156 373	−0.390 452 2
2004	01	08	53 012	0.012 958	0.157 159	−0.390 461 7	2004	01	09	53 013	0.009 999	0.157 615	−0.390 609 0
2004	01	10	53 014	0.007 654	0.157 896	−0.391 034 5	2004	01	11	53 015	0.005 360	0.158 067	−0.391 668 2
2004	01	12	53 016	0.003 094	0.158 520	−0.392 517 8	2004	01	13	53 017	0.000 858	0.159 253	−0.393 583 3
2004	01	14	53 018	−0.001 068	0.160 130	−0.394 831 6	2004	01	15	53 019	−0.003 298	0.161 622	−0.396 089 2
2004	01	16	53 020	−0.005 420	0.162 910	−0.397 255 7	2004	01	17	53 021	−0.007 586	0.163 947	−0.398 336 0
2004	01	18	53 022	−0.010 106	0.165 272	−0.399 100 3	2004	01	19	53 023	−0.013 276	0.166 668	−0.399 549 6
2004	01	20	53 024	−0.016 222	0.167 427	−0.399 751 1	2004	01	21	53 025	−0.018 729	0.168 547	−0.399 854 3
2004	01	22	53 026	−0.021 135	0.170 299	−0.400 060 5	2004	01	23	53 027	−0.023 886	0.172 143	−0.400 433 8
2004	01	24	53 028	−0.026 364	0.173 449	−0.401 020 8	2004	01	25	53 029	−0.027 934	0.174 714	−0.401 750 4
2004	01	26	53 030	−0.029 140	0.176 082	−0.402 544 2	2004	01	27	53 031	−0.030 156	0.177 648	−0.403 320 9
2004	01	28	53 032	−0.031 525	0.179 417	−0.404 088 6	2004	01	29	53 033	−0.033 402	0.181 302	−0.404 700 4
2004	01	30	53 034	−0.035 828	0.183 195	−0.405 038 6	2004	01	31	53 035	−0.038 902	0.184 915	−0.405 248 7
2004	02	01	53 036	−0.042 090	0.186 140	−0.405 222 6	2004	02	02	53 037	−0.044 907	0.187 290	−0.405 011 0
2004	02	03	53 038	−0.047 984	0.188 318	−0.404 713 2	2004	02	04	53 039	−0.051 244	0.189 262	−0.404 406 4
2004	02	05	53 040	−0.054 250	0.190 031	−0.404 173 2	2004	02	06	53 041	−0.056 601	0.190 925	−0.404 108 6
2004	02	07	53 042	−0.058 876	0.192 202	−0.404 245 0	2004	02	08	53 043	−0.060 564	0.193 720	−0.404 644 5
2004	02	09	53 044	−0.062 459	0.195 594	−0.405 292 0	2004	02	10	53 045	−0.064 814	0.197 386	−0.406 116 9
2004	02	11	53 046	−0.067 581	0.199 368	−0.407 056 2	2004	02	12	53 047	−0.070 720	0.201 140	−0.407 994 9

续 表

年	月	日	儒略日	x_p/(")	y_p/(")	ΔUT1/s	年	月	日	儒略日	x_p/(")	y_p/(")	ΔUT1/s
2004	02	13	53 048	−0.073 714	0.202 857	−0.408 762 8	2004	02	14	53 049	−0.076 768	0.204 700	−0.409 346 5
2004	02	15	53 050	−0.079 610	0.206 423	−0.409 687 6	2004	02	16	53 051	−0.081 530	0.208 269	−0.409 844 0
2004	02	17	53 052	−0.082 966	0.210 374	−0.409 940 7	2004	02	18	53 053	−0.084 124	0.212 467	−0.410 061 3
2004	02	19	53 054	−0.086 414	0.215 176	−0.410 343 6	2004	02	20	53 055	−0.089 868	0.217 396	−0.410 823 9
2004	02	21	53 056	−0.093 077	0.219 769	−0.411 597 1	2004	02	22	53 057	−0.095 745	0.222 187	−0.412 566 0
2004	02	23	53 058	−0.097 946	0.224 543	−0.413 606 3	2004	02	24	53 059	−0.099 966	0.226 572	−0.414 615 7
2004	02	25	53 060	−0.101 269	0.228 863	−0.415 632 3	2004	02	26	53 061	−0.102 528	0.231 215	−0.416 474 4
2004	02	27	53 062	−0.103 830	0.233 623	−0.416 995 8	2004	02	28	53 063	−0.105 962	0.236 197	−0.417 424 0
2004	02	29	53 064	−0.108 374	0.238 073	−0.417 559 5	2004	03	01	53 065	−0.110 549	0.240 135	−0.417 483 2
2004	03	02	53 066	−0.112 345	0.242 265	−0.417 337 6	2004	03	03	53 067	−0.113 935	0.244 452	−0.417 213 8
2004	03	04	53 068	−0.115 454	0.246 481	−0.417 183 8	2004	03	05	53 069	−0.117 262	0.249 116	−0.417 344 1
2004	03	06	53 070	−0.119 064	0.251 623	−0.417 737 4	2004	03	07	53 071	−0.120 252	0.254 397	−0.418 377 3
2004	03	08	53 072	−0.121 686	0.256 560	−0.419 206 4	2004	03	09	53 073	−0.122 368	0.258 192	−0.420 119 5
2004	03	10	53 074	−0.123 028	0.260 247	−0.421 015 7	2004	03	11	53 075	−0.123 782	0.262 242	−0.421 728 2
2004	03	12	53 076	−0.124 409	0.264 377	−0.422 195 6	2004	03	13	53 077	−0.125 144	0.266 401	−0.422 500 4
2004	03	14	53 078	−0.126 037	0.268 743	−0.422 554 9	2004	03	15	53 079	−0.126 911	0.270 824	−0.422 478 8
2004	03	16	53 080	−0.128 100	0.273 033	−0.422 448 7	2004	03	17	53 081	−0.129 240	0.274 986	−0.422 548 2
2004	03	18	53 082	−0.130 044	0.277 233	−0.422 889 2	2004	03	19	53 083	−0.131 194	0.279 784	−0.423 487 3
2004	03	20	53 084	−0.131 815	0.282 046	−0.424 420 6	2004	03	21	53 085	−0.131 828	0.284 868	−0.425 502 0
2004	03	22	53 086	−0.131 918	0.288 049	−0.426 624 7	2004	03	23	53 087	−0.131 886	0.291 466	−0.427 722 2
2004	03	24	53 088	−0.131 984	0.295 174	−0.428 812 3	2004	03	25	53 089	−0.132 868	0.298 587	−0.429 781 6
2004	03	26	53 090	−0.134 021	0.302 033	−0.430 591 1	2004	03	27	53 091	−0.135 595	0.305 548	−0.431 295 4
2004	03	28	53 092	−0.137 007	0.308 564	−0.431 773 5	2004	03	29	53 093	−0.137 937	0.311 745	−0.432 130 9
2004	03	30	53 094	−0.138 782	0.314 991	−0.432 501 2	2004	03	31	53 095	−0.139 512	0.318 005	−0.433 009 0
2004	04	01	53 096	−0.140 236	0.320 816	−0.433 670 6	2004	04	02	53 097	−0.140 796	0.323 536	−0.434 483 0
2004	04	03	53 098	−0.140 779	0.326 227	−0.435 598 4	2004	04	04	53 099	−0.140 922	0.328 934	−0.436 951 6
2004	04	05	53 100	−0.141 265	0.331 212	−0.438 447 5	2004	04	06	53 101	−0.140 865	0.333 414	−0.439 962 3
2004	04	07	53 102	−0.140 125	0.336 313	−0.441 403 0	2004	04	08	53 103	−0.139 920	0.339 558	−0.442 613 8
2004	04	09	53 104	−0.139 811	0.342 715	−0.443 557 1	2004	04	10	53 105	−0.139 248	0.345 939	−0.444 252 3
2004	04	11	53 106	−0.138 676	0.349 416	−0.444 669 2	2004	04	12	53 107	−0.138 920	0.352 596	−0.444 972 9
2004	04	13	53 108	−0.139 182	0.355 477	−0.445 351 7	2004	04	14	53 109	−0.139 194	0.358 233	−0.445 942 5
2004	04	15	53 110	−0.138 718	0.361 010	−0.446 736 1	2004	04	16	53 111	−0.137 441	0.363 846	−0.447 689 4
2004	04	17	53 112	−0.135 920	0.367 242	−0.448 794 6	2004	04	18	53 113	−0.134 733	0.370 679	−0.449 858 2
2004	04	19	53 114	−0.133 425	0.373 922	−0.450 795 6	2004	04	20	53 115	−0.132 692	0.377 552	−0.451 563 2
2004	04	21	53 116	−0.132 949	0.380 665	−0.452 184 5	2004	04	22	53 117	−0.133 211	0.382 964	−0.452 566 4
2004	04	23	53 118	−0.132 993	0.385 454	−0.452 632 5	2004	04	24	53 119	−0.132 877	0.387 533	−0.452 586 1
2004	04	25	53 120	−0.132 196	0.389 263	−0.452 398 3	2004	04	26	53 121	−0.130 689	0.391 071	−0.452 156 6
2004	04	27	53 122	−0.128 516	0.393 063	−0.451 976 4	2004	04	28	53 123	−0.126 785	0.395 323	−0.452 031 6
2004	04	29	53 124	−0.125 054	0.398 148	−0.452 292 3	2004	04	30	53 125	−0.123 529	0.401 280	−0.452 692 7

续　表

年	月	日	儒略日	x_p/($''$)	y_p/($''$)	ΔUT1/s	年	月	日	儒略日	x_p/($''$)	y_p/($''$)	ΔUT1/s
2004	05	01	53 126	−0.121 380	0.404 499	−0.453 425 8	2004	05	02	53 127	−0.119 682	0.407 691	−0.454 422 1
2004	05	03	53 128	−0.118 416	0.410 805	−0.455 562 8	2004	05	04	53 129	−0.117 076	0.413 788	−0.456 705 8
2004	05	05	53 130	−0.115 826	0.416 674	−0.457 769 9	2004	05	06	53 131	−0.115 045	0.419 423	−0.458 612 0
2004	05	07	53 132	−0.114 064	0.421 835	−0.459 234 4	2004	05	08	53 133	−0.112 556	0.424 144	−0.459 736 2
2004	05	09	53 134	−0.111 199	0.426 408	−0.460 059 2	2004	05	10	53 135	−0.109 702	0.428 899	−0.460 383 1
2004	05	11	53 136	−0.108 035	0.431 879	−0.460 873 0	2004	05	12	53 137	−0.106 069	0.434 710	−0.461 546 7
2004	05	13	53 138	−0.103 940	0.437 435	−0.462 368 7	2004	05	14	53 139	−0.102 191	0.440 264	−0.463 333 2
2004	05	15	53 140	−0.101 194	0.442 673	−0.464 444 7	2004	05	16	53 141	−0.100 594	0.444 366	−0.465 500 4
2004	05	17	53 142	−0.100 191	0.445 888	−0.466 416 6	2004	05	18	53 143	−0.099 768	0.447 056	−0.467 162 7
2004	05	19	53 144	−0.098 990	0.448 463	−0.467 761 9	2004	05	20	53 145	−0.097 735	0.449 684	−0.468 165 4
2004	05	21	53 146	−0.096 282	0.451 327	−0.468 403 7	2004	05	22	53 147	−0.095 187	0.452 546	−0.468 521 5
2004	05	23	53 148	−0.094 227	0.453 767	−0.468 487 5	2004	05	24	53 149	−0.093 254	0.455 212	−0.468 362 9
2004	05	25	53 150	−0.091 830	0.456 855	−0.468 281 2	2004	05	26	53 151	−0.090 860	0.458 610	−0.468 323 6
2004	05	27	53 152	−0.090 126	0.460 091	−0.468 516 5	2004	05	28	53 153	−0.089 400	0.461 690	−0.468 862 1
2004	05	29	53 154	−0.088 318	0.463 305	−0.469 371 6	2004	05	30	53 155	−0.087 199	0.464 696	−0.469 954 2
2004	05	31	53 156	−0.085 617	0.465 896	−0.470 518 6	2004	06	01	53 157	−0.083 861	0.467 342	−0.470 957 7
2004	06	02	53 158	−0.082 021	0.469 284	−0.471 164 5	2004	06	03	53 159	−0.079 983	0.470 913	−0.471 191 9
2004	06	04	53 160	−0.077 623	0.472 446	−0.471 012 3	2004	06	05	53 161	−0.075 809	0.473 956	−0.470 759 5
2004	06	06	53 162	−0.074 487	0.475 665	−0.470 472 1	2004	06	07	53 163	−0.073 446	0.477 189	−0.470 303 3
2004	06	08	53 164	−0.071 896	0.478 506	−0.470 359 4	2004	06	09	53 165	−0.070 003	0.480 177	−0.470 667 5
2004	06	10	53 166	−0.068 427	0.481 801	−0.471 101 3	2004	06	11	53 167	−0.066 791	0.483 228	−0.471 461 3
2004	06	12	53 168	−0.064 999	0.484 704	−0.471 948 3	2004	06	13	53 169	−0.062 835	0.486 105	−0.472 355 8
2004	06	14	53 170	−0.060 434	0.487 516	−0.472 585 3	2004	06	15	53 171	−0.057 966	0.488 769	−0.472 619 9
2004	06	16	53 172	−0.054 953	0.490 072	−0.472 431 6	2004	06	17	53 173	−0.051 573	0.491 700	−0.472 011 1
2004	06	18	53 174	−0.048 266	0.493 550	−0.471 461 6	2004	06	19	53 175	−0.045 161	0.495 659	−0.470 872 6
2004	06	20	53 176	−0.041 907	0.497 228	−0.470 290 0	2004	06	21	53 177	−0.038 484	0.498 594	−0.469 772 3
2004	06	22	53 178	−0.035 191	0.499 901	−0.469 377 5	2004	06	23	53 179	−0.031 852	0.501 198	−0.469 117 1
2004	06	24	53 180	−0.028 549	0.502 335	−0.469 029 2	2004	06	25	53 181	−0.024 980	0.503 477	−0.469 132 7
2004	06	26	53 182	−0.021 980	0.505 058	−0.469 333 1	2004	06	27	53 183	−0.019 158	0.506 265	−0.469 561 3
2004	06	28	53 184	−0.016 293	0.507 410	−0.469 717 8	2004	06	29	53 185	−0.013 163	0.508 215	−0.469 687 8
2004	06	30	53 186	−0.010 313	0.509 307	−0.469 497 4	2004	07	01	53 187	−0.007 596	0.510 388	−0.469 054 2
2004	07	02	53 188	−0.004 629	0.511 228	−0.468 379 3	2004	07	03	53 189	−0.001 840	0.511 879	−0.467 634 5
2004	07	04	53 190	0.000 447	0.512 566	−0.466 941 6	2004	07	05	53 191	0.002 680	0.513 270	−0.466 419 9
2004	07	06	53 192	0.005 084	0.513 958	−0.466 107 0	2004	07	07	53 193	0.007 311	0.514 519	−0.465 951 9
2004	07	08	53 194	0.009 446	0.515 019	−0.465 864 9	2004	07	09	53 195	0.012 245	0.515 377	−0.465 750 2
2004	07	10	53 196	0.015 390	0.516 377	−0.465 554 8	2004	07	11	53 197	0.018 185	0.517 197	−0.465 184 8
2004	07	12	53 198	0.021 493	0.517 972	−0.464 617 8	2004	07	13	53 199	0.024 297	0.518 919	−0.463 869 0
2004	07	14	53 200	0.026 266	0.519 457	−0.462 953 1	2004	07	15	53 201	0.028 258	0.520 109	−0.461 926 2
2004	07	16	53 202	0.030 232	0.520 641	−0.460 867 1	2004	07	17	53 203	0.032 644	0.520 925	−0.459 902 8

续 表

年	月	日	儒略日	$x_p/('')$	$y_p/('')$	$\Delta UT1/s$	年	月	日	儒略日	$x_p/('')$	$y_p/('')$	$\Delta UT1/s$
2004	07	18	53 204	0.035 723	0.521 069	−0.459 000 0	2004	07	19	53 205	0.038 773	0.521 022	−0.458 229 2
2004	07	20	53 206	0.041 349	0.520 734	−0.457 663 2	2004	07	21	53 207	0.043 931	0.520 416	−0.457 322 0
2004	07	22	53 208	0.046 931	0.519 976	−0.457 190 2	2004	07	23	53 209	0.050 019	0.519 661	−0.457 210 6
2004	07	24	53 210	0.052 965	0.519 372	−0.457 348 0	2004	07	25	53 211	0.056 062	0.519 279	−0.457 408 4
2004	07	26	53 212	0.059 103	0.519 319	−0.457 307 3	2004	07	27	53 213	0.061 519	0.519 284	−0.457 001 8
2004	07	28	53 214	0.063 977	0.518 911	−0.456 482 0	2004	07	29	53 215	0.066 451	0.518 584	−0.455 787 9
2004	07	30	53 216	0.068 364	0.517 946	−0.455 034 4	2004	07	31	53 217	0.070 300	0.517 215	−0.454 385 3
2004	08	01	53 218	0.072 757	0.516 401	−0.453 958 1	2004	08	02	53 219	0.075 501	0.515 872	−0.453 805 7
2004	08	03	53 220	0.078 263	0.515 508	−0.453 904 0	2004	08	04	53 221	0.081 082	0.515 453	−0.454 178 6
2004	08	05	53 222	0.083 870	0.515 319	−0.454 470 2	2004	08	06	53 223	0.086 457	0.515 236	−0.454 583 8
2004	08	07	53 224	0.088 786	0.515 070	−0.454 642 3	2004	08	08	53 225	0.091 671	0.514 347	−0.454 549 4
2004	08	09	53 226	0.094 810	0.513 943	−0.454 267 5	2004	08	10	53 227	0.097 254	0.513 503	−0.453 819 0
2004	08	11	53 228	0.099 722	0.512 987	−0.453 292 5	2004	08	12	53 229	0.102 642	0.513 053	−0.452 686 1
2004	08	13	53 230	0.105 709	0.513 396	−0.451 974 5	2004	08	14	53 231	0.108 721	0.513 841	−0.451 369 0
2004	08	15	53 232	0.111 505	0.513 980	−0.450 925 1	2004	08	16	53 233	0.114 599	0.513 748	−0.450 687 3
2004	08	17	53 234	0.117 236	0.513 308	−0.450 681 7	2004	08	18	53 235	0.119 746	0.512 539	−0.450 919 5
2004	08	19	53 236	0.121 976	0.511 989	−0.451 338 1	2004	08	20	53 237	0.124 270	0.511 317	−0.451 871 0
2004	08	21	53 238	0.126 489	0.510 635	−0.452 392 7	2004	08	22	53 239	0.128 265	0.509 572	−0.452 796 7
2004	08	23	53 240	0.130 107	0.508 232	−0.453 006 1	2004	08	24	53 241	0.132 233	0.506 535	−0.452 987 7
2004	08	25	53 242	0.134 378	0.505 109	−0.452 770 7	2004	08	26	53 243	0.136 072	0.504 076	−0.452 443 1
2004	08	27	53 244	0.138 404	0.502 726	−0.452 090 6	2004	08	28	53 245	0.141 004	0.501 591	−0.451 877 6
2004	08	29	53 246	0.143 657	0.500 216	−0.451 873 2	2004	08	30	53 247	0.146 837	0.498 962	−0.452 131 6
2004	08	31	53 248	0.149 606	0.497 687	−0.452 588 7	2004	09	01	53 249	0.152 207	0.495 916	−0.453 200 7
2004	09	02	53 250	0.154 856	0.494 274	−0.453 761 3	2004	09	03	53 251	0.157 019	0.492 277	−0.454 104 1
2004	09	04	53 252	0.159 234	0.490 069	−0.454 313 6	2004	09	05	53 253	0.161 638	0.487 616	−0.454 227 4
2004	09	06	53 254	0.163 720	0.485 074	−0.453 821 0	2004	09	07	53 255	0.165 335	0.482 867	−0.453 180 9
2004	09	08	53 256	0.167 339	0.481 023	−0.452 419 1	2004	09	09	53 257	0.169 398	0.479 124	−0.451 623 2
2004	09	10	53 258	0.171 667	0.477 290	−0.450 889 0	2004	09	11	53 259	0.173 926	0.475 616	−0.450 384 5
2004	09	12	53 260	0.176 129	0.473 376	−0.450 121 7	2004	09	13	53 261	0.178 044	0.471 088	−0.450 139 8
2004	09	14	53 262	0.179 674	0.468 691	−0.450 431 9	2004	09	15	53 263	0.181 035	0.466 383	−0.450 964 3
2004	09	16	53 264	0.182 153	0.464 071	−0.451 625 6	2004	09	17	53 265	0.183 621	0.461 616	−0.452 303 1
2004	09	18	53 266	0.184 953	0.459 384	−0.452 845 2	2004	09	19	53 267	0.186 447	0.457 073	−0.453 175 8
2004	09	20	53 268	0.187 851	0.454 762	−0.453 225 6	2004	09	21	53 269	0.189 697	0.452 266	−0.453 035 3
2004	09	22	53 270	0.191 665	0.450 085	−0.452 767 4	2004	09	23	53 271	0.193 457	0.448 205	−0.452 487 0
2004	09	24	53 272	0.194 960	0.446 790	−0.452 269 0	2004	09	25	53 273	0.195 569	0.445 036	−0.452 354 0
2004	09	26	53 274	0.195 765	0.443 084	−0.452 690 2	2004	09	27	53 275	0.196 191	0.441 038	−0.453 236 9
2004	09	28	53 276	0.197 096	0.438 852	−0.453 943 2	2004	09	29	53 277	0.197 868	0.436 713	−0.454 729 2
2004	09	30	53 278	0.198 093	0.434 223	−0.455 448 5	2004	10	01	53 279	0.198 379	0.431 826	−0.455 971 6
2004	10	02	53 280	0.198 989	0.429 396	−0.456 362 8	2004	10	03	53 281	0.199 856	0.426 852	−0.456 589 5

续表

年	月	日	儒略日	$x_p/('')$	$y_p/('')$	$\Delta UT1/s$	年	月	日	儒略日	$x_p/('')$	$y_p/('')$	$\Delta UT1/s$
2004	10	04	53 282	0. 200 679	0. 424 371	−0. 456 667 5	2004	10	05	53 283	0. 201 322	0. 422 058	−0. 456 652 8
2004	10	06	53 284	0. 201 815	0. 419 568	−0. 456 667 3	2004	10	07	53 285	0. 202 613	0. 416 963	−0. 456 740 8
2004	10	08	53 286	0. 203 156	0. 414 603	−0. 456 894 4	2004	10	09	53 287	0. 203 542	0. 412 303	−0. 457 141 5
2004	10	10	53 288	0. 203 432	0. 410 317	−0. 457 574 4	2004	10	11	53 289	0. 203 217	0. 407 842	−0. 458 234 1
2004	10	12	53 290	0. 203 389	0. 405 423	−0. 459 103 3	2004	10	13	53 291	0. 203 575	0. 402 909	−0. 460 170 8
2004	10	14	53 292	0. 203 820	0. 400 049	−0. 461 295 4	2004	10	15	53 293	0. 204 530	0. 397 230	−0. 462 368 4
2004	10	16	53 294	0. 205 392	0. 394 940	−0. 463 312 1	2004	10	17	53 295	0. 205 828	0. 392 800	−0. 463 923 7
2004	10	18	53 296	0. 206 049	0. 390 646	−0. 464 186 9	2004	10	19	53 297	0. 205 956	0. 388 811	−0. 464 233 6
2004	10	20	53 298	0. 205 880	0. 386 634	−0. 464 235 4	2004	10	21	53 299	0. 206 033	0. 384 704	−0. 464 299 5
2004	10	22	53 300	0. 206 019	0. 382 754	−0. 464 508 6	2004	10	23	53 301	0. 205 969	0. 380 897	−0. 464 985 3
2004	10	24	53 302	0. 205 493	0. 379 190	−0. 465 667 1	2004	10	25	53 303	0. 204 995	0. 377 016	−0. 466 470 9
2004	10	26	53 304	0. 205 271	0. 374 877	−0. 467 331 0	2004	10	27	53 305	0. 205 842	0. 372 687	−0. 468 225 5
2004	10	28	53 306	0. 206 671	0. 370 334	−0. 469 044 1	2004	10	29	53 307	0. 207 188	0. 368 097	−0. 469 689 4
2004	10	30	53 308	0. 207 239	0. 365 973	−0. 470 120 4	2004	10	31	53 309	0. 206 917	0. 363 835	−0. 470 315 2
2004	11	01	53 310	0. 207 261	0. 361 540	−0. 470 340 6	2004	11	02	53 311	0. 208 117	0. 359 450	−0. 470 291 6
2004	11	03	53 312	0. 208 249	0. 357 341	−0. 470 270 7	2004	11	04	53 313	0. 208 089	0. 355 076	−0. 470 323 5
2004	11	05	53 314	0. 207 723	0. 352 388	−0. 470 462 1	2004	11	06	53 315	0. 207 846	0. 349 577	−0. 470 876 3
2004	11	07	53 316	0. 207 903	0. 347 003	−0. 471 544 4	2004	11	08	53 317	0. 208 054	0. 344 715	−0. 472 447 8
2004	11	09	53 318	0. 208 041	0. 343 007	−0. 473 562 4	2004	11	10	53 319	0. 208 023	0. 341 230	−0. 474 866 4
2004	11	11	53 320	0. 207 927	0. 339 280	−0. 476 168 4	2004	11	12	53 321	0. 207 795	0. 336 884	−0. 477 346 1
2004	11	13	53 322	0. 208 037	0. 334 492	−0. 478 380 2	2004	11	14	53 323	0. 207 899	0. 332 232	−0. 479 079 8
2004	11	15	53 324	0. 207 675	0. 329 463	−0. 479 510 9	2004	11	16	53 325	0. 207 457	0. 326 990	−0. 479 832 1
2004	11	17	53 326	0. 207 180	0. 324 556	−0. 480 196 5	2004	11	18	53 327	0. 206 952	0. 322 230	−0. 480 654 7
2004	11	19	53 328	0. 206 675	0. 319 976	−0. 481 371 9	2004	11	20	53 329	0. 206 010	0. 317 994	−0. 482 339 0
2004	11	21	53 330	0. 205 616	0. 315 679	−0. 483 431 0	2004	11	22	53 331	0. 205 029	0. 313 541	−0. 484 559 6
2004	11	23	53 332	0. 204 271	0. 311 349	−0. 485 638 3	2004	11	24	53 333	0. 203 105	0. 309 229	−0. 486 602 5
2004	11	25	53 334	0. 201 776	0. 306 908	−0. 487 368 6	2004	11	26	53 335	0. 200 535	0. 304 532	−0. 487 905 9
2004	11	27	53 336	0. 199 824	0. 302 093	−0. 488 223 4	2004	11	28	53 337	0. 199 476	0. 300 020	−0. 488 359 4
2004	11	29	53 338	0. 199 221	0. 298 096	−0. 488 376 2	2004	11	30	53 339	0. 198 533	0. 296 012	−0. 488 350 4
2004	12	01	53 340	0. 197 499	0. 293 669	−0. 488 346 1	2004	12	02	53 341	0. 195 940	0. 291 458	−0. 488 454 5
2004	12	03	53 342	0. 193 964	0. 288 932	−0. 488 725 7	2004	12	04	53 343	0. 192 122	0. 286 572	−0. 489 218 8
2004	12	05	53 344	0. 190 480	0. 284 617	−0. 489 909 1	2004	12	06	53 345	0. 188 776	0. 282 791	−0. 490 755 9
2004	12	07	53 346	0. 187 374	0. 280 572	−0. 491 732 8	2004	12	08	53 347	0. 186 313	0. 278 674	−0. 492 829 7
2004	12	09	53 348	0. 184 303	0. 277 100	−0. 493 865 1	2004	12	10	53 349	0. 182 218	0. 274 808	−0. 494 683 9
2004	12	11	53 350	0. 180 311	0. 272 814	−0. 495 352 9	2004	12	12	53 351	0. 178 442	0. 270 911	−0. 495 734 3
2004	12	13	53 352	0. 176 593	0. 268 813	−0. 495 923 5	2004	12	14	53 353	0. 174 718	0. 266 767	−0. 496 108 6
2004	12	15	53 354	0. 173 165	0. 264 468	−0. 496 509 1	2004	12	16	53 355	0. 171 762	0. 262 413	−0. 497 134 8
2004	12	17	53 356	0. 170 232	0. 260 650	−0. 497 909 2	2004	12	18	53 357	0. 169 280	0. 259 006	−0. 498 930 5
2004	12	19	53 358	0. 168 686	0. 257 496	−0. 500 022 0	2004	12	20	53 359	0. 167 525	0. 256 086	−0. 501 049 9

续 表

年	月	日	儒略日	x_p/(″)	y_p/(″)	ΔUT1/s	年	月	日	儒略日	x_p/(″)	y_p/(″)	ΔUT1/s
2004	12	21	53 360	0.165 939	0.254 249	−0.501 934 7	2004	12	22	53 361	0.164 464	0.252 347	−0.502 625 8
2004	12	23	53 362	0.163 037	0.250 328	−0.503 089 2	2004	12	24	53 363	0.161 470	0.248 787	−0.503 335 5
2004	12	25	53 364	0.159 784	0.247 418	−0.503 390 7	2004	12	26	53 365	0.158 236	0.246 633	−0.503 306 0
2004	12	27	53 366	0.156 367	0.245 814	−0.503 152 1	2004	12	28	53 367	0.154 498	0.244 030	−0.503 006 1
2004	12	29	53 368	0.152 852	0.242 500	−0.502 917 7	2004	12	30	53 369	0.151 072	0.241 154	−0.502 961 9
2004	12	31	53 370	0.149 967	0.239 387	−0.503 226 2	2005	01	01	53 371	0.149 088	0.238 172	−0.503 695 5
2005	01	02	53 372	0.148 626	0.236 999	−0.504 341 3	2005	01	03	53 373	0.148 673	0.235 973	−0.505 079 1
2005	01	04	53 374	0.148 433	0.235 016	−0.505 869 6	2005	01	05	53 375	0.148 032	0.233 585	−0.506 708 5
2005	01	06	53 376	0.146 875	0.231 987	−0.507 432 2	2005	01	07	53 377	0.145 062	0.230 078	−0.507 879 0
2005	01	08	53 378	0.143 407	0.228 186	−0.508 206 9	2005	01	09	53 379	0.141 885	0.227 052	−0.508 387 6
2005	01	10	53 380	0.139 863	0.225 857	−0.508 522 5	2005	01	11	53 381	0.137 274	0.224 639	−0.508 781 3
2005	01	12	53 382	0.135 134	0.223 347	−0.509 315 7	2005	01	13	53 383	0.133 504	0.222 204	−0.510 159 8
2005	01	14	53 384	0.131 823	0.221 194	−0.511 255 0	2005	01	15	53 385	0.129 974	0.220 049	−0.512 492 7
2005	01	16	53 386	0.128 598	0.218 676	−0.513 707 1	2005	01	17	53 387	0.127 348	0.217 547	−0.514 810 7
2005	01	18	53 388	0.125 856	0.216 463	−0.515 729 6	2005	01	19	53 389	0.124 053	0.215 957	−0.516 418 6
2005	01	20	53 390	0.121 576	0.215 407	−0.516 893 1	2005	01	21	53 391	0.119 194	0.214 327	−0.517 219 1
2005	01	22	53 392	0.117 093	0.213 470	−0.517 446 3	2005	01	23	53 393	0.114 606	0.212 634	−0.517 542 4
2005	01	24	53 394	0.112 378	0.211 659	−0.517 550 5	2005	01	25	53 395	0.109 985	0.210 771	−0.517 581 5
2005	01	26	53 396	0.107 590	0.209 752	−0.517 711 2	2005	01	27	53 397	0.105 423	0.209 386	−0.517 983 6
2005	01	28	53 398	0.103 223	0.209 165	−0.518 441 7	2005	01	29	53 399	0.100 740	0.209 172	−0.519 087 2
2005	01	30	53 400	0.097 497	0.208 953	−0.519 747 2	2005	01	31	53 401	0.094 633	0.208 522	−0.520 461 3
2005	02	01	53 402	0.091 946	0.208 519	−0.521 193 6	2005	02	02	53 403	0.089 160	0.207 869	−0.521 883 5
2005	02	03	53 404	0.086 517	0.207 056	−0.522 413 1	2005	02	04	53 405	0.083 834	0.206 384	−0.522 750 5
2005	02	05	53 406	0.081 471	0.206 035	−0.522 963 0	2005	02	06	53 407	0.078 851	0.206 020	−0.523 234 0
2005	02	07	53 408	0.076 054	0.206 024	−0.523 550 7	2005	02	08	53 409	0.073 079	0.205 719	−0.524 056 5
2005	02	09	53 410	0.069 978	0.205 219	−0.524 869 2	2005	02	10	53 411	0.066 735	0.204 505	−0.526 026 8
2005	02	11	53 412	0.064 062	0.203 836	−0.527 454 1	2005	02	12	53 413	0.061 492	0.203 425	−0.529 044 5
2005	02	13	53 414	0.059 239	0.203 151	−0.530 590 7	2005	02	14	53 415	0.057 272	0.203 380	−0.531 907 2
2005	02	15	53 416	0.054 751	0.203 537	−0.532 968 4	2005	02	16	53 417	0.051 772	0.203 322	−0.533 767 1
2005	02	17	53 418	0.048 485	0.203 081	−0.534 305 6	2005	02	18	53 419	0.045 495	0.203 341	−0.534 701 8
2005	02	19	53 420	0.042 583	0.204 032	−0.535 141 4	2005	02	20	53 421	0.040 175	0.204 680	−0.535 675 2
2005	02	21	53 422	0.037 676	0.205 485	−0.536 308 6	2005	02	22	53 423	0.035 443	0.205 952	−0.537 102 9
2005	02	23	53 424	0.033 268	0.206 342	−0.538 113 2	2005	02	24	53 425	0.031 458	0.206 307	−0.539 339 6
2005	02	25	53 426	0.030 356	0.206 829	−0.540 708 0	2005	02	26	53 427	0.029 291	0.207 702	−0.542 339 5
2005	02	27	53 428	0.027 691	0.208 794	−0.544 082 1	2005	02	28	53 429	0.025 851	0.209 941	−0.545 773 8
2005	03	01	53 430	0.024 087	0.211 438	−0.547 357 4	2005	03	02	53 431	0.021 836	0.213 078	−0.548 860 6
2005	03	03	53 432	0.019 350	0.214 344	−0.550 163 9	2005	03	04	53 433	0.017 092	0.215 268	−0.551 234 5
2005	03	05	53 434	0.015 138	0.216 096	−0.552 240 1	2005	03	06	53 435	0.012 688	0.216 774	−0.553 176 6
2005	03	07	53 436	0.010 530	0.217 180	−0.554 121 7	2005	03	08	53 437	0.008 759	0.217 966	−0.555 230 2

续 表

年	月	日	儒略日	x_p/(")	y_p/(")	ΔUT1/s	年	月	日	儒略日	x_p/(")	y_p/(")	ΔUT1/s
2005	03	09	53 438	0.006 826	0.218 806	−0.556 508 9	2005	03	10	53 439	0.004 732	0.219 640	−0.557 948 0
2005	03	11	53 440	0.002 473	0.220 491	−0.559 405 4	2005	03	12	53 441	0.000 430	0.221 410	−0.560 932 2
2005	03	13	53 442	−0.001 543	0.222 222	−0.562 324 5	2005	03	14	53 443	−0.002 587	0.222 649	−0.563 405 0
2005	03	15	53 444	−0.003 794	0.223 282	−0.564 155 4	2005	03	16	53 445	−0.005 622	0.223 507	−0.564 572 3
2005	03	17	53 446	−0.006 911	0.223 787	−0.564 757 8	2005	03	18	53 447	−0.008 073	0.224 199	−0.564 813 4
2005	03	19	53 448	−0.008 995	0.224 958	−0.564 880 4	2005	03	20	53 449	−0.009 845	0.225 999	−0.564 955 5
2005	03	21	53 450	−0.010 682	0.227 026	−0.565 109 8	2005	03	22	53 451	−0.011 720	0.228 376	−0.565 439 1
2005	03	23	53 452	−0.013 260	0.230 378	−0.566 039 5	2005	03	24	53 453	−0.015 268	0.231 983	−0.566 874 4
2005	03	25	53 454	−0.016 593	0.233 186	−0.567 918 3	2005	03	26	53 455	−0.017 797	0.234 616	−0.569 089 3
2005	03	27	53 456	−0.019 258	0.236 328	−0.570 282 8	2005	03	28	53 457	−0.020 756	0.238 067	−0.571 391 0
2005	03	29	53 458	−0.022 615	0.239 361	−0.572 319 0	2005	03	30	53 459	−0.024 699	0.240 368	−0.572 957 9
2005	03	31	53 460	−0.026 890	0.241 358	−0.573 345 7	2005	04	01	53 461	−0.028 783	0.242 814	−0.573 527 9
2005	04	02	53 462	−0.030 786	0.244 139	−0.573 687 1	2005	04	03	53 463	−0.032 436	0.245 137	−0.573 934 7
2005	04	04	53 464	−0.033 506	0.245 843	−0.574 375 5	2005	04	05	53 465	−0.034 501	0.246 104	−0.575 086 6
2005	04	06	53 466	−0.035 010	0.246 525	−0.576 066 3	2005	04	07	53 467	−0.035 501	0.248 014	−0.577 235 2
2005	04	08	53 468	−0.036 571	0.250 285	−0.578 514 6	2005	04	09	53 469	−0.038 421	0.252 528	−0.579 833 7
2005	04	10	53 470	−0.040 678	0.254 115	−0.580 862 1	2005	04	11	53 471	−0.042 574	0.255 456	−0.581 581 5
2005	04	12	53 472	−0.044 257	0.256 944	−0.582 066 9	2005	04	13	53 473	−0.045 491	0.258 781	−0.582 408 0
2005	04	14	53 474	−0.046 144	0.260 547	−0.582 647 1	2005	04	15	53 475	−0.046 718	0.262 504	−0.582 857 9
2005	04	16	53 476	−0.047 848	0.264 970	−0.583 208 8	2005	04	17	53 477	−0.049 356	0.267 392	−0.583 710 6
2005	04	18	53 478	−0.051 000	0.269 644	−0.584 335 4	2005	04	19	53 479	−0.052 486	0.271 896	−0.585 149 6
2005	04	20	53 480	−0.053 902	0.274 269	−0.586 171 1	2005	04	21	53 481	−0.054 955	0.276 505	−0.587 393 8
2005	04	22	53 482	−0.055 780	0.278 697	−0.588 750 2	2005	04	23	53 483	−0.056 842	0.280 981	−0.590 213 1
2005	04	24	53 484	−0.057 740	0.283 414	−0.591 638 0	2005	04	25	53 485	−0.058 455	0.285 283	−0.592 950 0
2005	04	26	53 486	−0.058 853	0.286 977	−0.594 054 7	2005	04	27	53 487	−0.058 925	0.288 600	−0.594 881 0
2005	04	28	53 488	−0.058 530	0.290 459	−0.595 490 2	2005	04	29	53 489	−0.057 862	0.292 511	−0.595 964 3
2005	04	30	53 490	−0.057 221	0.294 834	−0.596 462 9	2005	05	01	53 491	−0.057 254	0.297 695	−0.597 112 0
2005	05	02	53 492	−0.057 805	0.300 205	−0.597 988 8	2005	05	03	53 493	−0.059 093	0.302 228	−0.599 111 0
2005	05	04	53 494	−0.060 038	0.304 033	−0.600 458 8	2005	05	05	53 495	−0.060 689	0.306 079	−0.601 887 4
2005	05	06	53 496	−0.060 953	0.307 889	−0.603 200 3	2005	05	07	53 497	−0.060 752	0.309 854	−0.604 435 8
2005	05	08	53 498	−0.060 650	0.311 576	−0.605 472 0	2005	05	09	53 499	−0.060 664	0.313 176	−0.606 254 3
2005	05	10	53 500	−0.060 890	0.314 778	−0.606 801 8	2005	05	11	53 501	−0.061 311	0.316 227	−0.607 167 6
2005	05	12	53 502	−0.062 046	0.317 580	−0.607 430 1	2005	05	13	53 503	−0.063 076	0.318 990	−0.607 670 6
2005	05	14	53 504	−0.064 651	0.320 368	−0.607 956 6	2005	05	15	53 505	−0.065 824	0.321 742	−0.608 349 7
2005	05	16	53 506	−0.066 858	0.323 630	−0.608 889 2	2005	05	17	53 507	−0.067 540	0.325 137	−0.609 587 9
2005	05	18	53 508	−0.068 356	0.326 519	−0.610 429 6	2005	05	19	53 509	−0.069 203	0.327 814	−0.611 380 2
2005	05	20	53 510	−0.070 080	0.329 285	−0.612 391 4	2005	05	21	53 511	−0.070 718	0.330 669	−0.613 385 9
2005	05	22	53 512	−0.071 004	0.332 304	−0.614 264 8	2005	05	23	53 513	−0.071 264	0.334 019	−0.614 862 3
2005	05	24	53 514	−0.071 523	0.335 628	−0.615 140 1	2005	05	25	53 515	−0.071 503	0.337 307	−0.615 087 8

续 表

年	月	日	儒略日	$x_p/('')$	$y_p/('')$	ΔUT1/s	年	月	日	儒略日	$x_p/('')$	$y_p/('')$	ΔUT1/s
2005	05	26	53 516	−0.070 566	0.339 295	−0.614 844 6	2005	05	27	53 517	−0.068 994	0.341 578	−0.614 566 9
2005	05	28	53 518	−0.068 091	0.343 799	−0.614 445 7	2005	05	29	53 519	−0.067 173	0.345 850	−0.614 557 0
2005	05	30	53 520	−0.066 060	0.348 075	−0.614 905 8	2005	05	31	53 521	−0.064 580	0.349 825	−0.615 454 1
2005	06	01	53 522	−0.062 981	0.351 208	−0.616 110 8	2005	06	02	53 523	−0.061 597	0.352 644	−0.616 793 6
2005	06	03	53 524	−0.060 465	0.354 482	−0.617 354 1	2005	06	04	53 525	−0.059 952	0.356 571	−0.617 699 9
2005	06	05	53 526	−0.059 565	0.358 292	−0.617 826 4	2005	06	06	53 527	−0.059 169	0.359 842	−0.617 683 9
2005	06	07	53 528	−0.058 680	0.361 184	−0.617 319 0	2005	06	08	53 529	−0.058 212	0.362 408	−0.616 846 5
2005	06	09	53 530	−0.057 737	0.363 335	−0.616 314 4	2005	06	10	53 531	−0.056 626	0.364 789	−0.615 758 4
2005	06	11	53 532	−0.055 500	0.366 956	−0.615 377 7	2005	06	12	53 533	−0.054 406	0.369 002	−0.615 108 0
2005	06	13	53 534	−0.053 288	0.371 124	−0.614 936 3	2005	06	14	53 535	−0.052 473	0.373 297	−0.614 916 2
2005	06	15	53 536	−0.052 058	0.375 047	−0.615 083 1	2005	06	16	53 537	−0.051 462	0.376 436	−0.615 365 5
2005	06	17	53 538	−0.050 556	0.377 946	−0.615 764 2	2005	06	18	53 539	−0.049 577	0.379 490	−0.616 134 2
2005	06	19	53 540	−0.048 309	0.381 131	−0.616 318 2	2005	06	20	53 541	−0.047 165	0.382 897	−0.616 252 2
2005	06	21	53 542	−0.046 270	0.384 352	−0.615 947 6	2005	06	22	53 543	−0.045 630	0.386 008	−0.615 472 2
2005	06	23	53 544	−0.045 037	0.387 293	−0.614 981 1	2005	06	24	53 545	−0.044 546	0.388 490	−0.614 592 2
2005	06	25	53 546	−0.043 730	0.389 700	−0.614 448 4	2005	06	26	53 547	−0.042 909	0.390 877	−0.614 577 5
2005	06	27	53 548	−0.041 519	0.391 877	−0.614 828 7	2005	06	28	53 549	−0.040 348	0.393 470	−0.615 132 3
2005	06	29	53 550	−0.039 823	0.394 835	−0.615 424 0	2005	06	30	53 551	−0.039 926	0.396 196	−0.615 557 8
2005	07	01	53 552	−0.040 014	0.397 026	−0.615 449 1	2005	07	02	53 553	−0.039 359	0.398 048	−0.615 143 6
2005	07	03	53 554	−0.038 570	0.399 016	−0.614 474 2	2005	07	04	53 555	−0.037 499	0.399 884	−0.613 568 7
2005	07	05	53 556	−0.036 248	0.401 306	−0.612 544 9	2005	07	06	53 557	−0.034 491	0.402 817	−0.611 466 5
2005	07	07	53 558	−0.032 757	0.404 719	−0.610 482 2	2005	07	08	53 559	−0.031 285	0.406 440	−0.609 619 7
2005	07	09	53 560	−0.029 857	0.407 605	−0.608 889 0	2005	07	10	53 561	−0.028 574	0.408 188	−0.608 357 9
2005	07	11	53 562	−0.027 621	0.408 829	−0.608 021 4	2005	07	12	53 563	−0.026 801	0.409 478	−0.607 841 8
2005	07	13	53 564	−0.025 789	0.410 250	−0.607 771 7	2005	07	14	53 565	−0.024 414	0.411 322	−0.607 765 1
2005	07	15	53 566	−0.023 040	0.412 663	−0.607 670 4	2005	07	16	53 567	−0.021 696	0.413 799	−0.607 517 3
2005	07	17	53 568	−0.020 396	0.414 513	−0.607 143 7	2005	07	18	53 569	−0.019 737	0.414 987	−0.606 513 5
2005	07	19	53 570	−0.019 256	0.415 366	−0.605 696 4	2005	07	20	53 571	−0.018 480	0.415 361	−0.604 801 6
2005	07	21	53 572	−0.016 930	0.415 615	−0.603 985 3	2005	07	22	53 573	−0.015 374	0.416 373	−0.603 394 1
2005	07	23	53 574	−0.013 977	0.417 168	−0.603 152 0	2005	07	24	53 575	−0.013 020	0.418 017	−0.603 269 3
2005	07	25	53 576	−0.012 104	0.418 798	−0.603 651 1	2005	07	26	53 577	−0.011 322	0.419 359	−0.604 132 9
2005	07	27	53 578	−0.010 366	0.419 731	−0.604 591 7	2005	07	28	53 579	−0.009 375	0.420 185	−0.604 867 8
2005	07	29	53 580	−0.008 253	0.420 296	−0.604 856 1	2005	07	30	53 581	−0.006 462	0.420 530	−0.604 631 6
2005	07	31	53 582	−0.004 537	0.420 904	−0.604 216 6	2005	08	01	53 583	−0.002 929	0.421 375	−0.603 651 6
2005	08	02	53 584	−0.001 338	0.421 622	−0.603 017 0	2005	08	03	53 585	0.000 694	0.421 768	−0.602 382 0
2005	08	04	53 586	0.003 011	0.422 026	−0.601 802 3	2005	08	05	53 587	0.004 800	0.422 441	−0.601 261 2
2005	08	06	53 588	0.006 544	0.422 636	−0.600 964 8	2005	08	07	53 589	0.008 573	0.423 082	−0.600 922 0
2005	08	08	53 590	0.010 946	0.423 504	−0.601 089 8	2005	08	09	53 591	0.013 764	0.424 276	−0.601 397 0
2005	08	10	53 592	0.016 230	0.425 379	−0.601 820 4	2005	08	11	53 593	0.018 376	0.426 514	−0.602 246 3

续 表

年	月	日	儒略日	$x_p/('')$	$y_p/('')$	$\Delta UT1/s$	年	月	日	儒略日	$x_p/('')$	$y_p/('')$	$\Delta UT1/s$
2005	08	12	53 594	0.020 019	0.427 269	−0.602 546 4	2005	08	13	53 595	0.021 639	0.427 910	−0.602 690 1
2005	08	14	53 596	0.022 758	0.428 534	−0.602 615 7	2005	08	15	53 597	0.023 812	0.429 087	−0.602 277 4
2005	08	16	53 598	0.024 877	0.429 425	−0.601 779 4	2005	08	17	53 599	0.026 007	0.429 544	−0.601 301 4
2005	08	18	53 600	0.027 081	0.429 451	−0.600 974 1	2005	08	19	53 601	0.028 430	0.429 160	−0.600 893 9
2005	08	20	53 602	0.029 796	0.429 060	−0.601 144 0	2005	08	21	53 603	0.031 345	0.429 129	−0.601 733 7
2005	08	22	53 604	0.032 706	0.429 095	−0.602 444 1	2005	08	23	53 605	0.034 148	0.428 791	−0.603 080 9
2005	08	24	53 606	0.035 549	0.428 723	−0.603 521 0	2005	08	25	53 607	0.036 960	0.428 483	−0.603 659 8
2005	08	26	53 608	0.038 277	0.428 039	−0.603 519 5	2005	08	27	53 609	0.039 386	0.427 112	−0.603 074 3
2005	08	28	53 610	0.040 639	0.426 126	−0.602 413 8	2005	08	29	53 611	0.041 447	0.425 696	−0.601 559 8
2005	08	30	53 612	0.041 811	0.425 347	−0.600 646 5	2005	08	31	53 613	0.041 836	0.425 046	−0.599 814 6
2005	09	01	53 614	0.042 046	0.425 199	−0.599 133 8	2005	09	02	53 615	0.042 041	0.425 656	−0.598 657 3
2005	09	03	53 616	0.042 235	0.425 484	−0.598 540 7	2005	09	04	53 617	0.042 705	0.424 872	−0.598 640 2
2005	09	05	53 618	0.043 537	0.424 220	−0.598 885 2	2005	09	06	53 619	0.044 700	0.423 687	−0.599 251 9
2005	09	07	53 620	0.045 908	0.423 286	−0.599 670 9	2005	09	08	53 621	0.047 270	0.422 901	−0.600 120 3
2005	09	09	53 622	0.048 524	0.422 938	−0.600 502 3	2005	09	10	53 623	0.049 421	0.423 132	−0.600 749 8
2005	09	11	53 624	0.050 113	0.423 359	−0.600 779 2	2005	09	12	53 625	0.050 544	0.423 267	−0.600 610 6
2005	09	13	53 626	0.050 356	0.422 597	−0.600 405 3	2005	09	14	53 627	0.050 072	0.421 552	−0.600 374 9
2005	09	15	53 628	0.050 050	0.421 136	−0.600 591 0	2005	09	16	53 629	0.050 860	0.421 270	−0.601 144 0
2005	09	17	53 630	0.051 911	0.421 566	−0.602 073 1	2005	09	18	53 631	0.052 559	0.421 923	−0.603 278 1
2005	09	19	53 632	0.052 662	0.421 889	−0.604 574 4	2005	09	20	53 633	0.052 629	0.421 132	−0.605 782 7
2005	09	21	53 634	0.052 959	0.420 274	−0.606 748 1	2005	09	22	53 635	0.053 582	0.419 465	−0.607 393 3
2005	09	23	53 636	0.054 345	0.418 919	−0.607 723 2	2005	09	24	53 637	0.055 297	0.418 340	−0.607 779 5
2005	09	25	53 638	0.056 156	0.417 750	−0.607 653 1	2005	09	26	53 639	0.056 672	0.417 350	−0.607 467 1
2005	09	27	53 640	0.057 072	0.417 042	−0.607 312 9	2005	09	28	53 641	0.057 880	0.416 795	−0.607 242 2
2005	09	29	53 642	0.058 647	0.416 994	−0.607 317 9	2005	09	30	53 643	0.058 901	0.417 334	−0.607 598 7
2005	10	01	53 644	0.058 710	0.417 293	−0.608 082 3	2005	10	02	53 645	0.058 606	0.417 034	−0.608 722 6
2005	10	03	53 646	0.058 807	0.416 479	−0.609 459 5	2005	10	04	53 647	0.059 762	0.415 758	−0.610 218 4
2005	10	05	53 648	0.060 843	0.415 382	−0.610 865 6	2005	10	06	53 649	0.062 178	0.415 336	−0.611 362 4
2005	10	07	53 650	0.063 372	0.415 724	−0.611 707 7	2005	10	08	53 651	0.064 005	0.415 809	−0.611 957 0
2005	10	09	53 652	0.064 473	0.415 260	−0.612 059 0	2005	10	10	53 653	0.065 121	0.414 455	−0.612 038 8
2005	10	11	53 654	0.065 218	0.413 733	−0.612 052 5	2005	10	12	53 655	0.065 316	0.412 876	−0.612 236 0
2005	10	13	53 656	0.065 694	0.412 325	−0.612 679 7	2005	10	14	53 657	0.066 281	0.411 202	−0.613 368 8
2005	10	15	53 658	0.066 920	0.409 955	−0.614 411 1	2005	10	16	53 659	0.067 905	0.408 713	−0.615 584 6
2005	10	17	53 660	0.069 335	0.408 135	−0.616 740 6	2005	10	18	53 661	0.070 442	0.408 044	−0.617 752 4
2005	10	19	53 662	0.071 007	0.407 784	−0.618 577 3	2005	10	20	53 663	0.070 985	0.407 422	−0.619 159 2
2005	10	21	53 664	0.071 067	0.407 041	−0.619 508 8	2005	10	22	53 665	0.071 048	0.406 475	−0.619 763 5
2005	10	23	53 666	0.070 939	0.405 762	−0.619 907 8	2005	10	24	53 667	0.070 914	0.405 130	−0.620 029 3
2005	10	25	53 668	0.070 905	0.404 581	−0.620 241 5	2005	10	26	53 669	0.070 625	0.403 880	−0.620 542 2
2005	10	27	53 670	0.070 077	0.402 992	−0.621 004 5	2005	10	28	53 671	0.069 790	0.402 222	−0.621 645 8

续 表

年	月	日	儒略日	x_p/(″)	y_p/(″)	ΔUT1/s	年	月	日	儒略日	x_p/(″)	y_p/(″)	ΔUT1/s
2005	10	29	53 672	0.069 463	0.401 721	−0.622 524 1	2005	10	30	53 673	0.069 291	0.400 616	−0.623 545 5
2005	10	31	53 674	0.070 060	0.399 731	−0.624 614 4	2005	11	01	53 675	0.071 301	0.399 028	−0.625 647 4
2005	11	02	53 676	0.072 343	0.398 472	−0.626 566 8	2005	11	03	53 677	0.073 016	0.397 779	−0.627 300 4
2005	11	04	53 678	0.073 140	0.397 176	−0.627 790 7	2005	11	05	53 679	0.073 093	0.396 626	−0.628 120 6
2005	11	06	53 680	0.072 891	0.396 182	−0.628 282 4	2005	11	07	53 681	0.072 674	0.395 574	−0.628 430 0
2005	11	08	53 682	0.072 466	0.395 181	−0.628 733 2	2005	11	09	53 683	0.072 511	0.395 025	−0.629 334 0
2005	11	10	53 684	0.072 206	0.394 762	−0.630 284 2	2005	11	11	53 685	0.071 543	0.394 052	−0.631 547 4
2005	11	12	53 686	0.070 805	0.393 432	−0.633 008 3	2005	11	13	53 687	0.070 023	0.393 210	−0.634 489 3
2005	11	14	53 688	0.069 153	0.392 808	−0.635 817 2	2005	11	15	53 689	0.068 925	0.392 217	−0.636 908 4
2005	11	16	53 690	0.069 534	0.392 074	−0.637 706 9	2005	11	17	53 691	0.069 791	0.392 823	−0.638 259 7
2005	11	18	53 692	0.069 361	0.392 875	−0.638 586 5	2005	11	19	53 693	0.068 946	0.392 360	−0.638 807 3
2005	11	20	53 694	0.068 067	0.392 171	−0.639 041 6	2005	11	21	53 695	0.066 840	0.391 625	−0.639 362 8
2005	11	22	53 696	0.065 805	0.390 731	−0.639 813 0	2005	11	23	53 697	0.065 137	0.389 437	−0.640 406 0
2005	11	24	53 698	0.065 225	0.388 439	−0.641 157 0	2005	11	25	53 699	0.066 099	0.388 041	−0.642 054 4
2005	11	26	53 700	0.067 013	0.388 231	−0.643 056 8	2005	11	27	53 701	0.067 647	0.388 192	−0.644 121 4
2005	11	28	53 702	0.068 482	0.388 090	−0.645 110 7	2005	11	29	53 703	0.068 969	0.388 595	−0.645 961 0
2005	11	30	53 704	0.069 189	0.389 122	−0.646 640 3	2005	12	01	53 705	0.068 969	0.389 511	−0.647 114 4
2005	12	02	53 706	0.068 541	0.389 811	−0.647 363 5	2005	12	03	53 707	0.067 704	0.390 302	−0.647 526 5
2005	12	04	53 708	0.066 951	0.390 632	−0.647 642 9	2005	12	05	53 709	0.066 311	0.391 001	−0.647 748 4
2005	12	06	53 710	0.066 068	0.391 121	−0.648 014 7	2005	12	07	53 711	0.066 120	0.391 137	−0.648 547 1
2005	12	08	53 712	0.066 225	0.390 998	−0.649 324 8	2005	12	09	53 713	0.066 017	0.390 612	−0.650 263 0
2005	12	10	53 714	0.065 341	0.390 018	−0.651 282 9	2005	12	11	53 715	0.064 243	0.389 226	−0.652 184 6
2005	12	12	53 716	0.063 352	0.388 358	−0.652 929 5	2005	12	13	53 717	0.062 967	0.387 947	−0.653 467 5
2005	12	14	53 718	0.063 282	0.387 655	−0.653 791 8	2005	12	15	53 719	0.064 104	0.387 828	−0.653 938 0
2005	12	16	53 720	0.064 745	0.388 291	−0.653 992 8	2005	12	17	53 721	0.065 031	0.388 954	−0.654 068 2
2005	12	18	53 722	0.065 138	0.389 434	−0.654 141 7	2005	12	19	53 723	0.064 891	0.389 490	−0.654 313 4
2005	12	20	53 724	0.063 832	0.389 456	−0.654 661 5	2005	12	21	53 725	0.062 665	0.388 684	−0.655 212 1
2005	12	22	53 726	0.062 357	0.387 917	−0.655 951 8	2005	12	23	53 727	0.061 793	0.387 713	−0.656 824 1
2005	12	24	53 728	0.061 187	0.387 352	−0.657 764 9	2005	12	25	53 729	0.060 643	0.387 312	−0.658 706 0
2005	12	26	53 730	0.059 470	0.387 433	−0.659 571 9	2005	12	27	53 731	0.058 133	0.387 329	−0.660 287 2
2005	12	28	53 732	0.056 995	0.386 722	−0.660 792 3	2005	12	29	53 733	0.055 890	0.385 904	−0.661 050 2
2005	12	30	53 734	0.054 842	0.385 063	−0.661 127 4	2005	12	31	53 735	0.053 753	0.384 213	−0.661 108 7
2006	01	01	53 736	0.052 618	0.383 669	0.338 866 2	2006	01	02	53 737	0.051 716	0.383 305	0.338 655 4
2006	01	03	53 738	0.050 885	0.383 073	0.338 173 9	2006	01	04	53 739	0.050 084	0.382 757	0.337 421 8
2006	01	05	53 740	0.049 445	0.382 383	0.336 537 6	2006	01	06	53 741	0.049 391	0.382 095	0.335 545 5
2006	01	07	53 742	0.049 528	0.382 000	0.334 620 0	2006	01	08	53 743	0.049 467	0.381 986	0.333 907 4
2006	01	09	53 744	0.049 447	0.381 664	0.333 462 3	2006	01	10	53 745	0.049 596	0.381 511	0.333 283 5
2006	01	11	53 746	0.049 224	0.381 450	0.333 287 0	2006	01	12	53 747	0.048 695	0.381 045	0.333 452 4
2006	01	13	53 748	0.048 462	0.380 774	0.333 764 1	2006	01	14	53 749	0.048 575	0.380 278	0.333 972 8

续 表

年	月	日	儒略日	$x_p/('')$	$y_p/('')$	$\Delta UT1/s$	年	月	日	儒略日	$x_p/('')$	$y_p/('')$	$\Delta UT1/s$
2006	01	15	53 750	0.049 168	0.380 111	0.334 055 0	2006	01	16	53 751	0.049 997	0.379 915	0.334 071 1
2006	01	17	53 752	0.050 434	0.380 288	0.333 947 9	2006	01	18	53 753	0.050 588	0.380 711	0.333 641 0
2006	01	19	53 754	0.050 758	0.381 017	0.333 139 6	2006	01	20	53 755	0.050 438	0.381 320	0.332 551 1
2006	01	21	53 756	0.050 154	0.381 472	0.331 879 1	2006	01	22	53 757	0.050 098	0.381 740	0.331 186 0
2006	01	23	53 758	0.050 167	0.381 076	0.330 541 1	2006	01	24	53 759	0.050 305	0.380 534	0.329 995 6
2006	01	25	53 760	0.050 126	0.380 623	0.329 505 1	2006	01	26	53 761	0.050 045	0.380 937	0.329 115 0
2006	01	27	53 762	0.050 263	0.381 024	0.328 729 6	2006	01	28	53 763	0.050 658	0.381 352	0.328 264 6
2006	01	29	53 764	0.051 141	0.381 729	0.327 680 2	2006	01	30	53 765	0.051 516	0.381 982	0.326 866 5
2006	01	31	53 766	0.051 615	0.382 531	0.325 725 4	2006	02	01	53 767	0.051 335	0.383 353	0.324 312 6
2006	02	02	53 768	0.050 654	0.384 059	0.322 735 2	2006	02	03	53 769	0.050 106	0.384 476	0.321 177 3
2006	02	04	53 770	0.050 019	0.384 851	0.319 761 6	2006	02	05	53 771	0.050 220	0.384 890	0.318 606 7
2006	02	06	53 772	0.050 939	0.384 731	0.317 781 7	2006	02	07	53 773	0.051 145	0.384 812	0.317 221 8
2006	02	08	53 774	0.051 373	0.384 583	0.316 828 7	2006	02	09	53 775	0.052 620	0.384 549	0.316 470 4
2006	02	10	53 776	0.053 783	0.384 758	0.316 076 3	2006	02	11	53 777	0.055 065	0.384 848	0.315 571 4
2006	02	12	53 778	0.056 394	0.384 755	0.314 939 8	2006	02	13	53 779	0.057 363	0.384 414	0.314 209 8
2006	02	14	53 780	0.058 105	0.384 098	0.313 345 1	2006	02	15	53 781	0.058 914	0.383 879	0.312 396 0
2006	02	16	53 782	0.060 272	0.383 845	0.311 342 0	2006	02	17	53 783	0.061 965	0.384 259	0.310 250 4
2006	02	18	53 784	0.064 241	0.384 896	0.309 113 2	2006	02	19	53 785	0.065 865	0.385 293	0.308 038 1
2006	02	20	53 786	0.066 846	0.385 126	0.307 119 8	2006	02	21	53 787	0.067 444	0.384 911	0.306 379 0
2006	02	22	53 788	0.067 407	0.384 545	0.305 809 9	2006	02	23	53 789	0.067 619	0.384 089	0.305 376 8
2006	02	24	53 790	0.067 930	0.383 836	0.305 041 2	2006	02	25	53 791	0.068 802	0.383 328	0.304 496 7
2006	02	26	53 792	0.070 167	0.383 042	0.303 676 7	2006	02	27	53 793	0.071 444	0.383 035	0.302 476 1
2006	02	28	53 794	0.072 005	0.383 284	0.300 893 0	2006	03	01	53 795	0.072 313	0.383 157	0.298 965 3
2006	03	02	53 796	0.073 502	0.383 442	0.296 963 9	2006	03	03	53 797	0.074 846	0.383 527	0.295 176 5
2006	03	04	53 798	0.076 841	0.383 250	0.293 559 6	2006	03	05	53 799	0.078 753	0.383 620	0.292 269 2
2006	03	06	53 800	0.079 971	0.383 763	0.291 370 7	2006	03	07	53 801	0.080 747	0.383 596	0.290 756 5
2006	03	08	53 802	0.081 283	0.383 045	0.290 291 5	2006	03	09	53 803	0.081 164	0.382 632	0.289 907 0
2006	03	10	53 804	0.080 468	0.382 486	0.289 568 2	2006	03	11	53 805	0.080 339	0.382 636	0.289 141 0
2006	03	12	53 806	0.080 585	0.382 641	0.288 636 4	2006	03	13	53 807	0.081 252	0.381 797	0.287 955 7
2006	03	14	53 808	0.082 256	0.380 970	0.287 108 4	2006	03	15	53 809	0.083 465	0.380 403	0.286 085 9
2006	03	16	53 810	0.085 421	0.379 708	0.285 012 3	2006	03	17	53 811	0.088 016	0.379 359	0.284 033 2
2006	03	18	53 812	0.089 831	0.379 227	0.283 071 2	2006	03	19	53 813	0.091 290	0.378 846	0.282 176 5
2006	03	20	53 814	0.092 707	0.378 449	0.281 452 4	2006	03	21	53 815	0.093 852	0.378 137	0.280 887 6
2006	03	22	53 816	0.095 092	0.378 025	0.280 336 7	2006	03	23	53 817	0.096 184	0.377 869	0.279 812 9
2006	03	24	53 818	0.097 268	0.377 330	0.279 317 3	2006	03	25	53 819	0.097 979	0.377 135	0.278 484 0
2006	03	26	53 820	0.098 535	0.376 979	0.277 303 3	2006	03	27	53 821	0.099 249	0.376 775	0.275 785 6
2006	03	28	53 822	0.099 978	0.376 222	0.273 959 9	2006	03	29	53 823	0.100 873	0.375 819	0.271 903 9
2006	03	30	53 824	0.101 415	0.375 335	0.269 860 8	2006	03	31	53 825	0.101 936	0.374 866	0.268 018 8
2006	04	01	53 826	0.102 648	0.374 367	0.266 480 0	2006	04	02	53 827	0.103 294	0.373 787	0.265 311 6

续 表

年	月	日	儒略日	$x_p/('')$	$y_p/('')$	ΔUT1/s	年	月	日	儒略日	$x_p/('')$	$y_p/('')$	ΔUT1/s
2006	04	03	53 828	0.103 538	0.373 301	0.264 518 6	2006	04	04	53 829	0.103 995	0.373 004	0.263 950 4
2006	04	05	53 830	0.104 454	0.372 691	0.263 391 8	2006	04	06	53 831	0.104 464	0.372 187	0.262 810 9
2006	04	07	53 832	0.104 262	0.372 023	0.262 186 7	2006	04	08	53 833	0.103 983	0.371 775	0.261 393 1
2006	04	09	53 834	0.104 246	0.371 156	0.260 404 3	2006	04	10	53 835	0.104 515	0.370 704	0.259 271 2
2006	04	11	53 836	0.103 967	0.369 827	0.258 035 0	2006	04	12	53 837	0.103 508	0.368 833	0.256 777 8
2006	04	13	53 838	0.103 339	0.368 321	0.255 538 5	2006	04	14	53 839	0.103 217	0.367 761	0.254 373 8
2006	04	15	53 840	0.102 439	0.367 266	0.253 343 7	2006	04	16	53 841	0.101 771	0.366 572	0.252 486 6
2006	04	17	53 842	0.101 894	0.366 266	0.251 808 7	2006	04	18	53 843	0.102 006	0.366 114	0.251 277 3
2006	04	19	53 844	0.102 092	0.365 589	0.250 819 3	2006	04	20	53 845	0.102 827	0.364 841	0.250 325 6
2006	04	21	53 846	0.103 703	0.364 397	0.249 674 5	2006	04	22	53 847	0.104 294	0.364 093	0.248 760 0
2006	04	23	53 848	0.105 025	0.363 747	0.247 530 1	2006	04	24	53 849	0.105 644	0.363 173	0.246 006 0
2006	04	25	53 850	0.105 991	0.362 566	0.244 258 6	2006	04	26	53 851	0.106 188	0.362 183	0.242 418 8
2006	04	27	53 852	0.106 398	0.361 994	0.240 643 9	2006	04	28	53 853	0.107 182	0.361 777	0.239 041 1
2006	04	29	53 854	0.108 509	0.361 534	0.237 684 6	2006	04	30	53 855	0.109 431	0.361 063	0.236 689 3
2006	05	01	53 856	0.109 738	0.360 471	0.235 908 9	2006	05	02	53 857	0.109 824	0.359 919	0.235 200 5
2006	05	03	53 858	0.109 899	0.359 320	0.234 473 6	2006	05	04	53 859	0.109 599	0.358 368	0.233 630 2
2006	05	05	53 860	0.109 169	0.357 214	0.232 633 2	2006	05	06	53 861	0.108 602	0.355 942	0.231 454 1
2006	05	07	53 862	0.108 586	0.354 619	0.230 183 3	2006	05	08	53 863	0.108 239	0.353 789	0.228 828 7
2006	05	09	53 864	0.107 938	0.353 088	0.227 387 5	2006	05	10	53 865	0.107 660	0.352 447	0.225 851 5
2006	05	11	53 866	0.107 376	0.352 042	0.224 337 5	2006	05	12	53 867	0.107 399	0.351 837	0.222 934 7
2006	05	13	53 868	0.107 665	0.351 068	0.221 615 3	2006	05	14	53 869	0.108 442	0.350 202	0.220 462 4
2006	05	15	53 870	0.109 626	0.349 488	0.219 513 7	2006	05	16	53 871	0.110 765	0.348 976	0.218 707 8
2006	05	17	53 872	0.111 031	0.348 266	0.217 959 3	2006	05	18	53 873	0.111 109	0.347 435	0.217 165 7
2006	05	19	53 874	0.111 280	0.346 554	0.216 278 5	2006	05	20	53 875	0.111 492	0.345 776	0.215 110 4
2006	05	21	53 876	0.111 837	0.345 412	0.213 740 4	2006	05	22	53 877	0.112 211	0.344 979	0.212 236 9
2006	05	23	53 878	0.112 834	0.344 447	0.210 686 2	2006	05	24	53 879	0.113 519	0.343 672	0.209 157 5
2006	05	25	53 880	0.114 378	0.342 561	0.207 770 3	2006	05	26	53 881	0.115 151	0.341 478	0.206 676 7
2006	05	27	53 882	0.115 847	0.340 402	0.205 892 9	2006	05	28	53 883	0.117 113	0.339 192	0.205 446 5
2006	05	29	53 884	0.118 373	0.338 257	0.205 233 0	2006	05	30	53 885	0.119 365	0.337 275	0.205 088 3
2006	05	31	53 886	0.119 990	0.336 537	0.204 902 7	2006	06	01	53 887	0.120 523	0.335 727	0.204 579 8
2006	06	02	53 888	0.121 110	0.334 974	0.204 114 8	2006	06	03	53 889	0.121 536	0.334 077	0.203 491 4
2006	06	04	53 890	0.122 241	0.332 803	0.202 754 6	2006	06	05	53 891	0.122 559	0.331 501	0.201 962 6
2006	06	06	53 892	0.122 493	0.330 154	0.201 177 8	2006	06	07	53 893	0.122 645	0.328 736	0.200 469 4
2006	06	08	53 894	0.123 147	0.327 327	0.199 914 5	2006	06	09	53 895	0.123 362	0.326 070	0.199 563 2
2006	06	10	53 896	0.123 364	0.324 855	0.199 453 3	2006	06	11	53 897	0.123 542	0.323 403	0.199 598 0
2006	06	12	53 898	0.123 906	0.321 604	0.199 940 3	2006	06	13	53 899	0.124 370	0.319 845	0.200 356 3
2006	06	14	53 900	0.125 136	0.318 325	0.200 660 5	2006	06	15	53 901	0.125 742	0.317 348	0.200 766 1
2006	06	16	53 902	0.125 981	0.316 491	0.200 594 2	2006	06	17	53 903	0.126 149	0.315 692	0.200 103 4
2006	06	18	53 904	0.126 272	0.314 653	0.199 326 4	2006	06	19	53 905	0.126 404	0.313 373	0.198 491 6

续 表

年	月	日	儒略日	$x_p/('')$	$y_p/('')$	$\Delta UT1/s$	年	月	日	儒略日	$x_p/('')$	$y_p/('')$	$\Delta UT1/s$
2006	06	20	53 906	0. 126 207	0. 312 306	0. 197 691 5	2006	06	21	53 907	0. 125 996	0. 311 188	0. 196 978 4
2006	06	22	53 908	0. 125 511	0. 310 392	0. 196 470 2	2006	06	23	53 909	0. 124 810	0. 309 571	0. 196 212 6
2006	06	24	53 910	0. 124 740	0. 308 490	0. 196 097 3	2006	06	25	53 911	0. 125 144	0. 307 237	0. 196 168 2
2006	06	26	53 912	0. 125 613	0. 306 059	0. 196 288 2	2006	06	27	53 913	0. 125 978	0. 304 914	0. 196 314 1
2006	06	28	53 914	0. 126 181	0. 303 916	0. 196 161 0	2006	06	29	53 915	0. 126 642	0. 302 665	0. 195 834 1
2006	06	30	53 916	0. 127 500	0. 301 287	0. 195 276 0	2006	07	01	53 917	0. 128 398	0. 299 901	0. 194 491 2
2006	07	02	53 918	0. 128 783	0. 298 884	0. 193 563 4	2006	07	03	53 919	0. 128 893	0. 297 732	0. 192 584 2
2006	07	04	53 920	0. 128 791	0. 296 532	0. 191 609 6	2006	07	05	53 921	0. 128 802	0. 295 325	0. 190 679 8
2006	07	06	53 922	0. 128 706	0. 294 506	0. 189 898 6	2006	07	07	53 923	0. 128 394	0. 293 690	0. 189 295 1
2006	07	08	53 924	0. 128 145	0. 292 433	0. 188 876 2	2006	07	09	53 925	0. 127 493	0. 291 132	0. 188 723 0
2006	07	10	53 926	0. 126 814	0. 289 755	0. 188 743 0	2006	07	11	53 927	0. 126 120	0. 288 345	0. 188 765 5
2006	07	12	53 928	0. 125 970	0. 286 898	0. 188 677 6	2006	07	13	53 929	0. 125 512	0. 285 696	0. 188 441 0
2006	07	14	53 930	0. 124 555	0. 284 870	0. 187 809 8	2006	07	15	53 931	0. 123 357	0. 284 203	0. 186 857 8
2006	07	16	53 932	0. 122 628	0. 283 238	0. 185 743 2	2006	07	17	53 933	0. 122 073	0. 282 116	0. 184 669 7
2006	07	18	53 934	0. 121 576	0. 281 062	0. 183 778 1	2006	07	19	53 935	0. 121 165	0. 280 255	0. 183 081 7
2006	07	20	53 936	0. 120 679	0. 279 484	0. 182 662 4	2006	07	21	53 937	0. 120 055	0. 278 719	0. 182 511 7
2006	07	22	53 938	0. 119 320	0. 277 851	0. 182 556 1	2006	07	23	53 939	0. 118 757	0. 276 910	0. 182 778 0
2006	07	24	53 940	0. 117 908	0. 275 956	0. 183 041 0	2006	07	25	53 941	0. 117 279	0. 274 688	0. 183 224 9
2006	07	26	53 942	0. 116 872	0. 273 574	0. 183 269 9	2006	07	27	53 943	0. 116 371	0. 272 883	0. 183 156 5
2006	07	28	53 944	0. 116 219	0. 272 491	0. 182 902 9	2006	07	29	53 945	0. 116 092	0. 272 535	0. 182 531 4
2006	07	30	53 946	0. 115 074	0. 272 554	0. 182 078 9	2006	07	31	53 947	0. 113 778	0. 271 817	0. 181 599 2
2006	08	01	53 948	0. 112 453	0. 271 160	0. 181 163 5	2006	08	02	53 949	0. 111 273	0. 270 617	0. 180 796 6
2006	08	03	53 950	0. 110 206	0. 269 965	0. 180 566 4	2006	08	04	53 951	0. 109 279	0. 269 021	0. 180 495 4
2006	08	05	53 952	0. 108 734	0. 267 850	0. 180 513 6	2006	08	06	53 953	0. 108 476	0. 266 511	0. 180 667 5
2006	08	07	53 954	0. 108 297	0. 265 208	0. 180 889 2	2006	08	08	53 955	0. 108 449	0. 264 119	0. 180 993 9
2006	08	09	53 956	0. 108 446	0. 263 498	0. 180 814 6	2006	08	10	53 957	0. 107 809	0. 262 837	0. 180 298 4
2006	08	11	53 958	0. 106 930	0. 261 782	0. 179 487 6	2006	08	12	53 959	0. 105 990	0. 260 834	0. 178 404 8
2006	08	13	53 960	0. 105 128	0. 259 995	0. 177 278 3	2006	08	14	53 961	0. 104 447	0. 259 455	0. 176 302 6
2006	08	15	53 962	0. 103 483	0. 258 934	0. 175 590 4	2006	08	16	53 963	0. 102 129	0. 258 713	0. 175 181 5
2006	08	17	53 964	0. 100 615	0. 258 105	0. 175 051 1	2006	08	18	53 965	0. 099 404	0. 257 389	0. 175 102 3
2006	08	19	53 966	0. 098 123	0. 256 555	0. 175 236 5	2006	08	20	53 967	0. 096 563	0. 255 837	0. 175 396 1
2006	08	21	53 968	0. 095 053	0. 255 476	0. 175 449 6	2006	08	22	53 969	0. 093 961	0. 255 277	0. 175 332 0
2006	08	23	53 970	0. 092 932	0. 254 984	0. 175 018 3	2006	08	24	53 971	0. 091 518	0. 254 428	0. 174 521 8
2006	08	25	53 972	0. 090 503	0. 253 985	0. 173 881 3	2006	08	26	53 973	0. 089 681	0. 254 041	0. 173 174 4
2006	08	27	53 974	0. 088 548	0. 254 157	0. 172 427 2	2006	08	28	53 975	0. 087 095	0. 254 275	0. 171 717 9
2006	08	29	53 976	0. 085 793	0. 254 109	0. 171 113 3	2006	08	30	53 977	0. 084 538	0. 254 165	0. 170 634 9
2006	08	31	53 978	0. 083 366	0. 254 132	0. 170 312 8	2006	09	01	53 979	0. 082 464	0. 254 220	0. 170 181 3
2006	09	02	53 980	0. 081 259	0. 254 303	0. 170 120 8	2006	09	03	53 981	0. 079 716	0. 254 388	0. 170 097 1
2006	09	04	53 982	0. 078 218	0. 254 431	0. 169 989 7	2006	09	05	53 983	0. 077 178	0. 254 422	0. 169 645 7

续 表

年	月	日	儒略日	$x_p/('')$	$y_p/('')$	$\Delta UT1/s$	年	月	日	儒略日	$x_p/('')$	$y_p/('')$	$\Delta UT1/s$
2006	09	06	53 984	0.076 818	0.254 490	0.168 954 9	2006	09	07	53 985	0.076 194	0.254 817	0.167 876 3
2006	09	08	53 986	0.075 102	0.255 152	0.166 476 4	2006	09	09	53 987	0.073 795	0.254 922	0.164 875 2
2006	09	10	53 988	0.072 459	0.254 604	0.163 343 7	2006	09	11	53 989	0.070 753	0.254 174	0.162 050 1
2006	09	12	53 990	0.069 082	0.253 889	0.161 072 6	2006	09	13	53 991	0.067 292	0.253 431	0.160 339 0
2006	09	14	53 992	0.065 828	0.252 641	0.159 833 5	2006	09	15	53 993	0.064 596	0.252 192	0.159 483 2
2006	09	16	53 994	0.063 355	0.252 152	0.159 167 2	2006	09	17	53 995	0.061 836	0.252 239	0.158 804 3
2006	09	18	53 996	0.060 231	0.252 241	0.158 341 8	2006	09	19	53 997	0.058 538	0.252 706	0.157 720 6
2006	09	20	53 998	0.056 453	0.253 051	0.156 893 8	2006	09	21	53 999	0.054 216	0.253 160	0.155 891 5
2006	09	22	54 000	0.051 710	0.253 348	0.154 773 1	2006	09	23	54 001	0.049 141	0.253 107	0.153 604 6
2006	09	24	54 002	0.047 171	0.252 906	0.152 449 4	2006	09	25	54 003	0.045 016	0.252 726	0.151 366 0
2006	09	26	54 004	0.043 253	0.252 314	0.150 398 3	2006	09	27	54 005	0.041 665	0.252 097	0.149 531 8
2006	09	28	54 006	0.039 898	0.252 170	0.148 800 9	2006	09	29	54 007	0.037 470	0.252 317	0.148 218 1
2006	09	30	54 008	0.035 031	0.252 322	0.147 566 7	2006	10	01	54 009	0.032 540	0.252 664	0.146 820 2
2006	10	02	54 010	0.030 295	0.252 823	0.145 982 4	2006	10	03	54 011	0.028 269	0.253 057	0.144 882 6
2006	10	04	54 012	0.026 894	0.253 402	0.143 419 9	2006	10	05	54 013	0.026 045	0.253 970	0.141 591 6
2006	10	06	54 014	0.025 223	0.254 239	0.139 447 3	2006	10	07	54 015	0.024 272	0.254 650	0.137 160 1
2006	10	08	54 016	0.023 577	0.255 213	0.134 979 7	2006	10	09	54 017	0.022 350	0.256 172	0.133 100 7
2006	10	10	54 018	0.020 385	0.257 294	0.131 583 8	2006	10	11	54 019	0.018 254	0.257 960	0.130 326 0
2006	10	12	54 020	0.015 686	0.258 306	0.129 288 9	2006	10	13	54 021	0.012 980	0.258 022	0.128 404 1
2006	10	14	54 022	0.011 140	0.257 619	0.127 578 3	2006	10	15	54 023	0.009 785	0.257 880	0.126 689 8
2006	10	16	54 024	0.008 391	0.258 766	0.125 669 3	2006	10	17	54 025	0.007 183	0.259 870	0.124 503 1
2006	10	18	54 026	0.006 147	0.260 601	0.123 194 2	2006	10	19	54 027	0.005 199	0.261 547	0.121 780 0
2006	10	20	54 028	0.004 152	0.262 288	0.120 312 7	2006	10	21	54 029	0.003 442	0.263 090	0.118 801 8
2006	10	22	54 030	0.002 975	0.264 065	0.117 348 9	2006	10	23	54 031	0.002 267	0.265 053	0.115 995 0
2006	10	24	54 032	0.001 035	0.266 298	0.114 787 9	2006	10	25	54 033	−0.000 596	0.267 407	0.113 735 4
2006	10	26	54 034	−0.002 019	0.267 979	0.112 833 4	2006	10	27	54 035	−0.002 515	0.268 604	0.112 048 1
2006	10	28	54 036	−0.002 963	0.269 051	0.111 296 4	2006	10	29	54 037	−0.003 178	0.269 617	0.110 505 6
2006	10	30	54 038	−0.003 279	0.270 697	0.109 536 7	2006	10	31	54 039	−0.003 871	0.271 727	0.108 285 5
2006	11	01	54 040	−0.004 186	0.272 858	0.106 701 4	2006	11	02	54 041	−0.004 286	0.274 166	0.104 856 2
2006	11	03	54 042	−0.004 584	0.275 383	0.102 885 6	2006	11	04	54 043	−0.005 115	0.276 067	0.100 889 0
2006	11	05	54 044	−0.005 786	0.276 840	0.099 117 3	2006	11	06	54 045	−0.006 490	0.277 730	0.097 706 6
2006	11	07	54 046	−0.007 283	0.279 311	0.096 641 6	2006	11	08	54 047	−0.008 838	0.281 238	0.095 824 6
2006	11	09	54 048	−0.010 696	0.282 362	0.095 131 8	2006	11	10	54 049	−0.012 376	0.283 298	0.094 474 8
2006	11	11	54 050	−0.014 033	0.283 966	0.093 695 3	2006	11	12	54 051	−0.014 794	0.284 752	0.092 757 2
2006	11	13	54 052	−0.015 761	0.285 804	0.091 709 4	2006	11	14	54 053	−0.016 828	0.286 772	0.090 548 5
2006	11	15	54 054	−0.017 800	0.287 523	0.089 321 6	2006	11	16	54 055	−0.018 528	0.288 233	0.088 086 6
2006	11	17	54 056	−0.019 707	0.289 412	0.086 847 7	2006	11	18	54 057	−0.021 264	0.290 367	0.085 635 9
2006	11	19	54 058	−0.022 709	0.291 097	0.084 560 4	2006	11	20	54 059	−0.024 160	0.291 528	0.083 595 3
2006	11	21	54 060	−0.025 791	0.292 214	0.082 768 5	2006	11	22	54 061	−0.026 830	0.293 060	0.082 073 3

续表

年	月	日	儒略日	x_p/(")	y_p/(")	ΔUT1/s	年	月	日	儒略日	x_p/(")	y_p/(")	ΔUT1/s
2006	11	23	54 062	−0.028 106	0.294 562	0.081 495 6	2006	11	24	54 063	−0.029 651	0.296 071	0.080 939 3
2006	11	25	54 064	−0.031 234	0.297 579	0.080 292 3	2006	11	26	54 065	−0.032 914	0.299 122	0.079 474 0
2006	11	27	54 066	−0.034 546	0.300 480	0.078 393 0	2006	11	28	54 067	−0.035 853	0.301 473	0.077 015 8
2006	11	29	54 068	−0.036 703	0.302 099	0.075 383 5	2006	11	30	54 069	−0.037 453	0.303 160	0.073 609 5
2006	12	01	54 070	−0.038 274	0.304 142	0.071 809 1	2006	12	02	54 071	−0.038 612	0.305 137	0.070 094 2
2006	12	03	54 072	−0.038 681	0.306 751	0.068 704 3	2006	12	04	54 073	−0.038 686	0.308 655	0.067 605 0
2006	12	05	54 074	−0.038 759	0.310 444	0.066 737 6	2006	12	06	54 075	−0.039 279	0.312 265	0.066 000 5
2006	12	07	54 076	−0.040 255	0.314 257	0.065 307 0	2006	12	08	54 077	−0.041 540	0.316 249	0.064 494 2
2006	12	09	54 078	−0.042 620	0.317 760	0.063 536 3	2006	12	10	54 079	−0.043 383	0.318 855	0.062 433 7
2006	12	11	54 080	−0.044 228	0.319 751	0.061 150 0	2006	12	12	54 081	−0.044 874	0.320 664	0.059 752 1
2006	12	13	54 082	−0.045 599	0.322 248	0.058 311 5	2006	12	14	54 083	−0.046 638	0.323 796	0.056 935 0
2006	12	15	54 084	−0.047 984	0.325 200	0.055 644 8	2006	12	16	54 085	−0.049 021	0.326 550	0.054 411 3
2006	12	17	54 086	−0.049 618	0.327 987	0.053 344 8	2006	12	18	54 087	−0.050 193	0.329 524	0.052 496 8
2006	12	19	54 088	−0.050 506	0.331 048	0.051 837 3	2006	12	20	54 089	−0.051 138	0.332 254	0.051 233 1
2006	12	21	54 090	−0.051 984	0.333 169	0.050 687 9	2006	12	22	54 091	−0.052 687	0.333 523	0.050 185 9
2006	12	23	54 092	−0.052 676	0.334 104	0.049 507 9	2006	12	24	54 093	−0.052 095	0.335 145	0.048 574 0
2006	12	25	54 094	−0.051 278	0.336 829	0.047 353 7	2006	12	26	54 095	−0.050 713	0.338 643	0.045 879 1
2006	12	27	54 096	−0.050 402	0.340 383	0.044 244 3	2006	12	28	54 097	−0.050 300	0.342 145	0.042 583 3
2006	12	29	54 098	−0.049 892	0.343 852	0.041 017 4	2006	12	30	54 099	−0.049 485	0.345 504	0.039 627 0
2006	12	31	54 100	−0.049 445	0.346 471	0.038 502 4	2007	01	01	54 101	−0.049 367	0.347 325	0.037 648 4
2007	01	02	54 102	−0.049 899	0.348 614	0.036 990 7	2007	01	03	54 103	−0.051 090	0.349 944	0.036 417 6
2007	01	04	54 104	−0.052 994	0.351 297	0.035 897 9	2007	01	05	54 105	−0.054 542	0.352 665	0.035 276 5
2007	01	06	54 106	−0.056 058	0.354 214	0.034 466 6	2007	01	07	54 107	−0.056 758	0.355 518	0.033 467 9
2007	01	08	54 108	−0.057 202	0.357 118	0.032 303 7	2007	01	09	54 109	−0.057 554	0.359 010	0.031 027 8
2007	01	10	54 110	−0.058 086	0.361 269	0.029 712 4	2007	01	11	54 111	−0.059 064	0.363 159	0.028 374 4
2007	01	12	54 112	−0.059 272	0.364 648	0.027 090 6	2007	01	13	54 113	−0.058 677	0.366 468	0.025 824 8
2007	01	14	54 114	−0.058 374	0.368 166	0.024 738 4	2007	01	15	54 115	−0.058 011	0.369 740	0.023 822 9
2007	01	16	54 116	−0.057 333	0.371 407	0.023 013 6	2007	01	17	54 117	−0.056 958	0.373 251	0.022 207 0
2007	01	18	54 118	−0.056 474	0.374 949	0.021 364 5	2007	01	19	54 119	−0.055 853	0.377 216	0.020 455 4
2007	01	20	54 120	−0.055 650	0.379 858	0.019 212 2	2007	01	21	54 121	−0.055 646	0.381 719	0.017 658 3
2007	01	22	54 122	−0.055 313	0.383 380	0.015 834 5	2007	01	23	54 123	−0.055 089	0.385 116	0.013 810 5
2007	01	24	54 124	−0.054 794	0.386 978	0.011 671 8	2007	01	25	54 125	−0.054 674	0.388 974	0.009 615 8
2007	01	26	54 126	−0.054 364	0.390 574	0.007 786 8	2007	01	27	54 127	−0.053 761	0.392 276	0.006 189 8
2007	01	28	54 128	−0.052 928	0.393 878	0.004 862 1	2007	01	29	54 129	−0.051 854	0.395 794	0.003 784 8
2007	01	30	54 130	−0.050 792	0.397 818	0.002 824 9	2007	01	31	54 131	−0.050 192	0.399 671	0.001 804 5
2007	02	01	54 132	−0.049 827	0.401 156	0.000 683 9	2007	02	02	54 133	−0.049 287	0.402 243	−0.000 529 3
2007	02	03	54 134	−0.047 794	0.403 015	−0.001 971 4	2007	02	04	54 135	−0.045 645	0.404 238	−0.003 561 3
2007	02	05	54 136	−0.043 540	0.405 812	−0.005 227 8	2007	02	06	54 137	−0.041 200	0.407 791	−0.006 926 3
2007	02	07	54 138	−0.039 460	0.410 236	−0.008 605 1	2007	02	08	54 139	−0.038 519	0.412 672	−0.010 208 5

续 表

年	月	日	儒略日	x_p/(″)	y_p/(″)	$\Delta UT1/s$	年	月	日	儒略日	x_p/(″)	y_p/(″)	$\Delta UT1/s$
2007	02	09	54 140	−0.037 759	0.415 060	−0.011 663 7	2007	02	10	54 141	−0.036 879	0.416 876	−0.012 987 0
2007	02	11	54 142	−0.036 069	0.418 512	−0.014 124 5	2007	02	12	54 143	−0.035 047	0.420 147	−0.015 049 0
2007	02	13	54 144	−0.033 846	0.421 962	−0.015 812 9	2007	02	14	54 145	−0.032 704	0.423 563	−0.016 519 0
2007	02	15	54 146	−0.031 474	0.425 244	−0.017 276 9	2007	02	16	54 147	−0.030 840	0.426 811	−0.018 121 8
2007	02	17	54 148	−0.030 359	0.427 883	−0.019 145 0	2007	02	18	54 149	−0.029 493	0.429 161	−0.020 397 6
2007	02	19	54 150	−0.028 578	0.430 580	−0.021 907 3	2007	02	20	54 151	−0.027 702	0.431 906	−0.023 517 8
2007	02	21	54 152	−0.027 070	0.433 349	−0.025 013 3	2007	02	22	54 153	−0.025 722	0.434 556	−0.026 285 2
2007	02	23	54 154	−0.023 499	0.435 982	−0.027 277 7	2007	02	24	54 155	−0.021 354	0.437 152	−0.028 071 0
2007	02	25	54 156	−0.019 107	0.438 078	−0.028 638 7	2007	02	26	54 157	−0.017 553	0.439 274	−0.029 041 7
2007	02	27	54 158	−0.015 927	0.440 437	−0.029 430 2	2007	02	28	54 159	−0.014 594	0.442 049	−0.029 925 7
2007	03	01	54 160	−0.013 801	0.443 704	−0.030 565 3	2007	03	02	54 161	−0.013 122	0.445 593	−0.031 303 7
2007	03	03	54 162	−0.012 799	0.447 506	−0.032 277 2	2007	03	04	54 163	−0.012 367	0.448 832	−0.033 377 6
2007	03	05	54 164	−0.011 611	0.450 141	−0.034 564 0	2007	03	06	54 165	−0.011 214	0.451 280	−0.035 780 6
2007	03	07	54 166	−0.010 641	0.452 331	−0.036 990 2	2007	03	08	54 167	−0.009 897	0.453 853	−0.038 178 7
2007	03	09	54 168	−0.009 118	0.455 076	−0.039 252 9	2007	03	10	54 169	−0.008 216	0.455 975	−0.040 164 5
2007	03	11	54 170	−0.007 367	0.456 901	−0.040 904 9	2007	03	12	54 171	−0.006 423	0.457 669	−0.041 495 3
2007	03	13	54 172	−0.005 768	0.458 702	−0.042 025 8	2007	03	14	54 173	−0.005 342	0.459 857	−0.042 598 5
2007	03	15	54 174	−0.004 578	0.460 964	−0.043 316 7	2007	03	16	54 175	−0.002 976	0.462 120	−0.044 218 2
2007	03	17	54 176	−0.000 921	0.463 408	−0.045 566 6	2007	03	18	54 177	0.001 276	0.464 641	−0.047 303 0
2007	03	19	54 178	0.003 414	0.4664 90	−0.049 310 8	2007	03	20	54 179	0.005 162	0.468 969	−0.0513 86 9
2007	03	21	54 180	0.006 455	0.470 764	−0.053 417 5	2007	03	22	54 181	0.006 905	0.471 715	−0.055 149 6
2007	03	23	54 182	0.007 349	0.472 338	−0.056 413 6	2007	03	24	54 183	0.008 195	0.472 972	−0.057 382 5
2007	03	25	54 184	0.009 474	0.473 496	−0.058 170 5	2007	03	26	54 185	0.010 663	0.474 043	−0.058 847 1
2007	03	27	54 186	0.011 628	0.474 833	−0.059 547 6	2007	03	28	54 187	0.013 419	0.475 549	−0.060 403 8
2007	03	29	54 188	0.015 696	0.476 246	−0.061 436 2	2007	03	30	54 189	0.018 180	0.477 106	−0.062 642 2
2007	03	31	54 190	0.020 400	0.478 073	−0.063 992 7	2007	04	01	54 191	0.022 607	0.478 806	−0.065 404 4
2007	04	02	54 192	0.025 179	0.479 621	−0.066 907 9	2007	04	03	54 193	0.027 931	0.480 688	−0.068 445 2
2007	04	04	54 194	0.030 665	0.482 064	−0.069 971 4	2007	04	05	54 195	0.033 194	0.483 144	−0.071 416 3
2007	04	06	54 196	0.035 736	0.484 204	−0.072 800 9	2007	04	07	54 197	0.038 138	0.485 192	−0.074 090 5
2007	04	08	54 198	0.040 128	0.485 971	−0.075 312 3	2007	04	09	54 199	0.041 475	0.486 688	−0.076 465 5
2007	04	10	54 200	0.042 573	0.487 341	−0.077 622 9	2007	04	11	54 201	0.044 022	0.487 755	−0.078 888 3
2007	04	12	54 202	0.045 503	0.488 426	−0.080 246 3	2007	04	13	54 203	0.046 946	0.488 832	−0.081 851 3
2007	04	14	54 204	0.048 715	0.489 214	−0.083 783 3	2007	04	15	54 205	0.050 399	0.489 650	−0.085 919 0
2007	04	16	54 206	0.052 275	0.490 088	−0.088 218 6	2007	04	17	54 207	0.054 315	0.490 414	−0.090 469 2
2007	04	18	54 208	0.056 345	0.490 379	−0.092 442 5	2007	04	19	54 209	0.058 178	0.490 300	−0.094 060 4
2007	04	20	54 210	0.059 788	0.490 368	−0.095 310 7	2007	04	21	54 211	0.061 253	0.490 373	−0.096 289 6
2007	04	22	54 212	0.062 594	0.490 344	−0.097 097 9	2007	04	23	54 213	0.063 772	0.490 401	−0.097 896 9
2007	04	24	54 214	0.065 241	0.490 413	−0.098 800 8	2007	04	25	54 215	0.066 836	0.490 393	−0.099 824 8
2007	04	26	54 216	0.068 883	0.490 529	−0.100 999 8	2007	04	27	54 217	0.071 019	0.490 963	−0.102 327 9

续 表

年	月	日	儒略日	$x_p/('')$	$y_p/('')$	$\Delta UT1/s$	年	月	日	儒略日	$x_p/('')$	$y_p/('')$	$\Delta UT1/s$
2007	04	28	54 218	0.073 101	0.491 215	−0.103 800 0	2007	04	29	54 219	0.075 211	0.491 217	−0.105 285 5
2007	04	30	54 220	0.077 192	0.491 135	−0.106 736 5	2007	05	01	54 221	0.079 115	0.491 066	−0.108 104 4
2007	05	02	54 222	0.080 842	0.490 943	−0.109 333 0	2007	05	03	54 223	0.082 712	0.490 528	−0.110 397 1
2007	05	04	54 224	0.085 073	0.489 882	−0.111 340 1	2007	05	05	54 225	0.087 402	0.489 221	−0.112 178 4
2007	05	06	54 226	0.089 597	0.488 246	−0.112 902 5	2007	05	07	54 227	0.091 628	0.487 270	−0.113 534 1
2007	05	08	54 228	0.093 637	0.486 485	−0.114 226 4	2007	05	09	54 229	0.095 424	0.485 848	−0.115 152 5
2007	05	10	54 230	0.097 391	0.484 943	−0.116 353 3	2007	05	11	54 231	0.099 612	0.484 401	−0.117 826 0
2007	05	12	54 232	0.101 449	0.483 891	−0.119 697 2	2007	05	13	54 233	0.103 857	0.483 201	−0.121 842 4
2007	05	14	54 234	0.106 478	0.482 464	−0.124 041 6	2007	05	15	54 235	0.109 477	0.481 651	−0.126 105 0
2007	05	16	54 236	0.112 320	0.480 858	−0.127 871 9	2007	05	17	54 237	0.114 893	0.479 933	−0.129 265 2
2007	05	18	54 238	0.117 165	0.479 057	−0.130 339 8	2007	05	19	54 239	0.119 146	0.477 973	−0.131 225 3
2007	05	20	54 240	0.120 903	0.476 875	−0.132 125 1	2007	05	21	54 241	0.122 415	0.475 475	−0.132 997 4
2007	05	22	54 242	0.124 314	0.473 942	−0.133 931 5	2007	05	23	54 243	0.126 707	0.473 067	−0.134 948 9
2007	05	24	54 244	0.129 005	0.472 708	−0.136 080 8	2007	05	25	54 245	0.131 415	0.471 893	−0.137 343 0
2007	05	26	54 246	0.133 763	0.471 020	−0.138 661 8	2007	05	27	54 247	0.135 546	0.470 207	−0.139 909 7
2007	05	28	54 248	0.137 170	0.468 940	−0.141 049 2	2007	05	29	54 249	0.138 784	0.467 432	−0.142 039 3
2007	05	30	54 250	0.140 714	0.465 690	−0.142 837 8	2007	05	31	54 251	0.143 439	0.463 777	−0.143 473 3
2007	06	01	54 252	0.146 350	0.462 137	−0.143 937 2	2007	06	02	54 253	0.149 224	0.460 433	−0.144 249 9
2007	06	03	54 254	0.151 605	0.458 950	−0.144 417 6	2007	06	04	54 255	0.153 875	0.457 259	−0.144 616 4
2007	06	05	54 256	0.156 432	0.455 884	−0.144 951 5	2007	06	06	54 257	0.158 828	0.454 678	−0.145 513 5
2007	06	07	54 258	0.160 598	0.453 129	−0.146 298 6	2007	06	08	54 259	0.162 407	0.451 447	−0.147 242 5
2007	06	09	54 260	0.164 423	0.449 953	−0.148 360 5	2007	06	10	54 261	0.166 772	0.448 637	−0.149 497 9
2007	06	11	54 262	0.169 210	0.447 221	−0.150 581 4	2007	06	12	54 263	0.171 378	0.445 462	−0.151 465 1
2007	06	13	54 264	0.173 381	0.443 208	−0.152 064 9	2007	06	14	54 265	0.175 085	0.441 177	−0.152 353 5
2007	06	15	54 266	0.176 593	0.439 045	−0.152 361 0	2007	06	16	54 267	0.178 312	0.437 126	−0.152 319 5
2007	06	17	54 268	0.180 230	0.435 256	−0.152 344 6	2007	06	18	54 269	0.182 478	0.433 578	−0.152 513 3
2007	06	19	54 270	0.184 778	0.431 904	−0.152 870 6	2007	06	20	54 271	0.187 171	0.430 677	−0.153 449 2
2007	06	21	54 272	0.189 368	0.429 275	−0.154 154 7	2007	06	22	54 273	0.191 580	0.427 212	−0.154 876 4
2007	06	23	54 274	0.193 620	0.424 838	−0.155 611 0	2007	06	24	54 275	0.195 654	0.422 806	−0.156 244 4
2007	06	25	54 276	0.197 949	0.420 727	−0.156 750 0	2007	06	26	54 277	0.200 755	0.419 105	−0.157 108 3
2007	06	27	54 278	0.203 349	0.417 726	−0.157 335 7	2007	06	28	54 279	0.205 283	0.416 372	−0.157 424 9
2007	06	29	54 280	0.206 793	0.414 859	−0.157 415 3	2007	06	30	54 281	0.207 974	0.413 336	−0.157 402 1
2007	07	01	54 282	0.208 668	0.411 661	−0.157 368 4	2007	07	02	54 283	0.209 113	0.409 542	−0.157 449 8
2007	07	03	54 284	0.209 735	0.407 199	−0.157 747 3	2007	07	04	54 285	0.210 675	0.405 063	−0.158 284 6
2007	07	05	54 286	0.211 760	0.403 047	−0.159 050 4	2007	07	06	54 287	0.213 098	0.400 833	−0.159 975 3
2007	07	07	54 288	0.214 370	0.398 635	−0.160 978 8	2007	07	08	54 289	0.215 139	0.396 268	−0.161 855 6
2007	07	09	54 290	0.215 804	0.393 709	−0.162 471 6	2007	07	10	54 291	0.216 652	0.391 029	−0.162 786 5
2007	07	11	54 292	0.217 686	0.388 233	−0.162 858 0	2007	07	12	54 293	0.218 420	0.385 711	−0.162 724 6
2007	07	13	54 294	0.219 450	0.383 096	−0.162 469 1	2007	07	14	54 295	0.220 736	0.380 456	−0.162 207 7

续 表

年	月	日	儒略日	$x_p/('')$	$y_p/('')$	$\Delta UT1/s$	年	月	日	儒略日	$x_p/('')$	$y_p/('')$	$\Delta UT1/s$
2007	07	15	54 296	0.221 997	0.377 814	−0.162 033 8	2007	07	16	54 297	0.223 148	0.375 366	−0.162 011 1
2007	07	17	54 298	0.224 539	0.372 922	−0.162 160 6	2007	07	18	54 299	0.225 900	0.370 458	−0.162 500 8
2007	07	19	54 300	0.227 100	0.367 984	−0.162 909 4	2007	07	20	54 301	0.227 879	0.365 404	−0.163 263 0
2007	07	21	54 302	0.228 531	0.362 522	−0.163 575 3	2007	07	22	54 303	0.229 118	0.359 673	−0.163 756 1
2007	07	23	54 304	0.229 704	0.356 926	−0.163 734 5	2007	07	24	54 305	0.230 154	0.355 032	−0.163 514 2
2007	07	25	54 306	0.230 274	0.352 885	−0.163 133 4	2007	07	26	54 307	0.230 297	0.350 623	−0.162 605 9
2007	07	27	54 308	0.230 129	0.348 462	−0.161 954 8	2007	07	28	54 309	0.229 164	0.345 834	−0.161 373 5
2007	07	29	54 310	0.228 540	0.342 872	−0.160 957 5	2007	07	30	54 311	0.228 151	0.339 963	−0.160 746 3
2007	07	31	54 312	0.227 615	0.337 040	−0.160 816 8	2007	08	01	54 313	0.227 061	0.334 128	−0.161 194 5
2007	08	02	54 314	0.226 635	0.331 455	−0.161 823 6	2007	08	03	54 315	0.226 338	0.329 108	−0.162 607 7
2007	08	04	54 316	0.226 013	0.326 453	−0.163 370 6	2007	08	05	54 317	0.225 415	0.323 576	−0.163 993 7
2007	08	06	54 318	0.224 181	0.320 873	−0.164 330 2	2007	08	07	54 319	0.222 866	0.318 460	−0.164 355 1
2007	08	08	54 320	0.221 457	0.316 022	−0.164 142 7	2007	08	09	54 321	0.219 664	0.313 356	−0.163 763 7
2007	08	10	54 322	0.218 056	0.310 845	−0.163 286 2	2007	08	11	54 323	0.217 228	0.308 176	−0.162 927 8
2007	08	12	54 324	0.216 890	0.305 650	−0.162 764 4	2007	08	13	54 325	0.216 692	0.303 226	−0.162 751 4
2007	08	14	54 326	0.216 314	0.300 986	−0.162 885 4	2007	08	15	54 327	0.215 459	0.299 003	−0.163 146 6
2007	08	16	54 328	0.214 197	0.297 383	−0.163 439 4	2007	08	17	54 329	0.212 692	0.295 508	−0.163 645 0
2007	08	18	54 330	0.211 494	0.292 801	−0.163 883 4	2007	08	19	54 331	0.210 859	0.289 895	−0.164 019 8
2007	08	20	54 332	0.210 413	0.286 847	−0.164 014 3	2007	08	21	54 333	0.210 335	0.284 153	−0.163 857 4
2007	08	22	54 334	0.209 721	0.281 994	−0.163 559 3	2007	08	23	54 335	0.208 459	0.279 622	−0.163 143 6
2007	08	24	54 336	0.206 645	0.277 321	−0.162 607 9	2007	08	25	54 337	0.204 736	0.274 897	−0.162 192 3
2007	08	26	54 338	0.202 977	0.272 484	−0.161 926 4	2007	08	27	54 339	0.201 781	0.270 254	−0.161 902 0
2007	08	28	54 340	0.200 958	0.268 510	−0.162 204 7	2007	08	29	54 341	0.200 088	0.266 958	−0.162 866 8
2007	08	30	54 342	0.199 417	0.265 458	−0.163 756 6	2007	08	31	54 343	0.198 713	0.263 827	−0.164 706 0
2007	09	01	54 344	0.197 955	0.261 826	−0.165 654 5	2007	09	02	54 345	0.196 759	0.259 815	−0.166 421 8
2007	09	03	54 346	0.195 382	0.257 709	−0.166 888 9	2007	09	04	54 347	0.194 077	0.255 856	−0.167 101 3
2007	09	05	54 348	0.192 673	0.253 720	−0.167 177 3	2007	09	06	54 349	0.190 664	0.251 813	−0.167 214 8
2007	09	07	54 350	0.188 447	0.249 631	−0.167 345 6	2007	09	08	54 351	0.186 883	0.247 609	−0.167 644 7
2007	09	09	54 352	0.185 555	0.245 968	−0.168 182 6	2007	09	10	54 353	0.184 348	0.244 392	−0.168 878 0
2007	09	11	54 354	0.182 891	0.242 582	−0.169 697 3	2007	09	12	54 355	0.181 075	0.240 495	−0.170 623 3
2007	09	13	54 356	0.179 320	0.238 399	−0.171 559 5	2007	09	14	54 357	0.177 430	0.236 321	−0.172 443 6
2007	09	15	54 358	0.175 241	0.234 149	−0.173 256 6	2007	09	16	54 359	0.172 395	0.232 226	−0.173 896 2
2007	09	17	54 360	0.169 641	0.230 162	−0.174 368 8	2007	09	18	54 361	0.167 244	0.228 493	−0.174 710 9
2007	09	19	54 362	0.165 225	0.226 569	−0.174 965 8	2007	09	20	54 363	0.163 218	0.224 729	−0.175 196 7
2007	09	21	54 364	0.160 595	0.222 888	−0.175 481 6	2007	09	22	54 365	0.157 626	0.220 999	−0.175 940 3
2007	09	23	54 366	0.154 794	0.219 552	−0.176 629 1	2007	09	24	54 367	0.151 695	0.217 959	−0.177 561 9
2007	09	25	54 368	0.149 027	0.216 225	−0.178 794 5	2007	09	26	54 369	0.146 558	0.214 822	−0.180 426 2
2007	09	27	54 370	0.144 040	0.212 929	−0.182 184 1	2007	09	28	54 371	0.141 604	0.211 073	−0.183 761 4
2007	09	29	54 372	0.138 699	0.209 423	−0.185 198 8	2007	09	30	54 373	0.136 112	0.207 629	−0.186 339 6

续 表

年	月	日	儒略日	$x_p/('')$	$y_p/('')$	$\Delta UT1/s$	年	月	日	儒略日	$x_p/('')$	$y_p/('')$	$\Delta UT1/s$
2007	10	01	54 374	0.133 671	0.206 384	−0.187 149 1	2007	10	02	54 375	0.130 581	0.205 170	−0.187 719 4
2007	10	03	54 376	0.127 581	0.203 893	−0.188 205 1	2007	10	04	54 377	0.124 565	0.202 818	−0.188 720 6
2007	10	05	54 378	0.121 534	0.201 554	−0.189 354 8	2007	10	06	54 379	0.118 610	0.200 420	−0.190 103 1
2007	10	07	54 380	0.115 661	0.199 238	−0.190 968 7	2007	10	08	54 381	0.112 862	0.198 140	−0.191 930 1
2007	10	09	54 382	0.109 802	0.197 459	−0.192 989 0	2007	10	10	54 383	0.106 657	0.196 694	−0.194 073 8
2007	10	11	54 384	0.103 276	0.195 901	−0.195 164 9	2007	10	12	54 385	0.100 221	0.194 942	−0.196 162 1
2007	10	13	54 386	0.097 550	0.194 235	−0.197 030 3	2007	10	14	54 387	0.094 938	0.193 462	−0.197 706 1
2007	10	15	54 388	0.092 082	0.192 877	−0.198 242 7	2007	10	16	54 389	0.088 963	0.192 489	−0.198 673 0
2007	10	17	54 390	0.085 837	0.192 044	−0.199 041 5	2007	10	18	54 391	0.083 023	0.191 769	−0.199 481 1
2007	10	19	54 392	0.079 862	0.191 404	−0.200 034 6	2007	10	20	54 393	0.076 641	0.190 925	−0.200 759 9
2007	10	21	54 394	0.073 323	0.190 453	−0.201 734 4	2007	10	22	54 395	0.070 729	0.189 994	−0.202 881 0
2007	10	23	54 396	0.068 573	0.190 073	−0.204 235 2	2007	10	24	54 397	0.066 453	0.190 343	−0.205 866 8
2007	10	25	54 398	0.064 128	0.190 363	−0.207 542 0	2007	10	26	54 399	0.061 627	0.189 981	−0.209 057 2
2007	10	27	54 400	0.058 873	0.190 086	−0.210 238 4	2007	10	28	54 401	0.056 272	0.190 086	−0.211 063 6
2007	10	29	54 402	0.053 431	0.190 346	−0.211 676 0	2007	10	30	54 403	0.050 676	0.190 569	−0.212 164 4
2007	10	31	54 404	0.047 805	0.190 969	−0.212 639 5	2007	11	01	54 405	0.044 779	0.190 958	−0.213 190 4
2007	11	02	54 406	0.042 246	0.190 972	−0.213 901 1	2007	11	03	54 407	0.040 283	0.191 337	−0.214 769 8
2007	11	04	54 408	0.038 285	0.192 054	−0.215 759 0	2007	11	05	54 409	0.035 887	0.192 515	−0.216 787 8
2007	11	06	54 410	0.033 998	0.192 695	−0.217 802 5	2007	11	07	54 411	0.032 381	0.193 049	−0.218 857 5
2007	11	08	54 412	0.030 245	0.193 166	−0.219 896 8	2007	11	09	54 413	0.027 868	0.193 416	−0.220 833 0
2007	11	10	54 414	0.025 342	0.193 384	−0.221 594 5	2007	11	11	54 415	0.022 808	0.193 450	−0.222 174 8
2007	11	12	54 416	0.020 069	0.194 068	−0.222 580 1	2007	11	13	54 417	0.016 988	0.194 634	−0.222 910 3
2007	11	14	54 418	0.014 123	0.194 838	−0.223 248 3	2007	11	15	54 419	0.011 164	0.195 392	−0.223 716 1
2007	11	16	54 420	0.007 943	0.196 019	−0.224 436 7	2007	11	17	54 421	0.004 583	0.196 284	−0.225 424 2
2007	11	18	54 422	0.001 378	0.196 877	−0.226 716 6	2007	11	19	54 423	−0.001 551	0.198 046	−0.228 299 6
2007	11	20	54 424	−0.004 193	0.199 297	−0.230 125 0	2007	11	21	54 425	−0.006 937	0.200 704	−0.232 094 1
2007	11	22	54 426	−0.009 411	0.202 217	−0.234 105 0	2007	11	23	54 427	−0.011 765	0.203 811	−0.235 961 1
2007	11	24	54 428	−0.014 750	0.204 461	−0.237 540 6	2007	11	25	54 429	−0.018 157	0.204 799	−0.238 792 4
2007	11	26	54 430	−0.020 904	0.205 007	−0.239 782 7	2007	11	27	54 431	−0.022 941	0.205 769	−0.240 689 6
2007	11	28	54 432	−0.025 304	0.206 880	−0.241 640 4	2007	11	29	54 433	−0.027 305	0.208 099	−0.242 754 3
2007	11	30	54 434	−0.028 699	0.209 460	−0.244 065 4	2007	12	01	54 435	−0.029 563	0.211 013	−0.245 583 2
2007	12	02	54 436	−0.030 630	0.212 598	−0.247 156 3	2007	12	03	54 437	−0.031 919	0.214 132	−0.248 745 6
2007	12	04	54 438	−0.033 890	0.215 810	−0.250 263 7	2007	12	05	54 439	−0.036 684	0.217 117	−0.251 580 6
2007	12	06	54 440	−0.039 663	0.218 546	−0.252 678 1	2007	12	07	54 441	−0.042 441	0.219 803	−0.253 509 2
2007	12	08	54 442	−0.044 575	0.221 116	−0.254 100 5	2007	12	09	54 443	−0.046 304	0.222 327	−0.254 463 0
2007	12	10	54 444	−0.047 627	0.223 950	−0.254 673 8	2007	12	11	54 445	−0.049 084	0.225 449	−0.254 824 4
2007	12	12	54 446	−0.050 232	0.226 621	−0.255 042 1	2007	12	13	54 447	−0.051 566	0.227 711	−0.255 384 7
2007	12	14	54 448	−0.053 118	0.228 775	−0.255 903 0	2007	12	15	54 449	−0.054 649	0.230 185	−0.256 655 2
2007	12	16	54 450	−0.056 216	0.231 752	−0.257 643 8	2007	12	17	54 451	−0.057 538	0.233 335	−0.258 836 8

续 表

年	月	日	儒略日	$x_p/('')$	$y_p/('')$	$\Delta UT1/s$	年	月	日	儒略日	$x_p/('')$	$y_p/('')$	$\Delta UT1/s$
2007	12	18	54 452	−0.058 939	0.235 024	−0.260 154 9	2007	12	19	54 453	−0.060 046	0.236 262	−0.261 501 9
2007	12	20	54 454	−0.061 027	0.237 690	−0.262 746 0	2007	12	21	54 455	−0.061 804	0.239 231	−0.263 826 8
2007	12	22	54 456	−0.062 727	0.241 033	−0.264 639 1	2007	12	23	54 457	−0.063 715	0.242 601	−0.265 226 3
2007	12	24	54 458	−0.065 190	0.244 464	−0.265 669 3	2007	12	25	54 459	−0.067 266	0.246 069	−0.266 137 3
2007	12	26	54 460	−0.069 571	0.247 591	−0.266 768 7	2007	12	27	54 461	−0.071 330	0.249 049	−0.267 618 0
2007	12	28	54 462	−0.072 872	0.250 875	−0.268 614 4	2007	12	29	54 463	−0.074 705	0.252 653	−0.269 767 1
2007	12	30	54 464	−0.076 374	0.254 709	−0.270 991 6	2007	12	31	54 465	−0.078 621	0.256 961	−0.272 199 9
2008	01	01	54 466	−0.080 508	0.258 331	−0.273 329 4	2008	01	02	54 467	−0.081 835	0.260 037	−0.274 336 9
2008	01	03	54 468	−0.083 273	0.261 861	−0.275 195 6	2008	01	04	54 469	−0.085 454	0.263 849	−0.275 951 0
2008	01	05	54 470	−0.087 894	0.265 512	−0.276 613 9	2008	01	06	54 471	−0.090 225	0.267 117	−0.277 213 3
2008	01	07	54 472	−0.092 639	0.268 713	−0.277 736 0	2008	01	08	54 473	−0.094 409	0.270 555	−0.278 261 8
2008	01	09	54 474	−0.095 990	0.272 518	−0.278 823 2	2008	01	10	54 475	−0.097 556	0.274 858	−0.279 532 3
2008	01	11	54 476	−0.099 489	0.277 428	−0.280 446 6	2008	01	12	54 477	−0.101 615	0.280 050	−0.281 562 1
2008	01	13	54 478	−0.103 379	0.282 761	−0.282 843 0	2008	01	14	54 479	−0.104 938	0.285 695	−0.284 230 5
2008	01	15	54 480	−0.106 904	0.288 697	−0.285 604 6	2008	01	16	54 481	−0.108 891	0.291 033	−0.286 898 7
2008	01	17	54 482	−0.110 411	0.292 900	−0.287 986 0	2008	01	18	54 483	−0.112 147	0.294 940	−0.288 788 3
2008	01	19	54 484	−0.114 053	0.297 018	−0.289 352 2	2008	01	20	54 485	−0.115 207	0.299 110	−0.289 776 1
2008	01	21	54 486	−0.115 091	0.301 540	−0.290 213 1	2008	01	22	54 487	−0.115 005	0.304 463	−0.290 806 3
2008	01	23	54 488	−0.115 269	0.306 737	−0.291 642 5	2008	01	24	54 489	−0.115 823	0.308 970	−0.292 759 9
2008	01	25	54 490	−0.116 620	0.311 485	−0.294 090 4	2008	01	26	54 491	−0.117 498	0.313 804	−0.295 591 7
2008	01	27	54 492	−0.117 846	0.316 446	−0.297 118 2	2008	01	28	54 493	−0.117 941	0.319 311	−0.298 599 1
2008	01	29	54 494	−0.118 440	0.321 812	−0.299 963 2	2008	01	30	54 495	−0.119 154	0.324 015	−0.301 119 3
2008	01	31	54 496	−0.119 672	0.326 370	−0.302 062 7	2008	02	01	54 497	−0.119 704	0.329 023	−0.302 760 4
2008	02	02	54 498	−0.119 460	0.332 328	−0.303 404 4	2008	02	03	54 499	−0.119 790	0.335 623	−0.303 969 6
2008	02	04	54 500	−0.120 551	0.338 335	−0.304 543 2	2008	02	05	54 501	−0.120 820	0.341 094	−0.305 218 1
2008	02	06	54 502	−0.121 238	0.343 992	−0.306 071 6	2008	02	07	54 503	−0.122 019	0.346 863	−0.307 135 0
2008	02	08	54 504	−0.122 833	0.349 396	−0.308 455 6	2008	02	09	54 505	−0.123 527	0.351 903	−0.309 974 0
2008	02	10	54 506	−0.123 924	0.354 800	−0.311 581 2	2008	02	11	54 507	−0.124 709	0.357 674	−0.313 246 9
2008	02	12	54 508	−0.125 680	0.359 909	−0.314 823 9	2008	02	13	54 509	−0.126 200	0.361 798	−0.316 180 7
2008	02	14	54 510	−0.125 736	0.364 364	−0.317 328 4	2008	02	15	54 511	−0.125 208	0.367 121	−0.318 228 7
2008	02	16	54 512	−0.125 169	0.369 424	−0.318 926 6	2008	02	17	54 513	−0.125 661	0.371 322	−0.319 498 3
2008	02	18	54 514	−0.126 485	0.373 867	−0.320 092 6	2008	02	19	54 515	−0.126 952	0.376 693	−0.320 892 3
2008	02	20	54 516	−0.127 170	0.379 559	−0.321 925 0	2008	02	21	54 517	−0.127 372	0.382 075	−0.323 154 8
2008	02	22	54 518	−0.127 377	0.384 852	−0.324 493 0	2008	02	23	54 519	−0.127 498	0.387 781	−0.325 849 9
2008	02	24	54 520	−0.127 212	0.390 864	−0.327 138 5	2008	02	25	54 521	−0.126 921	0.393 801	−0.328 305 1
2008	02	26	54 522	−0.126 365	0.396 415	−0.329 289 6	2008	02	27	54 523	−0.125 469	0.398 923	−0.330 077 1
2008	02	28	54 524	−0.124 161	0.401 588	−0.330 647 6	2008	02	29	54 525	−0.122 866	0.404 004	−0.330 971 5
2008	03	01	54 526	−0.121 295	0.406 668	−0.331 221 2	2008	03	02	54 527	−0.120 141	0.409 758	−0.331 476 0
2008	03	03	54 528	−0.119 073	0.412 657	−0.331 786 2	2008	03	04	54 529	−0.118 145	0.415 896	−0.332 241 7

续 表

年	月	日	儒略日	$x_p/('')$	$y_p/('')$	$\Delta UT1/s$	年	月	日	儒略日	$x_p/('')$	$y_p/('')$	$\Delta UT1/s$
2008	03	05	54 530	−0.117 022	0.418 945	−0.332 994 5	2008	03	06	54 531	−0.115 681	0.421 761	−0.334 026 2
2008	03	07	54 532	−0.114 749	0.424 333	−0.335 270 5	2008	03	08	54 533	−0.113 387	0.426 623	−0.336 762 6
2008	03	09	54 534	−0.111 885	0.429 366	−0.338 349 2	2008	03	10	54 535	−0.110 667	0.431 680	−0.339 820 3
2008	03	11	54 536	−0.109 338	0.434 373	−0.341 086 7	2008	03	12	54 537	−0.108 037	0.437 531	−0.342 085 8
2008	03	13	54 538	−0.106 559	0.440 368	−0.342 803 8	2008	03	14	54 539	−0.104 909	0.443 233	−0.343 326 3
2008	03	15	54 540	−0.103 013	0.445 924	−0.343 784 3	2008	03	16	54 541	−0.100 944	0.448 887	−0.344 307 6
2008	03	17	54 542	−0.098 577	0.452 054	−0.344 956 0	2008	03	18	54 543	−0.096 339	0.455 103	−0.345 815 4
2008	03	19	54 544	−0.094 092	0.457 904	−0.346 947 3	2008	03	20	54 545	−0.091 541	0.460 865	−0.348 284 1
2008	03	21	54 546	−0.088 896	0.463 818	−0.349 756 2	2008	03	22	54 547	−0.086 165	0.466 983	−0.351 248 7
2008	03	23	54 548	−0.083 333	0.470 181	−0.352 679 2	2008	03	24	54 549	−0.080 689	0.473 122	−0.354 052 7
2008	03	25	54 550	−0.078 445	0.475 834	−0.355 285 5	2008	03	26	54 551	−0.076 234	0.478 315	−0.356 346 2
2008	03	27	54 552	−0.074 078	0.480 658	−0.357 207 0	2008	03	28	54 553	−0.072 210	0.482 852	−0.357 946 1
2008	03	29	54 554	−0.070 676	0.484 946	−0.358 610 4	2008	03	30	54 555	−0.068 753	0.486 676	−0.359 289 4
2008	03	31	54 556	−0.066 576	0.488 121	−0.360 060 8	2008	04	01	54 557	−0.064 549	0.489 750	−0.361 004 9
2008	04	02	54 558	−0.062 030	0.491 570	−0.362 187 3	2008	04	03	54 559	−0.058 993	0.493 545	−0.363 628 5
2008	04	04	54 560	−0.056 047	0.495 387	−0.365 288 8	2008	04	05	54 561	−0.053 616	0.496 997	−0.367 136 4
2008	04	06	54 562	−0.050 859	0.498 675	−0.369 055 2	2008	04	07	54 563	−0.047 870	0.500 381	−0.370 791 0
2008	04	08	54 564	−0.045 078	0.502 340	−0.372 213 8	2008	04	09	54 565	−0.042 901	0.504 718	−0.373 271 7
2008	04	10	54 566	−0.041 151	0.506 820	−0.374 043 8	2008	04	11	54 567	−0.038 926	0.508 650	−0.374 628 0
2008	04	12	54 568	−0.036 674	0.510 351	−0.375 167 3	2008	04	13	54 569	−0.034 213	0.511 855	−0.375 792 0
2008	04	14	54 570	−0.031 612	0.512 979	−0.376 619 7	2008	04	15	54 571	−0.029 062	0.513 792	−0.377 660 5
2008	04	16	54 572	−0.026 537	0.514 506	−0.378 891 7	2008	04	17	54 573	−0.023 704	0.515 554	−0.380 233 7
2008	04	18	54 574	−0.020 398	0.517 251	−0.381 603 4	2008	04	19	54 575	−0.016 953	0.519 317	−0.382 940 8
2008	04	20	54 576	−0.013 677	0.521 563	−0.384 184 8	2008	04	21	54 577	−0.010 961	0.523 823	−0.385 251 5
2008	04	22	54 578	−0.008 240	0.525 806	−0.386 162 9	2008	04	23	54 579	−0.005 806	0.527 535	−0.386 935 0
2008	04	24	54 580	−0.003 131	0.528 414	−0.387 592 2	2008	04	25	54 581	−0.000 089	0.529 142	−0.388 194 4
2008	04	26	54 582	0.003 053	0.529 867	−0.388 782 3	2008	04	27	54 583	0.006 143	0.530 668	−0.389 424 2
2008	04	28	54 584	0.009 569	0.531 684	−0.390 208 6	2008	04	29	54 585	0.012 940	0.533 144	−0.391 211 1
2008	04	30	54 586	0.016 005	0.534 686	−0.392 512 1	2008	05	01	54 587	0.018 994	0.536 002	−0.394 063 6
2008	05	02	54 588	0.021 756	0.537 009	−0.395 809 1	2008	05	03	54 589	0.024 439	0.537 702	−0.397 643 1
2008	05	04	54 590	0.027 085	0.538 331	−0.399 489 8	2008	05	05	54 591	0.029 956	0.538 549	−0.401 165 5
2008	05	06	54 592	0.033 517	0.538 711	−0.402 569 2	2008	05	07	54 593	0.036 924	0.539 210	−0.403 650 4
2008	05	08	54 594	0.039 778	0.539 880	−0.404 548 4	2008	05	09	54 595	0.042 508	0.540 628	−0.405 430 8
2008	05	10	54 596	0.044 808	0.541 496	−0.406 396 8	2008	05	11	54 597	0.047 299	0.541 796	−0.407 508 4
2008	05	12	54 598	0.049 995	0.542 274	−0.408 901 1	2008	05	13	54 599	0.052 797	0.542 546	−0.410 477 4
2008	05	14	54 600	0.056 330	0.542 645	−0.412 148 2	2008	05	15	54 601	0.060 250	0.542 600	−0.413 818 1
2008	05	16	54 602	0.064 154	0.542 638	−0.415 406 2	2008	05	17	54 603	0.068 008	0.542 602	−0.416 843 6
2008	05	18	54 604	0.071 438	0.542 675	−0.418 044 7	2008	05	19	54 605	0.074 630	0.542 656	−0.419 034 9
2008	05	20	54 606	0.077 625	0.542 660	−0.419 814 9	2008	05	21	54 607	0.080 901	0.542 347	−0.420 349 7

续 表

年	月	日	儒略日	$x_p/('')$	$y_p/('')$	$\Delta UT1/s$	年	月	日	儒略日	$x_p/('')$	$y_p/('')$	$\Delta UT1/s$
2008	05	22	54 608	0. 084 289	0. 541 881	−0. 420 733 0	2008	05	23	54 609	0. 088 160	0. 541 486	−0. 421 032 9
2008	05	24	54 610	0. 092 259	0. 541 453	−0. 421 351 0	2008	05	25	54 611	0. 096 072	0. 541 302	−0. 421 755 2
2008	05	26	54 612	0. 100 039	0. 541 247	−0. 422 325 2	2008	05	27	54 613	0. 103 781	0. 541 531	−0. 423 076 9
2008	05	28	54 614	0. 107 551	0. 541 461	−0. 424 023 6	2008	05	29	54 615	0. 111 278	0. 541 201	−0. 425 139 6
2008	05	30	54 616	0. 114 540	0. 540 668	−0. 426 361 7	2008	05	31	54 617	0. 117 347	0. 540 042	−0. 427 633 5
2008	06	01	54 618	0. 119 992	0. 539 768	−0. 428 775 9	2008	06	02	54 619	0. 122 593	0. 539 275	−0. 429 688 9
2008	06	03	54 620	0. 125 594	0. 538 471	−0. 430 337 7	2008	06	04	54 621	0. 129 007	0. 537 409	−0. 430 771 5
2008	06	05	54 622	0. 132 819	0. 536 081	−0. 431 098 8	2008	06	06	54 623	0. 136 485	0. 534 924	−0. 431 438 9
2008	06	07	54 624	0. 139 879	0. 533 747	−0. 431 946 0	2008	06	08	54 625	0. 143 279	0. 532 748	−0. 432 563 6
2008	06	09	54 626	0. 146 543	0. 531 730	−0. 433 355 6	2008	06	10	54 627	0. 150 203	0. 530 521	−0. 434 269 3
2008	06	11	54 628	0. 153 699	0. 529 270	−0. 435 268 6	2008	06	12	54 629	0. 157 108	0. 527 631	−0. 436 185 0
2008	06	13	54 630	0. 160 608	0. 526 041	−0. 436 950 7	2008	06	14	54 631	0. 163 971	0. 524 700	−0. 437 529 6
2008	06	15	54 632	0. 166 818	0. 523 300	−0. 437 856 3	2008	06	16	54 633	0. 169 548	0. 521 922	−0. 438 033 1
2008	06	17	54 634	0. 172 469	0. 520 598	−0. 438 071 9	2008	06	18	54 635	0. 175 183	0. 519 064	−0. 438 014 1
2008	06	19	54 636	0. 177 750	0. 517 428	−0. 437 927 8	2008	06	20	54 637	0. 180 362	0. 515 845	−0. 437 889 4
2008	06	21	54 638	0. 183 576	0. 514 362	−0. 437 918 4	2008	06	22	54 639	0. 187 012	0. 512 869	−0. 438 125 8
2008	06	23	54 640	0. 190 285	0. 511 323	−0. 438 551 5	2008	06	24	54 641	0. 193 432	0. 509 868	−0. 439 195 6
2008	06	25	54 642	0. 196 492	0. 508 347	−0. 440 043 9	2008	06	26	54 643	0. 199 516	0. 507 091	−0. 441 033 5
2008	06	27	54 644	0. 201 850	0. 505 839	−0. 442 057 3	2008	06	28	54 645	0. 204 235	0. 504 030	−0. 442 986 4
2008	06	29	54 646	0. 206 535	0. 502 119	−0. 443 800 5	2008	06	30	54 647	0. 208 757	0. 499 807	−0. 444 395 4
2008	07	01	54 648	0. 211 219	0. 497 484	−0. 444 753 7	2008	07	02	54 649	0. 213 568	0. 495 285	−0. 444 929 6
2008	07	03	54 650	0. 216 090	0. 493 223	−0. 445 085 5	2008	07	04	54 651	0. 218 852	0. 491 171	−0. 445 369 4
2008	07	05	54 652	0. 221 719	0. 489 026	−0. 445 854 0	2008	07	06	54 653	0. 224 732	0. 487 211	−0. 446 494 8
2008	07	07	54 654	0. 227 288	0. 485 449	−0. 447 261 6	2008	07	08	54 655	0. 229 647	0. 483 235	−0. 448 060 1
2008	07	09	54 656	0. 231 916	0. 481 105	−0. 448 781 6	2008	07	10	54 657	0. 234 148	0. 479 142	−0. 449 342 4
2008	07	11	54 658	0. 236 497	0. 477 292	−0. 449 727 5	2008	07	12	54 659	0. 238 771	0. 474 963	−0. 449 888 6
2008	07	13	54 660	0. 241 266	0. 472 481	−0. 449 814 6	2008	07	14	54 661	0. 243 360	0. 469 912	−0. 449 561 4
2008	07	15	54 662	0. 245 285	0. 466 931	−0. 449 191 9	2008	07	16	54 663	0. 247 822	0. 464 020	−0. 448 794 1
2008	07	17	54 664	0. 250 626	0. 461 523	−0. 448 437 4	2008	07	18	54 665	0. 252 946	0. 459 105	−0. 448 169 1
2008	07	19	54 666	0. 254 962	0. 456 620	−0. 448 082 0	2008	07	20	54 667	0. 257 155	0. 453 747	−0. 448 206 9
2008	07	21	54 668	0. 259 611	0. 450 908	−0. 448 596 8	2008	07	22	54 669	0. 262 206	0. 447 627	−0. 449 214 5
2008	07	23	54 670	0. 265 124	0. 444 109	−0. 449 958 4	2008	07	24	54 671	0. 267 798	0. 440 638	−0. 450 747 2
2008	07	25	54 672	0. 270 293	0. 437 298	−0. 451 478 3	2008	07	26	54 673	0. 272 844	0. 434 739	−0. 452 097 6
2008	07	27	54 674	0. 275 015	0. 432 349	−0. 452 517 0	2008	07	28	54 675	0. 276 792	0. 429 641	−0. 452 717 3
2008	07	29	54 676	0. 278 307	0. 426 780	−0. 452 760 9	2008	07	30	54 677	0. 279 510	0. 424 010	−0. 452 753 5
2008	07	31	54 678	0. 280 198	0. 421 356	−0. 452 788 3	2008	08	01	54 679	0. 281 044	0. 418 278	−0. 453 006 3
2008	08	02	54 680	0. 282 229	0. 415 078	−0. 453 441 3	2008	08	03	54 681	0. 283 687	0. 411 551	−0. 454 070 9
2008	08	04	54 682	0. 285 281	0. 408 032	−0. 454 841 5	2008	08	05	54 683	0. 286 947	0. 404 561	−0. 455 625 7
2008	08	06	54 684	0. 288 609	0. 401 224	−0. 456 312 6	2008	08	07	54 685	0. 290 074	0. 398 308	−0. 456 828 1

续表

年	月	日	儒略日	$x_p/('')$	$y_p/('')$	$\Delta UT1/s$	年	月	日	儒略日	$x_p/('')$	$y_p/('')$	$\Delta UT1/s$
2008	08	08	54 686	0.290 780	0.395 538	−0.457 140 2	2008	08	09	54 687	0.291 442	0.392 612	−0.457 251 4
2008	08	10	54 688	0.291 948	0.389 533	−0.457 276 7	2008	08	11	54 689	0.292 417	0.385 913	−0.457 147 3
2008	08	12	54 690	0.292 814	0.382 673	−0.456 928 7	2008	08	13	54 691	0.293 004	0.379 247	−0.456 724 9
2008	08	14	54 692	0.293 078	0.376 319	−0.456 598 7	2008	08	15	54 693	0.292 876	0.373 357	−0.456 609 7
2008	08	16	54 694	0.293 603	0.370 539	−0.456 787 4	2008	08	17	54 695	0.294 262	0.368 083	−0.457 148 2
2008	08	18	54 696	0.294 495	0.365 096	−0.457 713 5	2008	08	19	54 697	0.294 800	0.361 863	−0.458 464 6
2008	08	20	54 698	0.295 343	0.358 691	−0.459 318 6	2008	08	21	54 699	0.296 113	0.355 627	−0.460 131 4
2008	08	22	54 700	0.297 038	0.352 262	−0.460 784 9	2008	08	23	54 701	0.298 153	0.349 030	−0.461 239 8
2008	08	24	54 702	0.298 643	0.346 088	−0.461 490 2	2008	08	25	54 703	0.298 256	0.343 075	−0.461 581 1
2008	08	26	54 704	0.297 816	0.339 451	−0.461 647 3	2008	08	27	54 705	0.298 079	0.335 794	−0.461 801 9
2008	08	28	54 706	0.298 242	0.332 549	−0.462 075 7	2008	08	29	54 707	0.298 306	0.329 497	−0.462 540 9
2008	08	30	54 708	0.298 443	0.326 218	−0.463 319 5	2008	08	31	54 709	0.298 650	0.322 365	−0.464 300 5
2008	09	01	54 710	0.298 664	0.318 536	−0.465 356 3	2008	09	02	54 711	0.298 936	0.314 622	−0.466 377 7
2008	09	03	54 712	0.299 264	0.310 804	−0.467 269 4	2008	09	04	54 713	0.299 166	0.307 213	−0.467 964 2
2008	09	05	54 714	0.298 686	0.303 467	−0.468 465 8	2008	09	06	54 715	0.298 263	0.299 852	−0.468 801 8
2008	09	07	54 716	0.297 868	0.296 360	−0.468 971 7	2008	09	08	54 717	0.297 558	0.292 972	−0.469 074 8
2008	09	09	54 718	0.297 281	0.289 769	−0.469 203 7	2008	09	10	54 719	0.296 920	0.286 620	−0.469 431 4
2008	09	11	54 720	0.296 503	0.283 724	−0.469 835 3	2008	09	12	54 721	0.295 857	0.280 801	−0.470 474 4
2008	09	13	54 722	0.294 501	0.277 710	−0.471 429 7	2008	09	14	54 723	0.292 778	0.274 526	−0.472 654 9
2008	09	15	54 724	0.291 424	0.271 252	−0.474 111 7	2008	09	16	54 725	0.290 477	0.268 147	−0.475 703 1
2008	09	17	54 726	0.289 452	0.265 044	−0.477 306 8	2008	09	18	54 727	0.287 902	0.261 668	−0.478 778 9
2008	09	19	54 728	0.286 022	0.258 149	−0.480 018 2	2008	09	20	54 729	0.284 176	0.254 567	−0.481 004 2
2008	09	21	54 730	0.282 211	0.251 182	−0.481 700 2	2008	09	22	54 731	0.280 171	0.247 789	−0.482 264 7
2008	09	23	54 732	0.278 311	0.244 264	−0.482 844 9	2008	09	24	54 733	0.276 555	0.240 878	−0.483 486 9
2008	09	25	54 734	0.274 731	0.237 608	−0.484 317 1	2008	09	26	54 735	0.273 024	0.234 334	−0.485 368 7
2008	09	27	54 736	0.271 296	0.230 987	−0.486 630 5	2008	09	28	54 737	0.269 795	0.227 826	−0.488 016 8
2008	09	29	54 738	0.268 291	0.225 339	−0.489 443 9	2008	09	30	54 739	0.266 489	0.222 780	−0.490 789 0
2008	10	01	54 740	0.264 631	0.220 283	−0.492 007 3	2008	10	02	54 741	0.262 519	0.217 664	−0.493 011 1
2008	10	03	54 742	0.259 859	0.214 934	−0.493 744 5	2008	10	04	54 743	0.256 815	0.212 284	−0.494 285 6
2008	10	05	54 744	0.254 320	0.209 618	−0.494 680 5	2008	10	06	54 745	0.252 101	0.207 496	−0.495 008 2
2008	10	07	54 746	0.249 697	0.205 500	−0.495 360 1	2008	10	08	54 747	0.247 209	0.203 489	−0.495 856 8
2008	10	09	54 748	0.244 818	0.200 800	−0.496 524 9	2008	10	10	54 749	0.242 389	0.197 811	−0.497 411 0
2008	10	11	54 750	0.239 609	0.194 618	−0.498 548 2	2008	10	12	54 751	0.237 115	0.191 615	−0.499 922 2
2008	10	13	54 752	0.234 729	0.189 080	−0.501 441 4	2008	10	14	54 753	0.232 574	0.186 723	−0.503 015 4
2008	10	15	54 754	0.229 741	0.184 680	−0.504 537 8	2008	10	16	54 755	0.227 076	0.182 447	−0.505 942 4
2008	10	17	54 756	0.224 412	0.180 273	−0.507 139 1	2008	10	18	54 757	0.221 637	0.177 796	−0.508 153 7
2008	10	19	54 758	0.218 903	0.175 114	−0.509 068 6	2008	10	20	54 759	0.216 232	0.172 705	−0.510 017 7
2008	10	21	54 760	0.213 678	0.170 484	−0.511 103 8	2008	10	22	54 761	0.211 374	0.168 644	−0.512 317 2
2008	10	23	54 762	0.208 489	0.166 835	−0.513 730 1	2008	10	24	54 763	0.205 040	0.164 895	−0.515 323 4

续 表

年	月	日	儒略日	$x_p/('')$	$y_p/('')$	$\Delta UT1/s$	年	月	日	儒略日	$x_p/('')$	$y_p/('')$	$\Delta UT1/s$
2008	10	25	54 764	0.201 165	0.162 471	−0.516 963 3	2008	10	26	54 765	0.197 651	0.159 772	−0.518 624 6
2008	10	27	54 766	0.195 201	0.157 777	−0.520 239 3	2008	10	28	54 767	0.193 299	0.156 615	−0.521 703 7
2008	10	29	54 768	0.191 272	0.155 838	−0.523 006 3	2008	10	30	54 769	0.188 520	0.154 366	−0.524 094 9
2008	10	31	54 770	0.185 694	0.152 943	−0.524 960 6	2008	11	01	54 771	0.182 601	0.151 432	−0.525 688 9
2008	11	02	54 772	0.179 435	0.149 559	−0.526 320 2	2008	11	03	54 773	0.176 550	0.148 392	−0.526 923 1
2008	11	04	54 774	0.173 314	0.147 709	−0.527 576 9	2008	11	05	54 775	0.169 782	0.146 664	−0.528 266 6
2008	11	06	54 776	0.166 482	0.145 568	−0.529 103 6	2008	11	07	54 777	0.163 837	0.144 672	−0.530 168 7
2008	11	08	54 778	0.160 979	0.143 853	−0.531 436 6	2008	11	09	54 779	0.157 775	0.142 956	−0.532 902 8
2008	11	10	54 780	0.154 103	0.142 245	−0.534 533 2	2008	11	11	54 781	0.150 308	0.141 049	−0.536 185 7
2008	11	12	54 782	0.146 792	0.140 258	−0.537 782 2	2008	11	13	54 783	0.142 602	0.139 317	−0.539 187 3
2008	11	14	54 784	0.138 324	0.137 888	−0.540 295 0	2008	11	15	54 785	0.134 512	0.136 734	−0.541 152 8
2008	11	16	54 786	0.130 933	0.136 077	−0.541 936 8	2008	11	17	54 787	0.126 951	0.135 733	−0.542 801 3
2008	11	18	54 788	0.123 187	0.135 425	−0.543 870 9	2008	11	19	54 789	0.120 508	0.135 042	−0.545 260 8
2008	11	20	54 790	0.118 465	0.135 095	−0.546 938 5	2008	11	21	54 791	0.116 988	0.135 450	−0.548 759 7
2008	11	22	54 792	0.115 426	0.135 975	−0.550 644 2	2008	11	23	54 793	0.113 433	0.136 258	−0.552 489 5
2008	11	24	54 794	0.110 974	0.136 599	−0.554 185 7	2008	11	25	54 795	0.107 927	0.137 368	−0.555 702 5
2008	11	26	54 796	0.104 396	0.137 191	−0.557 074 3	2008	11	27	54 797	0.101 251	0.136 567	−0.558 293 1
2008	11	28	54 798	0.098 338	0.136 185	−0.559 365 3	2008	11	29	54 799	0.095 180	0.135 899	−0.560 333 6
2008	11	30	54 800	0.091 685	0.135 567	−0.561 208 3	2008	12	01	54 801	0.088 281	0.135 322	−0.562 093 5
2008	12	02	54 802	0.084 682	0.135 160	−0.563 066 2	2008	12	03	54 803	0.080 548	0.135 106	−0.564 112 5
2008	12	04	54 804	0.075 930	0.134 978	−0.565 306 0	2008	12	05	54 805	0.071 735	0.135 227	−0.566 658 8
2008	12	06	54 806	0.068 039	0.135 359	−0.568 180 2	2008	12	07	54 807	0.064 548	0.135 162	−0.569 834 5
2008	12	08	54 808	0.061 416	0.134 533	−0.571 536 8	2008	12	09	54 809	0.059 046	0.134 236	−0.573 124 7
2008	12	10	54 810	0.056 723	0.134 787	−0.574 495 1	2008	12	11	54 811	0.053 646	0.135 040	−0.575 599 3
2008	12	12	54 812	0.050 457	0.134 492	−0.576 472 8	2008	12	13	54 813	0.047 174	0.134 409	−0.577 148 1
2008	12	14	54 814	0.044 693	0.134 237	−0.577 859 5	2008	12	15	54 815	0.042 826	0.134 469	−0.578 774 1
2008	12	16	54 816	0.040 167	0.134 867	−0.579 922 1	2008	12	17	54 817	0.036 904	0.135 055	−0.581 242 5
2008	12	18	54 818	0.033 655	0.135 432	−0.582 664 9	2008	12	19	54 819	0.030 506	0.136 005	−0.584 124 9
2008	12	20	54 820	0.027 465	0.136 510	−0.585 522 2	2008	12	21	54 821	0.024 509	0.137 344	−0.586 749 3
2008	12	22	54 822	0.021 210	0.138 120	−0.587 776 3	2008	12	23	54 823	0.017 967	0.138 675	−0.588 587 8
2008	12	24	54 824	0.014 545	0.139 000	−0.589 194 4	2008	12	25	54 825	0.010 903	0.139 414	−0.589 583 6
2008	12	26	54 826	0.006 718	0.139 883	−0.589 843 0	2008	12	27	54 827	0.002 867	0.140 355	−0.590 062 7
2008	12	28	54 828	−0.000 983	0.141 714	−0.590 318 2	2008	12	29	54 829	−0.005 270	0.143 011	−0.590 655 2
2008	12	30	54 830	−0.009 652	0.144 157	−0.591 142 3	2008	12	31	54 831	−0.013 460	0.144 958	−0.591 866 5
2009	01	01	54 832	−0.017 053	0.146 181	0.407 143 5	2009	01	02	54 833	−0.020 459	0.147 402	0.405 955 5
2009	01	03	54 834	−0.023 237	0.149 035	0.404 652 5	2009	01	04	54 835	−0.025 669	0.150 631	0.403 337 5
2009	01	05	54 836	−0.028 928	0.152 679	0.402 060 1	2009	01	06	54 837	−0.033 330	0.154 460	0.400 908 7
2009	01	07	54 838	−0.037 527	0.156 178	0.399 937 8	2009	01	08	54 839	−0.041 733	0.157 987	0.399 188 2
2009	01	09	54 840	−0.045 902	0.159 627	0.398 677 6	2009	01	10	54 841	−0.049 601	0.161 108	0.398 124 7

续 表

年	月	日	儒略日	x_p/(")	y_p/(")	$\Delta UT1$/s	年	月	日	儒略日	x_p/(")	y_p/(")	$\Delta UT1$/s
2009	01	11	54 842	−0.053 076	0.162 674	0.397 435 4	2009	01	12	54 843	−0.056 510	0.164 314	0.396 496 5
2009	01	13	54 844	−0.059 587	0.166 079	0.395 287 8	2009	01	14	54 845	−0.062 410	0.167 667	0.393 859 5
2009	01	15	54 846	−0.065 314	0.169 258	0.392 347 7	2009	01	16	54 847	−0.068 207	0.170 274	0.390 893 3
2009	01	17	54 848	−0.070 738	0.171 334	0.389 597 6	2009	01	18	54 849	−0.073 260	0.172 986	0.388 523 5
2009	01	19	54 850	−0.075 675	0.174 813	0.387 756 2	2009	01	20	54 851	−0.078 271	0.176 995	0.387 262 0
2009	01	21	54 852	−0.081 096	0.179 481	0.386 976 1	2009	01	22	54 853	−0.084 401	0.181 845	0.386 838 8
2009	01	23	54 854	−0.087 601	0.184 158	0.386 787 6	2009	01	24	54 855	−0.090 170	0.186 637	0.386 734 4
2009	01	25	54 856	−0.091 616	0.189 303	0.386 608 5	2009	01	26	54 857	−0.093 195	0.192 200	0.386 335 1
2009	01	27	54 858	−0.094 435	0.194 761	0.385 880 6	2009	01	28	54 859	−0.095 886	0.197 442	0.385 186 1
2009	01	29	54 860	−0.098 039	0.199 983	0.384 329 5	2009	01	30	54 861	−0.100 229	0.202 552	0.383 428 3
2009	01	31	54 862	−0.102 850	0.205 270	0.382 460 7	2009	02	01	54 863	−0.105 547	0.207 977	0.381 533 1
2009	02	02	54 864	−0.107 599	0.210 579	0.380 712 5	2009	02	03	54 865	−0.108 471	0.213 476	0.380 041 0
2009	02	04	54 866	−0.109 015	0.216 931	0.379 529 7	2009	02	05	54 867	−0.110 005	0.220 683	0.379 100 1
2009	02	06	54 868	−0.111 620	0.224 388	0.378 644 9	2009	02	07	54 869	−0.113 806	0.227 982	0.378 111 8
2009	02	08	54 870	−0.115 913	0.231 397	0.377 333 9	2009	02	09	54 871	−0.118 127	0.234 389	0.376 296 4
2009	02	10	54 872	−0.119 767	0.237 102	0.375 023 8	2009	02	11	54 873	−0.120 574	0.240 305	0.373 604 2
2009	02	12	54 874	−0.121 352	0.244 048	0.372 167 3	2009	02	13	54 875	−0.122 343	0.247 667	0.370 895 7
2009	02	14	54 876	−0.123 670	0.251 166	0.369 914 0	2009	02	15	54 877	−0.125 248	0.254 898	0.369 180 1
2009	02	16	54 878	−0.126 775	0.258 718	0.368 636 5	2009	02	17	54 879	−0.128 611	0.262 126	0.368 274 6
2009	02	18	54 880	−0.130 483	0.265 062	0.368 057 1	2009	02	19	54 881	−0.132 392	0.267 951	0.367 918 7
2009	02	20	54 882	−0.133 416	0.270 385	0.367 781 9	2009	02	21	54 883	−0.133 767	0.273 001	0.367 595 7
2009	02	22	54 884	−0.134 206	0.275 728	0.367 326 4	2009	02	23	54 885	−0.133 787	0.278 610	0.366 857 0
2009	02	24	54 886	−0.133 072	0.282 072	0.366 148 9	2009	02	25	54 887	−0.133 320	0.285 628	0.365 218 8
2009	02	26	54 888	−0.133 544	0.288 921	0.364 089 7	2009	02	27	54 889	−0.133 614	0.292 500	0.362 841 6
2009	02	28	54 890	−0.133 959	0.296 149	0.361 566 3	2009	03	01	54 891	−0.134 386	0.299 816	0.360 336 4
2009	03	02	54 892	−0.134 834	0.303 239	0.359 191 3	2009	03	03	54 893	−0.134 821	0.306 323	0.358 189 1
2009	03	04	54 894	−0.134 187	0.309 596	0.357 315 7	2009	03	05	54 895	−0.133 699	0.313 184	0.356 565 8
2009	03	06	54 896	−0.133 416	0.316 800	0.355 790 3	2009	03	07	54 897	−0.133 150	0.320 693	0.354 877 5
2009	03	08	54 898	−0.133 002	0.324 577	0.353 772 4	2009	03	09	54 899	−0.132 832	0.328 792	0.352 378 9
2009	03	10	54 900	−0.132 508	0.332 929	0.350 747 4	2009	03	11	54 901	−0.132 157	0.336 777	0.349 009 6
2009	03	12	54 902	−0.132 009	0.340 618	0.347 284 7	2009	03	13	54 903	−0.131 800	0.343 855	0.345 701 4
2009	03	14	54 904	−0.130 924	0.346 694	0.344 285 0	2009	03	15	54 905	−0.130 357	0.350 105	0.343 174 5
2009	03	16	54 906	−0.129 490	0.353 263	0.342 288 6	2009	03	17	54 907	−0.128 463	0.356 563	0.341 547 1
2009	03	18	54 908	−0.127 685	0.359 846	0.340 937 9	2009	03	19	54 909	−0.127 284	0.363 323	0.340 354 9
2009	03	20	54 910	−0.126 884	0.366 791	0.339 712 5	2009	03	21	54 911	−0.126 042	0.370 090	0.338 936 4
2009	03	22	54 912	−0.124 886	0.373 600	0.337 932 2	2009	03	23	54 913	−0.123 473	0.376 806	0.336 683 1
2009	03	24	54 914	−0.122 067	0.380 424	0.335 223 7	2009	03	25	54 915	−0.120 897	0.384 307	0.333 613 3
2009	03	26	54 916	−0.119 873	0.387 919	0.331 923 9	2009	03	27	54 917	−0.119 172	0.391 560	0.330 288 4
2009	03	28	54 918	−0.118 443	0.394 921	0.328 729 1	2009	03	29	54 919	−0.118 004	0.398 157	0.327 350 3

续 表

年	月	日	儒略日	x_p/(")	y_p/(")	$\Delta UT1$/s	年	月	日	儒略日	x_p/(")	y_p/(")	$\Delta UT1$/s
2009	03	30	54 920	−0.118 376	0.400 813	0.326 210 7	2009	03	31	54 921	−0.118 972	0.403 551	0.325 289 6
2009	04	01	54 922	−0.118 909	0.405 905	0.324 493 3	2009	04	02	54 923	−0.117 845	0.408 306	0.323 717 0
2009	04	03	54 924	−0.116 487	0.410 914	0.322 841 7	2009	04	04	54 925	−0.115 185	0.413 639	0.321 817 6
2009	04	05	54 926	−0.113 298	0.416 387	0.320 573 2	2009	04	06	54 927	−0.110 754	0.419 490	0.319 102 5
2009	04	07	54 928	−0.108 392	0.423 079	0.317 474 1	2009	04	08	54 929	−0.106 843	0.426 127	0.315 710 1
2009	04	09	54 930	−0.105 304	0.428 841	0.313 982 8	2009	04	10	54 931	−0.103 770	0.431 639	0.312 386 9
2009	04	11	54 932	−0.102 321	0.434 601	0.311 002 7	2009	04	12	54 933	−0.100 753	0.437 083	0.309 868 6
2009	04	13	54 934	−0.098 622	0.439 492	0.308 949 3	2009	04	14	54 935	−0.096 561	0.442 381	0.308 168 7
2009	04	15	54 936	−0.094 102	0.445 592	0.307 433 4	2009	04	16	54 937	−0.091 421	0.449 126	0.306 650 3
2009	04	17	54 938	−0.088 929	0.452 444	0.305 753 5	2009	04	18	54 939	−0.086 865	0.455 384	0.304 711 3
2009	04	19	54 940	−0.084 839	0.458 188	0.303 523 3	2009	04	20	54 941	−0.082 719	0.460 829	0.302 143 9
2009	04	21	54 942	−0.080 472	0.463 474	0.300 576 5	2009	04	22	54 943	−0.078 487	0.466 323	0.298 825 4
2009	04	23	54 944	−0.076 882	0.469 242	0.297 023 2	2009	04	24	54 945	−0.075 915	0.471 600	0.295 263 1
2009	04	25	54 946	−0.075 008	0.473 811	0.293 636 8	2009	04	26	54 947	−0.073 801	0.476 103	0.292 228 7
2009	04	27	54 948	−0.072 005	0.478 033	0.291 022 7	2009	04	28	54 949	−0.069 822	0.480 077	0.289 965 3
2009	04	29	54 950	−0.067 653	0.482 263	0.288 969 8	2009	04	30	54 951	−0.065 236	0.484 340	0.287 908 6
2009	05	01	54 952	−0.062 359	0.486 436	0.286 697 9	2009	05	02	54 953	−0.059 562	0.488 649	0.285 285 3
2009	05	03	54 954	−0.056 728	0.490 447	0.283 668 3	2009	05	04	54 955	−0.053 909	0.492 383	0.281 911 3
2009	05	05	54 956	−0.051 590	0.494 270	0.280 129 7	2009	05	06	54 957	−0.048 995	0.495 821	0.278 429 2
2009	05	07	54 958	−0.045 810	0.497 630	0.276 903 7	2009	05	08	54 959	−0.042 756	0.499 717	0.275 635 6
2009	05	09	54 960	−0.039 659	0.502 086	0.274 651 5	2009	05	10	54 961	−0.036 628	0.504 356	0.273 907 2
2009	05	11	54 962	−0.033 630	0.506 097	0.273 287 1	2009	05	12	54 963	−0.031 113	0.507 812	0.272 762 1
2009	05	13	54 964	−0.028 548	0.509 829	0.272 236 2	2009	05	14	54 965	−0.025 798	0.511 814	0.271 650 4
2009	05	15	54 966	−0.023 132	0.513 842	0.270 940 9	2009	05	16	54 967	−0.020 229	0.515 407	0.270 083 7
2009	05	17	54 968	−0.016 658	0.516 863	0.269 088 7	2009	05	18	54 969	−0.013 001	0.518 503	0.267 957 8
2009	05	19	54 970	−0.009 398	0.520 179	0.266 688 8	2009	05	20	54 971	−0.005 986	0.521 636	0.265 250 1
2009	05	21	54 972	−0.002 641	0.522 674	0.263 776 3	2009	05	22	54 973	0.000 612	0.524 000	0.262 381 1
2009	05	23	54 974	0.003 583	0.525 282	0.261 166 2	2009	05	24	54 975	0.007 038	0.526 213	0.260 118 0
2009	05	25	54 976	0.010 812	0.527 455	0.259 248 4	2009	05	26	54 977	0.013 860	0.528 772	0.258 523 0
2009	05	27	54 978	0.016 578	0.530 093	0.257 789 2	2009	05	28	54 979	0.019 338	0.531 562	0.256 936 1
2009	05	29	54 980	0.021 744	0.532 723	0.255 883 6	2009	05	30	54 981	0.024 489	0.533 386	0.254 602 3
2009	05	31	54 982	0.027 770	0.533 710	0.253 150 7	2009	06	01	54 983	0.031 482	0.533 557	0.251 697 3
2009	06	02	54 984	0.035 442	0.533 661	0.250 343 8	2009	06	03	54 985	0.039 497	0.534 331	0.249 154 2
2009	06	04	54 986	0.043 741	0.535 168	0.248 175 9	2009	06	05	54 987	0.048 067	0.536 517	0.247 423 6
2009	06	06	54 988	0.051 774	0.537 832	0.246 889 0	2009	06	07	54 989	0.055 247	0.538 817	0.246 487 8
2009	06	08	54 990	0.058 638	0.539 490	0.246 204 7	2009	06	09	54 991	0.061 713	0.540 076	0.245 964 7
2009	06	10	54 992	0.064 290	0.540 500	0.245 658 6	2009	06	11	54 993	0.067 455	0.540 336	0.245 244 4
2009	06	12	54 994	0.071 011	0.540 513	0.244 638 0	2009	06	13	54 995	0.074 687	0.541 041	0.243 887 6
2009	06	14	54 996	0.078 521	0.541 533	0.243 061 4	2009	06	15	54 997	0.082 225	0.541 868	0.242 128 9

续表

年	月	日	儒略日	$x_p/('')$	$y_p/('')$	$\Delta UT1/s$	年	月	日	儒略日	$x_p/('')$	$y_p/('')$	$\Delta UT1/s$
2009	06	16	54 998	0.085 615	0.541 835	0.241 144 9	2009	06	17	54 999	0.088 589	0.541 738	0.240 109 9
2009	06	18	55 000	0.091 163	0.541 160	0.239 144 1	2009	06	19	55 001	0.094 032	0.540 640	0.238 343 9
2009	06	20	55 002	0.097 209	0.540 459	0.237 728 4	2009	06	21	55 003	0.100 322	0.540 346	0.237 330 4
2009	06	22	55 004	0.103 094	0.539 800	0.237 129 7	2009	06	23	55 005	0.105 938	0.539 081	0.236 998 9
2009	06	24	55 006	0.109 188	0.538 398	0.236 831 4	2009	06	25	55 007	0.112 476	0.537 946	0.236 532 0
2009	06	26	55 008	0.115 400	0.537 547	0.236 036 7	2009	06	27	55 009	0.118 050	0.537 266	0.235 349 2
2009	06	28	55 010	0.120 813	0.536 685	0.234 605 9	2009	06	29	55 011	0.123 634	0.535 923	0.233 918 6
2009	06	30	55 012	0.126 771	0.534 727	0.233 390 2	2009	07	01	55 013	0.130 350	0.533 629	0.233 092 6
2009	07	02	55 014	0.134 265	0.532 541	0.233 029 2	2009	07	03	55 015	0.138 448	0.531 559	0.233 145 0
2009	07	04	55 016	0.142 514	0.531 010	0.233 414 5	2009	07	05	55 017	0.146 031	0.530 369	0.233 790 1
2009	07	06	55 018	0.149 156	0.529 582	0.234 218 9	2009	07	07	55 019	0.152 133	0.528 726	0.234 626 3
2009	07	08	55 020	0.154 831	0.527 633	0.234 950 3	2009	07	09	55 021	0.157 212	0.526 706	0.235 144 0
2009	07	10	55 022	0.159 832	0.525 691	0.235 199 2	2009	07	11	55 023	0.162 750	0.524 901	0.235 115 9
2009	07	12	55 024	0.165 839	0.524 146	0.234 876 1	2009	07	13	55 025	0.168 986	0.523 402	0.234 583 8
2009	07	14	55 026	0.171 922	0.522 299	0.234 284 9	2009	07	15	55 027	0.175 535	0.521 192	0.233 995 7
2009	07	16	55 028	0.179 211	0.520 062	0.233 796 1	2009	07	17	55 029	0.182 725	0.518 871	0.233 741 5
2009	07	18	55 030	0.185 930	0.518 315	0.233 792 6	2009	07	19	55 031	0.188 836	0.517 323	0.233 947 0
2009	07	20	55 032	0.191 894	0.515 938	0.234 120 7	2009	07	21	55 033	0.194 967	0.514 816	0.234 191 0
2009	07	22	55 034	0.197 942	0.513 584	0.234 110 2	2009	07	23	55 035	0.200 699	0.512 213	0.233 820 7
2009	07	24	55 036	0.203 111	0.510 605	0.233 287 1	2009	07	25	55 037	0.205 401	0.508 760	0.232 554 8
2009	07	26	55 038	0.207 804	0.506 869	0.231 788 9	2009	07	27	55 039	0.210 596	0.504 791	0.231 080 1
2009	07	28	55 040	0.213 304	0.502 761	0.230 548 7	2009	07	29	55 041	0.215 607	0.500 224	0.230 253 4
2009	07	30	55 042	0.217 599	0.497 833	0.230 180 3	2009	07	31	55 043	0.219 511	0.495 528	0.230 316 4
2009	08	01	55 044	0.221 772	0.492 945	0.230 563 9	2009	08	02	55 045	0.223 951	0.490 333	0.230 928 9
2009	08	03	55 046	0.225 934	0.487 611	0.231 231 9	2009	08	04	55 047	0.227 921	0.485 014	0.231 404 2
2009	08	05	55 048	0.229 989	0.482 357	0.231 471 0	2009	08	06	55 049	0.231 987	0.479 942	0.231 366 2
2009	08	07	55 050	0.234 179	0.477 546	0.231 059 0	2009	08	08	55 051	0.236 330	0.475 321	0.230 606 0
2009	08	09	55 052	0.238 379	0.473 157	0.230 005 7	2009	08	10	55 053	0.240 417	0.470 745	0.229 341 1
2009	08	11	55 054	0.242 375	0.468 255	0.228 704 6	2009	08	12	55 055	0.244 498	0.465 657	0.228 177 2
2009	08	13	55 056	0.246 681	0.463 301	0.227 805 0	2009	08	14	55 057	0.248 550	0.461 304	0.227 609 2
2009	08	15	55 058	0.249 930	0.459 166	0.227 589 8	2009	08	16	55 059	0.251 524	0.456 832	0.227 647 1
2009	08	17	55 060	0.252 871	0.454 374	0.227 703 8	2009	08	18	55 061	0.253 980	0.451 996	0.227 620 4
2009	08	19	55 062	0.254 936	0.449 604	0.227 231 0	2009	08	20	55 063	0.256 190	0.447 091	0.226 550 9
2009	08	21	55 064	0.257 962	0.444 729	0.225 678 7	2009	08	22	55 065	0.259 765	0.442 483	0.224 693 7
2009	08	23	55 066	0.260 874	0.440 347	0.223 731 6	2009	08	24	55 067	0.261 909	0.438 033	0.222 912 6
2009	08	25	55 068	0.263 037	0.435 819	0.222 314 7	2009	08	26	55 069	0.264 223	0.433 536	0.221 941 8
2009	08	27	55 070	0.265 349	0.431 150	0.221 732 4	2009	08	28	55 071	0.266 402	0.428 723	0.221 638 8
2009	08	29	55 072	0.267 565	0.426 184	0.221 550 4	2009	08	30	55 073	0.268 856	0.423 541	0.221 484 0
2009	08	31	55 074	0.269 878	0.420 804	0.221 385 9	2009	09	01	55 075	0.270 475	0.417 989	0.221 166 0

续 表

年	月	日	儒略日	x_p/(")	y_p/(")	ΔUT1/s	年	月	日	儒略日	x_p/(")	y_p/(")	ΔUT1/s
2009	09	02	55 076	0.270 872	0.414 848	0.220 764 7	2009	09	03	55 077	0.271 334	0.411 674	0.220 191 4
2009	09	04	55 078	0.272 133	0.408 799	0.219 492 9	2009	09	05	55 079	0.272 764	0.406 234	0.218 615 2
2009	09	06	55 080	0.272 826	0.403 560	0.217 657 7	2009	09	07	55 081	0.272 475	0.400 585	0.216 713 6
2009	09	08	55 082	0.272 308	0.397 412	0.215 854 5	2009	09	09	55 083	0.272 131	0.394 458	0.215 163 7
2009	09	10	55 084	0.271 847	0.391 728	0.214 653 7	2009	09	11	55 085	0.271 466	0.388 953	0.214 301 6
2009	09	12	55 086	0.271 548	0.385 881	0.214 020 6	2009	09	13	55 087	0.271 905	0.382 726	0.213 730 4
2009	09	14	55 088	0.272 442	0.379 702	0.213 320 8	2009	09	15	55 089	0.273 143	0.376 507	0.212 689 6
2009	09	16	55 090	0.274 180	0.373 617	0.211 796 2	2009	09	17	55 091	0.275 213	0.370 978	0.210 647 7
2009	09	18	55 092	0.275 672	0.368 374	0.209 329 9	2009	09	19	55 093	0.275 583	0.365 770	0.207 989 3
2009	09	20	55 094	0.274 911	0.363 251	0.206 709 3	2009	09	21	55 095	0.274 070	0.360 496	0.205 640 6
2009	09	22	55 096	0.273 396	0.357 589	0.204 839 3	2009	09	23	55 097	0.272 765	0.354 481	0.204 288 2
2009	09	24	55 098	0.271 994	0.351 315	0.203 914 5	2009	09	25	55 099	0.271 193	0.347 937	0.203 618 3
2009	09	26	55 100	0.270 241	0.344 976	0.203 341 3	2009	09	27	55 101	0.269 102	0.341 920	0.203 054 6
2009	09	28	55 102	0.268 214	0.338 911	0.202 659 4	2009	09	29	55 103	0.267 526	0.336 610	0.202 087 6
2009	09	30	55 104	0.266 518	0.334 095	0.201 202 1	2009	10	01	55 105	0.265 645	0.331 312	0.200 106 6
2009	10	02	55 106	0.265 000	0.328 337	0.198 898 2	2009	10	03	55 107	0.264 673	0.325 574	0.197 596 8
2009	10	04	55 108	0.264 204	0.322 932	0.196 254 7	2009	10	05	55 109	0.263 705	0.320 289	0.195 004 4
2009	10	06	55 110	0.263 098	0.317 818	0.193 911 0	2009	10	07	55 111	0.262 362	0.315 482	0.192 975 1
2009	10	08	55 112	0.261 888	0.313 337	0.192 218 2	2009	10	09	55 113	0.261 986	0.310 889	0.191 588 1
2009	10	10	55 114	0.261 793	0.308 471	0.190 977 8	2009	10	11	55 115	0.261 131	0.305 901	0.190 366 5
2009	10	12	55 116	0.260 149	0.303 593	0.189 674 3	2009	10	13	55 117	0.258 870	0.301 360	0.188 740 1
2009	10	14	55 118	0.257 103	0.299 122	0.187 544 8	2009	10	15	55 119	0.254 889	0.296 180	0.186 156 0
2009	10	16	55 120	0.253 459	0.293 014	0.184 679 4	2009	10	17	55 121	0.252 719	0.290 456	0.183 201 3
2009	10	18	55 122	0.251 867	0.287 899	0.181 882 1	2009	10	19	55 123	0.250 970	0.285 474	0.180 776 5
2009	10	20	55 124	0.249 989	0.283 378	0.179 891 5	2009	10	21	55 125	0.249 087	0.281 484	0.179 185 6
2009	10	22	55 126	0.247 993	0.279 272	0.178 586 1	2009	10	23	55 127	0.247 300	0.276 618	0.178 032 1
2009	10	24	55 128	0.246 085	0.273 872	0.177 489 1	2009	10	25	55 129	0.244 765	0.270 977	0.176 933 6
2009	10	26	55 130	0.243 942	0.268 748	0.176 220 9	2009	10	27	55 131	0.243 015	0.266 564	0.175 328 6
2009	10	28	55 132	0.241 834	0.264 237	0.174 294 2	2009	10	29	55 133	0.240 739	0.262 142	0.173 126 9
2009	10	30	55 134	0.239 462	0.259 751	0.171 863 1	2009	10	31	55 135	0.237 669	0.257 566	0.170 564 3
2009	11	01	55 136	0.235 587	0.255 610	0.169 312 7	2009	11	02	55 137	0.234 448	0.253 323	0.168 179 3
2009	11	03	55 138	0.234 348	0.251 564	0.167 213 9	2009	11	04	55 139	0.234 012	0.250 071	0.166 377 7
2009	11	05	55 140	0.233 401	0.248 273	0.165 677 2	2009	11	06	55 141	0.232 055	0.246 261	0.165 026 8
2009	11	07	55 142	0.229 766	0.243 720	0.164 365 1	2009	11	08	55 143	0.227 145	0.241 047	0.163 603 2
2009	11	09	55 144	0.224 930	0.238 583	0.162 727 1	2009	11	10	55 145	0.222 863	0.236 357	0.161 683 0
2009	11	11	55 146	0.220 624	0.234 314	0.160 471 5	2009	11	12	55 147	0.218 085	0.232 202	0.159 163 9
2009	11	13	55 148	0.215 687	0.230 182	0.157 825 5	2009	11	14	55 149	0.212 923	0.228 293	0.156 647 7
2009	11	15	55 150	0.209 674	0.226 602	0.155 697 9	2009	11	16	55 151	0.206 205	0.225 091	0.154 955 9
2009	11	17	55 152	0.203 146	0.223 697	0.154 399 8	2009	11	18	55 153	0.200 502	0.222 322	0.153 949 6

续　表

年	月	日	儒略日	$x_p/('')$	$y_p/('')$	$\Delta UT1/s$	年	月	日	儒略日	$x_p/('')$	$y_p/('')$	$\Delta UT1/s$
2009	11	19	55 154	0.198 006	0.220 883	0.153 597 2	2009	11	20	55 155	0.195 683	0.219 370	0.153 235 4
2009	11	21	55 156	0.193 537	0.218 019	0.152 784 2	2009	11	22	55 157	0.191 431	0.216 733	0.152 154 2
2009	11	23	55 158	0.189 659	0.215 260	0.151 322 6	2009	11	24	55 159	0.187 811	0.213 911	0.150 308 5
2009	11	25	55 160	0.185 857	0.212 772	0.149 169 1	2009	11	26	55 161	0.183 609	0.212 388	0.147 894 8
2009	11	27	55 162	0.180 914	0.211 921	0.146 545 2	2009	11	28	55 163	0.177 998	0.211 007	0.145 196 0
2009	11	29	55 164	0.174 948	0.210 046	0.143 938 0	2009	11	30	55 165	0.172 178	0.209 447	0.142 848 5
2009	12	01	55 166	0.168 825	0.208 746	0.141 950 7	2009	12	02	55 167	0.165 133	0.207 659	0.141 219 4
2009	12	03	55 168	0.161 724	0.206 190	0.140 601 6	2009	12	04	55 169	0.158 901	0.204 712	0.139 958 4
2009	12	05	55 170	0.156 571	0.203 238	0.139 185 2	2009	12	06	55 171	0.154 436	0.202 071	0.138 241 3
2009	12	07	55 172	0.152 200	0.201 213	0.137 117 6	2009	12	08	55 173	0.149 659	0.200 516	0.135 829 3
2009	12	09	55 174	0.147 221	0.199 624	0.134 432 4	2009	12	10	55 175	0.145 087	0.198 535	0.133 051 4
2009	12	11	55 176	0.142 570	0.197 641	0.131 785 6	2009	12	12	55 177	0.140 283	0.196 693	0.130 738 5
2009	12	13	55 178	0.138 336	0.196 109	0.129 890 6	2009	12	14	55 179	0.136 221	0.195 907	0.129 189 6
2009	12	15	55 180	0.133 249	0.195 621	0.128 602 2	2009	12	16	55 181	0.130 467	0.195 125	0.128 041 3
2009	12	17	55 182	0.127 788	0.194 628	0.127 440 4	2009	12	18	55 183	0.125 343	0.193 947	0.126 778 9
2009	12	19	55 184	0.123 368	0.193 607	0.126 023 2	2009	12	20	55 185	0.121 746	0.193 599	0.125 114 3
2009	12	21	55 186	0.120 035	0.193 569	0.124 044 5	2009	12	22	55 187	0.118 132	0.193 217	0.122 845 6
2009	12	23	55 188	0.115 995	0.192 921	0.121 538 2	2009	12	24	55 189	0.113 839	0.192 466	0.120 228 6
2009	12	25	55 190	0.112 035	0.192 027	0.118 963 7	2009	12	26	55 191	0.110 406	0.191 808	0.117 795 6
2009	12	27	55 192	0.108 636	0.191 754	0.116 768 6	2009	12	28	55 193	0.106 812	0.191 804	0.115 932 5
2009	12	29	55 194	0.104 815	0.191 849	0.115 299 1	2009	12	30	55 195	0.102 800	0.191 953	0.114 871 5
2009	12	31	55 196	0.100 694	0.192 256	0.114 488 9	2010	01	01	55 197	0.098 695	0.192 853	0.114 033 0
2010	01	02	55 198	0.096 604	0.193 232	0.113 420 3	2010	01	03	55 199	0.094 676	0.193 107	0.112 508 7
2010	01	04	55 200	0.092 786	0.193 416	0.111 332 9	2010	01	05	55 201	0.090 576	0.193 734	0.110 006 4
2010	01	06	55 202	0.087 665	0.194 098	0.108 615 8	2010	01	07	55 203	0.084 302	0.194 269	0.107 328 0
2010	01	08	55 204	0.081 206	0.194 426	0.106 255 3	2010	01	09	55 205	0.077 933	0.194 511	0.105 395 9
2010	01	10	55 206	0.074 185	0.194 387	0.104 796 5	2010	01	11	55 207	0.070 451	0.194 278	0.104 405 7
2010	01	12	55 208	0.067 550	0.194 324	0.104 131 9	2010	01	13	55 209	0.064 903	0.194 517	0.103 882 5
2010	01	14	55 210	0.062 148	0.194 893	0.103 616 0	2010	01	15	55 211	0.059 184	0.195 238	0.103 317 9
2010	01	16	55 212	0.055 824	0.195 599	0.102 850 7	2010	01	17	55 213	0.052 402	0.195 750	0.102 191 6
2010	01	18	55 214	0.048 865	0.195 960	0.101 356 8	2010	01	19	55 215	0.044 993	0.196 133	0.100 424 3
2010	01	20	55 216	0.040 975	0.196 420	0.099 423 3	2010	01	21	55 217	0.036 965	0.196 820	0.098 392 6
2010	01	22	55 218	0.033 475	0.197 121	0.097 382 6	2010	01	23	55 219	0.030 544	0.197 134	0.096 403 8
2010	01	24	55 220	0.028 109	0.197 335	0.095 495 7	2010	01	25	55 221	0.025 536	0.197 977	0.094 736 1
2010	01	26	55 222	0.022 960	0.198 520	0.094 095 5	2010	01	27	55 223	0.020 546	0.199 214	0.093 543 4
2010	01	28	55 224	0.018 828	0.200 275	0.092 925 0	2010	01	29	55 225	0.017 856	0.201 814	0.092 106 3
2010	01	30	55 226	0.016 469	0.204 049	0.091 010 1	2010	01	31	55 227	0.014 153	0.206 378	0.089 589 5
2010	02	01	55 228	0.011 543	0.208 043	0.087 853 5	2010	02	02	55 229	0.008 709	0.209 258	0.085 978 1
2010	02	03	55 230	0.005 991	0.210 335	0.084 111 8	2010	02	04	55 231	0.003 249	0.211 885	0.082 340 2

续 表

年	月	日	儒略日	$x_p/('')$	$y_p/('')$	$\Delta UT1/s$	年	月	日	儒略日	$x_p/('')$	$y_p/('')$	$\Delta UT1/s$
2010	02	05	55 232	0.000 818	0.212 814	0.080 984 6	2010	02	06	55 233	−0.001 112	0.213 375	0.079 843 1
2010	02	07	55 234	−0.002 886	0.214 073	0.078 904 4	2010	02	08	55 235	−0.004 840	0.214 986	0.078 173 8
2010	02	09	55 236	−0.006 457	0.216 197	0.077 546 5	2010	02	10	55 237	−0.008 240	0.217 817	0.077 001 5
2010	02	11	55 238	−0.010 699	0.219 448	0.076 395 9	2010	02	12	55 239	−0.013 651	0.221 000	0.075 657 7
2010	02	13	55 240	−0.015 975	0.222 534	0.074 752 6	2010	02	14	55 241	−0.017 871	0.224 372	0.073 682 3
2010	02	15	55 242	−0.019 579	0.226 266	0.072 426 1	2010	02	16	55 243	−0.021 226	0.228 566	0.071 034 6
2010	02	17	55 244	−0.022 594	0.230 866	0.069 576 2	2010	02	18	55 245	−0.023 477	0.232 950	0.068 059 1
2010	02	19	55 246	−0.024 193	0.235 189	0.066 579 2	2010	02	20	55 247	−0.025 101	0.237 302	0.065 197 8
2010	02	21	55 248	−0.026 369	0.239 204	0.063 957 3	2010	02	22	55 249	−0.027 577	0.240 849	0.062 851 7
2010	02	23	55 250	−0.028 379	0.242 535	0.061 827 3	2010	02	24	55 251	−0.029 184	0.244 473	0.060 837 6
2010	02	25	55 252	−0.030 442	0.246 623	0.059 747 2	2010	02	26	55 253	−0.031 549	0.248 672	0.058 452 1
2010	02	27	55 254	−0.032 519	0.251 034	0.056 889 0	2010	02	28	55 255	−0.034 025	0.253 426	0.055 025 8
2010	03	01	55 256	−0.035 067	0.255 573	0.052 980 2	2010	03	02	55 257	−0.035 898	0.257 681	0.050 926 0
2010	03	03	55 258	−0.036 923	0.259 831	0.049 018 7	2010	03	04	55 259	−0.038 289	0.261 873	0.047 368 0
2010	03	05	55 260	−0.039 103	0.263 895	0.046 021 3	2010	03	06	55 261	−0.039 911	0.265 980	0.044 908 4
2010	03	07	55 262	−0.041 276	0.267 733	0.044 008 1	2010	03	08	55 263	−0.042 960	0.269 473	0.043 212 0
2010	03	09	55 264	−0.044 865	0.270 984	0.042 438 2	2010	03	10	55 265	−0.046 217	0.272 436	0.041 511 7
2010	03	11	55 266	−0.047 130	0.273 920	0.040 517 9	2010	03	12	55 267	−0.048 042	0.275 671	0.039 571 0
2010	03	13	55 268	−0.048 717	0.277 615	0.038 483 1	2010	03	14	55 269	−0.049 654	0.280 085	0.037 366 5
2010	03	15	55 270	−0.050 847	0.282 755	0.036 212 4	2010	03	16	55 271	−0.051 892	0.285 445	0.035 033 6
2010	03	17	55 272	−0.052 583	0.287 740	0.033 768 2	2010	03	18	55 273	−0.053 229	0.289 689	0.032 561 1
2010	03	19	55 274	−0.053 959	0.291 129	0.031 487 9	2010	03	20	55 275	−0.054 441	0.292 448	0.030 608 2
2010	03	21	55 276	−0.054 525	0.294 069	0.029 889 5	2010	03	22	55 277	−0.054 464	0.296 033	0.029 271 6
2010	03	23	55 278	−0.054 658	0.298 235	0.028 671 7	2010	03	24	55 279	−0.055 165	0.300 796	0.028 048 8
2010	03	25	55 280	−0.056 019	0.303 630	0.027 237 8	2010	03	26	55 281	−0.057 042	0.306 201	0.026 128 0
2010	03	27	55 282	−0.057 657	0.308 245	0.024 678 1	2010	03	28	55 283	−0.058 257	0.310 476	0.022 943 8
2010	03	29	55 284	−0.058 869	0.312 672	0.021 000 7	2010	03	30	55 285	−0.059 911	0.314 898	0.019 043 2
2010	03	31	55 286	−0.060 817	0.316 812	0.017 274 7	2010	04	01	55 287	−0.061 112	0.319 193	0.015 757 0
2010	04	02	55 288	−0.061 578	0.321 989	0.014 564 3	2010	04	03	55 289	−0.062 084	0.324 630	0.013 622 2
2010	04	04	55 290	−0.062 902	0.327 306	0.012 838 6	2010	04	05	55 291	−0.064 155	0.329 523	0.012 036 3
2010	04	06	55 292	−0.065 869	0.331 312	0.011 178 5	2010	04	07	55 293	−0.067 169	0.332 862	0.010 230 4
2010	04	08	55 294	−0.067 861	0.334 856	0.009 133 8	2010	04	09	55 295	−0.068 236	0.337 157	0.007 877 2
2010	04	10	55 296	−0.068 489	0.339 617	0.006 502 2	2010	04	11	55 297	−0.068 321	0.342 212	0.005 050 0
2010	04	12	55 298	−0.068 100	0.345 076	0.003 518 2	2010	04	13	55 299	−0.068 098	0.348 000	0.001 954 8
2010	04	14	55 300	−0.068 434	0.350 761	0.000 387 5	2010	04	15	55 301	−0.068 905	0.353 118	−0.001 102 4
2010	04	16	55 302	−0.068 898	0.355 249	−0.002 462 5	2010	04	17	55 303	−0.069 040	0.357 459	−0.003 677 6
2010	04	18	55 304	−0.069 241	0.359 669	−0.004 771 0	2010	04	19	55 305	−0.069 011	0.362 003	−0.005 795 7
2010	04	20	55 306	−0.068 827	0.364 624	−0.006 850 1	2010	04	21	55 307	−0.068 888	0.366 961	−0.008 024 2
2010	04	22	55 308	−0.069 347	0.369 356	−0.009 393 0	2010	04	23	55 309	−0.069 994	0.371 843	−0.010 974 1

续 表

年	月	日	儒略日	$x_p/('')$	$y_p/('')$	$\Delta UT1/s$	年	月	日	儒略日	$x_p/('')$	$y_p/('')$	$\Delta UT1/s$
2010	04	24	55 310	−0.070 343	0.374 067	−0.012 747 4	2010	04	25	55 311	−0.070 748	0.376 327	−0.014 627 3
2010	04	26	55 312	−0.071 127	0.378 538	−0.016 535 0	2010	04	27	55 313	−0.070 811	0.380 923	−0.018 320 5
2010	04	28	55 314	−0.070 783	0.383 514	−0.019 938 8	2010	04	29	55 315	−0.071 096	0.385 501	−0.021 283 4
2010	04	30	55 316	−0.071 151	0.387 503	−0.022 346 8	2010	05	01	55 317	−0.070 889	0.389 509	−0.023 157 1
2010	05	02	55 318	−0.070 352	0.391 382	−0.023 818 5	2010	05	03	55 319	−0.069 619	0.393 385	−0.024 369 7
2010	05	04	55 320	−0.068 441	0.395 353	−0.024 908 7	2010	05	05	55 321	−0.066 768	0.397 344	−0.025 472 3
2010	05	06	55 322	−0.064 988	0.399 772	−0.026 098 5	2010	05	07	55 323	−0.062 980	0.402 354	−0.026 833 6
2010	05	08	55 324	−0.060 470	0.405 199	−0.027 722 7	2010	05	09	55 325	−0.058 870	0.408 089	−0.028 755 8
2010	05	10	55 326	−0.057 838	0.410 657	−0.029 934 4	2010	05	11	55 327	−0.056 625	0.413 079	−0.031 151 2
2010	05	12	55 328	−0.055 577	0.415 356	−0.032 295 6	2010	05	13	55 329	−0.054 505	0.417 503	−0.033 339 4
2010	05	14	55 330	−0.053 390	0.419 467	−0.034 266 4	2010	05	15	55 331	−0.051 930	0.421 518	−0.034 985 6
2010	05	16	55 332	−0.050 600	0.423 440	−0.035 650 8	2010	05	17	55 333	−0.049 145	0.425 006	−0.036 348 0
2010	05	18	55 334	−0.047 476	0.426 278	−0.037 163 1	2010	05	19	55 335	−0.045 434	0.427 724	−0.038 216 3
2010	05	20	55 336	−0.043 512	0.429 567	−0.039 504 0	2010	05	21	55 337	−0.041 575	0.431 436	−0.041 018 7
2010	05	22	55 338	−0.039 468	0.433 377	−0.042 692 2	2010	05	23	55 339	−0.037 516	0.435 488	−0.044 392 5
2010	05	24	55 340	−0.035 658	0.437 537	−0.045 921 7	2010	05	25	55 341	−0.034 013	0.439 605	−0.047 219 5
2010	05	26	55 342	−0.032 545	0.441 688	−0.048 266 9	2010	05	27	55 343	−0.031 455	0.443 778	−0.049 137 1
2010	05	28	55 344	−0.030 491	0.445 400	−0.049 814 0	2010	05	29	55 345	−0.029 014	0.446 661	−0.050 348 6
2010	05	30	55 346	−0.027 402	0.448 075	−0.050 757 5	2010	05	31	55 347	−0.025 966	0.450 033	−0.051 131 0
2010	06	01	55 348	−0.024 145	0.451 898	−0.051 601 2	2010	06	02	55 349	−0.022 396	0.453 634	−0.052 171 2
2010	06	03	55 350	−0.020 867	0.454 992	−0.052 835 5	2010	06	04	55 351	−0.019 408	0.456 439	−0.053 571 0
2010	06	05	55 352	−0.017 434	0.457 752	−0.054 319 4	2010	06	06	55 353	−0.014 600	0.459 267	−0.055 044 4
2010	06	07	55 354	−0.011 955	0.461 092	−0.055 687 8	2010	06	08	55355	−0.009 581	0.462 649	−0.056 222 9
2010	06	09	55 356	−0.006 625	0.464 221	−0.056 658 5	2010	06	10	55 357	−0.003 769	0.466 070	−0.056 960 2
2010	06	11	55 358	−0.001 222	0.467 682	−0.057 168 1	2010	06	12	55 359	0.001 632	0.469 277	−0.057 252 0
2010	06	13	55 360	0.004 931	0.470 844	−0.057 309 3	2010	06	14	55 361	0.007 785	0.472 344	−0.057 393 4
2010	06	15	55 362	0.010 248	0.473 411	−0.057 600 2	2010	06	16	55 363	0.012 860	0.474 390	−0.057 965 8
2010	06	17	55 364	0.015 881	0.475 366	−0.058 491 4	2010	06	18	55 365	0.019 171	0.476 434	−0.059 107 8
2010	06	19	55 366	0.022 355	0.477 589	−0.059 748 7	2010	06	20	55 367	0.024 862	0.478 547	−0.060 211 6
2010	06	21	55 368	0.027 534	0.478 811	−0.060 437 0	2010	06	22	55 369	0.030 546	0.478 909	−0.060 412 0
2010	06	23	55 370	0.034 027	0.478 810	−0.060 157 3	2010	06	24	55 371	0.037 845	0.479 052	−0.059 706 3
2010	06	25	55 372	0.041 363	0.479 675	−0.059 131 4	2010	06	26	55 373	0.044 202	0.480 396	−0.058 511 8
2010	06	27	55 374	0.047 112	0.481 227	−0.057 937 1	2010	06	28	55 375	0.050 132	0.481 943	−0.057 462 5
2010	06	29	55 376	0.053 502	0.482 481	−0.057 116 0	2010	06	30	55 377	0.056 917	0.482 884	−0.056 919 4
2010	07	01	55 378	0.060 810	0.483 121	−0.056 833 2	2010	07	02	55 379	0.064 626	0.483 582	−0.056 826 6
2010	07	03	55 380	0.067 976	0.483 884	−0.056 883 2	2010	07	04	55 381	0.070 986	0.484 031	−0.056 913 1
2010	07	05	55 382	0.074 367	0.484 068	−0.056 875 3	2010	07	06	55 383	0.077 826	0.484 044	−0.056 683 8
2010	07	07	55 384	0.080 999	0.484 349	−0.056 329 5	2010	07	08	55 385	0.083 778	0.484 272	−0.055 839 6
2010	07	09	55 386	0.086 306	0.484 011	−0.055 234 5	2010	07	10	55 387	0.088 541	0.483 899	−0.054 606 5

续 表

年	月	日	儒略日	x_p/(″)	y_p/(″)	ΔUT1/s	年	月	日	儒略日	x_p/(″)	y_p/(″)	ΔUT1/s
2010	07	11	55 388	0.090 780	0.483 796	−0.054 063 3	2010	07	12	55 389	0.093 097	0.483 718	−0.053 658 8
2010	07	13	55 390	0.095 416	0.483 728	−0.053 482 1	2010	07	14	55 391	0.098 109	0.483 750	−0.053 545 2
2010	07	15	55 392	0.100 401	0.483 838	−0.053 793 1	2010	07	16	55 393	0.102 279	0.483 413	−0.054 077 9
2010	07	17	55 394	0.104 112	0.482 891	−0.054 407 3	2010	07	18	55 395	0.106 421	0.481 735	−0.054 588 2
2010	07	19	55 396	0.109 402	0.480 563	−0.054 607 0	2010	07	20	55 397	0.112 152	0.479 416	−0.054 425 6
2010	07	21	55 398	0.114 580	0.478 594	−0.054 009 2	2010	07	22	55 399	0.117 015	0.477 854	−0.053 352 8
2010	07	23	55 400	0.119 505	0.477 162	−0.052 604 4	2010	07	24	55 401	0.121 712	0.476 392	−0.051 874 7
2010	07	25	55 402	0.123 699	0.474 996	−0.051 164 2	2010	07	26	55 403	0.126 179	0.473 547	−0.050 602 0
2010	07	27	55 404	0.128 850	0.472 249	−0.050 201 1	2010	07	28	55 405	0.131 256	0.471 261	−0.049 964 4
2010	07	29	55 406	0.133 367	0.470 462	−0.049 836 8	2010	07	30	55 407	0.135 254	0.469 502	−0.049 768 8
2010	07	31	55 408	0.137 226	0.467 986	−0.049 657 8	2010	08	01	55 409	0.139 425	0.466 663	−0.049 496 3
2010	08	02	55 410	0.141 578	0.465 484	−0.049 269 4	2010	08	03	55 411	0.143 833	0.464 537	−0.048 952 9
2010	08	04	55 412	0.145 887	0.463 659	−0.048 574 4	2010	08	05	55 413	0.147 707	0.462 578	−0.048 127 5
2010	08	06	55 414	0.149 451	0.461 308	−0.047 675 6	2010	08	07	55 415	0.151 576	0.459 965	−0.047 270 4
2010	08	08	55 416	0.153 888	0.458 896	−0.047 021 6	2010	08	09	55 417	0.156 099	0.457 815	−0.047 031 6
2010	08	10	55 418	0.158 406	0.456 708	−0.047 347 6	2010	08	11	55 419	0.161 054	0.455 365	−0.047 958 8
2010	08	12	55 420	0.164 080	0.454 296	−0.048 726 1	2010	08	13	55 421	0.166 586	0.452 974	−0.049 439 4
2010	08	14	55 422	0.168 932	0.451 457	−0.050 072 4	2010	08	15	55 423	0.171 277	0.449 593	−0.050 486 5
2010	08	16	55 424	0.174 463	0.447 951	−0.050 628 9	2010	08	17	55 425	0.177 699	0.447 037	−0.050 532 9
2010	08	18	55 426	0.180 229	0.446 014	−0.050 236 0	2010	08	19	55 427	0.182 479	0.444 890	−0.049 851 9
2010	08	20	55 428	0.184 445	0.443 119	−0.049 471 2	2010	08	21	55 429	0.186 656	0.441 252	−0.049 131 8
2010	08	22	55 430	0.189 059	0.439 196	−0.048 934 0	2010	08	23	55 431	0.191 992	0.437 190	−0.048 908 3
2010	08	24	55 432	0.194 864	0.435 748	−0.049 034 0	2010	08	25	55 433	0.197 366	0.434 523	−0.049 288 7
2010	08	26	55 434	0.199 402	0.433 293	−0.049 630 4	2010	08	27	55 435	0.201 141	0.431 739	−0.050 008 0
2010	08	28	55 436	0.202 368	0.429 940	−0.050 328 4	2010	08	29	55 437	0.203 337	0.428 392	−0.050 596 6
2010	08	30	55 438	0.204 352	0.427 105	−0.050 804 2	2010	08	31	55 439	0.205 638	0.425 705	−0.050 910 7
2010	09	01	55 440	0.206 919	0.424 624	−0.050 903 8	2010	09	02	55 441	0.207 575	0.423 109	−0.050 824 1
2010	09	03	55 442	0.208 700	0.421 266	−0.050 739 9	2010	09	04	55 443	0.210 002	0.419 352	−0.050 709 7
2010	09	05	55 444	0.211 518	0.417 752	−0.050 855 5	2010	09	06	55 445	0.212 677	0.416 266	−0.051 257 6
2010	09	07	55 446	0.214 091	0.414 439	−0.051 940 7	2010	09	08	55 447	0.215 749	0.412 655	−0.052 859 3
2010	09	09	55 448	0.217 134	0.410 857	−0.053 936 2	2010	09	10	55 449	0.218 691	0.408 761	−0.054 967 1
2010	09	11	55 450	0.220 329	0.406 584	−0.055 759 2	2010	09	12	55 451	0.221 801	0.404 395	−0.056 303 4
2010	09	13	55 452	0.222 791	0.402 247	−0.056 548 4	2010	09	14	55 453	0.223 636	0.399 846	−0.056 555 9
2010	09	15	55 454	0.224 828	0.396 984	−0.056 433 1	2010	09	16	55 455	0.226 559	0.394 674	−0.056 285 7
2010	09	17	55 456	0.228 017	0.392 853	−0.056 182 0	2010	09	18	55 457	0.229 302	0.391 083	−0.056 176 5
2010	09	19	55 458	0.230 654	0.389 452	−0.056 312 9	2010	09	20	55 459	0.231 450	0.387 975	−0.056 557 3
2010	09	21	55 460	0.232 062	0.386 045	−0.056 904 3	2010	09	22	55 461	0.232 323	0.383 907	−0.057 302 9
2010	09	23	55 462	0.233 112	0.381 778	−0.057 782 4	2010	09	24	55 463	0.234 312	0.380 122	−0.058 272 7
2010	09	25	55 464	0.234 823	0.378 507	−0.058 733 1	2010	09	26	55 465	0.235 263	0.376 735	−0.059 158 4

续 表

年	月	日	儒略日	x_p/($''$)	y_p/($''$)	ΔUT1/s	年	月	日	儒略日	x_p/($''$)	y_p/($''$)	ΔUT1/s
2010	09	27	55 466	0.235 266	0.374 902	−0.059 467 8	2010	09	28	55 467	0.235 347	0.372 741	−0.059 669 7
2010	09	29	55 468	0.235 143	0.370 387	−0.059 778 2	2010	09	30	55 469	0.234 770	0.368 065	−0.059 887 6
2010	10	01	55 470	0.234 206	0.365 784	−0.060 099 9	2010	10	02	55 471	0.234 008	0.363 473	−0.060 451 1
2010	10	03	55 472	0.233 983	0.360 948	−0.061 106 5	2010	10	04	55 473	0.233 968	0.358 523	−0.062 135 3
2010	10	05	55 474	0.234 187	0.356 204	−0.063 490 1	2010	10	06	55 475	0.234 848	0.353 787	−0.065 100 7
2010	10	07	55 476	0.235 042	0.351 597	−0.066 796 7	2010	10	08	55 477	0.234 905	0.349 100	−0.068 424 5
2010	10	09	55 478	0.234 465	0.346 542	−0.069 851 3	2010	10	10	55 479	0.234 147	0.344 121	−0.071 053 6
2010	10	11	55 480	0.233 924	0.341 941	−0.072 011 2	2010	10	12	55 481	0.233 758	0.339 405	−0.072 832 9
2010	10	13	55 482	0.233 849	0.337 180	−0.073 610 4	2010	10	14	55 483	0.234 146	0.335 496	−0.074 376 1
2010	10	15	55 484	0.234 363	0.333 927	−0.075 214 2	2010	10	16	55 485	0.234 103	0.332 492	−0.076 110 2
2010	10	17	55 486	0.233 525	0.330 797	−0.077 105 7	2010	10	18	55 487	0.233 222	0.328 919	−0.078 198 2
2010	10	19	55 488	0.232 914	0.326 948	−0.079 353 7	2010	10	20	55 489	0.232 445	0.325 003	−0.080 617 8
2010	10	21	55 490	0.231 861	0.323 025	−0.081 858 2	2010	10	22	55 491	0.231 333	0.320 619	−0.082 950 6
2010	10	23	55 492	0.230 646	0.318 324	−0.083 939 6	2010	10	24	55 493	0.230 121	0.316 431	−0.084 795 2
2010	10	25	55 494	0.229 024	0.314 946	−0.085 512 7	2010	10	26	55 495	0.227 437	0.312 977	−0.086 120 1
2010	10	27	55 496	0.226 259	0.310 680	−0.086 638 7	2010	10	28	55 497	0.225 378	0.308 305	−0.087 173 7
2010	10	29	55 498	0.224 622	0.305 988	−0.087 824 4	2010	10	30	55 499	0.224 126	0.303 539	−0.088 660 5
2010	10	31	55 500	0.223 354	0.301 632	−0.089 749 6	2010	11	01	55 501	0.222 529	0.299 570	−0.091 124 8
2010	11	02	55 502	0.221 458	0.297 248	−0.092 732 9	2010	11	03	55 503	0.220 874	0.294 257	−0.094 453 7
2010	11	04	55 504	0.220 587	0.291 814	−0.096 161 5	2010	11	05	55 505	0.220 418	0.289 494	−0.097 717 3
2010	11	06	55 506	0.220 287	0.287 268	−0.099 092 3	2010	11	07	55 507	0.219 517	0.285 400	−0.100 173 7
2010	11	08	55 508	0.217 646	0.283 043	−0.100 989 3	2010	11	09	55 509	0.216 167	0.280 636	−0.101 668 4
2010	11	10	55 510	0.214 940	0.278 714	−0.102 245 4	2010	11	11	55 511	0.213 761	0.276 854	−0.102 845 3
2010	11	12	55 512	0.212 691	0.275 041	−0.103 531 3	2010	11	13	55 513	0.211 945	0.273 506	−0.104 366 4
2010	11	14	55 514	0.210 984	0.272 302	−0.105 353 6	2010	11	15	55 515	0.209 958	0.270 695	−0.106 450 0
2010	11	16	55 516	0.208 823	0.268 637	−0.107 598 1	2010	11	17	55 517	0.207 907	0.266 088	−0.108 763 4
2010	11	18	55 518	0.207 105	0.263 486	−0.109 876 4	2010	11	19	55 519	0.206 379	0.260 891	−0.110 891 0
2010	11	20	55 520	0.205 526	0.258 292	−0.111 742 0	2010	11	21	55 521	0.205 090	0.256 079	−0.112 428 4
2010	11	22	55 522	0.204 853	0.254 145	−0.112 985 2	2010	11	23	55 523	0.204 288	0.252 302	−0.113 463 5
2010	11	24	55 524	0.202 870	0.250 666	−0.113 949 9	2010	11	25	55 525	0.201 220	0.248 748	−0.114 514 8
2010	11	26	55 526	0.199 921	0.246 924	−0.115 232 1	2010	11	27	55 527	0.198 784	0.245 550	−0.116 151 5
2010	11	28	55 528	0.197 267	0.244 398	−0.117 330 5	2010	11	29	55 529	0.195 818	0.242 781	−0.118 665 6
2010	11	30	55 530	0.194 729	0.241 042	−0.120 061 9	2010	12	01	55 531	0.193 551	0.239 662	−0.121 450 8
2010	12	02	55 532	0.192 122	0.238 421	−0.122 695 7	2010	12	03	55 533	0.191 051	0.236 888	−0.123 667 9
2010	12	04	55 534	0.190 090	0.235 407	−0.124 406 7	2010	12	05	55 535	0.188 372	0.234 016	−0.124 951 5
2010	12	06	55 536	0.186 403	0.232 395	−0.125 387 8	2010	12	07	55 537	0.184 857	0.230 824	−0.125 785 5
2010	12	08	55 538	0.183 787	0.229 456	−0.126 242 7	2010	12	09	55 539	0.183 114	0.228 396	−0.126 805 7
2010	12	10	55 540	0.181 894	0.227 732	−0.127 467 3	2010	12	11	55 541	0.179 959	0.226 774	−0.128 185 8
2010	12	12	55 542	0.177 839	0.225 763	−0.128 915 2	2010	12	13	55 543	0.175 228	0.225 170	−0.129 641 5

续 表

年	月	日	儒略日	$x_p/('')$	$y_p/('')$	$\Delta UT1/s$	年	月	日	儒略日	$x_p/('')$	$y_p/('')$	$\Delta UT1/s$
2010	12	14	55 544	0.171 865	0.224 034	−0.130 346 3	2010	12	15	55 545	0.168 293	0.222 431	−0.130 991 2
2010	12	16	55 546	0.165 854	0.220 751	−0.131 552 4	2010	12	17	55 547	0.164 837	0.219 684	−0.132 036 8
2010	12	18	55 548	0.164 170	0.218 808	−0.132 417 6	2010	12	19	55 549	0.163 287	0.217 770	−0.132 689 7
2010	12	20	55 550	0.161 480	0.216 698	−0.132 819 5	2010	12	21	55 551	0.159 235	0.215 500	−0.132 902 2
2010	12	22	55 552	0.157 000	0.214 400	−0.133 083 8	2010	12	23	55 553	0.154 803	0.213 210	−0.133 430 6
2010	12	24	55 554	0.153 098	0.212 273	−0.133 984 0	2010	12	25	55 555	0.151 504	0.211 571	−0.134 765 9
2010	12	26	55 556	0.149 624	0.210 657	−0.135 736 5	2010	12	27	55 557	0.147 412	0.209 379	−0.136 842 7
2010	12	28	55 558	0.144 647	0.207 774	−0.137 951 4	2010	12	29	55 559	0.141 028	0.206 536	−0.138 904 0
2010	12	30	55 560	0.137 269	0.205 248	−0.139 653 8	2010	12	31	55 561	0.134 028	0.204 139	−0.140 204 0
2011	01	01	55 562	0.130 959	0.203 165	−0.140 561 9	2011	01	02	55 563	0.127 715	0.202 326	−0.140 787 0
2011	01	03	55 564	0.124 413	0.201 437	−0.140 951 0	2011	01	04	55 565	0.121 377	0.200 654	−0.141 126 4
2011	01	05	55 566	0.117 734	0.200 388	−0.141 340 7	2011	01	06	55 567	0.113 744	0.199 890	−0.141 652 1
2011	01	07	55 568	0.110 096	0.199 324	−0.142 069 2	2011	01	08	55 569	0.106 247	0.198 743	−0.142 573 2
2011	01	09	55 570	0.103 002	0.197 677	−0.143 134 0	2011	01	10	55 571	0.100 999	0.196 737	−0.143 733 1
2011	01	11	55 572	0.099 966	0.196 028	−0.144 330 9	2011	01	12	55 573	0.099 121	0.196 001	−0.144 933 1
2011	01	13	55 574	0.097 707	0.196 138	−0.145 478 3	2011	01	14	55 575	0.095 398	0.196 117	−0.145 954 5
2011	01	15	55 576	0.092 370	0.195 878	−0.146 328 0	2011	01	16	55 577	0.088 884	0.195 837	−0.146 647 9
2011	01	17	55 578	0.084 953	0.195 543	−0.146 909 1	2011	01	18	55 579	0.081 304	0.195 001	−0.147 174 6
2011	01	19	55 580	0.077 908	0.194 827	−0.147 556 5	2011	01	20	55 581	0.074 672	0.194 828	−0.148 061 5
2011	01	21	55 582	0.071 357	0.194 739	−0.148 789 6	2011	01	22	55 583	0.067 931	0.194 482	−0.149 718 4
2011	01	23	55 584	0.064 827	0.194 605	−0.150 830 0	2011	01	24	55 585	0.061 692	0.194 921	−0.152 008 1
2011	01	25	55 586	0.058 609	0.195 582	−0.153 095 8	2011	01	26	55 587	0.055 408	0.196 337	−0.154 012 2
2011	01	27	55 588	0.052 335	0.197 310	−0.154 714 8	2011	01	28	55 589	0.049 358	0.198 111	−0.155 221 1
2011	01	29	55 590	0.047 472	0.198 614	−0.155 576 6	2011	01	30	55 591	0.046 055	0.199 363	−0.155 874 6
2011	01	31	55 592	0.045 108	0.199 778	−0.156 188 8	2011	02	01	55 593	0.044 446	0.200 635	−0.156 574 1
2011	02	02	55 594	0.043 737	0.201 480	−0.157 058 5	2011	02	03	55 595	0.042 881	0.202 305	−0.157 706 8
2011	02	04	55 596	0.041 602	0.202 613	−0.158 427 4	2011	02	05	55 597	0.040 235	0.202 880	−0.159 213 9
2011	02	06	55 598	0.039 049	0.203 345	−0.159 999 0	2011	02	07	55 599	0.038 219	0.204 293	−0.160 757 5
2011	02	08	55 600	0.037 562	0.205 738	−0.161 463 5	2011	02	09	55 601	0.036 289	0.207 354	−0.162 086 9
2011	02	10	55 602	0.034 283	0.208 674	−0.162 618 8	2011	02	11	55 603	0.032 074	0.209 600	−0.163 084 2
2011	02	12	55 604	0.030 655	0.210 516	−0.163 476 5	2011	02	13	55 605	0.029 416	0.211 613	−0.163 826 8
2011	02	14	55 606	0.027 752	0.212 398	−0.164 190 0	2011	02	15	55 607	0.026 118	0.213 089	−0.164 667 5
2011	02	16	55 608	0.024 923	0.214 428	−0.165 374 2	2011	02	17	55 609	0.023 469	0.216 313	−0.166 366 0
2011	02	18	55 610	0.021 796	0.217 912	−0.167 649 1	2011	02	19	55 611	0.020 058	0.218 973	−0.169 132 0
2011	02	20	55 612	0.018 543	0.220 071	−0.170 763 2	2011	02	21	55 613	0.016 808	0.220 756	−0.172 388 1
2011	02	22	55 614	0.015 200	0.221 295	−0.173 833 0	2011	02	23	55 615	0.013 824	0.221 991	−0.174 997 6
2011	02	24	55 616	0.012 317	0.222 942	−0.175 851 2	2011	02	25	55 617	0.010 225	0.223 995	−0.176 474 0
2011	02	26	55 618	0.007 649	0.224 742	−0.176 966 1	2011	02	27	55 619	0.004 921	0.225 662	−0.177 397 2
2011	02	28	55 620	0.002 538	0.226 931	−0.177 873 0	2011	03	01	55 621	0.000 784	0.228 256	−0.178 459 0

续 表

年	月	日	儒略日	$x_p/('')$	$y_p/('')$	$\Delta UT1/s$	年	月	日	儒略日	$x_p/('')$	$y_p/('')$	$\Delta UT1/s$
2011	03	02	55 622	−0.000 748	0.229 385	−0.179 205 6	2011	03	03	55 623	−0.001 851	0.230 499	−0.180 107 6
2011	03	04	55 624	−0.002 654	0.231 928	−0.181 163 9	2011	03	05	55 625	−0.003 043	0.233 484	−0.182 311 8
2011	03	06	55 626	−0.003 364	0.235 548	−0.183 519 9	2011	03	07	55 627	−0.004 451	0.237 570	−0.184 679 5
2011	03	08	55 628	−0.005 825	0.238 983	−0.185 753 4	2011	03	09	55 629	−0.006 991	0.240 511	−0.186 751 8
2011	03	10	55 630	−0.007 834	0.242 297	−0.187 639 5	2011	03	11	55 631	−0.008 872	0.244 268	−0.188 411 9
2011	03	12	55 632	−0.010 334	0.246 257	−0.189 068 0	2011	03	13	55 633	−0.011 741	0.248 056	−0.189 671 2
2011	03	14	55 634	−0.013 522	0.249 734	−0.190 302 2	2011	03	15	55 635	−0.015 266	0.250 625	−0.191 049 5
2011	03	16	55 636	−0.016 856	0.251 676	−0.192 001 2	2011	03	17	55 637	−0.018 366	0.253 061	−0.193 199 6
2011	03	18	55 638	−0.019 579	0.254 441	−0.194 640 9	2011	03	19	55 639	−0.020 644	0.255 977	−0.196 225 3
2011	03	20	55 640	−0.021 628	0.257 712	−0.197 840 7	2011	03	21	55 641	−0.022 752	0.259 790	−0.199 379 6
2011	03	22	55 642	−0.024 444	0.261 866	−0.200 729 6	2011	03	23	55 643	−0.025 805	0.263 506	−0.201 837 1
2011	03	24	55 644	−0.026 918	0.265 314	−0.202 754 1	2011	03	25	55 645	−0.027 203	0.267 054	−0.203 567 3
2011	03	26	55 646	−0.027 449	0.268 992	−0.204 322 0	2011	03	27	55 647	−0.028 407	0.270 804	−0.205 130 1
2011	03	28	55 648	−0.029 389	0.272 689	−0.206 208 6	2011	03	29	55 649	−0.030 328	0.274 343	−0.207 501 7
2011	03	30	55 650	−0.030 921	0.275 789	−0.208 837 8	2011	03	31	55 651	−0.031 677	0.277 491	−0.210 241 4
2011	04	01	55 652	−0.033 017	0.279 117	−0.211 708 3	2011	04	02	55 653	−0.034 732	0.280 664	−0.213 232 6
2011	04	03	55 654	−0.036 196	0.281 940	−0.214 714 6	2011	04	04	55 655	−0.037 434	0.283 587	−0.216 070 9
2011	04	05	55 656	−0.039 358	0.285 463	−0.217 282 8	2011	04	06	55 657	−0.041 465	0.286 987	−0.218 335 6
2011	04	07	55 658	−0.042 481	0.288 653	−0.219 228 3	2011	04	08	55 659	−0.042 997	0.290 905	−0.219 995 7
2011	04	09	55 660	−0.043 367	0.293 435	−0.220 752 8	2011	04	10	55 661	−0.043 303	0.295 747	−0.221 525 2
2011	04	11	55 662	−0.043 606	0.297 661	−0.222 348 5	2011	04	12	55 663	−0.043 919	0.299 556	−0.223 311 5
2011	04	13	55 664	−0.044 071	0.301 830	−0.224 434 5	2011	04	14	55 665	−0.044 192	0.304 163	−0.225 779 1
2011	04	15	55 666	−0.044 047	0.306 682	−0.227 298 1	2011	04	16	55 667	−0.043 834	0.309 388	−0.228 949 9
2011	04	17	55 668	−0.044 036	0.311 987	−0.230 606 7	2011	04	18	55 669	−0.044 266	0.314 399	−0.232 145 1
2011	04	19	55 670	−0.044 554	0.316 390	−0.233 461 0	2011	04	20	55 671	−0.044 658	0.318 431	−0.234 557 7
2011	04	21	55 672	−0.044 951	0.320 493	−0.235 427 4	2011	04	22	55 673	−0.045 061	0.322 255	−0.236 179 3
2011	04	23	55 674	−0.045 223	0.323 974	−0.236 921 0	2011	04	24	55 675	−0.045 872	0.325 841	−0.237 716 1
2011	04	25	55 676	−0.046 204	0.327 522	−0.238 578 7	2011	04	26	55 677	−0.046 033	0.329 198	−0.239 527 5
2011	04	27	55 678	−0.045 764	0.331 315	−0.240 560 2	2011	04	28	55 679	−0.045 322	0.333 610	−0.241 651 3
2011	04	29	55 680	−0.045 118	0.336 163	−0.242 772 1	2011	04	30	55 681	−0.044 729	0.338 550	−0.243 883 9
2011	05	01	55 682	−0.044 035	0.341 157	−0.244 950 8	2011	05	02	55 683	−0.043 214	0.344 088	−0.245 945 6
2011	05	03	55 684	−0.042 665	0.346 820	−0.246 853 9	2011	05	04	55 685	−0.042 415	0.349 165	−0.247 755 0
2011	05	05	55 686	−0.041 914	0.351 288	−0.248 605 2	2011	05	06	55 687	−0.041 626	0.353 512	−0.249 402 3
2011	05	07	55 688	−0.041 477	0.355 393	−0.250 226 9	2011	05	08	55 689	−0.041 738	0.357 403	−0.251 123 7
2011	05	09	55 690	−0.041 856	0.359 025	−0.252 131 3	2011	05	10	55 691	−0.041 271	0.360 768	−0.253 331 0
2011	05	11	55 692	−0.039 942	0.362 890	−0.254 755 0	2011	05	12	55 693	−0.038 511	0.365 453	−0.256 387 9
2011	05	13	55 694	−0.036 572	0.368 222	−0.258 161 1	2011	05	14	55 695	−0.034 708	0.371 242	−0.260 031 9
2011	05	15	55 696	−0.033 334	0.374 177	−0.261 833 3	2011	05	16	55 697	−0.032 579	0.376 489	−0.263 459 9
2011	05	17	55 698	−0.031 938	0.378 039	−0.264 844 5	2011	05	18	55 699	−0.031 316	0.380 013	−0.266 032 3

续 表

年	月	日	儒略日	x_p/(")	y_p/(")	ΔUT1/s	年	月	日	儒略日	x_p/(")	y_p/(")	ΔUT1/s
2011	05	19	55 700	−0.030 721	0.381 689	−0.267 023 1	2011	05	20	55 701	−0.029 879	0.383 300	−0.267 802 1
2011	05	21	55 702	−0.029 016	0.384 828	−0.268 589 6	2011	05	22	55 703	−0.028 123	0.386 241	−0.269 406 0
2011	05	23	55 704	−0.026 840	0.387 733	−0.270 233 1	2011	05	24	55 705	−0.025 487	0.389 221	−0.271 099 0
2011	05	25	55 706	−0.023 707	0.390 859	−0.271 997 9	2011	05	26	55 707	−0.021 970	0.393 124	−0.272 926 5
2011	05	27	55 708	−0.020 288	0.395 679	−0.273 906 2	2011	05	28	55 709	−0.019 013	0.397 426	−0.274 901 0
2011	05	29	55 710	−0.017 931	0.398 983	−0.275 797 7	2011	05	30	55 711	−0.017 330	0.400 737	−0.276 632 3
2011	05	31	55 712	−0.016 522	0.402 063	−0.277 323 5	2011	06	01	55 713	−0.015 324	0.403 275	−0.277 892 4
2011	06	02	55 714	−0.014 267	0.404 459	−0.278 405 2	2011	06	03	55 715	−0.013 135	0.405 701	−0.278 905 9
2011	06	04	55 716	−0.011 679	0.407 482	−0.279 412 5	2011	06	05	55 717	−0.009 893	0.409 353	−0.280 087 0
2011	06	06	55 718	−0.007 741	0.410 795	−0.280 904 5	2011	06	07	55 719	−0.005 640	0.412 293	−0.281 870 4
2011	06	08	55 720	−0.003 247	0.414 012	−0.282 955 8	2011	06	09	55 721	−0.001 012	0.415 720	−0.284 124 1
2011	06	10	55 722	0.001 708	0.416 882	−0.285 294 2	2011	06	11	55 723	0.004 998	0.418 218	−0.286 404 7
2011	06	12	55 724	0.008 069	0.419 855	−0.287 309 0	2011	06	13	55 725	0.010 668	0.421 166	−0.288 004 9
2011	06	14	55 726	0.013 211	0.422 235	−0.288 488 6	2011	06	15	55 727	0.015 196	0.422 966	−0.288 790 5
2011	06	16	55 728	0.017 066	0.423 543	−0.288 994 5	2011	06	17	55 729	0.018 898	0.424 431	−0.289 185 5
2011	06	18	55 730	0.020 820	0.425 416	−0.289 422 1	2011	06	19	55 731	0.022 775	0.426 473	−0.289 737 8
2011	06	20	55 732	0.024 993	0.427 077	−0.290 094 1	2011	06	21	55 733	0.027 121	0.427 768	−0.290 480 4
2011	06	22	55 734	0.029 112	0.428 453	−0.290 869 2	2011	06	23	55 735	0.031 092	0.429 287	−0.291 224 7
2011	06	24	55 736	0.032 762	0.430 196	−0.291 509 9	2011	06	25	55 737	0.033 619	0.430 838	−0.291 692 6
2011	06	26	55 738	0.034 598	0.431 514	−0.291 754 4	2011	06	27	55 739	0.036 571	0.432 215	−0.291 735 3
2011	06	28	55 740	0.038 492	0.433 112	−0.291 616 7	2011	06	29	55 741	0.040 160	0.433 810	−0.291 434 5
2011	06	30	55 742	0.042 120	0.434 694	−0.291 153 7	2011	07	01	55 743	0.043 694	0.435 593	−0.290 878 0
2011	07	02	55 744	0.045 224	0.436 417	−0.290 643 4	2011	07	03	55 745	0.046 621	0.437 146	−0.290 559 7
2011	07	04	55 746	0.048 193	0.437 878	−0.290 697 8	2011	07	05	55 747	0.050 369	0.438 983	−0.291 063 6
2011	07	06	55 748	0.052 419	0.440 200	−0.291 567 6	2011	07	07	55 749	0.055 104	0.440 811	−0.292 068 8
2011	07	08	55 750	0.057 647	0.441 385	−0.292 491 0	2011	07	09	55 751	0.059 871	0.441 740	−0.292 801 6
2011	07	10	55 752	0.062 155	0.442 144	−0.292 900 1	2011	07	11	55 753	0.064 413	0.442 987	−0.292 779 2
2011	07	12	55 754	0.065 812	0.443 892	−0.292 501 0	2011	07	13	55 755	0.067 122	0.444 416	−0.292 157 1
2011	07	14	55 756	0.068 743	0.444 817	−0.291 819 9	2011	07	15	55 757	0.070 584	0.445 141	−0.291 562 5
2011	07	16	55 758	0.072 264	0.445 594	−0.291 393 9	2011	07	17	55 759	0.074 418	0.446 357	−0.291 353 7
2011	07	18	55 760	0.076 529	0.447 250	−0.291 435 0	2011	07	19	55 761	0.078 637	0.447 654	−0.291 593 7
2011	07	20	55 762	0.081 093	0.447 905	−0.291 810 2	2011	07	21	55 763	0.083 766	0.448 199	−0.292 014 4
2011	07	22	55 764	0.086 614	0.448 685	−0.292 155 8	2011	07	23	55 765	0.089 071	0.449 477	−0.292 228 4
2011	07	24	55 766	0.091 010	0.449 831	−0.292 223 4	2011	07	25	55 767	0.093 183	0.449 763	−0.292 096 7
2011	07	26	55 768	0.094 917	0.449 701	−0.291 866 1	2011	07	27	55 769	0.096 202	0.448 804	−0.291 554 9
2011	07	28	55 770	0.097 817	0.447 335	−0.291 228 3	2011	07	29	55 771	0.099 905	0.446 290	−0.290 919 9
2011	07	30	55 772	0.101 608	0.445 878	−0.290 752 0	2011	07	31	55 773	0.103 086	0.445 805	−0.290 826 5
2011	08	01	55 774	0.104 809	0.445 717	−0.291 146 6	2011	08	02	55 775	0.106 924	0.445 038	−0.291 657 4
2011	08	03	55 776	0.109 275	0.444 478	−0.292 318 9	2011	08	04	55 777	0.111 727	0.443 837	−0.293 017 3

续 表

年	月	日	儒略日	$x_\text{p}/('')$	$y_\text{p}/('')$	$\Delta UT1/s$	年	月	日	儒略日	$x_\text{p}/('')$	$y_\text{p}/('')$	$\Delta UT1/s$
2011	08	05	55 778	0.114 577	0.443 253	−0.293 597 7	2011	08	06	55 779	0.117 304	0.442 826	−0.294 000 2
2011	08	07	55 780	0.119 290	0.442 446	−0.294 172 6	2011	08	08	55 781	0.121 117	0.441 914	−0.294 135 1
2011	08	09	55 782	0.123 204	0.441 196	−0.293 977 6	2011	08	10	55 783	0.125 604	0.440 541	−0.293 715 8
2011	08	11	55 784	0.127 833	0.440 128	−0.293 535 1	2011	08	12	55 785	0.129 649	0.439 566	−0.293 462 7
2011	08	13	55 786	0.131 495	0.439 093	−0.293 467 5	2011	08	14	55 787	0.133 051	0.438 586	−0.293 579 5
2011	08	15	55 788	0.134 744	0.437 484	−0.293 743 8	2011	08	16	55 789	0.136 642	0.436 701	−0.293 966 9
2011	08	17	55 790	0.138 513	0.435 983	−0.294 245 4	2011	08	18	55 791	0.140 347	0.435 452	−0.294 479 1
2011	08	19	55 792	0.141 916	0.434 659	−0.294 636 8	2011	08	20	55 793	0.143 242	0.433 838	−0.294 701 9
2011	08	21	55 794	0.144 138	0.432 820	−0.294 678 7	2011	08	22	55 795	0.145 468	0.431 508	−0.294 560 3
2011	08	23	55 796	0.146 639	0.430 496	−0.294 392 3	2011	08	24	55 797	0.147 633	0.429 203	−0.294 240 7
2011	08	25	55 798	0.148 797	0.428 122	−0.294 164 7	2011	08	26	55 799	0.150 174	0.427 095	−0.294 214 2
2011	08	27	55 800	0.151 876	0.426 071	−0.294 541 0	2011	08	28	55 801	0.153 559	0.424 857	−0.295 114 1
2011	08	29	55 802	0.155 587	0.423 557	−0.295 922 5	2011	08	30	55 803	0.157 453	0.422 659	−0.296 901 4
2011	08	31	55 804	0.159 198	0.421 677	−0.297 936 6	2011	09	01	55 805	0.161 074	0.420 863	−0.298 897 1
2011	09	02	55 806	0.162 542	0.419 869	−0.299 714 6	2011	09	03	55 807	0.163 890	0.418 703	−0.300 322 6
2011	09	04	55 808	0.165 300	0.417 125	−0.300 678 8	2011	09	05	55 809	0.166 550	0.415 662	−0.300 893 5
2011	09	06	55 810	0.167 420	0.414 389	−0.301 047 4	2011	09	07	55 811	0.168 513	0.413 247	−0.301 220 8
2011	09	08	55 812	0.170 074	0.411 944	−0.301 481 2	2011	09	09	55 813	0.172 075	0.410 686	−0.301 857 0
2011	09	10	55 814	0.174 348	0.409 406	−0.302 293 7	2011	09	11	55 815	0.176 222	0.408 117	−0.302 832 9
2011	09	12	55 816	0.177 582	0.406 884	−0.303 448 9	2011	09	13	55 817	0.178 636	0.405 683	−0.304 091 6
2011	09	14	55 818	0.179 705	0.404 619	−0.304 812 0	2011	09	15	55 819	0.180 607	0.403 717	−0.305 509 7
2011	09	16	55 820	0.181 466	0.402 594	−0.306 127 2	2011	09	17	55 821	0.182 170	0.401 461	−0.306 635 1
2011	09	18	55 822	0.182 353	0.400 283	−0.307 070 3	2011	09	19	55 823	0.182 116	0.399 197	−0.307 479 6
2011	09	20	55 824	0.181 934	0.397 227	−0.307 893 4	2011	09	21	55 825	0.182 247	0.394 968	−0.308 389 2
2011	09	22	55 826	0.182 362	0.393 003	−0.309 035 2	2011	09	23	55 827	0.182 336	0.391 242	−0.309 892 3
2011	09	24	55 828	0.182 622	0.389 628	−0.311 008 2	2011	09	25	55 829	0.182 593	0.388 101	−0.312 387 5
2011	09	26	55 830	0.182 032	0.386 351	−0.313 996 2	2011	09	27	55 831	0.181 313	0.384 483	−0.315 749 9
2011	09	28	55 832	0.180 435	0.382 574	−0.317 513 7	2011	09	29	55 833	0.179 816	0.380 528	−0.319 120 8
2011	09	30	55 834	0.179 794	0.378 744	−0.320 486 9	2011	10	01	55 835	0.179 956	0.376 861	−0.321 632 3
2011	10	02	55 836	0.180 020	0.375 016	−0.322 627 1	2011	10	03	55 837	0.180 124	0.373 219	−0.323 532 8
2011	10	04	55 838	0.180 722	0.371 297	−0.324 446 3	2011	10	05	55 839	0.181 801	0.369 402	−0.325 477 9
2011	10	06	55 840	0.183 023	0.367 953	−0.326 628 9	2011	10	07	55 841	0.183 864	0.366 670	−0.327 887 9
2011	10	08	55 842	0.184 909	0.365 410	−0.329 234 6	2011	10	09	55 843	0.185 881	0.364 234	−0.330 639 2
2011	10	10	55 844	0.186 334	0.362 838	−0.332 034 1	2011	10	11	55 845	0.186 289	0.361 310	−0.333 368 6
2011	10	12	55 846	0.186 121	0.359 944	−0.334 650 9	2011	10	13	55 847	0.185 859	0.358 538	−0.335 807 2
2011	10	14	55 848	0.185 559	0.356 947	−0.336 768 1	2011	10	15	55 849	0.185 076	0.355 091	−0.337 532 7
2011	10	16	55 850	0.184 507	0.353 072	−0.338 159 4	2011	10	17	55 851	0.184 359	0.351 178	−0.338 681 5
2011	10	18	55 852	0.184 575	0.349 662	−0.339 168 6	2011	10	19	55 853	0.185 322	0.348 241	−0.339 725 3
2011	10	20	55 854	0.186 161	0.346 968	−0.340 419 4	2011	10	21	55 855	0.186 818	0.345 295	−0.341 297 6

续 表

年	月	日	儒略日	$x_p/('')$	$y_p/('')$	$\Delta UT1/s$	年	月	日	儒略日	$x_p/('')$	$y_p/('')$	$\Delta UT1/s$
2011	10	22	55 856	0.186 945	0.343 891	−0.342 394 4	2011	10	23	55 857	0.186 982	0.342 687	−0.343 708 6
2011	10	24	55 858	0.187 253	0.341 740	−0.345 196 0	2011	10	25	55 859	0.187 686	0.340 505	−0.346 751 0
2011	10	26	55 860	0.187 699	0.338 950	−0.348 285 6	2011	10	27	55 861	0.187 543	0.337 022	−0.349 664 2
2011	10	28	55 862	0.187 462	0.334 997	−0.350 806 9	2011	10	29	55 863	0.187 615	0.332 768	−0.351 767 7
2011	10	30	55 864	0.187 602	0.330 366	−0.352 614 1	2011	10	31	55 865	0.187 283	0.328 182	−0.353 427 8
2011	11	01	55 866	0.186 820	0.326 374	−0.354 305 7	2011	11	02	55 867	0.186 727	0.324 828	−0.355 301 2
2011	11	03	55 868	0.187 001	0.323 857	−0.356 412 2	2011	11	04	55 869	0.187 158	0.323 075	−0.357 672 7
2011	11	05	55 870	0.186 871	0.322 000	−0.359 063 7	2011	11	06	55 871	0.186 209	0.320 395	−0.360 487 6
2011	11	07	55 872	0.185 453	0.318 394	−0.361 880 3	2011	11	08	55 873	0.184 737	0.316 143	−0.363 199 3
2011	11	09	55 874	0.184 668	0.314 212	−0.364 387 2	2011	11	10	55 875	0.184 861	0.312 767	−0.365 377 2
2011	11	11	55 876	0.184 390	0.311 057	−0.366 228 9	2011	11	12	55 877	0.183 246	0.309 335	−0.366 977 9
2011	11	13	55 878	0.181 686	0.307 528	−0.367 653 6	2011	11	14	55 879	0.180 471	0.305 773	−0.368 309 6
2011	11	15	55 880	0.179 351	0.304 544	−0.369 002 1	2011	11	16	55 881	0.178 286	0.303 253	−0.369 785 9
2011	11	17	55 882	0.177 396	0.302 333	−0.370 734 2	2011	11	18	55 883	0.176 711	0.301 674	−0.371 869 1
2011	11	19	55 884	0.176 032	0.300 752	−0.373 212 9	2011	11	20	55 885	0.175 326	0.299 620	−0.374 723 0
2011	11	21	55 886	0.174 443	0.298 742	−0.376 256 7	2011	11	22	55 887	0.173 153	0.297 599	−0.377 742 3
2011	11	23	55 888	0.171 585	0.296 172	−0.379 159 3	2011	11	24	55 889	0.170 120	0.294 516	−0.380 389 6
2011	11	25	55 890	0.168 392	0.292 651	−0.381 411 3	2011	11	26	55 891	0.166 862	0.290 803	−0.382 274 4
2011	11	27	55 892	0.166 234	0.289 450	−0.383 046 0	2011	11	28	55 893	0.165 720	0.288 768	−0.383 796 1
2011	11	29	55 894	0.164 126	0.287 937	−0.384 610 8	2011	11	30	55 895	0.162 429	0.286 620	−0.385 527 1
2011	12	01	55 896	0.160 989	0.285 214	−0.386 599 5	2011	12	02	55 897	0.160 440	0.284 068	−0.387 742 1
2011	12	03	55 898	0.160 103	0.283 256	−0.388 933 2	2011	12	04	55 899	0.159 758	0.282 267	−0.390 028 0
2011	12	05	55 900	0.159 530	0.281 582	−0.391 027 3	2011	12	06	55 901	0.158 940	0.281 182	−0.391 931 2
2011	12	07	55 902	0.157 738	0.280 633	−0.392 708 2	2011	12	08	55 903	0.156 018	0.279 930	−0.393 357 0
2011	12	09	55 904	0.154 532	0.279 067	−0.393 911 1	2011	12	10	55 905	0.153 917	0.278 310	−0.394 466 8
2011	12	11	55 906	0.152 962	0.277 862	−0.395 027 8	2011	12	12	55 907	0.152 109	0.277 187	−0.395 604 6
2011	12	13	55 908	0.151 304	0.276 563	−0.396 274 6	2011	12	14	55 909	0.149 948	0.276 095	−0.397 124 6
2011	12	15	55 910	0.148 406	0.275 471	−0.398 164 0	2011	12	16	55 911	0.147 158	0.274 898	−0.399 385 5
2011	12	17	55 912	0.145 669	0.274 759	−0.400 788 0	2011	12	18	55 913	0.144 419	0.274 702	−0.402 262 7
2011	12	19	55 914	0.142 722	0.274 528	−0.403 732 4	2011	12	20	55 915	0.140 358	0.273 397	−0.405 120 1
2011	12	21	55 916	0.138 041	0.272 039	−0.406 343 3	2011	12	22	55 917	0.135 712	0.270 840	−0.407 380 2
2011	12	23	55 918	0.134 026	0.269 699	−0.408 265 3	2011	12	24	55 919	0.132 699	0.268 687	−0.409 083 5
2011	12	25	55 920	0.131 430	0.268 026	−0.409 930 5	2011	12	26	55 921	0.129 580	0.267 480	−0.410 884 6
2011	12	27	55 922	0.127 652	0.266 829	−0.411 986 5	2011	12	28	55 923	0.126 141	0.266 425	−0.413 232 1
2011	12	29	55 924	0.124 444	0.265 764	−0.414 675 7	2011	12	30	55 925	0.122 735	0.264 966	−0.416 192 3
2011	12	31	55 926	0.120 714	0.264 241	−0.417 666 9	2012	01	01	55 927	0.118 607	0.263 266	−0.419 028 0
2012	01	02	55 928	0.117 456	0.262 472	−0.420 270 0	2012	01	03	55 929	0.115 935	0.261 720	−0.421 395 5
2012	01	04	55 930	0.114 543	0.260 620	−0.422 391 9	2012	01	05	55 931	0.113 334	0.260 231	−0.423 268 2
2012	01	06	55 932	0.111 530	0.260 009	−0.424 051 4	2012	01	07	55 933	0.108 874	0.259 776	−0.424 793 7

续　表

年	月	日	儒略日	$x_p/('')$	$y_p/('')$	$\Delta UT1/s$	年	月	日	儒略日	$x_p/('')$	$y_p/('')$	$\Delta UT1/s$
2012	01	08	55 934	0.106 402	0.258 961	−0.425 551 1	2012	01	09	55 935	0.104 231	0.258 131	−0.426 359 3
2012	01	10	55 936	0.101 721	0.257 329	−0.427 282 3	2012	01	11	55 937	0.099 712	0.256 051	−0.428 365 9
2012	01	12	55 938	0.098 313	0.255 039	−0.429 619 1	2012	01	13	55 939	0.097 324	0.254 481	−0.431 012 5
2012	01	14	55 940	0.096 138	0.254 323	−0.432 534 4	2012	01	15	55 941	0.094 933	0.254 411	−0.434 031 4
2012	01	16	55 942	0.093 651	0.254 583	−0.435 435 5	2012	01	17	55 943	0.091 751	0.255 027	−0.436 674 8
2012	01	18	55 944	0.089 560	0.254 900	−0.437 723 5	2012	01	19	55 945	0.087 356	0.254 503	−0.438 577 0
2012	01	20	55 946	0.085 465	0.254 164	−0.439 313 0	2012	01	21	55 947	0.083 280	0.254 725	−0.440 036 6
2012	01	22	55 948	0.080 601	0.254 981	−0.440 816 6	2012	01	23	55 949	0.078 597	0.255 121	−0.441 703 5
2012	01	24	55 950	0.076 570	0.255 694	−0.442 706 6	2012	01	25	55 951	0.074 255	0.255 879	−0.443 795 1
2012	01	26	55 952	0.071 917	0.256 172	−0.444 923 8	2012	01	27	55 953	0.069 358	0.256 232	−0.446 036 3
2012	01	28	55 954	0.066 738	0.256 300	−0.447 082 5	2012	01	29	55 955	0.064 276	0.256 287	−0.448 006 9
2012	01	30	55 956	0.061 833	0.256 047	−0.448 802 3	2012	01	31	55 957	0.059 248	0.255 907	−0.449 469 0
2012	02	01	55 958	0.056 853	0.255 597	−0.449 996 0	2012	02	02	55 959	0.054 659	0.255 356	−0.450 429 5
2012	02	03	55 960	0.052 977	0.254 902	−0.450 822 2	2012	02	04	55 961	0.051 430	0.254 434	−0.451 280 7
2012	02	05	55 962	0.049 316	0.254 113	−0.451 798 8	2012	02	06	55 963	0.047 297	0.254 025	−0.452 450 9
2012	02	07	55 964	0.045 651	0.254 251	−0.453 307 3	2012	02	08	55 965	0.044 293	0.254 593	−0.454 412 6
2012	02	09	55 966	0.043 161	0.255 080	−0.455 725 8	2012	02	10	55 967	0.042 130	0.255 832	−0.457 167 3
2012	02	11	55 968	0.041 274	0.256 768	−0.458 635 2	2012	02	12	55 969	0.040 348	0.257 508	−0.460 047 8
2012	02	13	55 970	0.038 878	0.258 176	−0.461 311 1	2012	02	14	55 971	0.037 043	0.258 638	−0.462 369 1
2012	02	15	55 972	0.035 674	0.259 600	−0.463 161 8	2012	02	16	55 973	0.034 316	0.260 993	−0.463 788 9
2012	02	17	55 974	0.033 031	0.262 020	−0.464 343 7	2012	02	18	55 975	0.031 581	0.263 142	−0.464 921 0
2012	02	19	55 976	0.030 581	0.264 061	−0.465 591 4	2012	02	20	55 977	0.029 762	0.265 139	−0.466 368 2
2012	02	21	55 978	0.028 405	0.265 748	−0.467 233 1	2012	02	22	55 979	0.026 718	0.266 349	−0.468 156 5
2012	02	23	55 980	0.024 666	0.267 104	−0.469 047 1	2012	02	24	55 981	0.022 739	0.267 853	−0.469 885 0
2012	02	25	55 982	0.021 482	0.268 959	−0.470 637 3	2012	02	26	55 983	0.020 541	0.270 373	−0.471 274 8
2012	02	27	55 984	0.020 104	0.271 285	−0.471 830 7	2012	02	28	55 985	0.019 701	0.272 020	−0.472 281 3
2012	02	29	55 986	0.019 007	0.273 043	−0.472 637 0	2012	03	01	55 987	0.018 741	0.274 292	−0.472 931 1
2012	03	02	55 988	0.018 946	0.275 699	−0.473 200 8	2012	03	03	55 989	0.018 571	0.277 292	−0.473 544 4
2012	03	04	55 990	0.017 739	0.278 255	−0.474 017 0	2012	03	05	55 991	0.017 393	0.279 120	−0.474 621 3
2012	03	06	55 992	0.016 976	0.280 060	−0.475 441 6	2012	03	07	55 993	0.015 739	0.280 848	−0.476 458 7
2012	03	08	55 994	0.014 389	0.281 482	−0.477 686 6	2012	03	09	55 995	0.013 195	0.282 549	−0.479 064 4
2012	03	10	55 996	0.012 093	0.283 834	−0.480 565 3	2012	03	11	55 997	0.011 072	0.285 069	−0.482 040 5
2012	03	12	55 998	0.009 674	0.286 390	−0.483 401 3	2012	03	13	55 999	0.008 686	0.287 476	−0.484 631 6
2012	03	14	56 000	0.007 839	0.288 929	−0.485 762 8	2012	03	15	56 001	0.006 413	0.290 145	−0.486 882 7
2012	03	16	56 002	0.004 966	0.291 356	−0.488 051 9	2012	03	17	56 003	0.003 420	0.292 509	−0.489 376 9
2012	03	18	56 004	0.001 651	0.293 885	−0.490 843 2	2012	03	19	56 005	−0.000 106	0.295 150	−0.492 351 9
2012	03	20	56 006	−0.001 515	0.296 051	−0.493 917 3	2012	03	21	56 007	−0.002 657	0.296 982	−0.495 453 3
2012	03	22	56 008	−0.003 699	0.298 235	−0.496 955 7	2012	03	23	56 009	−0.004 514	0.299 610	−0.498 392 9
2012	03	24	56 010	−0.004 590	0.300 954	−0.499 766 7	2012	03	25	56 011	−0.005 000	0.302 697	−0.501 034 1

续 表

年	月	日	儒略日	$x_p/('')$	$y_p/('')$	$\Delta UT1/s$	年	月	日	儒略日	$x_p/('')$	$y_p/('')$	$\Delta UT1/s$
2012	03	26	56 012	−0. 005 757	0. 304 086	−0. 502 174 4	2012	03	27	56 013	−0. 006 691	0. 305 141	−0. 503 208 5
2012	03	28	56 014	−0. 007 629	0. 305 806	−0. 504 182 1	2012	03	29	56 015	−0. 008 133	0. 307 011	−0. 505 172 1
2012	03	30	56 016	−0. 008 837	0. 308 801	−0. 506 194 0	2012	03	31	56 017	−0. 009 560	0. 310 692	−0. 507 307 9
2012	04	01	56 018	−0. 010 237	0. 312 804	−0. 508 522 7	2012	04	02	56 019	−0. 011 375	0. 314 912	−0. 509 881 5
2012	04	03	56 020	−0. 012 315	0. 316 925	−0. 511 429 2	2012	04	04	56 021	−0. 012 939	0. 318 717	−0. 513 157 6
2012	04	05	56 022	−0. 013 376	0. 320 328	−0. 514 996 6	2012	04	06	56 023	−0. 013 766	0. 322 198	−0. 516 876 9
2012	04	07	56 024	−0. 013 722	0. 324 209	−0. 518 675 3	2012	04	08	56 025	−0. 013 139	0. 326 001	−0. 520 211 7
2012	04	09	56 026	−0. 012 305	0. 327 893	−0. 521 550 9	2012	04	10	56 027	−0. 011 628	0. 330 111	−0. 522 698 8
2012	04	11	56 028	−0. 010 931	0. 332 570	−0. 523 718 1	2012	04	12	56 029	−0. 009 902	0. 334 881	−0. 524 755 0
2012	04	13	56 030	−0. 008 873	0. 337 193	−0. 525 845 3	2012	04	14	56 031	−0. 008 019	0. 339 221	−0. 527 063 4
2012	04	15	56 032	−0. 007 257	0. 341 165	−0. 528 302 6	2012	04	16	56 033	−0. 006 354	0. 342 980	−0. 529 569 0
2012	04	17	56 034	−0. 005 200	0. 344 961	−0. 530 878 9	2012	04	18	56 035	−0. 004 216	0. 347 186	−0. 532 199 4
2012	04	19	56 036	−0. 003 413	0. 349 542	−0. 533 483 8	2012	04	20	56 037	−0. 002 878	0. 352 017	−0. 534 722 7
2012	04	21	56 038	−0. 002 439	0. 354 239	−0. 535 847 4	2012	04	22	56 039	−0. 001 548	0. 356 047	−0. 536 887 7
2012	04	23	56 040	−0. 000 249	0. 358 010	−0. 537 814 9	2012	04	24	56 041	0. 000 663	0. 359 987	−0. 538 636 4
2012	04	25	56 042	0. 001 336	0. 361 845	−0. 539 411 3	2012	04	26	56 043	0. 002 116	0. 363 462	−0. 540 167 0
2012	04	27	56 044	0. 003 358	0. 364 874	−0. 540 945 7	2012	04	28	56 045	0. 004 333	0. 366 263	−0. 541 799 0
2012	04	29	56 046	0. 005 250	0. 367 488	−0. 542 695 9	2012	04	30	56 047	0. 006 270	0. 368 823	−0. 543 696 4
2012	05	01	56 048	0. 007 669	0. 369 969	−0. 544 893 5	2012	05	02	56 049	0. 009 205	0. 370 919	−0. 546 255 6
2012	05	03	56 050	0. 010 508	0. 371 909	−0. 547 706 8	2012	05	04	56 051	0. 011 828	0. 373 260	−0. 549 180 8
2012	05	05	56 052	0. 013 268	0. 374 750	−0. 550 599 8	2012	05	06	56 053	0. 015 132	0. 376 335	−0. 551 862 9
2012	05	07	56 054	0. 016 326	0. 378 068	−0. 552 938 5	2012	05	08	56 055	0. 017 013	0. 379 454	−0. 553 871 0
2012	05	09	56 056	0. 017 568	0. 380 843	−0. 554 670 3	2012	05	10	56 057	0. 017 647	0. 382 021	−0. 555 525 5
2012	05	11	56 058	0. 017 665	0. 382 766	−0. 556 472 6	2012	05	12	56 059	0. 018 218	0. 383 425	−0. 557 482 3
2012	05	13	56 060	0. 019 577	0. 384 075	−0. 558 504 9	2012	05	14	56 061	0. 021 499	0. 384 758	−0. 559 562 6
2012	05	15	56 062	0. 023 632	0. 385 645	−0. 560 623 3	2012	05	16	56 063	0. 025 913	0. 386 736	−0. 561 702 9
2012	05	17	56 064	0. 027 849	0. 387 563	−0. 562 712 4	2012	05	18	56 065	0. 029 248	0. 388 431	−0. 563 603 1
2012	05	19	56 066	0. 030 336	0. 388 972	−0. 564 339 5	2012	05	20	56 067	0. 031 417	0. 389 093	−0. 564 938 7
2012	05	21	56 068	0. 032 226	0. 389 298	−0. 565 409 5	2012	05	22	56 069	0. 033 158	0. 389 771	−0. 565 797 5
2012	05	23	56 070	0. 034 138	0. 390 555	−0. 566 186 4	2012	05	24	56 071	0. 035 346	0. 391 265	−0. 566 605 4
2012	05	25	56 072	0. 036 975	0. 391 939	−0. 567 096 8	2012	05	26	56 073	0. 039 025	0. 392 515	−0. 567 708 0
2012	05	27	56 074	0. 041 087	0. 393 199	−0. 568 454 5	2012	05	28	56 075	0. 042 938	0. 393 862	−0. 569 324 9
2012	05	29	56 076	0. 044 755	0. 394 722	−0. 570 334 6	2012	05	30	56 077	0. 045 660	0. 395 517	−0. 571 459 5
2012	05	31	56 078	0. 046 276	0. 396 001	−0. 572 665 3	2012	06	01	56 079	0. 046 843	0. 396 564	−0. 573 879 5
2012	06	02	56 080	0. 047 677	0. 397 233	−0. 575 010 5	2012	06	03	56 081	0. 048 822	0. 397 651	−0. 575 980 7
2012	06	04	56 082	0. 050 123	0. 397 921	−0. 576 808 6	2012	06	05	56 083	0. 051 720	0. 398 105	−0. 577 460 6
2012	06	06	56 084	0. 053 281	0. 398 714	−0. 578 033 1	2012	06	07	56 085	0. 054 757	0. 398 962	−0. 578 698 7
2012	06	08	56 086	0. 056 518	0. 399 542	−0. 579 462 3	2012	06	09	56 087	0. 058 188	0. 400 041	−0. 580 363 6
2012	06	10	56 088	0. 059 927	0. 400 426	−0. 581 265 6	2012	06	11	56 089	0. 061 698	0. 401 408	−0. 582 096 3

续 表

年	月	日	儒略日	$x_p/('')$	$y_p/('')$	$\Delta UT1/s$	年	月	日	儒略日	$x_p/('')$	$y_p/('')$	$\Delta UT1/s$
2012	06	12	56 090	0. 063 541	0. 402 544	−0. 582 860 5	2012	06	13	56 091	0. 064 991	0. 403 973	−0. 583 539 4
2012	06	14	56 092	0. 065 963	0. 404 835	−0. 584 093 4	2012	06	15	56 093	0. 066 892	0. 405 263	−0. 584 497 8
2012	06	16	56 094	0. 067 534	0. 405 469	−0. 584 789 4	2012	06	17	56 095	0. 068 583	0. 405 645	−0. 584 971 0
2012	06	18	56 096	0. 070 006	0. 405 877	−0. 585 014 3	2012	06	19	56 097	0. 071 924	0. 406 247	−0. 584 970 5
2012	06	20	56 098	0. 073 693	0. 406 832	−0. 584 856 5	2012	06	21	56 099	0. 075 510	0. 407 389	−0. 584 760 7
2012	06	22	56 100	0. 077 397	0. 408 003	−0. 584 736 3	2012	06	23	56 101	0. 078 844	0. 408 562	−0. 584 806 4
2012	06	24	56 102	0. 080 795	0. 408 545	−0. 585 013 2	2012	06	25	56 103	0. 083 094	0. 408 563	−0. 585 339 0
2012	06	26	56 104	0. 085 257	0. 408 585	−0. 585 733 9	2012	06	27	56 105	0. 087 427	0. 408 674	−0. 586 159 1
2012	06	28	56 106	0. 089 498	0. 409 048	−0. 586 531 4	2012	06	29	56 107	0. 091 392	0. 409 300	−0. 586 763 8
2012	06	30	56 108	0. 092 798	0. 409 462	−0. 586 852 9	2012	07	01	56 109	0. 094 001	0. 409 204	0. 413 231 6
2012	07	02	56 110	0. 095 552	0. 408 988	0. 413 436 6	2012	07	03	56 111	0. 097 220	0. 408 704	0. 413 667 9
2012	07	04	56 112	0. 098 889	0. 408 322	0. 413 869 0	2012	07	05	56 113	0. 100 407	0. 408 021	0. 413 957 6
2012	07	06	56 114	0. 102 365	0. 407 534	0. 413 909 7	2012	07	07	56 115	0. 104 996	0. 407 511	0. 413 709 3
2012	07	08	56 116	0. 107 666	0. 407 629	0. 413 457 5	2012	07	09	56 117	0. 110 110	0. 407 811	0. 413 170 0
2012	07	10	56 118	0. 111 861	0. 407 867	0. 412 912 0	2012	07	11	56 119	0. 113 407	0. 407 609	0. 412 736 8
2012	07	12	56 120	0. 114 792	0. 407 317	0. 412 743 7	2012	07	13	56 121	0. 116 615	0. 407 043	0. 412 882 0
2012	07	14	56 122	0. 118 254	0. 407 159	0. 413 076 8	2012	07	15	56 123	0. 119 899	0. 407 422	0. 413 390 6
2012	07	16	56 124	0. 121 318	0. 407 356	0. 413 741 5	2012	07	17	56 125	0. 122 718	0. 407 099	0. 414 052 5
2012	07	18	56 126	0. 124 354	0. 406 901	0. 414 205 8	2012	07	19	56 127	0. 126 187	0. 406 721	0. 414 210 8
2012	07	20	56 128	0. 127 693	0. 406 349	0. 414 054 6	2012	07	21	56 129	0. 129 162	0. 405 870	0. 413 733 8
2012	07	22	56 130	0. 130 723	0. 405 186	0. 413 256 1	2012	07	23	56 131	0. 132 336	0. 404 574	0. 412 705 9
2012	07	24	56 132	0. 133 881	0. 404 092	0. 412 128 3	2012	07	25	56 133	0. 135 552	0. 403 353	0. 411 547 7
2012	07	26	56 134	0. 137 210	0. 402 572	0. 411 064 9	2012	07	27	56 135	0. 138 930	0. 401 842	0. 410 767 9
2012	07	28	56 136	0. 140 922	0. 401 193	0. 410 543 0	2012	07	29	56 137	0. 142 510	0. 401 105	0. 410 415 0
2012	07	30	56 138	0. 143 441	0. 400 775	0. 410 333 9	2012	07	31	56 139	0. 144 548	0. 400 273	0. 410 212 0
2012	08	01	56 140	0. 145 891	0. 399 896	0. 409 924 2	2012	08	02	56 141	0. 147 300	0. 399 405	0. 409 506 9
2012	08	03	56 142	0. 148 482	0. 398 871	0. 409 052 3	2012	08	04	56 143	0. 149 225	0. 398 181	0. 408 491 2
2012	08	05	56 144	0. 149 935	0. 397 652	0. 407 888 5	2012	08	06	56 145	0. 150 628	0. 397 075	0. 407 356 8
2012	08	07	56 146	0. 151 391	0. 396 373	0. 406 944 2	2012	08	08	56 147	0. 152 426	0. 395 953	0. 406 679 2
2012	08	09	56 148	0. 153 656	0. 395 312	0. 406 564 0	2012	08	10	56 149	0. 155 281	0. 394 270	0. 406 585 3
2012	08	11	56 150	0. 156 903	0. 393 449	0. 406 655 3	2012	08	12	56 151	0. 158 492	0. 392 945	0. 406 815 5
2012	08	13	56 152	0. 160 190	0. 392 391	0. 407 018 8	2012	08	14	56 153	0. 162 158	0. 391 920	0. 407 178 1
2012	08	15	56 154	0. 163 366	0. 391 505	0. 407 226 0	2012	08	16	56 155	0. 164 269	0. 390 762	0. 407 127 7
2012	08	17	56 156	0. 165 561	0. 390 066	0. 406 858 3	2012	08	18	56 157	0. 167 073	0. 389 100	0. 406 449 6
2012	08	19	56 158	0. 168 555	0. 388 010	0. 405 864 1	2012	08	20	56 159	0. 169 913	0. 386 831	0. 405 179 7
2012	08	21	56 160	0. 171 279	0. 385 449	0. 404 497 1	2012	08	22	56 161	0. 172 355	0. 384 355	0. 403 893 3
2012	08	23	56 162	0. 173 411	0. 383 089	0. 403 415 7	2012	08	24	56 163	0. 174 070	0. 382 076	0. 403 111 6
2012	08	25	56 164	0. 174 622	0. 380 949	0. 402 913 8	2012	08	26	56 165	0. 175 202	0. 380 020	0. 402 786 3
2012	08	27	56 166	0. 175 608	0. 378 883	0. 402 583 4	2012	08	28	56 167	0. 176 004	0. 377 364	0. 402 244 9

续 表

年	月	日	儒略日	x_p/(")	y_p/(")	ΔUT1/s	年	月	日	儒略日	x_p/(")	y_p/(")	ΔUT1/s
2012	08	29	56 168	0.176 341	0.375 815	0.401 723 8	2012	08	30	56 169	0.176 706	0.374 297	0.401 045 7
2012	08	31	56 170	0.177 100	0.373 141	0.400 244 2	2012	09	01	56 171	0.177 281	0.372 026	0.399 354 1
2012	09	02	56 172	0.176 983	0.370 934	0.398 529 0	2012	09	03	56 173	0.176 616	0.369 645	0.397 729 6
2012	09	04	56 174	0.176 296	0.368 435	0.397 018 5	2012	09	05	56 175	0.176 159	0.366 913	0.396 440 6
2012	09	06	56 176	0.176 023	0.365 384	0.396 031 2	2012	09	07	56 177	0.175 901	0.363 645	0.395 732 7
2012	09	08	56 178	0.175 869	0.362 282	0.395 490 2	2012	09	09	56 179	0.175 738	0.360 991	0.395 296 4
2012	09	10	56 180	0.175 572	0.359 715	0.395 037 2	2012	09	11	56 181	0.175 641	0.358 341	0.394 653 2
2012	09	12	56 182	0.175 981	0.357 292	0.394 101 0	2012	09	13	56 183	0.176 139	0.356 222	0.393 349 4
2012	09	14	56 184	0.176 713	0.355 059	0.392 383 5	2012	09	15	56 185	0.177 439	0.353 948	0.391 140 8
2012	09	16	56 186	0.177 817	0.352 886	0.389 744 4	2012	09	17	56 187	0.177 842	0.352 005	0.388 329 5
2012	09	18	56 188	0.177 753	0.350 895	0.386 976 0	2012	09	19	56 189	0.177 475	0.349 820	0.385 787 0
2012	09	20	56 190	0.177 152	0.348 315	0.384 775 6	2012	09	21	56 191	0.176 563	0.346 422	0.383 917 9
2012	09	22	56 192	0.176 107	0.344 599	0.383 234 6	2012	09	23	56 193	0.175 898	0.343 248	0.382 582 6
2012	09	24	56 194	0.175 631	0.342 118	0.381 859 8	2012	09	25	56 195	0.174 991	0.341 585	0.381 023 0
2012	09	26	56 196	0.173 929	0.341 220	0.380 009 1	2012	09	27	56 197	0.173 144	0.340 672	0.378 785 1
2012	09	28	56 198	0.172 129	0.340 005	0.377 463 3	2012	09	29	56 199	0.170 648	0.338 792	0.376 123 6
2012	09	30	56 200	0.169 401	0.336 766	0.374 831 8	2012	10	01	56 201	0.168 868	0.334 506	0.373 689 9
2012	10	02	56 202	0.168 522	0.332 881	0.372 705 3	2012	10	03	56 203	0.168 225	0.331 558	0.371 912 6
2012	10	04	56 204	0.168 281	0.330 762	0.371 253 9	2012	10	05	56 205	0.167 805	0.329 787	0.370 676 8
2012	10	06	56 206	0.166 838	0.328 555	0.370 158 6	2012	10	07	56 207	0.165 748	0.327 320	0.369 658 0
2012	10	08	56 208	0.164 810	0.326 260	0.369 117 9	2012	10	09	56 209	0.163 822	0.325 364	0.368 410 0
2012	10	10	56 210	0.162 630	0.324 124	0.367 527 7	2012	10	11	56 211	0.161 702	0.322 885	0.366 489 0
2012	10	12	56 212	0.160 587	0.322 202	0.365 266 8	2012	10	13	56 213	0.159 086	0.321 474	0.363 879 3
2012	10	14	56 214	0.157 636	0.320 617	0.362 375 1	2012	10	15	56 215	0.156 080	0.320 044	0.360 872 7
2012	10	16	56 216	0.154 188	0.319 470	0.359 474 8	2012	10	17	56 217	0.152 110	0.318 358	0.358 211 6
2012	10	18	56 218	0.150 676	0.317 269	0.357 139 2	2012	10	19	56 219	0.149 592	0.316 724	0.356 268 0
2012	10	20	56 220	0.148 049	0.316 209	0.355 488 1	2012	10	21	56 221	0.146 531	0.315 415	0.354 723 5
2012	10	22	56 222	0.145 398	0.314 470	0.353 914 0	2012	10	23	56 223	0.144 905	0.313 299	0.353 015 6
2012	10	24	56 224	0.145 147	0.312 469	0.351 991 s	2012	10	25	56 225	0.145 598	0.311 892	0.350 892 7
2012	10	26	56 226	0.145 953	0.311 575	0.349 764 6	2012	10	27	56 227	0.146 144	0.311 395	0.348 605 7
2012	10	28	56 228	0.145 956	0.311 549	0.347 478 3	2012	10	29	56 229	0.144 971	0.311 737	0.346 458 1
2012	10	30	56 230	0.144 095	0.311 375	0.345 547 8	2012	10	31	56 231	0.143 979	0.311 398	0.344 708 7
2012	11	01	56 232	0.143 360	0.311 376	0.343 941 4	2012	11	02	56 233	0.142 496	0.311 300	0.343 229 7
2012	11	03	56 234	0.141 499	0.311 223	0.342 537 8	2012	11	04	56 235	0.140 639	0.310 457	0.341 786 3
2012	11	05	56 236	0.139 628	0.309 599	0.340 950 0	2012	11	06	56 237	0.138 632	0.308 445	0.340 005 7
2012	11	07	56 238	0.138 082	0.307 675	0.338 879 9	2012	11	08	56 239	0.137 671	0.306 975	0.337 699 9
2012	11	09	56 240	0.137 520	0.306 725	0.336 383 1	2012	11	10	56 241	0.136 406	0.306 978	0.334 980 4
2012	11	11	56 242	0.135 091	0.306 697	0.333 507 8	2012	11	12	56 243	0.134 264	0.306 352	0.331 990 3
2012	11	13	56 244	0.133 353	0.305 825	0.330 522 7	2012	11	14	56 245	0.132 329	0.305 634	0.329 128 5

续表

年	月	日	儒略日	$x_p/('')$	$y_p/('')$	$\Delta UT1/s$	年	月	日	儒略日	$x_p/('')$	$y_p/('')$	$\Delta UT1/s$
2012	11	15	56 246	0.131 245	0.305 463	0.327 815 5	2012	11	16	56 247	0.130 273	0.305 073	0.326 531 7
2012	11	17	56 248	0.129 960	0.304 536	0.325 217 6	2012	11	18	56 249	0.129 677	0.304 695	0.323 775 9
2012	11	19	56 250	0.128 912	0.304 591	0.322 186 9	2012	11	20	56 251	0.127 757	0.304 176	0.320 483 1
2012	11	21	56 252	0.126 266	0.303 799	0.318 745 0	2012	11	22	56 253	0.124 792	0.303 069	0.316 989 6
2012	11	23	56 254	0.123 666	0.302 293	0.315 303 4	2012	11	24	56 255	0.122 847	0.301 818	0.313 739 7
2012	11	25	56 256	0.121 407	0.301 373	0.312 308 6	2012	11	26	56 257	0.120 251	0.300 702	0.311 020 8
2012	11	27	56 258	0.120 107	0.300 386	0.309 875 7	2012	11	28	56 259	0.119 785	0.300 710	0.308 851 6
2012	11	29	56 260	0.119 246	0.300 664	0.307 906 3	2012	11	30	56 261	0.118 878	0.300 650	0.307 009 1
2012	12	01	56 262	0.118 463	0.300 293	0.306 130 2	2012	12	02	56 263	0.117 794	0.299 833	0.305 164 2
2012	12	03	56 264	0.116 633	0.299 517	0.304 139 6	2012	12	04	56 265	0.115 784	0.299 236	0.303 038 7
2012	12	05	56 266	0.115 219	0.299 591	0.301 841 1	2012	12	06	56 267	0.114 103	0.299 547	0.300 539 5
2012	12	07	56 268	0.112 573	0.299 348	0.299 178 2	2012	12	08	56 269	0.110 661	0.299 191	0.297 797 5
2012	12	09	56 270	0.109 555	0.298 402	0.296 431 2	2012	12	10	56 271	0.108 698	0.297 781	0.295 103 9
2012	12	11	56 272	0.107 383	0.297 137	0.293 891 9	2012	12	12	56 273	0.106 194	0.296 756	0.292 818 7
2012	12	13	56 274	0.104 778	0.296 462	0.291 860 1	2012	12	14	56 275	0.103 080	0.295 684	0.290 948 5
2012	12	15	56 276	0.101 080	0.294 900	0.290 002 6	2012	12	16	56 277	0.099 010	0.293 967	0.288 996 6
2012	12	17	56 278	0.096 873	0.293 472	0.287 938 4	2012	12	18	56 279	0.094 601	0.292 734	0.286 823 3
2012	12	19	56 280	0.093 114	0.291 778	0.285 702 0	2012	12	20	56 281	0.091 452	0.291 400	0.284 699 4
2012	12	21	56 282	0.090 011	0.291 172	0.283 810 5	2012	12	22	56 283	0.088 515	0.291 292	0.283 026 6
2012	12	23	56 284	0.087 432	0.290 763	0.282 312 0	2012	12	24	56 285	0.086 873	0.290 368	0.281 674 6
2012	12	25	56 286	0.086 377	0.290 255	0.281 126 7	2012	12	26	56 287	0.085 745	0.290 454	0.280 643 5
2012	12	27	56 288	0.084 825	0.290 572	0.280 184 2	2012	12	28	56 289	0.082 967	0.290 564	0.279 719 1
2012	12	29	56 290	0.080 704	0.290 251	0.279 237 2	2012	12	30	56 291	0.078 956	0.289 983	0.278 612 3
2012	12	31	56 292	0.077 226	0.289 981	0.277 899 8	2013	01	01	56 293	0.075 311	0.289 933	0.277 073 3
2013	01	02	56 294	0.073 263	0.289 986	0.276 107 3	2013	01	03	56 295	0.071 343	0.289 771	0.275 034 2
2013	01	04	56 296	0.070 023	0.289 588	0.273 859 9	2013	01	05	56 297	0.069 000	0.289 604	0.272 642 8
2013	01	06	56 298	0.068 165	0.289 674	0.271 444 6	2013	01	07	56 299	0.067 223	0.290 116	0.270 390 9
2013	01	08	56 300	0.066 251	0.290 552	0.269 469 6	2013	01	09	56 301	0.065 348	0.291 376	0.268 609 0
2013	01	10	56 302	0.064 418	0.292 248	0.267 761 0	2013	01	11	56 303	0.063 242	0.293 086	0.266 805 4
2013	01	12	56 304	0.061 991	0.293 682	0.265 710 5	2013	01	13	56 305	0.060 508	0.294 356	0.264 476 5
2013	01	14	56 306	0.059 252	0.295 183	0.263 060 7	2013	01	15	56 307	0.058 334	0.296 001	0.261 552 1
2013	01	16	56 308	0.057 061	0.296 556	0.260 080 6	2013	01	17	56 309	0.055 424	0.297 495	0.258 684 4
2013	01	18	56 310	0.053 896	0.298 480	0.257 376 7	2013	01	19	56 311	0.052 957	0.299 381	0.256 110 6
2013	01	20	56 312	0.051 718	0.300 807	0.254 949 1	2013	01	21	56 313	0.050 256	0.301 917	0.253 843 9
2013	01	22	56 314	0.049 362	0.302 844	0.252 772 7	2013	01	23	56 315	0.048 655	0.304 129	0.251 727 0
2013	01	24	56 316	0.047 844	0.305 256	0.250 653 7	2013	01	25	56 317	0.047 080	0.305 956	0.249 528 8
2013	01	26	56 318	0.046 328	0.306 582	0.248 373 8	2013	01	27	56 319	0.045 576	0.306 920	0.247 127 7
2013	01	28	56 320	0.044 920	0.307 242	0.245 764 8	2013	01	29	56 321	0.043 974	0.307 636	0.244 302 6
2013	01	30	56 322	0.043 052	0.308 184	0.242 763 8	2013	01	31	56 323	0.042 733	0.309 243	0.241 212 2

续 表

年	月	日	儒略日	x_p/(″)	y_p/(″)	ΔUT1/s	年	月	日	儒略日	x_p/(″)	y_p/(″)	ΔUT1/s
2013	02	01	56 324	0.042 307	0.310 564	0.239 738 7	2013	02	02	56 325	0.042 565	0.311 910	0.238 341 0
2013	02	03	56 326	0.042 556	0.313 623	0.237 132 9	2013	02	04	56 327	0.041 961	0.314 752	0.236 036 1
2013	02	05	56 328	0.040 987	0.315 647	0.235 031 8	2013	02	06	56 329	0.039 917	0.316 854	0.234 087 8
2013	02	07	56 330	0.038 911	0.318 577	0.233 142 3	2013	02	08	56 331	0.037 403	0.319 854	0.232 126 1
2013	02	09	56 332	0.036 088	0.320 567	0.230 928 2	2013	02	10	56 333	0.035 434	0.321 256	0.229 603 1
2013	02	11	56 334	0.035 162	0.322 147	0.228 197 5	2013	02	12	56 335	0.034 953	0.323 255	0.226 768 9
2013	02	13	56 336	0.034 408	0.324 163	0.225 444 4	2013	02	14	56 337	0.033 748	0.324 632	0.224 284 2
2013	02	15	56 338	0.033 854	0.325 158	0.223 278 4	2013	02	16	56 339	0.033 944	0.325 995	0.222 375 1
2013	02	17	56 340	0.033 659	0.326 959	0.221 576 3	2013	02	18	56 341	0.033 288	0.327 869	0.220 897 5
2013	02	19	56 342	0.032 983	0.329 206	0.220 281 5	2013	02	20	56 343	0.032 922	0.330 362	0.219 657 5
2013	02	21	56 344	0.032 768	0.331 461	0.218 931 4	2013	02	22	56 345	0.032 541	0.332 466	0.218 078 3
2013	02	23	56 346	0.032 011	0.333 495	0.217 053 9	2013	02	24	56 347	0.031 551	0.334 442	0.215 851 0
2013	02	25	56 348	0.030 716	0.335 000	0.214 473 5	2013	02	26	56 349	0.029 613	0.335 127	0.212 926 5
2013	02	27	56 350	0.029 181	0.335 809	0.211 223 0	2013	02	28	56 351	0.029 538	0.336 818	0.209 454 8
2013	03	01	56 352	0.030 228	0.338 183	0.207 732 8	2013	03	02	56 353	0.030 508	0.339 800	0.206 076 5
2013	03	03	56 354	0.030 810	0.341 317	0.204 531 4	2013	03	04	56 355	0.031 141	0.342 877	0.203 044 6
2013	03	05	56 356	0.031 568	0.344 071	0.201 592 3	2013	03	06	56 357	0.031 980	0.345 080	0.200 117 8
2013	03	07	56 358	0.032 861	0.345 739	0.198 573 6	2013	03	08	56 359	0.034 204	0.346 436	0.196 914 5
2013	03	09	56 360	0.035 541	0.347 380	0.195 148 3	2013	03	10	56 361	0.036 619	0.348 529	0.193 267 6
2013	03	11	56 362	0.037 638	0.349 952	0.191 373 5	2013	03	12	56 363	0.038 793	0.351 874	0.189 488 4
2013	03	13	56 364	0.039 907	0.354 162	0.187 653 3	2013	03	14	56 365	0.040 538	0.356 068	0.185 907 1
2013	03	15	56 366	0.040 952	0.357 486	0.184 303 5	2013	03	16	56 367	0.040 887	0.358 706	0.182 813 3
2013	03	17	56 368	0.040 975	0.359 641	0.181 459 9	2013	03	18	56 369	0.041 530	0.360 311	0.180 206 7
2013	03	19	56 370	0.042 428	0.360 712	0.179 010 0	2013	03	20	56 371	0.043 572	0.361 292	0.177 847 3
2013	03	21	56 372	0.044 690	0.362 195	0.176 671 1	2013	03	22	56 373	0.045 148	0.363 217	0.175 481 1
2013	03	23	56 374	0.045 636	0.364 449	0.174 139 9	2013	03	24	56 375	0.046 494	0.365 575	0.172 649 1
2013	03	25	56 376	0.047 552	0.366 953	0.171 011 1	2013	03	26	56 377	0.048 035	0.368 228	0.169 236 5
2013	03	27	56 378	0.048 589	0.369 493	0.167 319 2	2013	03	28	56 379	0.049 531	0.370 939	0.165 340 3
2013	03	29	56 380	0.050 469	0.372 139	0.163 391 1	2013	03	30	56 381	0.051 097	0.373 351	0.161 532 4
2013	03	31	56 382	0.051 465	0.374 470	0.159 806 5	2013	04	01	56 383	0.051 243	0.375 362	0.158 179 8
2013	04	02	56 384	0.050 849	0.376 099	0.156 614 0	2013	04	03	56 385	0.050 910	0.376 790	0.155 028 7
2013	04	04	56 386	0.051 450	0.377 420	0.153 422 1	2013	04	05	56 387	0.052 286	0.378 138	0.151 731 0
2013	04	06	56 388	0.052 841	0.378 806	0.149 888 2	2013	04	07	56 389	0.053 079	0.379 354	0.147 996 2
2013	04	08	56 390	0.053 489	0.380 033	0.146 114 3	2013	04	09	56 391	0.054 072	0.381 235	0.144 286 8
2013	04	10	56 392	0.054 962	0.382 432	0.142 541 7	2013	04	11	56 393	0.055 508	0.383 574	0.140 941 1
2013	04	12	56 394	0.055 501	0.384 312	0.139 508 6	2013	04	13	56 395	0.055 436	0.385 129	0.138 210 3
2013	04	14	56 396	0.055 457	0.385 712	0.137 021 6	2013	04	15	56 397	0.055 562	0.386 062	0.135 914 1
2013	04	16	56 398	0.055 865	0.386 438	0.134 813 8	2013	04	17	56 399	0.056 437	0.386 990	0.133 682 4
2013	04	18	56 400	0.057 487	0.387 546	0.132 525 8	2013	04	19	56 401	0.058 643	0.388 716	0.131 276 6

续 表

年	月	日	儒略日	$x_p/('')$	$y_p/('')$	$\Delta UT1/s$	年	月	日	儒略日	$x_p/('')$	$y_p/('')$	$\Delta UT1/s$
2013	04	20	56 402	0.059 379	0.390 006	0.129 881 1	2013	04	21	56 403	0.059 982	0.391 007	0.128 343 5
2013	04	22	56 404	0.060 976	0.392 025	0.126 694 7	2013	04	23	56 405	0.061 979	0.392 889	0.124 955 0
2013	04	24	56 406	0.062 952	0.393 425	0.123 149 3	2013	04	25	56 407	0.063 869	0.393 925	0.121 323 0
2013	04	26	56 408	0.064 803	0.394 246	0.119 576 2	2013	04	27	56 409	0.065 665	0.394 813	0.117 965 1
2013	04	28	56 410	0.066 063	0.395 283	0.116 501 6	2013	04	29	56 411	0.066 852	0.395 523	0.115 129 3
2013	04	30	56 412	0.067 865	0.396 036	0.113 764 8	2013	05	01	56 413	0.069 025	0.396 180	0.112 363 9
2013	05	02	56 414	0.070 527	0.396 898	0.110 875 0	2013	05	03	56 415	0.072 161	0.397 682	0.109 291 3
2013	05	04	56 416	0.073 905	0.398 179	0.107 623 8	2013	05	05	56 417	0.075 392	0.398 755	0.105 929 0
2013	05	06	56 418	0.076 739	0.399 258	0.104 265 9	2013	05	07	56 419	0.077 687	0.399 573	0.102 667 0
2013	05	08	56 420	0.078 725	0.399 726	0.101 123 0	2013	05	09	56 421	0.080 078	0.400 193	0.099 763 5
2013	05	10	56 422	0.081 684	0.400 536	0.098 556 7	2013	05	11	56 423	0.084 152	0.400 866	0.097 461 5
2013	05	12	56 424	0.086 383	0.401 465	0.096 451 3	2013	05	13	56 425	0.088 340	0.402 205	0.095 543 6
2013	05	14	56 426	0.089 529	0.403 293	0.094 658 7	2013	05	15	56 427	0.090 703	0.404 054	0.093 716 5
2013	05	16	56 428	0.091 108	0.404 666	0.092 707 7	2013	05	17	56 429	0.091 561	0.404 812	0.091 599 8
2013	05	18	56 430	0.092 183	0.404 978	0.090 339 5	2013	05	19	56 431	0.093 244	0.404 859	0.088 951 4
2013	05	20	56 432	0.094 778	0.404 863	0.087 468 1	2013	05	21	56 433	0.096 646	0.405 104	0.085 934 4
2013	05	22	56 434	0.098 087	0.405 815	0.084 413 5	2013	05	23	56 435	0.099 424	0.406 665	0.082 981 4
2013	05	24	56 436	0.100 672	0.407 207	0.081 711 9	2013	05	25	56 437	0.101 496	0.407 265	0.080 518 1
2013	05	26	56 438	0.102 284	0.407 252	0.079 432 5	2013	05	27	56 439	0.102 837	0.407 320	0.078 496 8
2013	05	28	56 440	0.103 468	0.407 198	0.077 603 6	2013	05	29	56 441	0.104 057	0.407 260	0.076 682 2
2013	05	30	56 442	0.104 772	0.407 130	0.075 751 5	2013	05	31	56 443	0.106 250	0.406 961	0.074 815 7
2013	06	01	56 444	0.108 260	0.406 678	0.073 965 7	2013	06	02	56 445	0.110 238	0.406 535	0.073 215 0
2013	06	03	56 446	0.111 880	0.406 443	0.072 506 3	2013	06	04	56 447	0.113 287	0.406 036	0.071 907 6
2013	06	05	56 448	0.114 222	0.405 478	0.071 416 4	2013	06	06	56 449	0.114 604	0.404 655	0.071 047 8
2013	06	07	56 450	0.114 997	0.403 825	0.070 780 7	2013	06	08	56 451	0.115 635	0.402 946	0.070 630 2
2013	06	09	56 452	0.116 268	0.402 131	0.070 527 2	2013	06	10	56 453	0.117 307	0.401 368	0.070 410 8
2013	06	11	56 454	0.118 210	0.401 117	0.070 238 2	2013	06	12	56 455	0.119 114	0.400 692	0.069 993 1
2013	06	13	56 456	0.120 642	0.400 080	0.069 636 8	2013	06	14	56 457	0.122 357	0.399 538	0.069 151 6
2013	06	15	56 458	0.123 862	0.398 951	0.068 490 8	2013	06	16	56 459	0.125 637	0.398 579	0.067 699 7
2013	06	17	56 460	0.127 327	0.398 307	0.066 908 5	2013	06	18	56 461	0.129 251	0.397 879	0.066 109 9
2013	06	19	56 462	0.131 165	0.397 933	0.065 270 6	2013	06	20	56 463	0.132 622	0.397 806	0.064 481 9
2013	06	21	56 464	0.134 144	0.397 070	0.063 774 9	2013	06	22	56 465	0.135 348	0.396 517	0.063 158 6
2013	06	23	56 466	0.136 112	0.395 972	0.062 593 0	2013	06	24	56 467	0.136 395	0.395 663	0.062 013 4
2013	06	25	56 468	0.136 903	0.395 025	0.061 364 7	2013	06	26	56 469	0.137 507	0.394 414	0.060 634 0
2013	06	27	56 470	0.137 909	0.393 820	0.059 837 1	2013	06	28	56 471	0.138 669	0.392 917	0.059 046 2
2013	06	29	56 472	0.140 149	0.392 020	0.058 326 4	2013	06	30	56 473	0.141 473	0.391 466	0.057 743 4
2013	07	01	56 474	0.142 539	0.390 858	0.057 355 5	2013	07	02	56 475	0.144 023	0.390 190	0.057 164 3
2013	07	03	56 476	0.145 661	0.389 620	0.057 154 1	2013	07	04	56 477	0.146 693	0.388 854	0.057 305 9
2013	07	05	56 478	0.147 627	0.387 628	0.057 576 0	2013	07	06	56 479	0.148 912	0.386 223	0.057 919 0

续 表

年	月	日	儒略日	$x_p/('')$	$y_p/('')$	ΔUT1/s	年	月	日	儒略日	$x_p/('')$	$y_p/('')$	ΔUT1/s
2013	07	07	56 480	0. 150 303	0. 384 908	0. 058 299 8	2013	07	08	56 481	0. 151 516	0. 383 569	0. 058 587 3
2013	07	09	56 482	0. 152 960	0. 382 258	0. 058 769 1	2013	07	10	56 483	0. 154 497	0. 381 112	0. 058 826 1
2013	07	11	56 484	0. 156 047	0. 380 758	0. 058 746 2	2013	07	12	56 485	0. 156 842	0. 380 698	0. 058 530 7
2013	07	13	56 486	0. 157 999	0. 380 151	0. 058 218 1	2013	07	14	56 487	0. 159 031	0. 379 509	0. 057 824 4
2013	07	15	56 488	0. 159 869	0. 378 293	0. 057 402 9	2013	07	16	56 489	0. 160 867	0. 377 205	0. 056 974 5
2013	07	17	56 490	0. 161 806	0. 376 293	0. 056 540 1	2013	07	18	56 491	0. 162 510	0. 375 481	0. 056 169 0
2013	07	19	56 492	0. 162 870	0. 374 748	0. 055 874 7	2013	07	20	56 493	0. 163 780	0. 373 917	0. 055 645 0
2013	07	21	56 494	0. 164 543	0. 373 202	0. 055 410 0	2013	07	22	56 495	0. 164 730	0. 371 897	0. 055 150 0
2013	07	23	56 496	0. 165 231	0. 370 380	0. 054 778 8	2013	07	24	56 497	0. 165 974	0. 369 025	0. 054 273 6
2013	07	25	56 498	0. 166 323	0. 367 973	0. 053 655 7	2013	07	26	56 499	0. 166 728	0. 366 709	0. 053 004 0
2013	07	27	56 500	0. 167 633	0. 365 562	0. 052 362 9	2013	07	28	56 501	0. 168 716	0. 364 800	0. 051 813 7
2013	07	29	56 502	0. 169 699	0. 364 067	0. 051 390 6	2013	07	30	56 503	0. 170 573	0. 363 004	0. 051 103 4
2013	07	31	56 504	0. 171 200	0. 361 756	0. 050 945 7	2013	08	01	56 505	0. 171 584	0. 360 841	0. 050 884 8
2013	08	02	56 506	0. 171 430	0. 359 964	0. 050 878 3	2013	08	03	56 507	0. 171 752	0. 358 845	0. 050 834 0
2013	08	04	56 508	0. 172 180	0. 357 545	0. 050 749 1	2013	08	05	56 509	0. 172 376	0. 356 300	0. 050 762 9
2013	08	06	56 510	0. 172 494	0. 355 281	0. 050 748 3	2013	08	07	56 511	0. 172 699	0. 354 291	0. 050 560 3
2013	08	08	56 512	0. 173 404	0. 353 367	0. 050 246 4	2013	08	09	56 513	0. 173 693	0. 352 980	0. 049 835 4
2013	08	10	56 514	0. 173 874	0. 352 127	0. 049 327 9	2013	08	11	56 515	0. 173 973	0. 351 349	0. 048 776 2
2013	08	12	56 516	0. 173 727	0. 350 269	0. 048 257 4	2013	08	13	56 517	0. 173 596	0. 348 967	0. 047 793 5
2013	08	14	56 518	0. 173 664	0. 347 824	0. 047 399 2	2013	08	15	56 519	0. 173 730	0. 346 434	0. 047 057 6
2013	08	16	56 520	0. 173 632	0. 345 207	0. 046 751 1	2013	08	17	56 521	0. 173 307	0. 343 951	0. 046 433 6
2013	08	18	56 522	0. 173 225	0. 342 947	0. 046 041 1	2013	08	19	56 523	0. 173 145	0. 341 957	0. 045 458 0
2013	08	20	56 524	0. 173 084	0. 340 806	0. 044 689 7	2013	08	21	56 525	0. 172 378	0. 339 452	0. 043 847 1
2013	08	22	56 526	0. 171 662	0. 337 878	0. 042 959 0	2013	08	23	56 527	0. 170 580	0. 336 508	0. 042 085 3
2013	08	24	56 528	0. 169 716	0. 334 993	0. 041 269 4	2013	08	25	56 529	0. 169 112	0. 333 637	0. 040 576 9
2013	08	26	56 530	0. 168 864	0. 332 253	0. 039 992 1	2013	08	27	56 531	0. 168 452	0. 330 771	0. 039 535 1
2013	08	28	56 532	0. 168 403	0. 329 438	0. 039 167 1	2013	08	29	56 533	0. 168 158	0. 328 306	0. 038 882 8
2013	08	30	56 534	0. 167 666	0. 327 165	0. 038 680 8	2013	08	31	56 535	0. 166 524	0. 325 783	0. 038 474 0
2013	09	01	56 536	0. 165 762	0. 324 121	0. 038 211 0	2013	09	02	56 537	0. 165 522	0. 322 697	0. 037 871 2
2013	09	03	56 538	0. 165 319	0. 321 433	0. 037 404 3	2013	09	04	56 539	0. 164 795	0. 320 516	0. 036 798 6
2013	09	05	56 540	0. 164 319	0. 319 550	0. 036 041 5	2013	09	06	56 541	0. 164 302	0. 318 390	0. 035 175 3
2013	09	07	56 542	0. 163 914	0. 317 379	0. 034 221 1	2013	09	08	56 543	0. 163 487	0. 316 433	0. 033 246 5
2013	09	09	56 544	0. 162 930	0. 315 370	0. 032 348 2	2013	09	10	56 545	0. 162 046	0. 314 234	0. 031 518 6
2013	09	11	56 546	0. 161 079	0. 312 849	0. 030 766 9	2013	09	12	56 547	0. 159 894	0. 311 536	0. 030 111 5
2013	09	13	56 548	0. 158 658	0. 310 005	0. 029 481 0	2013	09	14	56 549	0. 157 686	0. 308 473	0. 028 801 4
2013	09	15	56 550	0. 157 285	0. 306 927	0. 028 007 6	2013	09	16	56 551	0. 157 114	0. 305 952	0. 027 059 8
2013	09	17	56 552	0. 156 544	0. 305 543	0. 025 939 8	2013	09	18	56 553	0. 155 359	0. 305 444	0. 024 668 7
2013	09	19	56 554	0. 153 916	0. 304 869	0. 023 311 0	2013	09	20	56 555	0. 152 835	0. 304 021	0. 021 958 2
2013	09	21	56 556	0. 151 468	0. 303 256	0. 020 727 1	2013	09	22	56 557	0. 149 277	0. 302 433	0. 019 638 2

续 表

年	月	日	儒略日	$x_p/('')$	$y_p/('')$	$\Delta UT1/s$	年	月	日	儒略日	$x_p/('')$	$y_p/('')$	$\Delta UT1/s$
2013	09	23	56 558	0.146 634	0.301 494	0.018 689 7	2013	09	24	56 559	0.144 771	0.300 370	0.017 812 8
2013	09	25	56 560	0.143 504	0.299 644	0.016 973 2	2013	09	26	56 561	0.142 035	0.298 888	0.016 188 2
2013	09	27	56 562	0.140 873	0.297 982	0.015 446 9	2013	09	28	56 563	0.139 511	0.297 333	0.014 748 9
2013	09	29	56 564	0.137 665	0.296 309	0.014 010 3	2013	09	30	56 565	0.135 471	0.295 206	0.013 178 4
2013	10	01	56 566	0.132 996	0.294 189	0.012 233 9	2013	10	02	56 567	0.130 959	0.292 934	0.011 190 0
2013	10	03	56 568	0.129 438	0.292 066	0.010 016 5	2013	10	04	56 569	0.128 473	0.291 082	0.008 795 5
2013	10	05	56 570	0.127 962	0.290 177	0.007 503 5	2013	10	06	56 571	0.126 768	0.289 609	0.006 205 9
2013	10	07	56 572	0.124 795	0.289 183	0.004 933 4	2013	10	08	56 573	0.123 114	0.288 197	0.003 732 5
2013	10	09	56 574	0.121 820	0.287 321	0.002 565 2	2013	10	10	56 575	0.120 522	0.286 790	0.001 445 8
2013	10	11	56 576	0.118 673	0.286 134	0.000 378 9	2013	10	12	56 577	0.116 765	0.285 305	−0.000 737 5
2013	10	13	56 578	0.115 030	0.284 844	−0.001 956 5	2013	10	14	56 579	0.113 802	0.284 597	−0.003 268 6
2013	10	15	56 580	0.112 811	0.284 080	−0.004 708 1	2013	10	16	56 581	0.111 762	0.283 825	−0.006 226 9
2013	10	17	56 582	0.110 237	0.283 660	−0.007 768 0	2013	10	18	56 583	0.108 365	0.283 441	−0.009 248 2
2013	10	19	56 584	0.105 949	0.283 204	−0.010 586 2	2013	10	20	56 585	0.103 699	0.282 693	−0.011 769 9
2013	10	21	56 586	0.101 715	0.282 555	−0.012 766 6	2013	10	22	56 587	0.099 901	0.282 351	−0.013 635 6
2013	10	23	56 588	0.098 499	0.282 289	−0.014 440 8	2013	10	24	56 589	0.096 899	0.282 593	−0.015 229 4
2013	10	25	56 590	0.094 999	0.282 712	−0.016 048 4	2013	10	26	56 591	0.093 349	0.282 561	−0.016 996 3
2013	10	27	56 592	0.092 330	0.282 369	−0.018 069 0	2013	10	28	56 593	0.091 798	0.282 949	−0.019 276 7
2013	10	29	56 594	0.091 203	0.283 739	−0.020 614 0	2013	10	30	56 595	0.090 463	0.284 185	−0.022 058 1
2013	10	31	56 596	0.089 562	0.284 274	−0.023 585 8	2013	11	01	56 597	0.088 054	0.284 270	−0.025 081 7
2013	11	02	56 598	0.086 765	0.284 387	−0.026 532 7	2013	11	03	56 599	0.085 485	0.284 789	−0.027 888 6
2013	11	04	56 600	0.084 398	0.284 933	−0.029 251 2	2013	11	05	56 601	0.083 118	0.285 518	−0.030 538 7
2013	11	06	56 602	0.081 773	0.285 857	−0.031 734 9	2013	11	07	56 603	0.081 100	0.286 200	−0.032 887 1
2013	11	08	56 604	0.079 915	0.286 770	−0.034 035 3	2013	11	09	56 605	0.077 910	0.286 728	−0.035 205 3
2013	11	10	56 606	0.076 178	0.286 187	−0.036 460 4	2013	11	11	56 607	0.074 778	0.285 825	−0.037 813 9
2013	11	12	56 608	0.073 613	0.285 258	−0.039 226 4	2013	11	13	56 609	0.073 066	0.284 979	−0.040 718 2
2013	11	14	56 610	0.072 519	0.284 963	−0.042 198 2	2013	11	15	56 611	0.071 889	0.285 170	−0.043 557 7
2013	11	16	56 612	0.070 307	0.285 503	−0.044 783 4	2013	11	17	56 613	0.068 331	0.285 991	−0.045 883 2
2013	11	18	56 614	0.066 609	0.286 858	−0.046 882 5	2013	11	19	56 615	0.065 136	0.287 651	−0.047 807 7
2013	11	20	56 616	0.063 662	0.288 233	−0.048 681 5	2013	11	21	56 617	0.062 281	0.288 815	−0.049 562 2
2013	11	22	56 618	0.061 361	0.289 229	−0.050 454 0	2013	11	23	56 619	0.060 916	0.289 535	−0.051 453 6
2013	11	24	56 620	0.060 132	0.290 238	−0.052 563 3	2013	11	25	56 621	0.059 463	0.290 747	−0.053 742 0
2013	11	26	56 622	0.059 054	0.291 623	−0.055 009 5	2013	11	27	56 623	0.058 488	0.292 239	−0.056 368 9
2013	11	28	56 624	0.057 838	0.292 856	−0.057 793 5	2013	11	29	56 625	0.057 425	0.293 396	−0.059 241 3
2013	11	30	56 626	0.057 543	0.293 803	−0.060 633 1	2013	12	01	56 627	0.057 914	0.294 200	−0.061 999 0
2013	12	02	56 628	0.057 839	0.294 924	−0.063 277 2	2013	12	03	56 629	0.057 194	0.295 668	−0.064 475 6
2013	12	04	56 630	0.056 918	0.296 444	−0.065 620 9	2013	12	05	56 631	0.057 140	0.297 418	−0.066 776 9
2013	12	06	56 632	0.057 071	0.298 691	−0.067 963 4	2013	12	07	56 633	0.056 992	0.300 509	−0.069 255 8
2013	12	08	56 634	0.056 938	0.301 651	−0.070 643 0	2013	12	09	56 635	0.057 219	0.302 570	−0.072 074 7

续 表

年	月	日	儒略日	$x_p/('')$	$y_p/('')$	$\Delta UT1/s$	年	月	日	儒略日	$x_p/('')$	$y_p/('')$	$\Delta UT1/s$
2013	12	10	56 636	0.057 085	0.303 912	−0.073 463 9	2013	12	11	56 637	0.056 894	0.305 244	−0.074 762 9
2013	12	12	56 638	0.056 884	0.306 338	−0.075 961 4	2013	12	13	56 639	0.056 551	0.307 369	−0.077 060 6
2013	12	14	56 640	0.055 765	0.308 392	−0.078 046 8	2013	12	15	56 641	0.054 607	0.308 780	−0.078 870 3
2013	12	16	56 642	0.053 207	0.308 627	−0.079 608 0	2013	12	17	56 643	0.051 747	0.308 124	−0.080 239 0
2013	12	18	56 644	0.049 948	0.308 089	−0.080 849 4	2013	12	19	56 645	0.048 273	0.308 191	−0.081 484 2
2013	12	20	56 646	0.047 064	0.308 707	−0.082 195 6	2013	12	21	56 647	0.046 035	0.309 134	−0.083 051 1
2013	12	22	56 648	0.045 171	0.309 786	−0.084 045 0	2013	12	23	56 649	0.044 273	0.310 487	−0.085 166 6
2013	12	24	56 650	0.043 536	0.311 211	−0.086 405 2	2013	12	25	56 651	0.042 681	0.312 389	−0.087 738 1
2013	12	26	56 652	0.041 817	0.313 465	−0.089 130 4	2013	12	27	56 653	0.041 024	0.314 925	−0.090 539 7
2013	12	28	56 654	0.040 472	0.316 045	−0.091 974 6	2013	12	29	56 655	0.040 086	0.316 906	−0.093 365 3
2013	12	30	56 656	0.039 580	0.317 719	−0.094 652 5	2013	12	31	56 657	0.038 942	0.318 303	−0.095 869 4
2014	01	01	56 658	0.038 625	0.318 929	−0.097 033 7	2014	01	02	56 659	0.038 411	0.319 622	−0.098 227 4
2014	01	03	56 660	0.037 804	0.320 458	−0.099 507 6	2014	01	04	56 661	0.037 059	0.320 811	−0.100 855 7
2014	01	05	56 662	0.036 698	0.321 223	−0.102 260 1	2014	01	06	56 663	0.036 122	0.321 908	−0.103 668 5
2014	01	07	56 664	0.035 263	0.322 840	−0.104 994 3	2014	01	08	56 665	0.034 235	0.323 974	−0.106 170 4
2014	01	09	56 666	0.033 904	0.324 984	−0.107 190 2	2014	01	10	56 667	0.033 577	0.326 468	−0.108 092 7
2014	01	11	56 668	0.032 842	0.327 905	−0.108 846 7	2014	01	12	56 669	0.031 625	0.328 991	−0.109 469 3
2014	01	13	56 670	0.030 240	0.330 037	−0.110 026 8	2014	01	14	56 671	0.029 382	0.330 675	−0.110 579 5
2014	01	15	56 672	0.028 560	0.331 788	−0.111 166 0	2014	01	16	56 673	0.027 405	0.332 652	−0.111 831 0
2014	01	17	56 674	0.026 585	0.333 747	−0.112 603 3	2014	01	18	56 675	0.025 858	0.335 129	−0.113 502 0
2014	01	19	56 676	0.024 785	0.336 444	−0.114 558 5	2014	01	20	56 677	0.023 705	0.337 475	−0.115 716 3
2014	01	21	56 678	0.023 636	0.338 291	−0.116 954 3	2014	01	22	56 679	0.024 050	0.339 040	−0.118 238 5
2014	01	23	56 680	0.024 359	0.339 986	−0.119 502 2	2014	01	24	56 681	0.024 502	0.340 785	−0.120 722 3
2014	01	25	56 682	0.024 346	0.341 404	−0.121 857 6	2014	01	26	56 683	0.024 091	0.341 819	−0.122 921 8
2014	01	27	56 684	0.024 192	0.342 557	−0.123 879 2	2014	01	28	56 685	0.024 382	0.343 913	−0.124 820 7
2014	01	29	56 686	0.024 523	0.345 557	−0.125 820 2	2014	01	30	56 687	0.024 560	0.347 002	−0.126 970 0
2014	01	31	56 688	0.024 272	0.348 034	−0.128 265 0	2014	02	01	56 689	0.023 720	0.348 846	−0.129 636 9
2014	02	02	56 690	0.023 527	0.349 533	−0.131 063 5	2014	02	03	56 691	0.023 561	0.350 124	−0.132 460 6
2014	02	04	56 692	0.023 735	0.351 002	−0.133 744 0	2014	02	05	56 693	0.023 864	0.352 351	−0.134 849 7
2014	02	06	56 694	0.024 364	0.353 748	−0.135 776 4	2014	02	07	56 695	0.024 526	0.355 359	−0.136 546 7
2014	02	08	56 696	0.024 479	0.356 729	−0.137 225 8	2014	02	09	56 697	0.024 393	0.358 211	−0.137 825 5
2014	02	10	56 698	0.024 197	0.359 803	−0.138 396 3	2014	02	11	56 699	0.024 040	0.361 819	−0.138 997 7
2014	02	12	56 700	0.023 543	0.363 777	−0.139 674 6	2014	02	13	56 701	0.022 785	0.365 441	−0.140 463 0
2014	02	14	56 702	0.022 059	0.367 134	−0.141 395 7	2014	02	15	56 703	0.021 459	0.368 685	−0.142 447 5
2014	02	16	56 704	0.021 003	0.370 446	−0.143 655 0	2014	02	17	56 705	0.020 474	0.372 215	−0.144 957 9
2014	02	18	56 706	0.019 775	0.373 461	−0.146 311 0	2014	02	19	56 707	0.019 852	0.374 879	−0.147 701 7
2014	02	20	56 708	0.020 092	0.376 167	−0.149 067 3	2014	02	21	56 709	0.020 334	0.377 408	−0.150 341 5
2014	02	22	56 710	0.020 535	0.378 564	−0.151 551 6	2014	02	23	56 711	0.020 713	0.380 002	−0.152 683 2
2014	02	24	56 712	0.020 489	0.381 457	−0.153 826 8	2014	02	25	56 713	0.019 581	0.382 823	−0.155 046 6

续 表

年	月	日	儒略日	$x_p/('')$	$y_p/('')$	$\Delta UT1/s$	年	月	日	儒略日	$x_p/('')$	$y_p/('')$	$\Delta UT1/s$
2014	02	26	56 714	0.018 713	0.383 668	−0.156 394 8	2014	02	27	56 715	0.018 762	0.384 182	−0.157 940 0
2014	02	28	56 716	0.019 281	0.385 242	−0.159 741 8	2014	03	01	56 717	0.019 851	0.386 589	−0.161 686 2
2014	03	02	56 718	0.020 242	0.387 918	−0.163 685 7	2014	03	03	56 719	0.020 430	0.389 451	−0.165 659 6
2014	03	04	56 720	0.020 506	0.390 971	−0.167 527 1	2014	03	05	56 721	0.020 362	0.392 074	−0.169 234 1
2014	03	06	56 722	0.020 424	0.393 010	−0.170 761 3	2014	03	07	56 723	0.020 313	0.394 045	−0.172 122 2
2014	03	08	56 724	0.020 135	0.395 140	−0.173 361 3	2014	03	09	56 725	0.019 846	0.396 188	−0.174 493 8
2014	03	10	56 726	0.019 509	0.396 953	−0.175 568 9	2014	03	11	56 727	0.019 197	0.398 041	−0.176 617 9
2014	03	12	56 728	0.019 420	0.399 147	−0.177 673 5	2014	03	13	56 729	0.020 234	0.400 258	−0.178 799 9
2014	03	14	56 730	0.021 455	0.401 268	−0.179 990 5	2014	03	15	56 731	0.022 504	0.402 454	−0.181 218 7
2014	03	16	56 732	0.023 637	0.403 738	−0.182 505 7	2014	03	17	56 733	0.024 470	0.405 052	−0.183 780 3
2014	03	18	56 734	0.024 858	0.405 660	−0.185 033 2	2014	03	19	56 735	0.025 303	0.406 020	−0.186 272 0
2014	03	20	56 736	0.026 121	0.406 476	−0.187 463 2	2014	03	21	56 737	0.027 395	0.407 082	−0.188 592 9
2014	03	22	56 738	0.028 278	0.408 420	−0.189 688 8	2014	03	23	56 739	0.029 408	0.409 838	−0.190 840 0
2014	03	24	56 740	0.030 866	0.411 323	−0.192 047 1	2014	03	25	56 741	0.032 258	0.412 702	−0.193 341 2
2014	03	26	56 742	0.033 605	0.414 229	−0.194 788 3	2014	03	27	56 743	0.034 995	0.415 246	−0.196 391 4
2014	03	28	56 744	0.036 741	0.416 007	−0.198 090 8	2014	03	29	56 745	0.038 453	0.416 886	−0.199 862 4
2014	03	30	56 746	0.040 414	0.418 056	−0.201 684 1	2014	03	31	56 747	0.042 244	0.419 490	−0.203 416 8
2014	04	01	56 748	0.043 621	0.420 985	−0.205 003 3	2014	04	02	56 749	0.044 738	0.422 571	−0.206 496 2
2014	04	03	56 750	0.045 494	0.423 930	−0.207 854 4	2014	04	04	56 751	0.045 956	0.425 019	−0.209 091 1
2014	04	05	56 752	0.046 317	0.425 769	−0.210 296 0	2014	04	06	56 753	0.046 765	0.426 367	−0.211 502 2
2014	04	07	56 754	0.047 654	0.426 425	−0.212 676 3	2014	04	08	56 755	0.049 103	0.427 191	−0.213 859 5
2014	04	09	56 756	0.050 693	0.428 280	−0.215 082 8	2014	04	10	56 757	0.052 161	0.429 119	−0.216 362 1
2014	04	11	56 758	0.053 265	0.429 894	−0.217 682 7	2014	04	12	56 759	0.054 207	0.430 571	−0.219 073 5
2014	04	13	56 760	0.054 917	0.430 856	−0.220 512 1	2014	04	14	56 761	0.055 763	0.431 160	−0.221 965 1
2014	04	15	56 762	0.056 648	0.432 092	−0.223 397 9	2014	04	16	56 763	0.057 283	0.432 755	−0.224 722 4
2014	04	17	56 764	0.058 233	0.433 316	−0.225 973 5	2014	04	18	56 765	0.059 547	0.434 438	−0.227 161 1
2014	04	19	56 766	0.060 235	0.435 938	−0.228 326 2	2014	04	20	56 767	0.060 944	0.436 953	−0.229 557 4
2014	04	21	56 768	0.062 152	0.437 984	−0.230 863 0	2014	04	22	56 769	0.063 753	0.438 706	−0.232 299 9
2014	04	23	56 770	0.065 273	0.439 403	−0.233 898 8	2014	04	24	56 771	0.066 868	0.439 919	−0.235 629 8
2014	04	25	56 772	0.068 557	0.440 457	−0.237 481 4	2014	04	26	56 773	0.070 301	0.441 033	−0.239 468 0
2014	04	27	56 774	0.071 794	0.441 789	−0.241 444 4	2014	04	28	56 775	0.072 950	0.442 413	−0.243 309 7
2014	04	29	56 776	0.074 283	0.442 691	−0.245 025 4	2014	04	30	56 777	0.076 090	0.442 797	−0.246 542 3
2014	05	01	56 778	0.077 991	0.443 171	−0.247 861 2	2014	05	02	56 779	0.079 707	0.443 594	−0.249 045 7
2014	05	03	56 780	0.081 701	0.444 023	−0.250 139 3	2014	05	04	56 781	0.083 839	0.444 603	−0.251 214 8
2014	05	05	56 782	0.085 302	0.444 896	−0.252 355 8	2014	05	06	56 783	0.086 169	0.445 015	−0.253 559 5
2014	05	07	56 784	0.087 354	0.445 500	−0.254 823 6	2014	05	08	56 785	0.088 953	0.446 179	−0.256 115 4
2014	05	09	56 786	0.090 410	0.446 838	−0.257 521 4	2014	05	10	56 787	0.091 448	0.446 928	−0.258 957 9
2014	05	11	56 788	0.093 022	0.446 752	−0.260 402 1	2014	05	12	56 789	0.095 388	0.446 663	−0.261 805 8
2014	05	13	56 790	0.097 793	0.447 033	−0.263 127 8	2014	05	14	56 791	0.099 835	0.447 593	−0.264 301 8

续 表

年	月	日	儒略日	$x_p/('')$	$y_p/('')$	ΔUT1/s	年	月	日	儒略日	$x_p/('')$	$y_p/('')$	ΔUT1/s
2014	05	15	56 792	0.101 380	0.447 965	−0.265 405 8	2014	05	16	56 793	0.102 773	0.448 091	−0.266 437 0
2014	05	17	56 794	0.103 974	0.448 095	−0.267 427 5	2014	05	18	56 795	0.104 886	0.448 053	−0.268 466 2
2014	05	19	56 796	0.105 789	0.447 827	−0.269 622 6	2014	05	20	56 797	0.107 192	0.447 596	−0.270 893 6
2014	05	21	56 798	0.108 971	0.447 681	−0.272 281 9	2014	05	22	56 799	0.110 876	0.448 090	−0.273 738 3
2014	05	23	56 800	0.112 186	0.448 320	−0.275 216 0	2014	05	24	56 801	0.113 624	0.448 153	−0.276 643 8
2014	05	25	56 802	0.115 166	0.447 752	−0.277 909 3	2014	05	26	56 803	0.116 676	0.447 032	−0.279 002 2
2014	05	27	56 804	0.117 995	0.446 337	−0.279 949 8	2014	05	28	56 805	0.120 028	0.445 450	−0.280 730 0
2014	05	29	56 806	0.122 722	0.444 989	−0.281 342 2	2014	05	30	56 807	0.125 448	0.444 196	−0.281 837 0
2014	05	31	56 808	0.127 792	0.443 582	−0.282 233 6	2014	06	01	56 809	0.129 432	0.442 969	−0.282 620 6
2014	06	02	56 810	0.130 659	0.441 989	−0.283 027 0	2014	06	03	56 811	0.131 623	0.440 971	−0.283 473 3
2014	06	04	56 812	0.132 920	0.439 732	−0.283 988 7	2014	06	05	56 813	0.134 409	0.438 871	−0.284 574 6
2014	06	06	56 814	0.136 298	0.437 899	−0.285 224 1	2014	06	07	56 815	0.138 445	0.437 426	−0.285 935 6
2014	06	08	56 816	0.140 269	0.436 641	−0.286 694 0	2014	06	09	56 817	0.142 155	0.435 910	−0.287 427 5
2014	06	10	56 818	0.143 882	0.435 310	−0.288 120 8	2014	06	11	56 819	0.145 712	0.434 788	−0.288 773 0
2014	06	12	56 820	0.147 454	0.434 331	−0.289 412 4	2014	06	13	56 821	0.149 072	0.433 571	−0.290 042 5
2014	06	14	56 822	0.150 687	0.432 747	−0.290 676 8	2014	06	15	56 823	0.152 467	0.431 594	−0.291 413 1
2014	06	16	56 824	0.154 205	0.430 675	−0.292 262 3	2014	06	17	56 825	0.155 906	0.430 018	−0.293 248 9
2014	06	18	56 826	0.157 273	0.429 526	−0.294 359 4	2014	06	19	56 827	0.158 483	0.428 948	−0.295 534 2
2014	06	20	56 828	0.159 844	0.428 208	−0.296 686 1	2014	06	21	56 829	0.160 902	0.427 331	−0.297 737 5
2014	06	22	56 830	0.161 798	0.426 296	−0.298 667 6	2014	06	23	56 831	0.163 185	0.425 165	−0.299 418 0
2014	06	24	56 832	0.164 706	0.423 924	−0.299 988 7	2014	06	25	56 833	0.166 035	0.422 622	−0.300 416 1
2014	06	26	56 834	0.166 814	0.421 486	−0.300 714 3	2014	06	27	56 835	0.167 410	0.420 250	−0.300 872 6
2014	06	28	56 836	0.168 082	0.419 125	−0.301 038 5	2014	06	29	56 837	0.168 840	0.417 887	−0.301 315 5
2014	06	30	56 838	0.169 594	0.416 506	−0.301 585 1	2014	07	01	56 839	0.170 517	0.414 989	−0.301 865 4
2014	07	02	56 840	0.171 839	0.413 813	−0.302 252 7	2014	07	03	56 841	0.173 207	0.412 782	−0.302 705 9
2014	07	04	56 842	0.174 537	0.411 740	−0.303 209 6	2014	07	05	56 843	0.175 544	0.410 980	−0.303 734 1
2014	07	06	56 844	0.176 331	0.409 901	−0.304 279 7	2014	07	07	56 845	0.176 963	0.408 784	−0.304 715 6
2014	07	08	56 846	0.177 568	0.407 721	−0.305 057 6	2014	07	09	56 847	0.178 334	0.406 816	−0.305 348 1
2014	07	10	56 848	0.179 003	0.405 922	−0.305 622 1	2014	07	11	56 849	0.179 999	0.404 805	−0.305 968 0
2014	07	12	56 850	0.181 095	0.403 719	−0.306 391 8	2014	07	13	56 851	0.181 992	0.402 777	−0.306 951 3
2014	07	14	56 852	0.182 710	0.401 754	−0.307 659 8	2014	07	15	56 853	0.183 128	0.400 753	−0.308 506 4
2014	07	16	56 854	0.183 572	0.399 306	−0.309 423 8	2014	07	17	56 855	0.184 004	0.397 938	−0.310 337 5
2014	07	18	56 856	0.184 324	0.396 284	−0.311 167 7	2014	07	19	56 857	0.185 282	0.394 576	−0.311 935 4
2014	07	20	56 858	0.186 442	0.393 167	−0.312 435 8	2014	07	21	56 859	0.187 768	0.391 877	−0.312 769 7
2014	07	22	56 860	0.188 776	0.391 088	−0.312 993 2	2014	07	23	56 861	0.189 330	0.390 086	−0.313 087 6
2014	07	24	56 862	0.189 604	0.389 317	−0.313 119 8	2014	07	25	56 863	0.189 957	0.388 196	−0.313 149 9
2014	07	26	56 864	0.190 306	0.387 104	−0.313 188 3	2014	07	27	56 865	0.190 886	0.385 974	−0.313 254 3
2014	07	28	56 866	0.191 948	0.384 988	−0.313 415 6	2014	07	29	56 867	0.193 134	0.384 040	−0.313 667 7
2014	07	30	56 868	0.194 129	0.382 977	−0.314 039 2	2014	07	31	56 869	0.194 675	0.381 798	−0.314 468 9

续表

年	月	日	儒略日	$x_p/('')$	$y_p/('')$	$\Delta UT1/s$	年	月	日	儒略日	$x_p/('')$	$y_p/('')$	$\Delta UT1/s$
2014	08	01	56 870	0. 195 457	0. 380 267	−0. 314 916 2	2014	08	02	56 871	0. 196 024	0. 379 105	−0. 315 320 3
2014	08	03	56 872	0. 196 578	0. 377 704	−0. 315 653 3	2014	08	04	56 873	0. 197 529	0. 376 172	−0. 315 923 3
2014	08	05	56 874	0. 198 517	0. 374 548	−0. 316 117 4	2014	08	06	56 875	0. 199 814	0. 373 207	−0. 316 228 5
2014	08	07	56 876	0. 201 138	0. 372 224	−0. 316 278 0	2014	08	08	56 877	0. 202 110	0. 371 260	−0. 316 404 4
2014	08	09	56 878	0. 203 072	0. 370 155	−0. 316 665 2	2014	08	10	56 879	0. 204 233	0. 369 115	−0. 317 062 4
2014	08	11	56 880	0. 205 434	0. 368 324	−0. 317 656 2	2014	08	12	56 881	0. 206 552	0. 367 630	−0. 318 397 4
2014	08	13	56 882	0. 207 344	0. 366 930	−0. 319 219 3	2014	08	14	56 883	0. 207 916	0. 366 107	−0. 320 051 5
2014	08	15	56 884	0. 208 768	0. 364 934	−0. 320 797 2	2014	08	16	56 885	0. 209 644	0. 363 552	−0. 321 455 9
2014	08	17	56 886	0. 210 184	0. 362 144	−0. 321 957 6	2014	08	18	56 887	0. 210 356	0. 360 801	−0. 322 354 1
2014	08	19	56 888	0. 209 991	0. 359 346	−0. 322 667 7	2014	08	20	56 889	0. 209 665	0. 357 813	−0. 322 880 9
2014	08	21	56 890	0. 209 518	0. 356 180	−0. 323 053 9	2014	08	22	56 891	0. 209 650	0. 354 452	−0. 323 220 7
2014	08	23	56 892	0. 209 523	0. 352 597	−0. 323 436 5	2014	08	24	56 893	0. 209 522	0. 350 709	−0. 323 674 7
2014	08	25	56 894	0. 209 484	0. 348 871	−0. 323 917 5	2014	08	26	56 895	0. 209 253	0. 347 009	−0. 324 207 1
2014	08	27	56 896	0. 209 076	0. 345 043	−0. 324 611 8	2014	08	28	56 897	0. 208 912	0. 342 820	−0. 325 076 8
2014	08	29	56 898	0. 209 008	0. 340 884	−0. 325 568 2	2014	08	30	56 899	0. 209 416	0. 339 468	−0. 326 094 8
2014	08	31	56 900	0. 209 545	0. 338 267	−0. 326 589 0	2014	09	01	56 901	0. 209 595	0. 336 935	−0. 327 099 4
2014	09	02	56 902	0. 209 626	0. 335 285	−0. 327 617 3	2014	09	03	56 903	0. 209 207	0. 333 429	−0. 328 137 5
2014	09	04	56 904	0. 208 955	0. 331 540	−0. 328 667 0	2014	09	05	56 905	0. 209 032	0. 329 830	−0. 329 285 2
2014	09	06	56 906	0. 209 219	0. 328 282	−0. 330 056 1	2014	09	07	56 907	0. 209 087	0. 326 947	−0. 330 991 4
2014	09	08	56 908	0. 208 577	0. 325 706	−0. 332 122 4	2014	09	09	56 909	0. 207 970	0. 324 129	−0. 333 393 6
2014	09	10	56 910	0. 207 057	0. 322 201	−0. 334 659 9	2014	09	11	56 911	0. 205 694	0. 319 875	−0. 335 856 4
2014	09	12	56 912	0. 204 722	0. 317 446	−0. 336 919 4	2014	09	13	56 913	0. 203 675	0. 315 460	−0. 337 790 3
2014	09	14	56 914	0. 203 262	0. 313 648	−0. 338 505 1	2014	09	15	56 915	0. 203 044	0. 312 312	−0. 339 123 2
2014	09	16	56 916	0. 202 683	0. 310 879	−0. 339 678 8	2014	09	17	56 917	0. 201 948	0. 309 570	−0. 340 289 7
2014	09	18	56 918	0. 201 114	0. 308 136	−0. 340 935 2	2014	09	19	56 919	0. 200 440	0. 306 759	−0. 341 613 6
2014	09	20	56 920	0. 199 649	0. 305 017	−0. 342 337 9	2014	09	21	56 921	0. 198 822	0. 303 322	−0. 343 096 7
2014	09	22	56 922	0. 198 177	0. 301 495	−0. 343 930 1	2014	09	23	56 923	0. 197 695	0. 299 640	−0. 344 828 1
2014	09	24	56 924	0. 196 653	0. 297 948	−0. 345 748 0	2014	09	25	56 925	0. 196 227	0. 296 445	−0. 346 668 8
2014	09	26	56 926	0. 195 457	0. 295 357	−0. 347 564 7	2014	09	27	56 927	0. 194 278	0. 294 186	−0. 348 390 2
2014	09	28	56 928	0. 193 090	0. 293 164	−0. 349 162 8	2014	09	29	56 929	0. 192 102	0. 291 906	−0. 349 884 6
2014	09	30	56 930	0. 190 837	0. 290 467	−0. 350 570 8	2014	10	01	56 931	0. 189 281	0. 288 878	−0. 351 275 5
2014	10	02	56 932	0. 187 923	0. 287 409	−0. 352 049 7	2014	10	03	56 933	0. 186 357	0. 286 375	−0. 352 936 0
2014	10	04	56 934	0. 184 573	0. 285 157	−0. 354 010 7	2014	10	05	56 935	0. 182 934	0. 283 964	−0. 355 318 4
2014	10	06	56 936	0. 180 736	0. 282 714	−0. 356 758 8	2014	10	07	56 937	0. 178 466	0. 281 171	−0. 358 297 7
2014	10	08	56 938	0. 176 371	0. 279 490	−0. 359 912 7	2014	10	09	56 939	0. 174 483	0. 277 962	−0. 361 458 6
2014	10	10	56 940	0. 172 103	0. 276 934	−0. 362 815 4	2014	10	11	56 941	0. 169 442	0. 275 719	−0. 363 998 0
2014	10	12	56 942	0. 167 003	0. 274 337	−0. 365 095 7	2014	10	13	56 943	0. 164 792	0. 272 933	−0. 366 075 0
2014	10	14	56 944	0. 163 125	0. 271 630	−0. 366 979 4	2014	10	15	56 945	0. 161 791	0. 270 650	−0. 367 882 8
2014	10	16	56 946	0. 160 324	0. 269 618	−0. 368 828 4	2014	10	17	56 947	0. 158 854	0. 268 431	−0. 369 773 1

续 表

年	月	日	儒略日	$x_p/('')$	$y_p/('')$	$\Delta UT1/s$	年	月	日	儒略日	$x_p/('')$	$y_p/('')$	$\Delta UT1/s$
2014	10	18	56 948	0.157 609	0.267 480	−0.370 776 3	2014	10	19	56 949	0.156 166	0.266 450	−0.371 867 3
2014	10	20	56 950	0.154 882	0.265 184	−0.373 052 3	2014	10	21	56 951	0.153 538	0.264 166	−0.374 298 1
2014	10	22	56 952	0.152 544	0.263 225	−0.375 638 4	2014	10	23	56 953	0.151 239	0.262 643	−0.376 972 2
2014	10	24	56 954	0.149 410	0.261 644	−0.378 263 0	2014	10	25	56 955	0.147 282	0.260 354	−0.379 485 5
2014	10	26	56 956	0.144 735	0.259 080	−0.380 584 2	2014	10	27	56 957	0.142 502	0.257 796	−0.381 606 3
2014	10	28	56 958	0.140 629	0.257 088	−0.382 595 5	2014	10	29	56 959	0.138 839	0.256 769	−0.383 606 2
2014	10	30	56 960	0.137 045	0.256 364	−0.384 678 1	2014	10	31	56 961	0.134 899	0.256 104	−0.385 819 9
2014	11	01	56 962	0.132 510	0.255 501	−0.387 154 2	2014	11	02	56 963	0.130 131	0.254 642	−0.388 674 5
2014	11	03	56 964	0.128 037	0.253 599	−0.390 325 8	2014	11	04	56 965	0.126 501	0.252 992	−0.392 020 6
2014	11	05	56 966	0.125 128	0.253 058	−0.393 662 3	2014	11	06	56 967	0.123 775	0.253 108	−0.395 182 7
2014	11	07	56 968	0.122 213	0.252 747	−0.396 530 0	2014	11	08	56 969	0.120 675	0.252 135	−0.397 736 2
2014	11	09	56 970	0.118 672	0.251 874	−0.398 762 2	2014	11	10	56 971	0.116 077	0.251 414	−0.399 663 1
2014	11	11	56 972	0.113 418	0.251 114	−0.400 514 5	2014	11	12	56 973	0.111 204	0.251 036	−0.401 379 1
2014	11	13	56 974	0.109 956	0.251 239	−0.402 279 0	2014	11	14	56 975	0.109 004	0.251 506	−0.403 232 2
2014	11	15	56 976	0.107 378	0.251 884	−0.404 239 3	2014	11	16	56 977	0.105 134	0.252 139	−0.405 303 9
2014	11	17	56 978	0.103 088	0.252 261	−0.406 468 5	2014	11	18	56 979	0.101 164	0.252 945	−0.407 693 9
2014	11	19	56 980	0.098 786	0.253 582	−0.408 933 9	2014	11	20	56 981	0.096 569	0.253 797	−0.410 158 4
2014	11	21	56 982	0.094 763	0.254 100	−0.411 339 4	2014	11	22	56 983	0.092 996	0.254 389	−0.412 477 5
2014	11	23	56 984	0.091 010	0.254 396	−0.413 532 8	2014	11	24	56 985	0.089 436	0.254 044	−0.414 533 5
2014	11	25	56 986	0.088 520	0.253 857	−0.415 528 5	2014	11	26	56 987	0.087 483	0.253 994	−0.416 516 3
2014	11	27	56 988	0.086 929	0.254 403	−0.417 584 8	2014	11	28	56 989	0.086 434	0.255 298	−0.418 776 6
2014	11	29	56 990	0.085 125	0.256 069	−0.420 091 7	2014	11	30	56 991	0.083 130	0.256 693	−0.421 517 9
2014	12	01	56 992	0.080 966	0.257 680	−0.423 004 9	2014	12	02	56 993	0.078 974	0.258 800	−0.424 480 9
2014	12	03	56 994	0.076 865	0.259 527	−0.425 908 8	2014	12	04	56 995	0.074 702	0.259 938	−0.427 233 7
2014	12	05	56 996	0.073 004	0.260 085	−0.428 437 2	2014	12	06	56 997	0.072 013	0.260 898	−0.429 516 2
2014	12	07	56 998	0.070 768	0.261 979	−0.430 490 6	2014	12	08	56 999	0.069 509	0.262 609	−0.431 454 9
2014	12	09	57 000	0.067 620	0.263 634	−0.432 445 4	2014	12	10	57 001	0.065 125	0.264 334	−0.433 476 6
2014	12	11	57 002	0.062 785	0.265 099	−0.434 564 3	2014	12	12	57 003	0.060 531	0.266 098	−0.435 717 0
2014	12	13	57 004	0.058 291	0.267 349	−0.436 925 8	2014	12	14	57 005	0.055 689	0.268 371	−0.438 156 1
2014	12	15	57 006	0.052 981	0.269 414	−0.439 411 9	2014	12	16	57 007	0.050 204	0.270 689	−0.440 673 2
2014	12	17	57 008	0.047 309	0.271 783	−0.441 962 6	2014	12	18	57 009	0.044 749	0.272 214	−0.443 214 3
2014	12	19	57 010	0.043 326	0.272 558	−0.444 392 2	2014	12	20	57 011	0.042 125	0.273 351	−0.445 479 5
2014	12	21	57 012	0.040 801	0.273 639	−0.446 459 9	2014	12	22	57 013	0.039 547	0.274 006	−0.447 393 8
2014	12	23	57 014	0.038 609	0.274 229	−0.448 357 1	2014	12	24	57 015	0.037 843	0.274 933	−0.449 402 6
2014	12	25	57 016	0.037 160	0.275 556	−0.450 601 8	2014	12	26	57 017	0.036 174	0.276 368	−0.451 939 5
2014	12	27	57 018	0.035 201	0.276 925	−0.453 368 6	2014	12	28	57 019	0.034 631	0.277 763	−0.454 879 0
2014	12	29	57 020	0.034 265	0.278 674	−0.456 353 8	2014	12	30	57 021	0.033 568	0.279 581	−0.457 715 3
2014	12	31	57 022	0.032 223	0.280 408	−0.458 907 8	2015	01	01	57 023	0.030 695	0.280 799	−0.459 954 3
2015	01	02	57 024	0.029 535	0.281 258	−0.460 854 7	2015	01	03	57 025	0.028 852	0.281 599	−0.461 640 3

续　表

年	月	日	儒略日	$x_p/('')$	$y_p/('')$	$\Delta UT1/s$	年	月	日	儒略日	$x_p/('')$	$y_p/('')$	$\Delta UT1/s$
2015	01	04	57 026	0.028 659	0.282 071	−0.462 337 3	2015	01	05	57 027	0.028 436	0.282 762	−0.462 996 3
2015	01	06	57 028	0.027 941	0.283 523	−0.463 658 1	2015	01	07	57 029	0.027 106	0.284 514	−0.464 370 4
2015	01	08	57 030	0.025 808	0.285 522	−0.465 158 3	2015	01	09	57 031	0.024 562	0.286 030	−0.466 031 7
2015	01	10	57 032	0.023 502	0.286 657	−0.467 055 6	2015	01	11	57 033	0.022 549	0.287 832	−0.468 181 5
2015	01	12	57 034	0.021 527	0.288 833	−0.469 288 5	2015	01	13	57 035	0.020 409	0.289 837	−0.470 403 5
2015	01	14	57 036	0.018 915	0.290 855	−0.471 539 3	2015	01	15	57 037	0.017 149	0.292 205	−0.472 679 3
2015	01	16	57 038	0.015 043	0.293 679	−0.473 791 9	2015	01	17	57 039	0.012 945	0.294 570	−0.474 887 7
2015	01	18	57 040	0.010 735	0.295 317	−0.475 959 5	2015	01	19	57 041	0.009 200	0.296 111	−0.477 023 3
2015	01	20	57 042	0.008 071	0.296 847	−0.478 149 5	2015	01	21	57 043	0.007 336	0.297 606	−0.479 396 0
2015	01	22	57 044	0.006 884	0.298 570	−0.480 801 1	2015	01	23	57 045	0.006 188	0.299 575	−0.482 322 7
2015	01	24	57 046	0.005 096	0.300 175	−0.483 884 4	2015	01	25	57 047	0.003 994	0.301 223	−0.485 422 9
2015	01	26	57 048	0.002 781	0.302 216	−0.486 811 1	2015	01	27	57 049	0.002 319	0.303 047	−0.488 023 6
2015	01	28	57 050	0.002 218	0.304 433	−0.489 064 7	2015	01	29	57 051	0.002 153	0.306 113	−0.489 975 2
2015	01	30	57 052	0.002 830	0.308 450	−0.490 827 8	2015	01	31	57 053	0.003 738	0.310 857	−0.491 657 8
2015	02	01	57 054	0.004 622	0.313 179	−0.492 536 9	2015	02	02	57 055	0.004 661	0.315 579	−0.493 453 9
2015	02	03	57 056	0.004 205	0.317 836	−0.494 434 7	2015	02	04	57 057	0.003 871	0.319 825	−0.495 509 3
2015	02	05	57 058	0.003 146	0.321 302	−0.496 667 7	2015	02	06	57 059	0.002 621	0.322 729	−0.497 870 6
2015	02	07	57 060	0.002 050	0.324 442	−0.499 135 9	2015	02	08	57 061	0.001 844	0.325 757	−0.500 498 3
2015	02	09	57 062	0.001 987	0.327 116	−0.501 849 9	2015	02	10	57 063	0.002 154	0.328 323	−0.503 157 3
2015	02	11	57 064	0.002 193	0.329 751	−0.504 374 8	2015	02	12	57 065	0.002 218	0.331 176	−0.505 542 8
2015	02	13	57 066	0.002 402	0.332 462	−0.506 717 4	2015	02	14	57 067	0.002 696	0.333 459	−0.507 875 5
2015	02	15	57 068	0.002 744	0.334 610	−0.509 047 7	2015	02	16	57 069	0.002 822	0.335 673	−0.510 261 5
2015	02	17	57 070	0.002 845	0.337 285	−0.511 584 5	2015	02	18	57 071	0.002 692	0.338 426	−0.513 087 0
2015	02	19	57 072	0.002 764	0.339 644	−0.514 749 5	2015	02	20	57 073	0.002 560	0.341 038	−0.516 506 3
2015	02	21	57 074	0.002 270	0.342 684	−0.518 258 8	2015	02	22	57 075	0.002 367	0.344 452	−0.519 949 2
2015	02	23	57 076	0.003 018	0.346 367	−0.521 509 7	2015	02	24	57 077	0.003 345	0.348 567	−0.522 881 6
2015	02	25	57 078	0.003 112	0.350 389	−0.524 048 8	2015	02	26	57 079	0.003 101	0.351 766	−0.525 054 7
2015	02	27	57 080	0.003 285	0.353 145	−0.525 953 5	2015	02	28	57 081	0.003 137	0.354 799	−0.526 804 7
2015	03	01	57 082	0.003 079	0.356 588	−0.527 678 6	2015	03	02	57 083	0.003 431	0.358 666	−0.528 592 0
2015	03	03	57 084	0.003 846	0.360 670	−0.529 561 6	2015	03	04	57 085	0.003 862	0.362 286	−0.530 607 1
2015	03	05	57 086	0.004 178	0.363 767	−0.531 700 4	2015	03	06	57 087	0.004 803	0.364 965	−0.532 865 0
2015	03	07	57 088	0.005 019	0.366 190	−0.534 085 1	2015	03	08	57 089	0.004 640	0.367 354	−0.535 367 4
2015	03	09	57 090	0.003 960	0.368 201	−0.536 698 8	2015	03	10	57 091	0.003 553	0.369 261	−0.538 045 2
2015	03	11	57 092	0.003 344	0.370 507	−0.539 442 4	2015	03	12	57 093	0.003 160	0.371 635	−0.540 846 0
2015	03	13	57 094	0.002 889	0.372 722	−0.542 252 6	2015	03	14	57 095	0.002 645	0.373 662	−0.543 689 6
2015	03	15	57 096	0.002 777	0.374 588	−0.545 205 4	2015	03	16	57 097	0.002 732	0.375 527	−0.546 797 9
2015	03	17	57 098	0.002 803	0.376 478	−0.548 541 0	2015	03	18	57 099	0.002 691	0.377 484	−0.550 454 3
2015	03	19	57 100	0.003 320	0.378 375	−0.552 547 1	2015	03	20	57 101	0.004 531	0.379 476	−0.554 765 7
2015	03	21	57 102	0.006 224	0.381 259	−0.557 052 7	2015	03	22	57 103	0.007 594	0.383 355	−0.559 269 8

续 表

年	月	日	儒略日	$x_p/('')$	$y_p/('')$	$\Delta UT1/s$	年	月	日	儒略日	$x_p/('')$	$y_p/('')$	$\Delta UT1/s$
2015	03	23	57 104	0.008 497	0.385 284	−0.561 343 1	2015	03	24	57 105	0.009 311	0.387 188	−0.563 236 4
2015	03	25	57 106	0.010 068	0.388 624	−0.565 021 5	2015	03	26	57 107	0.010 611	0.389 793	−0.566 658 8
2015	03	27	57 108	0.010 868	0.390 995	−0.568 122 3	2015	03	28	57 109	0.011 039	0.392 148	−0.569 545 0
2015	03	29	57 110	0.011 437	0.393 231	−0.570 945 2	2015	03	30	57 111	0.012 018	0.394 106	−0.572 315 9
2015	03	31	57 112	0.012 515	0.395 256	−0.573 679 0	2015	04	01	57 113	0.013 716	0.396 431	−0.575 040 0
2015	04	02	57 114	0.015 672	0.397 887	−0.576 404 1	2015	04	03	57 115	0.017 465	0.399 739	−0.577 718 4
2015	04	04	57 116	0.018 520	0.401 679	−0.578 991 4	2015	04	05	57 117	0.019 090	0.403 465	−0.580 195 7
2015	04	06	57 118	0.019 555	0.404 876	−0.581 434 0	2015	04	07	57 119	0.020 175	0.406 077	−0.582 673 2
2015	04	08	57 120	0.020 871	0.407 006	−0.583 888 3	2015	04	09	57 121	0.021 403	0.407 897	−0.585 131 9
2015	04	10	57 122	0.021 486	0.409 268	−0.586 400 9	2015	04	11	57 123	0.021 165	0.410 679	−0.587 760 4
2015	04	12	57 124	0.021 007	0.411 696	−0.589 253 8	2015	04	13	57 125	0.021 148	0.412 412	−0.590 887 5
2015	04	14	57 126	0.021 406	0.413 180	−0.592 676 4	2015	04	15	57 127	0.021 875	0.414 254	−0.594 556 8
2015	04	16	57 128	0.023 194	0.415 333	−0.596 532 9	2015	04	17	57 129	0.024 213	0.416 970	−0.598 542 8
2015	04	18	57 130	0.025 233	0.417 892	−0.600 436 9	2015	04	19	57 131	0.026 174	0.418 968	−0.602 184 9
2015	04	20	57 132	0.027 094	0.419 708	−0.603 724 9	2015	04	21	57 133	0.028 005	0.420 919	−0.605 050 5
2015	04	22	57 134	0.028 855	0.421 738	−0.606 181 6	2015	04	23	57 135	0.030 091	0.422 514	−0.607 205 6
2015	04	24	57 136	0.031 146	0.423 867	−0.608 214 0	2015	04	25	57 137	0.032 038	0.425 089	−0.609 275 9
2015	04	26	57 138	0.033 500	0.426 243	−0.610 440 1	2015	04	27	57 139	0.035 296	0.427 761	−0.611 683 1
2015	04	28	57 140	0.036 872	0.429 343	−0.612 991 9	2015	04	29	57 141	0.038 124	0.430 575	−0.614 344 1
2015	04	30	57 142	0.038 959	0.431 577	−0.615 730 0	2015	05	01	57 143	0.039 789	0.432 347	−0.617 128 5
2015	05	02	57 144	0.040 039	0.433 233	−0.618 509 1	2015	05	03	57 145	0.040 200	0.434 149	−0.619 779 9
2015	05	04	57 146	0.040 717	0.435 545	−0.620 959 4	2015	05	05	57 147	0.041 544	0.436 949	−0.622 070 1
2015	05	06	57 148	0.042 196	0.438 368	−0.623 106 7	2015	05	07	57 149	0.043 412	0.439 605	−0.624 112 6
2015	05	08	57 150	0.045 034	0.440 906	−0.625 160 2	2015	05	09	57 151	0.047 080	0.442 215	−0.626 280 8
2015	05	10	57 152	0.048 996	0.443 710	−0.627 527 3	2015	05	11	57 153	0.050 576	0.444 633	−0.628 963 3
2015	05	12	57 154	0.052 150	0.445 111	−0.630 594 1	2015	05	13	57 155	0.053 755	0.445 640	−0.632 360 9
2015	05	14	57 156	0.055 421	0.446 067	−0.634 235 9	2015	05	15	57 157	0.057 188	0.446 859	−0.636 149 9
2015	05	16	57 158	0.059 002	0.447 116	−0.638 019 4	2015	05	17	57 159	0.061 366	0.447 256	−0.639 767 9
2015	05	18	57 160	0.063 768	0.448 162	−0.641 350 5	2015	05	19	57 161	0.065 714	0.448 969	−0.642 761 9
2015	05	20	57 162	0.067 868	0.449 294	−0.644 078 7	2015	05	21	57 163	0.069 986	0.449 474	−0.645 295 0
2015	05	22	57 164	0.071 737	0.449 523	−0.646 411 6	2015	05	23	57 165	0.073 918	0.449 803	−0.647 507 1
2015	05	24	57 166	0.075 693	0.450 726	−0.648 567 9	2015	05	25	57 167	0.077 406	0.451 246	−0.649 597 2
2015	05	26	57 168	0.079 196	0.452 110	−0.650 622 0	2015	05	27	57 169	0.080 922	0.452 648	−0.651 644 2
2015	05	28	57 170	0.083 022	0.453 257	−0.652 674 0	2015	05	29	57 171	0.085 102	0.453 918	−0.653 672 4
2015	05	30	57 172	0.087 207	0.454 653	−0.654 574 8	2015	05	31	57 173	0.089 062	0.455 462	−0.655 460 4
2015	06	01	57 174	0.091 020	0.456 028	−0.656 247 8	2015	06	02	57 175	0.092 379	0.456 502	−0.656 931 2
2015	06	03	57 176	0.093 209	0.456 907	−0.657 580 3	2015	06	04	57 177	0.093 765	0.457 088	−0.658 204 4
2015	06	05	57 178	0.094 807	0.456 930	−0.658 836 4	2015	06	06	57 179	0.096 044	0.456 852	−0.659 575 8
2015	06	07	57 180	0.096 631	0.456 717	−0.660 410 5	2015	06	08	57 181	0.097 074	0.456 127	−0.661 356 8

续 表

年	月	日	儒略日	$x_p/('')$	$y_p/('')$	ΔUT1/s	年	月	日	儒略日	$x_p/('')$	$y_p/('')$	ΔUT1/s
2015	06	09	57 182	0.098 010	0.455 627	−0.662 411 3	2015	06	10	57 183	0.099 021	0.455 357	−0.663 517 8
2015	06	11	57 184	0.100 404	0.455 235	−0.664 558 7	2015	06	12	57 185	0.102 261	0.455 187	−0.665 504 2
2015	06	13	57 186	0.104 595	0.454 965	−0.666 306 0	2015	06	14	57 187	0.107 193	0.454 709	−0.666 967 1
2015	06	15	57 188	0.109 902	0.454 492	−0.667 441 5	2015	06	16	57 189	0.112 539	0.454 093	−0.667 765 9
2015	06	17	57 190	0.114 992	0.453 650	−0.667 985 1	2015	06	18	57 191	0.117 012	0.453 424	−0.668 182 6
2015	06	19	57 192	0.119 054	0.453 240	−0.668 435 2	2015	06	20	57 193	0.121 221	0.453 030	−0.668 817 2
2015	06	21	57 194	0.123 066	0.453 006	−0.669 290 3	2015	06	22	57 195	0.125 018	0.452 941	−0.669 876 8
2015	06	23	57 196	0.127 019	0.452 379	−0.670 555 3	2015	06	24	57 197	0.129 112	0.451 992	−0.671 315 0
2015	06	25	57 198	0.131 408	0.451 564	−0.672 124 9	2015	06	26	57 199	0.133 996	0.451 194	−0.672 962 2
2015	06	27	57 200	0.136 123	0.450 900	−0.673 812 0	2015	06	28	57 201	0.137 844	0.450 492	−0.674 632 3
2015	06	29	57 202	0.139 412	0.449 703	−0.675 362 1	2015	06	30	57 203	0.140 756	0.448 901	−0.676 031 6
2015	07	01	57 204	0.142 127	0.448 194	0.323 373 0	2015	07	02	57 205	0.143 562	0.447 358	0.322 766 4
2015	07	03	57 206	0.145 001	0.446 688	0.322 072 2	2015	07	04	57 207	0.146 503	0.445 636	0.321 245 4
2015	07	05	57 208	0.148 539	0.444 658	0.320 226 7	2015	07	06	57 209	0.150 847	0.444 056	0.319 042 5
2015	07	07	57 210	0.152 801	0.443 836	0.317 755 6	2015	07	08	57 211	0.154 840	0.443 816	0.316 423 9
2015	07	09	57 212	0.156 741	0.443 548	0.315 115 6	2015	07	10	57 213	0.158 507	0.442 868	0.313 852 3
2015	07	11	57 214	0.160 488	0.441 819	0.312 713 9	2015	07	12	57 215	0.162 914	0.440 601	0.311 815 1
2015	07	13	57 216	0.165 633	0.439 462	0.311 120 5	2015	07	14	57 217	0.168 192	0.438 530	0.310 553 9
2015	07	15	57 218	0.170 379	0.437 604	0.310 136 7	2015	07	16	57 219	0.172 151	0.436 384	0.309 749 1
2015	07	17	57 220	0.173 761	0.434 958	0.309 266 5	2015	07	18	57 221	0.175 689	0.433 910	0.308 787 7
2015	07	19	57 222	0.177 368	0.432 910	0.308 329 5	2015	07	20	57 223	0.178 840	0.432 093	0.307 846 6
2015	07	21	57 224	0.180 085	0.4313 88	0.307 338 6	2015	07	22	57 225	0.181 025	0.430 441	0.306 812 9
2015	07	23	57 226	0.181 986	0.429 582	0.306 297 9	2015	07	24	57 227	0.182 964	0.428 822	0.305 812 5
2015	07	25	57 228	0.184 454	0.427 926	0.305 305 1	2015	07	26	57 229	0.185 816	0.426 848	0.304 877 9
2015	07	27	57 230	0.187 240	0.425 462	0.304 491 3	2015	07	28	57 231	0.189 193	0.424 118	0.304 100 9
2015	07	29	57 232	0.191 113	0.423 023	0.303 708 3	2015	07	30	57 233	0.192 901	0.421 615	0.303 241 9
2015	07	31	57 234	0.194 568	0.420 239	0.302 641 3	2015	08	01	57 235	0.196 269	0.418 716	0.301 864 7
2015	08	02	57 236	0.198 073	0.417 383	0.300 863 6	2015	08	03	57 237	0.200 058	0.415 892	0.299 705 3
2015	08	04	57 238	0.202 147	0.414 654	0.298 461 5	2015	08	05	57 239	0.204 545	0.413 509	0.297 212 6
2015	08	06	57 240	0.206 882	0.412 321	0.296 042 1	2015	08	07	57 241	0.208 706	0.411 162	0.295 002 6
2015	08	08	57 242	0.209 991	0.410 135	0.294 122 4	2015	08	09	57 243	0.210 591	0.408 583	0.293 376 9
2015	08	10	57 244	0.211 260	0.406 666	0.292 724 1	2015	08	11	57 245	0.212 044	0.404 959	0.292 120 3
2015	08	12	57 246	0.212 698	0.403 420	0.291 525 3	2015	08	13	57 247	0.213 666	0.401 462	0.290 884 6
2015	08	14	57 248	0.215 302	0.399 612	0.290 186 4	2015	08	15	57 249	0.217 012	0.398 044	0.289 418 2
2015	08	16	57 250	0.218 438	0.396 851	0.288 615 5	2015	08	17	57 251	0.219 447	0.395 513	0.287 773 3
2015	08	18	57 252	0.219 906	0.394 072	0.286 927 8	2015	08	19	57 253	0.219 403	0.392 400	0.286 117 1
2015	08	20	57 254	0.219 408	0.390 472	0.285 274 2	2015	08	21	57 255	0.219 978	0.388 524	0.284 462 4
2015	08	22	57 256	0.221 210	0.386 466	0.283 640 7	2015	08	23	57 257	0.222 207	0.384 690	0.282 875 8
2015	08	24	57 258	0.223 045	0.382 854	0.282 111 7	2015	08	25	57 259	0.224 034	0.381 145	0.281 307 0

续 表

年	月	日	儒略日	$x_p/('')$	$y_p/('')$	$\Delta UT1/s$	年	月	日	儒略日	$x_p/('')$	$y_p/('')$	$\Delta UT1/s$
2015	08	26	57 260	0. 225 332	0. 379 202	0. 280 447 0	2015	08	27	57 261	0. 226 008	0. 377 222	0. 279 473 9
2015	08	28	57 262	0. 226 101	0. 374 951	0. 278 347 0	2015	08	29	57 263	0. 226 099	0. 373 246	0. 277 018 4
2015	08	30	57 264	0. 225 941	0. 371 908	0. 275 507 2	2015	08	31	57 265	0. 226 057	0. 370 658	0. 273 791 8
2015	09	01	57 266	0. 226 121	0. 369 720	0. 271 987 0	2015	09	02	57 267	0. 226 209	0. 368 722	0. 270 194 8
2015	09	03	57 268	0. 226 590	0. 367 259	0. 268 523 2	2015	09	04	57 269	0. 227 390	0. 365 681	0. 267 033 9
2015	09	05	57 270	0. 227 896	0. 364 643	0. 265 710 0	2015	09	06	57 271	0. 227 920	0. 363 363	0. 264 476 5
2015	09	07	57 272	0. 228 074	0. 361 846	0. 263 355 5	2015	09	08	57 273	0. 227 866	0. 360 285	0. 262 308 6
2015	09	09	57 274	0. 227 444	0. 358 375	0. 261 261 7	2015	09	10	57 275	0. 226 624	0. 356 478	0. 260 222 8
2015	09	11	57 276	0. 225 631	0. 354 602	0. 259 143 4	2015	09	12	57 277	0. 224 839	0. 352 343	0. 257 943 9
2015	09	13	57 278	0. 224 801	0. 350 371	0. 256 679 4	2015	09	14	57 279	0. 224 778	0. 348 415	0. 255 371 1
2015	09	15	57 280	0. 224 615	0. 346 578	0. 254 043 7	2015	09	16	57 281	0. 224 248	0. 345 228	0. 252 767 9
2015	09	17	57 282	0. 223 519	0. 343 771	0. 251 528 3	2015	09	18	57 283	0. 222 416	0. 342 352	0. 250 323 5
2015	09	19	57 284	0. 221 373	0. 340 446	0. 249 132 0	2015	09	20	57 285	0. 220 488	0. 338 505	0. 247 962 1
2015	09	21	57 286	0. 219 418	0. 336 309	0. 246 776 9	2015	09	22	57 287	0. 218 754	0. 334 077	0. 245 541 4
2015	09	23	57 288	0. 218 274	0. 332 070	0. 244 212 5	2015	09	24	57 289	0. 218 105	0. 329 985	0. 242 758 1
2015	09	25	57 290	0. 218 080	0. 328 259	0. 241 188 8	2015	09	26	57 291	0. 218 193	0. 326 800	0. 239 364 4
2015	09	27	57 292	0. 217 654	0. 325 182	0. 237 337 3	2015	09	28	57 293	0. 216 334	0. 323 550	0. 235 219 5
2015	09	29	57 294	0. 214 312	0. 321 277	0. 233 120 1	2015	09	30	57 295	0. 212 079	0. 318 788	0. 231 144 2
2015	10	01	57 296	0. 210 115	0. 315 962	0. 229 361 4	2015	10	02	57 297	0. 209 323	0. 313 734	0. 227 813 0
2015	10	03	57 298	0. 209 265	0. 312 006	0. 226 460 7	2015	10	04	57 299	0. 209 005	0. 310 109	0. 225 219 3
2015	10	05	57 300	0. 208 601	0. 307 991	0. 223 992 7	2015	10	06	57 301	0. 208 149	0. 306 281	0. 222 743 9
2015	10	07	57 302	0. 207 375	0. 304 666	0. 221 418 7	2015	10	08	57 303	0. 206 673	0. 303 281	0. 220 027 7
2015	10	09	57 304	0. 205 782	0. 302 045	0. 218 608 7	2015	10	10	57 305	0. 204 276	0. 300 741	0. 217 071 9
2015	10	11	57 306	0. 202 050	0. 299 171	0. 215 459 6	2015	10	12	57 307	0. 199 937	0. 297 475	0. 213 806 3
2015	10	13	57 308	0. 197 933	0. 295 795	0. 212 160 4	2015	10	14	57 309	0. 195 960	0. 294 054	0. 210 542 8
2015	10	15	57 310	0. 193 973	0. 292 087	0. 209 043 4	2015	10	16	57 311	0. 192 073	0. 290 384	0. 207 612 7
2015	10	17	57 312	0. 190 031	0. 288 956	0. 206 189 1	2015	10	18	57 313	0. 188 309	0. 287 256	0. 204 735 4
2015	10	19	57 314	0. 186 830	0. 285 661	0. 203 227 4	2015	10	20	57 315	0. 185 734	0. 284 268	0. 201 654 8
2015	10	21	57 316	0. 184 796	0. 283 258	0. 200 085 9	2015	10	22	57 317	0. 183 750	0. 282 419	0. 198 395 7
2015	10	23	57 318	0. 182 457	0. 281 561	0. 196 525 5	2015	10	24	57 319	0. 180 741	0. 280 341	0. 194 458 8
2015	10	25	57 320	0. 179 087	0. 278 953	0. 192 236 6	2015	10	26	57 321	0. 178 033	0. 277 787	0. 189 931 6
2015	10	27	57 322	0. 177 413	0. 276 646	0. 187 656 4	2015	10	28	57 323	0. 176 411	0. 275 698	0. 185 460 3
2015	10	29	57 324	0. 174 571	0. 275 037	0. 183 443 0	2015	10	30	57 325	0. 171 913	0. 274 124	0. 181 653 2
2015	10	31	57 326	0. 168 767	0. 272 504	0. 180 045 5	2015	11	01	57 327	0. 166 102	0. 270 756	0. 178 527 1
2015	11	02	57 328	0. 164 164	0. 269 336	0. 177 017 4	2015	11	03	57 329	0. 162 376	0. 268 477	0. 175 589 1
2015	11	04	57 330	0. 160 989	0. 267 865	0. 174 180 2	2015	11	05	57 331	0. 159 855	0. 267 521	0. 172 722 2
2015	11	06	57 332	0. 158 045	0. 267 044	0. 171 221 8	2015	11	07	57 333	0. 155 981	0. 266 166	0. 169 651 7
2015	11	08	57 334	0. 154 401	0. 265 069	0. 168 033 7	2015	11	09	57 335	0. 153 131	0. 264 120	0. 166 435 2
2015	11	10	57 336	0. 151 410	0. 263 461	0. 164 873 6	2015	11	11	57 337	0. 149 725	0. 262 706	0. 163 355 1

续　表

年	月	日	儒略日	$x_p/('')$	$y_p/('')$	$\Delta UT1/s$	年	月	日	儒略日	$x_p/('')$	$y_p/('')$	$\Delta UT1/s$
2015	11	12	57 338	0. 148 063	0. 261 849	0. 161 889 5	2015	11	13	57 339	0. 146 286	0. 260 988	0. 160 474 4
2015	11	14	57 340	0. 144 424	0. 260 057	0. 159 089 4	2015	11	15	57 341	0. 142 668	0. 259 258	0. 157 729 8
2015	11	16	57 342	0. 140 839	0. 258 822	0. 156 351 1	2015	11	17	57 343	0. 138 874	0. 258 473	0. 154 921 0
2015	11	18	57 344	0. 136 905	0. 257 749	0. 153 448 1	2015	11	19	57 345	0. 134 535	0. 257 018	0. 151 886 6
2015	11	20	57 346	0. 132 085	0. 256 178	0. 150 255 7	2015	11	21	57 347	0. 129 930	0. 255 587	0. 148 497 9
2015	11	22	57 348	0. 127 901	0. 255 440	0. 146 695 4	2015	11	23	57 349	0. 125 580	0. 255 259	0. 144 862 9
2015	11	24	57 350	0. 123 036	0. 254 725	0. 143 074 5	2015	11	25	57 351	0. 120 691	0. 254 103	0. 141 378 6
2015	11	26	57 352	0. 119 422	0. 254 087	0. 139 821 4	2015	11	27	57 353	0. 118 458	0. 254 320	0. 138 378 7
2015	11	28	57 354	0. 117 751	0. 254 358	0. 136 996 9	2015	11	29	57 355	0. 116 428	0. 254 428	0. 135 596 0
2015	11	30	57 356	0. 114 569	0. 254 059	0. 134 130 5	2015	12	01	57 357	0. 112 664	0. 253 828	0. 132 592 1
2015	12	02	57 358	0. 110 580	0. 253 555	0. 130 991 8	2015	12	03	57 359	0. 108 713	0. 253 248	0. 129 328 6
2015	12	04	57 360	0. 107 155	0. 253 293	0. 127 623 2	2015	12	05	57 361	0. 105 923	0. 253 126	0. 125 945 9
2015	12	06	57 362	0. 104 955	0. 252 928	0. 124 287 6	2015	12	07	57 363	0. 103 606	0. 252 731	0. 122 603 4
2015	12	08	57 364	0. 102 372	0. 252 184	0. 120 941 0	2015	12	09	57 365	0. 101 135	0. 251 610	0. 119 305 7
2015	12	10	57 366	0. 099 216	0. 251 255	0. 117 730 1	2015	12	11	57 367	0. 096 409	0. 250 768	0. 116 219 0
2015	12	12	57 368	0. 093 842	0. 250 509	0. 114 789 0	2015	12	13	57 369	0. 091 502	0. 250 520	0. 113 384 7
2015	12	14	57 370	0. 089 378	0. 250 595	0. 111 977 5	2015	12	15	57 371	0. 087 121	0. 250 740	0. 110 506 5
2015	12	16	57 372	0. 085 009	0. 250 349	0. 108 930 4	2015	12	17	57 373	0. 083 462	0. 249 879	0. 107 227 6
2015	12	18	57 374	0. 082 049	0. 250 132	0. 105 403 4	2015	12	19	57 375	0. 080 121	0. 250 779	0. 103 489 7
2015	12	20	57 376	0. 078 021	0. 251 184	0. 101 494 7	2015	12	21	57 377	0. 075 738	0. 251 428	0. 099 508 5
2015	12	22	57 378	0. 073 389	0. 251 567	0. 097 617 0	2015	12	23	57 379	0. 071 317	0. 251 618	0. 095 886 9
2015	12	24	57 380	0. 069 043	0. 252 123	0. 094 344 7	2015	12	25	57 381	0. 066 432	0. 253 019	0. 092 908 4
2015	12	26	57 382	0. 063 927	0. 253 405	0. 091 501 9	2015	12	27	57 383	0. 061 886	0. 253 809	0. 090 089 7
2015	12	28	57 384	0. 059 652	0. 254 404	0. 088 582 5	2015	12	29	57 385	0. 057 516	0. 254 957	0. 086 967 4
2015	12	30	57 386	0. 055 374	0. 255 689	0. 085 253 3	2015	12	31	57 387	0. 053 399	0. 256 161	0. 083 425 5
2016	01	01	57 388	0. 051 152	0. 256 768	0. 081 531 1	2016	01	02	57 389	0. 048 842	0. 257 368	0. 079 637 6
2016	01	03	57 390	0. 047 033	0. 257 664	0. 077 724 0	2016	01	04	57 391	0. 045 667	0. 258 493	0. 075 778 3
2016	01	05	57 392	0. 044 153	0. 260 161	0. 073 843 8	2016	01	06	57 393	0. 042 266	0. 261 822	0. 071 958 3
2016	01	07	57 394	0. 040 622	0. 263 290	0. 070 120 1	2016	01	08	57 395	0. 039 556	0. 265 043	0. 068 318 8
2016	01	09	57 396	0. 037 950	0. 267 199	0. 066 571 4	2016	01	10	57 397	0. 035 859	0. 268 880	0. 064 815 0
2016	01	11	57 398	0. 034 212	0. 270 663	0. 062 973 2	2016	01	12	57 399	0. 032 690	0. 272 535	0. 061 031 8
2016	01	13	57 400	0. 031 105	0. 274 426	0. 058 993 2	2016	01	14	57 401	0. 029 487	0. 275 674	0. 056 847 5
2016	01	15	57 402	0. 028 220	0. 276 671	0. 054 643 3	2016	01	16	57 403	0. 026 690	0. 278 122	0. 052 492 6
2016	01	17	57 404	0. 024 996	0. 279 528	0. 050 406 0	2016	01	18	57 405	0. 023 229	0. 281 340	0. 048 389 4
2016	01	19	57 406	0. 021 297	0. 283 184	0. 046 496 8	2016	01	20	57 407	0. 018 978	0. 285 065	0. 044 752 8
2016	01	21	57 408	0. 016 411	0. 286 465	0. 043 123 4	2016	01	22	57 409	0. 013 862	0. 287 801	0. 041 561 6
2016	01	23	57 410	0. 010 999	0. 288 857	0. 040 008 7	2016	01	24	57 411	0. 008 498	0. 289 400	0. 038 443 9
2016	01	25	57 412	0. 006 727	0. 289 848	0. 036 828 3	2016	01	26	57 413	0. 005 614	0. 290 553	0. 035 199 3
2016	01	27	57 414	0. 004 646	0. 291 738	0. 033 575 8	2016	01	28	57 415	0. 003 464	0. 293 011	0. 031 996 6

续 表

年	月	日	儒略日	$x_p/('')$	$y_p/('')$	$\Delta UT1/s$	年	月	日	儒略日	$x_p/('')$	$y_p/('')$	$\Delta UT1/s$
2016	01	29	57 416	0.002 295	0.294 099	0.030 459 7	2016	01	30	57 417	0.000 856	0.295 760	0.028 975 3
2016	01	31	57 418	−0.001 322	0.297 566	0.027 583 8	2016	02	01	57 419	−0.003 328	0.299 556	0.026 257 9
2016	02	02	57 420	−0.004 797	0.301 385	0.024 991 8	2016	02	03	57 421	−0.005 710	0.302 684	0.023 781 3
2016	02	04	57 422	−0.006 449	0.304 508	0.022 596 0	2016	02	05	57 423	−0.007 507	0.306 500	0.021 396 8
2016	02	06	57 424	−0.008 681	0.308 137	0.020 140 1	2016	02	07	57 425	−0.009 586	0.309 827	0.018 740 1
2016	02	08	57 426	−0.009 637	0.311 463	0.017 129 6	2016	02	09	57 427	−0.009 694	0.313 165	0.015 315 0
2016	02	10	57 428	−0.009 868	0.314 978	0.013 329 5	2016	02	11	57 429	−0.010 539	0.317 140	0.011 235 4
2016	02	12	57 430	−0.011 225	0.319 009	0.009 152 3	2016	02	13	57 431	−0.011 910	0.321 091	0.007 148 6
2016	02	14	57 432	−0.012 498	0.323 297	0.005 257 7	2016	02	15	57 433	−0.013 087	0.325 399	0.003 503 4
2016	02	16	57 434	−0.013 939	0.327 088	0.001 906 8	2016	02	17	57 435	−0.014 740	0.328 481	0.000 470 2
2016	02	18	57 436	−0.015 988	0.330 427	−0.000 867 9	2016	02	19	57 437	−0.017 369	0.332 407	−0.002 148 4
2016	02	20	57 438	−0.018 661	0.334 094	−0.003 460 0	2016	02	21	57 439	−0.019 368	0.335 478	−0.004 880 6
2016	02	22	57 440	−0.019 902	0.337 640	−0.006 428 1	2016	02	23	57 441	−0.020 930	0.339 857	−0.008 075 5
2016	02	24	57 442	−0.021 637	0.342 085	−0.009 795 1	2016	02	25	57 443	−0.021 940	0.344 439	−0.011 575 5
2016	02	26	57 444	−0.022 045	0.346 329	−0.013 414 2	2016	02	27	57 445	−0.022 289	0.348 436	−0.015 208 5
2016	02	28	57 446	−0.023 277	0.350 847	−0.016 959 0	2016	02	29	57 447	−0.024 279	0.352 883	−0.018 678 0
2016	03	01	57 448	−0.024 973	0.354 461	−0.020 364 1	2016	03	02	57 449	−0.024 706	0.355 922	−0.022 046 2
2016	03	03	57 450	−0.024 044	0.357 842	−0.023 730 8	2016	03	04	57 451	−0.023 669	0.360 214	−0.025 446 3
2016	03	05	57 452	−0.023 810	0.362 640	−0.027 226 9	2016	03	06	57 453	−0.023 671	0.365 052	−0.029 206 1
2016	03	07	57 454	−0.024 052	0.367 592	−0.031 309 2	2016	03	08	57 455	−0.024 476	0.370 073	−0.033 555 7
2016	03	09	57 456	−0.024 878	0.372 544	−0.035 917 2	2016	03	10	57 457	−0.025 122	0.374 941	−0.038 373 1
2016	03	11	57 458	−0.025 091	0.377 069	−0.040 867 0	2016	03	12	57 459	−0.025 193	0.378 968	−0.043 277 5
2016	03	13	57 460	−0.025 306	0.380 843	−0.045 573 5	2016	03	14	57 461	−0.024 822	0.382 618	−0.047 739 3
2016	03	15	57 462	−0.024 022	0.384 795	−0.049 766 8	2016	03	16	57 463	−0.022 801	0.387 139	−0.051 659 9
2016	03	17	57 464	−0.020 890	0.389 461	−0.053 488 3	2016	03	18	57 465	−0.018 313	0.392 010	−0.055 284 4
2016	03	19	57 466	−0.016 112	0.394 477	−0.057 143 9	2016	03	20	57 467	−0.014 503	0.396 999	−0.059 083 4
2016	03	21	57 468	−0.013 710	0.399 530	−0.061 107 1	2016	03	22	57 469	−0.013 517	0.402 065	−0.063 192 7
2016	03	23	57 470	−0.013 682	0.404 393	−0.065 263 5	2016	03	24	57 471	−0.013 706	0.406 417	−0.067 326 7
2016	03	25	57 472	−0.013 303	0.408 441	−0.069 377 4	2016	03	26	57 473	−0.012 660	0.410 478	−0.071 385 3
2016	03	27	57 474	−0.011 884	0.412 670	−0.073 384 8	2016	03	28	57 475	−0.011 143	0.414 543	−0.075 319 7
2016	03	29	57 476	−0.010 316	0.416 384	−0.077 172 1	2016	03	30	57 477	−0.009 370	0.418 043	−0.078 964 6
2016	03	31	57 478	−0.008 734	0.419 766	−0.080 707 7	2016	04	01	57 479	−0.008 461	0.421 248	−0.082 455 0
2016	04	02	57 480	−0.008 136	0.422 708	−0.084 254 0	2016	04	03	57 481	−0.007 657	0.424 142	−0.086 140 5
2016	04	04	57 482	−0.006 509	0.425 845	−0.088 146 3	2016	04	05	57 483	−0.004 836	0.427 915	−0.090 304 4
2016	04	06	57 484	−0.002 559	0.429 858	−0.092 583 8	2016	04	07	57 485	−0.000 754	0.432 237	−0.094 932 0
2016	04	08	57 486	0.000 641	0.434 748	−0.097 285 5	2016	04	09	57 487	0.002 066	0.437 150	−0.099 582 8
2016	04	10	57 488	0.003 303	0.439 073	−0.101 710 6	2016	04	11	57 489	0.004 570	0.441 005	−0.103 665 3
2016	04	12	57 490	0.006 073	0.442 728	−0.105 478 7	2016	04	13	57 491	0.007 766	0.444 248	−0.107 153 7
2016	04	14	57 492	0.009 075	0.445 669	−0.108 758 8	2016	04	15	57 493	0.010 432	0.447 448	−0.110 301 1

续 表

年	月	日	儒略日	$x_p/('')$	$y_p/('')$	$\Delta UT1/s$	年	月	日	儒略日	$x_p/('')$	$y_p/('')$	$\Delta UT1/s$
2016	04	16	57 494	0.011 906	0.449 649	−0.111 901 3	2016	04	17	57 495	0.013 613	0.451 939	−0.113 536 8
2016	04	18	57 496	0.015 467	0.454 135	−0.115 213 6	2016	04	19	57 497	0.017 033	0.455 945	−0.116 914 4
2016	04	20	57 498	0.018 493	0.456 808	−0.118 627 4	2016	04	21	57 499	0.020 289	0.457 653	−0.120 318 9
2016	04	22	57 500	0.022 010	0.458 695	−0.121 977 0	2016	04	23	57 501	0.024 057	0.460 226	−0.123 573 2
2016	04	24	57 502	0.025 770	0.461 901	−0.125 095 7	2016	04	25	57 503	0.027 052	0.463 501	−0.126 521 0
2016	04	26	57 504	0.028 032	0.465 383	−0.127 810 0	2016	04	27	57 505	0.028 815	0.467 046	−0.129 038 3
2016	04	28	57 506	0.029 665	0.468 574	−0.130 334 2	2016	04	29	57 507	0.030 492	0.469 965	−0.131 704 6
2016	04	30	57 508	0.032 080	0.470 879	−0.133 186 6	2016	05	01	57 509	0.034 534	0.472 283	−0.134 796 5
2016	05	02	57 510	0.036 661	0.474 024	−0.136 572 2	2016	05	03	57 511	0.038 551	0.475 584	−0.138 539 3
2016	05	04	57 512	0.040 634	0.476 861	−0.140 680 0	2016	05	05	57 513	0.042 304	0.478 048	−0.142 876 9
2016	05	06	57 514	0.043 399	0.479 115	−0.145 024 7	2016	05	07	57 515	0.044 862	0.480 243	−0.147 016 5
2016	05	08	57 516	0.046 556	0.481 562	−0.148 846 0	2016	05	09	57 517	0.048 313	0.482 876	−0.150 513 6
2016	05	10	57 518	0.050 135	0.484 151	−0.152 061 7	2016	05	11	57 519	0.052 202	0.485 315	−0.153 478 2
2016	05	12	57 520	0.054 252	0.486 392	−0.154 869 6	2016	05	13	57 521	0.056 354	0.487 351	−0.156 274 9
2016	05	14	57 522	0.058 409	0.488 249	−0.157 809 2	2016	05	15	57 523	0.060 452	0.488 861	−0.159 453 7
2016	05	16	57 524	0.062 493	0.489 144	−0.161 166 4	2016	05	17	57 525	0.064 546	0.489 647	−0.162 908 1
2016	05	18	57 526	0.066 361	0.490 358	−0.164 648 0	2016	05	19	57 527	0.068 039	0.491 179	−0.166 293 4
2016	05	20	57 528	0.069 414	0.492 172	−0.167 872 2	2016	05	21	57 529	0.070 449	0.493 141	−0.169 384 8
2016	05	22	57 530	0.071 111	0.493 729	−0.170 841 0	2016	05	23	57 531	0.072 319	0.493 842	−0.172 311 6
2016	05	24	57 532	0.074 267	0.494 197	−0.173 769 8	2016	05	25	57 533	0.076 323	0.494 867	−0.175 131 8
2016	05	26	57 534	0.078 685	0.495 472	−0.176 490 3	2016	05	27	57 535	0.080 860	0.496 177	−0.177 905 1
2016	05	28	57 536	0.082 653	0.496 582	−0.179 394 0	2016	05	29	57 537	0.084 898	0.496 738	−0.180 965 9
2016	05	30	57 538	0.087 791	0.496 563	−0.182 739 2	2016	05	31	57 539	0.090 397	0.496 554	−0.184 560 0
2016	06	01	57 540	0.092 768	0.496 642	−0.186 375 0	2016	06	02	57 541	0.095 115	0.496 983	−0.188 211 1
2016	06	03	57 542	0.097 043	0.497 219	−0.189 945 7	2016	06	04	57 543	0.098 815	0.497 433	−0.191 478 2
2016	06	05	57 544	0.100 057	0.497 503	−0.192 828 2	2016	06	06	57 545	0.101 491	0.497 548	−0.194 049 0
2016	06	07	57 546	0.102 675	0.497 937	−0.195 159 9	2016	06	08	57 547	0.103 601	0.497 953	−0.196 192 3
2016	06	09	57 548	0.104 775	0.497 770	−0.197 162 6	2016	06	10	57 549	0.106 026	0.497 222	−0.198 113 6
2016	06	11	57 550	0.107 586	0.496 388	−0.199 054 4	2016	06	12	57 551	0.109 445	0.495 380	−0.199 971 6
2016	06	13	57 552	0.112 146	0.494 212	−0.200 859 0	2016	06	14	57 553	0.115 219	0.494 001	−0.201 686 9
2016	06	15	57 554	0.117 955	0.494 533	−0.202 425 8	2016	06	16	57 555	0.120 723	0.494 872	−0.203 061 1
2016	06	17	57 556	0.123 660	0.494 609	−0.203 586 2	2016	06	18	57 557	0.126 273	0.494 039	−0.204 025 0
2016	06	19	57 558	0.128 241	0.493 253	−0.204 342 7	2016	06	20	57 559	0.130 393	0.492 201	−0.204 593 1
2016	06	21	57 560	0.132 214	0.491 519	−0.204 829 1	2016	06	22	57 561	0.134 110	0.490 680	−0.205 092 0
2016	06	23	57 562	0.136 391	0.490 257	−0.205 433 2	2016	06	24	57 563	0.138 668	0.489 614	−0.205 891 6
2016	06	25	57 564	0.140 635	0.488 946	−0.206 509 9	2016	06	26	57 565	0.142 509	0.488 753	−0.207 307 9
2016	06	27	57 566	0.144 356	0.488 207	−0.208 259 1	2016	06	28	57 567	0.146 435	0.487 237	−0.209 309 6
2016	06	29	57 568	0.148 602	0.486 290	−0.210 418 7	2016	06	30	57 569	0.150 223	0.485 430	−0.211 491 7
2016	07	01	57 570	0.152 140	0.483 905	−0.212 442 3	2016	07	02	57 571	0.154 436	0.482 617	−0.213 326 7

续 表

年	月	日	儒略日	x_p/(″)	y_p/(″)	ΔUT1/s	年	月	日	儒略日	x_p/(″)	y_p/(″)	ΔUT1/s
2016	07	03	57 572	0.156 546	0.481 608	−0.214 099 1	2016	07	04	57 573	0.158 553	0.480 623	−0.214 737 9
2016	07	05	57 574	0.160 538	0.479 588	−0.215 313 4	2016	07	06	57 575	0.162 457	0.478 505	−0.215 827 2
2016	07	07	57 576	0.164 345	0.477 368	−0.216 350 5	2016	07	08	57 577	0.166 417	0.476 352	−0.216 917 5
2016	07	09	57 578	0.168 576	0.475 197	−0.217 511 1	2016	07	10	57 579	0.171 340	0.473 700	−0.218 138 9
2016	07	11	57 580	0.174 086	0.472 310	−0.218 692 3	2016	07	12	57 581	0.176 852	0.471 135	−0.219 149 8
2016	07	13	57 582	0.179 283	0.470 265	−0.219 532 5	2016	07	14	57 583	0.180 966	0.469 235	−0.219 816 9
2016	07	15	57 584	0.182 727	0.468 092	−0.219 998 1	2016	07	16	57 585	0.184 853	0.466 743	−0.220 046 9
2016	07	17	57 586	0.187 119	0.465 535	−0.220 031 2	2016	07	18	57 587	0.189 583	0.464 318	−0.220 009 2
2016	07	19	57 588	0.192 173	0.463 129	−0.220 002 5	2016	07	20	57 589	0.194 353	0.462 010	−0.220 076 2
2016	07	21	57 590	0.196 143	0.460 971	−0.220 253 7	2016	07	22	57 591	0.198 067	0.459 761	−0.220 552 1
2016	07	23	57 592	0.200 137	0.458 644	−0.220 946 8	2016	07	24	57 593	0.202 202	0.457 604	−0.221 426 3
2016	07	25	57 594	0.204 203	0.456 680	−0.221 997 5	2016	07	26	57 595	0.206 098	0.456 038	−0.222 605 1
2016	07	27	57 596	0.207 480	0.455 158	−0.223 206 6	2016	07	28	57 597	0.208 744	0.454 254	−0.223 756 3
2016	07	29	57 598	0.210 064	0.453 198	−0.224 265 7	2016	07	30	57 599	0.211 452	0.451 874	−0.224 699 9
2016	07	31	57 600	0.212 526	0.450 649	−0.225 056 9	2016	08	01	57 601	0.213 141	0.449 375	−0.225 417 9
2016	08	02	57 602	0.213 247	0.448 089	−0.225 842 2	2016	08	03	57 603	0.214 244	0.446 084	−0.226 336 7
2016	08	04	57 604	0.215 724	0.444 661	−0.226 918 4	2016	08	05	57 605	0.217 083	0.443 288	−0.227 566 8
2016	08	06	57 606	0.218 353	0.442 149	−0.228 236 1	2016	08	07	57 607	0.219 346	0.440 612	−0.228 943 0
2016	08	08	57 608	0.220 520	0.439 128	−0.229 677 1	2016	08	09	57 609	0.221 565	0.437 722	−0.230 377 4
2016	08	10	57 610	0.222 606	0.436 125	−0.231 023 4	2016	08	11	57 611	0.223 350	0.434 346	−0.231 590 8
2016	08	12	57 612	0.224 324	0.432 086	−0.232 076 6	2016	08	13	57 613	0.225 436	0.429 820	−0.232 446 4
2016	08	14	57 614	0.225 985	0.427 479	−0.232 719 5	2016	08	15	57 615	0.226 088	0.425 029	−0.232 988 0
2016	08	16	57 616	0.226 415	0.422 458	−0.233 332 0	2016	08	17	57 617	0.226 668	0.420 238	−0.233 801 8
2016	08	18	57 618	0.226 841	0.418 160	−0.234 433 6	2016	08	19	57 619	0.227 296	0.416 125	−0.235 244 4
2016	08	20	57 620	0.227 522	0.414 279	−0.236 212 0	2016	08	21	57 621	0.227 604	0.412 217	−0.237 306 0
2016	08	22	57 622	0.227 820	0.410 289	−0.238 447 8	2016	08	23	57 623	0.228 221	0.407 939	−0.239 554 2
2016	08	24	57 624	0.229 186	0.405 729	−0.240 604 4	2016	08	25	57 625	0.230 234	0.403 877	−0.241 536 4
2016	08	26	57 626	0.231 403	0.401 995	−0.242 342 2	2016	08	27	57 627	0.232 494	0.399 972	−0.243 041 3
2016	08	28	57 628	0.233 736	0.397 650	−0.243 692 6	2016	08	29	57 629	0.234 724	0.395 782	−0.244 309 6
2016	08	30	57 630	0.235 370	0.393 332	−0.244 957 4	2016	08	31	57 631	0.235 955	0.391 033	−0.245 665 6
2016	09	01	57 632	0.236 393	0.389 256	−0.246 448 3	2016	09	02	57 633	0.236 879	0.388 053	−0.247 290 1
2016	09	03	57 634	0.236 658	0.387 128	−0.248 178 3	2016	09	04	57 635	0.235 996	0.385 778	−0.249 116 3
2016	09	05	57 636	0.235 115	0.384 087	−0.250 096 0	2016	09	06	57 637	0.234 472	0.382 150	−0.251 040 6
2016	09	07	57 638	0.234 323	0.380 175	−0.251 921 1	2016	09	08	57 639	0.234 424	0.377 967	−0.252 741 7
2016	09	09	57 640	0.234 708	0.375 722	−0.253 506 2	2016	09	10	57 641	0.234 649	0.373 790	−0.254 189 5
2016	09	11	57 642	0.234 577	0.371 762	−0.254 876 7	2016	09	12	57 643	0.235 107	0.369 866	−0.255 601 4
2016	09	13	57 644	0.235 655	0.367 878	−0.256 401 7	2016	09	14	57 645	0.236 079	0.366 133	−0.257 271 2
2016	09	15	57 646	0.236 237	0.364 448	−0.258 301 6	2016	09	16	57 647	0.236 870	0.362 505	−0.259 546 4
2016	09	17	57 648	0.237 252	0.360 538	−0.260 925 8	2016	09	18	57 649	0.237 559	0.358 723	−0.262 396 6

续 表

年	月	日	儒略日	$x_p/('')$	$y_p/('')$	$\Delta UT1/s$	年	月	日	儒略日	$x_p/('')$	$y_p/('')$	$\Delta UT1/s$
2016	09	19	57 650	0. 237 444	0. 357 041	−0. 263 912 4	2016	09	20	57 651	0. 237 317	0. 355 128	−0. 265 374 8
2016	09	21	57 652	0. 236 929	0. 353 154	−0. 266 735 1	2016	09	22	57 653	0. 236 569	0. 350 977	−0. 267 971 8
2016	09	23	57 654	0. 236 312	0. 348 986	−0. 269 109 1	2016	09	24	57 655	0. 235 703	0. 346 927	−0. 270 198 0
2016	09	25	57 656	0. 235 081	0. 344 573	−0. 271 253 6	2016	09	26	57 657	0. 234 805	0. 342 187	−0. 272 367 7
2016	09	27	57 658	0. 234 129	0. 339 789	−0. 273 573 2	2016	09	28	57 659	0. 233 591	0. 336 998	−0. 274 819 5
2016	09	29	57 660	0. 233 869	0. 334 436	−0. 276 140 7	2016	09	30	57 661	0. 234 124	0. 332 622	−0. 277 574 3
2016	10	01	57 662	0. 233 663	0. 331 060	−0. 278 978 0	2016	10	02	57 663	0. 232 649	0. 329 526	−0. 280 338 9
2016	10	03	57 664	0. 231 347	0. 327 916	−0. 281 606 0	2016	10	04	57 665	0. 229 599	0. 326 157	−0. 282 787 0
2016	10	05	57 666	0. 227 411	0. 324 763	−0. 283 897 6	2016	10	06	57 667	0. 225 223	0. 322 979	−0. 284 940 5
2016	10	07	57 668	0. 223 381	0. 321 426	−0. 285 935 1	2016	10	08	57 669	0. 221 706	0. 319 581	−0. 286 894 9
2016	10	09	57 670	0. 220 836	0. 317 742	−0. 287 870 6	2016	10	10	57 671	0. 220 770	0. 315 995	−0. 288 934 3
2016	10	11	57 672	0. 220 726	0. 314 067	−0. 290 153 2	2016	10	12	57 673	0. 220 459	0. 312 511	−0. 291 567 5
2016	10	13	57 674	0. 220 083	0. 311 198	−0. 293 189 1	2016	10	14	57 675	0. 219 073	0. 310 393	−0. 295 015 3
2016	10	15	57 676	0. 217 426	0. 309 297	−0. 297 027 1	2016	10	16	57 677	0. 215 439	0. 307 937	−0. 299 118 1
2016	10	17	57 678	0. 213 453	0. 306 180	−0. 301 166 9	2016	10	18	57 679	0. 211 719	0. 304 036	−0. 303 093 3
2016	10	19	57 680	0. 209 987	0. 302 133	−0. 304 865 7	2016	10	20	57 681	0. 208 021	0. 300 077	−0. 306 468 4
2016	10	21	57 682	0. 206 202	0. 298 149	−0. 307 912 4	2016	10	22	57 683	0. 204 198	0. 296 511	−0. 309 329 7
2016	10	23	57 684	0. 202 693	0. 294 771	−0. 310 743 8	2016	10	24	57 685	0. 201 446	0. 293 579	−0. 312 156 5
2016	10	25	57 686	0. 199 955	0. 291 877	−0. 313 598 5	2016	10	26	57 687	0. 198 792	0. 289 876	−0. 315 053 0
2016	10	27	57 688	0. 196 981	0. 288 215	−0. 316 526 9	2016	10	28	57 689	0. 194 869	0. 286 761	−0. 318 006 4
2016	10	29	57 690	0. 192 860	0. 285 478	−0. 319 513 8	2016	10	30	57 691	0. 191 495	0. 284 577	−0. 321 000 8
2016	10	31	57 692	0. 190 104	0. 283 674	−0. 322 437 2	2016	11	01	57 693	0. 188 731	0. 282 474	−0. 323 817 2
2016	11	02	57 694	0. 187 220	0. 281 567	−0. 325 118 6	2016	11	03	57 695	0. 185 855	0. 280 464	−0. 326 375 5
2016	11	04	57 696	0. 185 037	0. 279 393	−0. 327 620 0	2016	11	05	57 697	0. 183 900	0. 279 012	−0. 328 893 0
2016	11	06	57 698	0. 182 032	0. 278 925	−0. 330 232 7	2016	11	07	57 699	0. 179 421	0. 278 828	−0. 331 684 3
2016	11	08	57 700	0. 176 398	0. 278 359	−0. 333 274 4	2016	11	09	57 701	0. 173 529	0. 277 724	−0. 335 014 8
2016	11	10	57 702	0. 171 280	0. 277 052	−0. 336 916 4	2016	11	11	57 703	0. 169 402	0. 276 453	−0. 338 958 4
2016	11	12	57 704	0. 167 402	0. 275 406	−0. 341 120 6	2016	11	13	57 705	0. 165 517	0. 274 307	−0. 343 256 0
2016	11	14	57 706	0. 163 537	0. 273 295	−0. 345 269 1	2016	11	15	57 707	0. 161 296	0. 272 251	−0. 347 108 6
2016	11	16	57 708	0. 158 897	0. 271 440	−0. 348 676 8	2016	11	17	57 709	0. 156 605	0. 270 791	−0. 350 063 8
2016	11	18	57 710	0. 155 013	0. 270 445	−0. 351 361 8	2016	11	19	57 711	0. 153 277	0. 270 280	−0. 352 635 4
2016	11	20	57 712	0. 151 011	0. 270 031	−0. 353 951 2	2016	11	21	57 713	0. 148 204	0. 269 564	−0. 355 347 1
2016	11	22	57 714	0. 145 951	0. 268 970	−0. 356 813 0	2016	11	23	57 715	0. 143 976	0. 268 693	−0. 358 336 9
2016	11	24	57 716	0. 142 480	0. 268 409	−0. 359 907 0	2016	11	25	57 717	0. 141 233	0. 268 427	−0. 361 484 1
2016	11	26	57 718	0. 140 234	0. 268 357	−0. 363 034 8	2016	11	27	57 719	0. 139 078	0. 268 566	−0. 364 516 5
2016	11	28	57 720	0. 137 030	0. 268 788	−0. 365 912 2	2016	11	29	57 721	0. 134 379	0. 268 397	−0. 367 230 1
2016	11	30	57 722	0. 131 994	0. 267 943	−0. 368 495 8	2016	12	01	57 723	0. 129 832	0. 267 400	−0. 369 716 8
2016	12	02	57 724	0. 127 954	0. 267 030	−0. 370 927 5	2016	12	03	57 725	0. 126 002	0. 266 872	−0. 372 100 2
2016	12	04	57 726	0. 124 085	0. 266 525	−0. 373 296 0	2016	12	05	57 727	0. 122 393	0. 266 328	−0. 374 606 6

续 表

年	月	日	儒略日	$x_p/('')$	$y_p/('')$	ΔUT1/s	年	月	日	儒略日	$x_p/('')$	$y_p/('')$	ΔUT1/s
2016	12	06	57 728	0.120 654	0.266 038	−0.376 046 0	2016	12	07	57 729	0.119 472	0.265 733	−0.377 553 4
2016	12	08	57 730	0.118 582	0.265 535	−0.379 175 8	2016	12	09	57 731	0.118 189	0.265 614	−0.380 921 0
2016	12	10	57 732	0.118 028	0.265 966	−0.382 721 4	2016	12	11	57 733	0.118 031	0.266 302	−0.384 493 0
2016	12	12	57 734	0.117 616	0.266 860	−0.386 168 9	2016	12	13	57 735	0.116 406	0.267 312	−0.387 701 8
2016	12	14	57 736	0.114 651	0.267 469	−0.389 041 2	2016	12	15	57 737	0.113 006	0.267 433	−0.390 262 2
2016	12	16	57 738	0.111 724	0.267 275	−0.391 491 8	2016	12	17	57 739	0.110 800	0.266 540	−0.392 749 6
2016	12	18	57 740	0.109 722	0.266 098	−0.394 017 6	2016	12	19	57 741	0.108 457	0.265 841	−0.395 285 5
2016	12	20	57 742	0.106 494	0.266 073	−0.396 569 4	2016	12	21	57 743	0.103 625	0.265 958	−0.397 854 1
2016	12	22	57 744	0.100 723	0.265 754	−0.399 115 1	2016	12	23	57 745	0.098 040	0.265 178	−0.400 340 9
2016	12	24	57 746	0.095 526	0.264 675	−0.401 497 2	2016	12	25	57 747	0.093 310	0.264 487	−0.402 564 7
2016	12	26	57 748	0.091 137	0.264 644	−0.403 542 3	2016	12	27	57 749	0.089 117	0.264 604	−0.404 443 8
2016	12	28	57 750	0.086 769	0.264 747	−0.405 288 7	2016	12	29	57 751	0.084 557	0.264 197	−0.406 097 8
2016	12	30	57 752	0.082 873	0.263 556	−0.406 917 5	2016	12	31	57 753	0.081 284	0.263 013	−0.407 749 2
2017	01	01	57 754	0.080 406	0.263 110	0.591 297 7	2017	01	02	57 755	0.080 234	0.263 612	0.590 198 0
2017	01	03	57 756	0.080 325	0.264 049	0.588 948 9	2017	01	04	57 757	0.080 085	0.264 248	0.587 556 0
2017	01	05	57 758	0.078 979	0.264 771	0.586 011 3	2017	01	06	57 759	0.076 659	0.265 079	0.584 417 6
2017	01	07	57 760	0.074 997	0.264 999	0.582 828 9	2017	01	08	57 761	0.073 590	0.265 346	0.581 297 1
2017	01	09	57 762	0.072 292	0.265 405	0.579 863 2	2017	01	10	57 763	0.070 974	0.265 630	0.578 544 7
2017	01	11	57 764	0.069 188	0.266 009	0.577 322 6	2017	01	12	57 765	0.067 206	0.266 760	0.576 150 1
2017	01	13	57 766	0.065 434	0.267 601	0.574 971 0	2017	01	14	57 767	0.064 123	0.268 514	0.573 748 6
2017	01	15	57 768	0.062 094	0.269 403	0.572 448 2	2017	01	16	57 769	0.059 790	0.270 125	0.571 085 5
2017	01	17	57 770	0.056 596	0.270 860	0.569 735 5	2017	01	18	57 771	0.053 236	0.271 069	0.568 468 7
2017	01	19	57 772	0.049 831	0.271 594	0.567 262 1	2017	01	20	57 773	0.046 722	0.272 046	0.566 135 4
2017	01	21	57 774	0.044 253	0.272 777	0.565 077 2	2017	01	22	57 775	0.042 223	0.273 622	0.564 053 9
2017	01	23	57 776	0.040 821	0.274 538	0.563 115 6	2017	01	24	57 777	0.039 583	0.275 760	0.562 259 5
2017	01	25	57 778	0.038 517	0.276 614	0.561 460 8	2017	01	26	57 779	0.037 014	0.277 717	0.560 675 5
2017	01	27	57 780	0.035 647	0.278 508	0.559 865 1	2017	01	28	57 781	0.034 439	0.279 471	0.558 988 6
2017	01	29	57 782	0.033 163	0.280 636	0.557 999 9	2017	01	30	57 783	0.032 188	0.281 673	0.556 859 6
2017	01	31	57 784	0.031 679	0.282 720	0.555 574 2	2017	02	01	57 785	0.031 191	0.283 698	0.554 178 8
2017	02	02	57 786	0.030 748	0.284 679	0.552 720 6	2017	02	03	57 787	0.030 524	0.285 671	0.551 260 6
2017	02	04	57 788	0.030 066	0.286 876	0.549 833 6	2017	02	05	57 789	0.029 276	0.288 333	0.548 476 4
2017	02	06	57 790	0.027 940	0.289 708	0.547 190 7	2017	02	07	57 791	0.025 783	0.290 937	0.545 961 7
2017	02	08	57 792	0.023 504	0.291 995	0.544 781 3	2017	02	09	57 793	0.021 386	0.293 084	0.543 568 7
2017	02	10	57 794	0.019 705	0.294 105	0.542 270 5	2017	02	11	57 795	0.018 117	0.295 030	0.540 861 6
2017	02	12	57 796	0.016 533	0.296 190	0.539 323 6	2017	02	13	57 797	0.014 945	0.297 050	0.537 680 3
2017	02	14	57 798	0.013 603	0.298 053	0.536 002 2	2017	02	15	57 799	0.012 199	0.298 908	0.534 322 3
2017	02	16	57 800	0.010 653	0.299 914	0.532 704 1	2017	02	17	57 801	0.009 096	0.300 662	0.531 183 7
2017	02	18	57 802	0.008 066	0.301 408	0.529 843 2	2017	02	19	57 803	0.007 626	0.302 891	0.528 650 7
2017	02	20	57 804	0.007 330	0.304 749	0.527 539 8	2017	02	21	57 805	0.006 830	0.306 848	0.526 570 1

续 表

年	月	日	儒略日	x_p/(″)	y_p/(″)	ΔUT1/s	年	月	日	儒略日	x_p/(″)	y_p/(″)	ΔUT1/s
2017	02	22	57 806	0.006 292	0.308 971	0.525 681 6	2017	02	23	57 807	0.006 313	0.310 992	0.524 725 1
2017	02	24	57 808	0.006 506	0.313 447	0.523 703 2	2017	02	25	57 809	0.006 351	0.315 906	0.522 622 0
2017	02	26	57 810	0.005 864	0.317 660	0.521 417 4	2017	02	27	57 811	0.004 992	0.319 182	0.520 055 5
2017	02	28	57 812	0.004 458	0.320 769	0.518 555 9	2017	03	01	57 813	0.004 201	0.322 772	0.516 920 6
2017	03	02	57 814	0.004 435	0.324 530	0.515 270 7	2017	03	03	57 815	0.004 753	0.326 399	0.513 738 6
2017	03	04	57 816	0.004 922	0.328 387	0.512 278 4	2017	03	05	57 817	0.005 038	0.330 067	0.510 890 9
2017	03	06	57 818	0.004 656	0.331 886	0.509 583 8	2017	03	07	57 819	0.003 842	0.333 541	0.508 326 2
2017	03	08	57 820	0.003 361	0.335 017	0.507 054 6	2017	03	09	57 821	0.003 516	0.336 230	0.505 727 8
2017	03	10	57 822	0.004 054	0.337 739	0.504 330 3	2017	03	11	57 823	0.004 522	0.339 497	0.502 864 9
2017	03	12	57 824	0.004 623	0.341 460	0.501 298 1	2017	03	13	57 825	0.004 329	0.343 151	0.499 633 8
2017	03	14	57 826	0.004 108	0.344 483	0.497 953 4	2017	03	15	57 827	0.003 946	0.345 936	0.496 350 3
2017	03	16	57 828	0.003 934	0.347 162	0.494 832 9	2017	03	17	57 829	0.004 042	0.348 900	0.493 411 3
2017	03	18	57 830	0.004 447	0.350 950	0.492 112 7	2017	03	19	57 831	0.004 857	0.353 166	0.490 910 6
2017	03	20	57 832	0.005 254	0.355 662	0.489 770 0	2017	03	21	57 833	0.005 426	0.358 050	0.488 653 9
2017	03	22	57 834	0.005 638	0.360 271	0.487 503 7	2017	03	23	57 835	0.005 959	0.362 598	0.486 269 1
2017	03	24	57 836	0.005 500	0.364 846	0.484 867 0	2017	03	25	57 837	0.005 014	0.366 667	0.483 389 5
2017	03	26	57 838	0.004 885	0.368 375	0.481 735 1	2017	03	27	57 839	0.004 890	0.370 263	0.479 935 8
2017	03	28	57 840	0.004 992	0.372 010	0.478 020 7	2017	03	29	57 841	0.005 269	0.373 530	0.476 026 6
2017	03	30	57 842	0.005 359	0.375 029	0.474 032 0	2017	03	31	57 843	0.004 895	0.376 308	0.472 170 6
2017	04	01	57 844	0.005 294	0.377 543	0.470 466 6	2017	04	02	57 845	0.005 726	0.379 066	0.468 906 3
2017	04	03	57 846	0.006 227	0.379 825	0.467 491 3	2017	04	04	57 847	0.007 153	0.380 838	0.466 150 7
2017	04	05	57 848	0.008 418	0.382 508	0.464 824 7	2017	04	06	57 849	0.009 587	0.384 603	0.463 434 3
2017	04	07	57 850	0.010 455	0.386 575	0.461 909 7	2017	04	08	57 851	0.010 555	0.388 428	0.460 305 4
2017	04	09	57 852	0.010 582	0.390 108	0.458 644 7	2017	04	10	57 853	0.010 954	0.391 815	0.457 013 0
2017	04	11	57 854	0.011 615	0.393 605	0.455 411 5	2017	04	12	57 855	0.012 353	0.395 189	0.453 807 2
2017	04	13	57 856	0.014 173	0.396 821	0.452 247 2	2017	04	14	57 857	0.016 279	0.398 825	0.450 719 7
2017	04	15	57 858	0.018 224	0.401 065	0.449 244 4	2017	04	16	57 859	0.019 709	0.403 514	0.447 819 3
2017	04	17	57 860	0.021 176	0.405 745	0.446 384 2	2017	04	18	57 861	0.022 689	0.407 739	0.444 925 9
2017	04	19	57 862	0.023 887	0.409 771	0.443 425 9	2017	04	20	57 863	0.024 672	0.411 357	0.441 941 4
2017	04	21	57 864	0.026 074	0.412 745	0.440 365 7	2017	04	22	57 865	0.027 893	0.414 973	0.438 629 8
2017	04	23	57 866	0.029 188	0.417 538	0.436 730 9	2017	04	24	57 867	0.029 775	0.419 822	0.434 646 1
2017	04	25	57 868	0.030 533	0.421 627	0.432 456 2	2017	04	26	57 869	0.031 503	0.423 256	0.430 257 5
2017	04	27	57 870	0.032 210	0.424 548	0.428 160 6	2017	04	28	57 871	0.033 208	0.425 930	0.426 263 3
2017	04	29	57 872	0.034 628	0.427 532	0.424 605 2	2017	04	30	57 873	0.036 275	0.429 467	0.423 124 9
2017	05	01	57 874	0.037 902	0.431 334	0.421 725 7	2017	05	02	57 875	0.039 389	0.432 900	0.420 355 7
2017	05	03	57 876	0.040 572	0.434 223	0.418 970 8	2017	05	04	57 877	0.041 577	0.435 189	0.417 558 7
2017	05	05	57 878	0.043 196	0.436 527	0.416 097 0	2017	05	06	57 879	0.045 141	0.437 894	0.414 544 3
2017	05	07	57 880	0.047 704	0.438 989	0.412 917 9	2017	05	08	57 881	0.050 056	0.440 496	0.411 377 4
2017	05	09	57 882	0.051 965	0.441 775	0.409 935 0	2017	05	10	57 883	0.053 989	0.443 124	0.408 558 0

续 表

年	月	日	儒略日	x_p/(")	y_p/(")	$\Delta UT1/s$	年	月	日	儒略日	x_p/(")	y_p/(")	$\Delta UT1/s$
2017	05	11	57 884	0.056 190	0.444 377	0.407 274 0	2017	05	12	57 885	0.058 581	0.445 931	0.406 090 9
2017	05	13	57 886	0.060 692	0.447 295	0.404 982 4	2017	05	14	57 887	0.062 928	0.448 435	0.403 960 7
2017	05	15	57 888	0.064 749	0.449 370	0.402 979 8	2017	05	16	57 889	0.066 769	0.449 808	0.401 995 1
2017	05	17	57 890	0.068 683	0.450 261	0.400 924 3	2017	05	18	57 891	0.070 545	0.450 676	0.399 785 9
2017	05	19	57 892	0.072 542	0.451 760	0.398 576 4	2017	05	20	57 893	0.074 412	0.452 910	0.397 281 7
2017	05	21	57 894	0.076 326	0.453 653	0.395 868 1	2017	05	22	57 895	0.078 346	0.454 504	0.394 289 2
2017	05	23	57 896	0.079 818	0.455 090	0.392 623 1	2017	05	24	57 897	0.081 147	0.455 475	0.390 928 9
2017	05	25	57 898	0.082 343	0.455 649	0.389 313 4	2017	05	26	57 899	0.083 957	0.455 917	0.387 831 8
2017	05	27	57 900	0.085 484	0.456 291	0.386 563 1	2017	05	28	57 901	0.087 442	0.456 398	0.385 466 1
2017	05	29	57 902	0.089 864	0.456 519	0.384 411 5	2017	05	30	57 903	0.092 119	0.457 095	0.383 267 5
2017	05	31	57 904	0.094 026	0.457 366	0.382 038 3	2017	06	01	57 905	0.095 973	0.457 506	0.380 713 1
2017	06	02	57 906	0.097 757	0.457 787	0.379 340 4	2017	06	03	57 907	0.099 567	0.458 215	0.377 986 2
2017	06	04	57 908	0.101 117	0.458 581	0.376 683 4	2017	06	05	57 909	0.102 695	0.458 523	0.375 459 8
2017	06	06	57 910	0.103 952	0.458 428	0.374 350 4	2017	06	07	57 911	0.105 355	0.458 308	0.373 379 8
2017	06	08	57 912	0.106 868	0.458 048	0.372 588 7	2017	06	09	57 913	0.108 532	0.457 811	0.371 948 1
2017	06	10	57 914	0.109 980	0.457 484	0.371 459 6	2017	06	11	57 915	0.111 451	0.457 234	0.371 043 7
2017	06	12	57 916	0.112 994	0.456 975	0.370 651 4	2017	06	13	57 917	0.114 578	0.457 220	0.370 260 9
2017	06	14	57 918	0.116 272	0.457 399	0.369 838 0	2017	06	15	57 919	0.118 300	0.457 308	0.369 345 2
2017	06	16	57 920	0.120 585	0.457 118	0.368 766 5	2017	06	17	57 921	0.122 593	0.456 680	0.368 084 7
2017	06	18	57 922	0.124 179	0.456 211	0.367 299 9	2017	06	19	57 923	0.125 730	0.455 709	0.366 478 2
2017	06	20	57 924	0.127 862	0.455 315	0.365 660 2	2017	06	21	57 925	0.130 457	0.454 990	0.364 845 8
2017	06	22	57 926	0.133 152	0.454 762	0.364 127 3	2017	06	23	57 927	0.136 000	0.454 478	0.363 541 0
2017	06	24	57 928	0.138 788	0.454 113	0.363 132 6	2017	06	25	57 929	0.141 007	0.454 000	0.362 739 0
2017	06	26	57 930	0.143 021	0.453 452	0.362 300 6	2017	06	27	57 931	0.145 147	0.452 649	0.361 804 2
2017	06	28	57 932	0.147 212	0.451 658	0.361 243 4	2017	06	29	57 933	0.149 572	0.450 811	0.360 641 8
2017	06	30	57 934	0.152 473	0.449 903	0.360 072 7	2017	07	01	57 935	0.155 696	0.449 250	0.359 512 6
2017	07	02	57 936	0.159 025	0.448 761	0.358 936 1	2017	07	03	57 937	0.162 254	0.448 332	0.358 460 9
2017	07	04	57 938	0.165 708	0.447 674	0.358 106 4	2017	07	05	57 939	0.168 962	0.447 193	0.357 854 7
2017	07	06	57 940	0.171 987	0.446 681	0.357 689 9	2017	07	07	57 941	0.174 976	0.445 962	0.357 586 0
2017	07	08	57 942	0.177 786	0.445 212	0.357 508 0	2017	07	09	57 943	0.180 221	0.444 721	0.357 443 1
2017	07	10	57 944	0.182 001	0.443 926	0.357 331 1	2017	07	11	57 945	0.183 758	0.442 796	0.357 139 1
2017	07	12	57 946	0.185 216	0.441 706	0.356 804 2	2017	07	13	57 947	0.187 119	0.440 577	0.356 345 5
2017	07	14	57 948	0.189 361	0.439 329	0.355 773 2	2017	07	15	57 949	0.191 161	0.438 169	0.355 137 6
2017	07	16	57 950	0.192 339	0.436 690	0.354 525 4	2017	07	17	57 951	0.193 490	0.435 030	0.353 927 0
2017	07	18	57 952	0.194 733	0.433 766	0.353 352 9	2017	07	19	57 953	0.195 900	0.432 299	0.352 858 1
2017	07	20	57 954	0.197 066	0.430 717	0.352 427 5	2017	07	21	57 955	0.197 923	0.428 948	0.352 086 0
2017	07	22	57 956	0.198 629	0.426 561	0.351 809 3	2017	07	23	57 957	0.199 930	0.424 439	0.351 535 2
2017	07	24	57 958	0.201 761	0.422 658	0.351 207 3	2017	07	25	57 959	0.203 423	0.421 227	0.350 775 3
2017	07	26	57 960	0.204 802	0.419 916	0.350 188 1	2017	07	27	57 961	0.206 134	0.418 494	0.349 515 0

续 表

年	月	日	儒略日	x_p/(″)	y_p/(″)	ΔUT1/s	年	月	日	儒略日	x_p/(″)	y_p/(″)	ΔUT1/s
2017	07	28	57 962	0. 207 107	0. 416 880	0. 348 820 3	2017	07	29	57 963	0. 207 742	0. 415 305	0. 348 152 3
2017	07	30	57 964	0. 208 296	0. 413 679	0. 347 543 1	2017	07	31	57 965	0. 208 825	0. 411 811	0. 347 042 7
2017	08	01	57 966	0. 209 835	0. 409 886	0. 346 659 8	2017	08	02	57 967	0. 211 398	0. 408 248	0. 346 420 0
2017	08	03	57 968	0. 213 291	0. 406 601	0. 346 279 5	2017	08	04	57 969	0. 214 709	0. 405 433	0. 346 200 9
2017	08	05	57 970	0. 215 447	0. 404 172	0. 346 136 5	2017	08	06	57 971	0. 216 162	0. 402 972	0. 345 995 3
2017	08	07	57 972	0. 217 134	0. 401 528	0. 345 838 1	2017	08	08	57 973	0. 218 544	0. 399 806	0. 345 622 7
2017	08	09	57 974	0. 220 136	0. 398 184	0. 345 291 2	2017	08	10	57 975	0. 221 888	0. 396 576	0. 344 819 3
2017	08	11	57 976	0. 223 520	0. 394 783	0. 344 175 5	2017	08	12	57 977	0. 224 272	0. 393 044	0. 343 506 2
2017	08	13	57 978	0. 224 896	0. 391 349	0. 342 838 7	2017	08	14	57 979	0. 225 434	0. 389 550	0. 342 204 2
2017	08	15	57 980	0. 225 504	0. 387 912	0. 341 654 8	2017	08	16	57 981	0. 225 102	0. 385 969	0. 341 233 7
2017	08	17	57 982	0. 225 340	0. 383 821	0. 340 934 5	2017	08	18	57 983	0. 226 326	0. 381 367	0. 340 729 4
2017	08	19	57 984	0. 227 537	0. 379 678	0. 340 504 4	2017	08	20	57 985	0. 228 598	0. 378 522	0. 340 310 6
2017	08	21	57 986	0. 229 558	0. 377 439	0. 339 978 4	2017	08	22	57 987	0. 230 232	0. 375 700	0. 339 494 4
2017	08	23	57 988	0. 230 696	0. 373 866	0. 339 003 6	2017	08	24	57 989	0. 231 049	0. 371 805	0. 338 478 1
2017	08	25	57 990	0. 231 829	0. 369 601	0. 337 907 5	2017	08	26	57 991	0. 232 957	0. 367 826	0. 337 446 5
2017	08	27	57 992	0. 233 753	0. 366 209	0. 337 087 8	2017	08	28	57 993	0. 234 245	0. 364 398	0. 336 792 4
2017	08	29	57 994	0. 234 844	0. 362 943	0. 336 584 2	2017	08	30	57 995	0. 235 156	0. 361 481	0. 336 461 1
2017	08	31	57 996	0. 235 394	0. 359 463	0. 336 373 3	2017	09	01	57 997	0. 235 563	0. 357 060	0. 336 297 0
2017	09	02	57 998	0. 236 028	0. 355 000	0. 336 194 1	2017	09	03	57 999	0. 236 808	0. 353 230	0. 336 035 9
2017	09	04	58 000	0. 237 536	0. 351 605	0. 335 793 3	2017	09	05	58 001	0. 237 920	0. 350 129	0. 335 396 5
2017	09	06	58 002	0. 238 534	0. 348 089	0. 334 824 9	2017	09	07	58 003	0. 239 949	0. 346 217	0. 334 065 4
2017	09	08	58 004	0. 241 033	0. 344 387	0. 333 171 9	2017	09	09	58 005	0. 241 460	0. 342 815	0. 332 243 8
2017	09	10	58 006	0. 241 406	0. 341 734	0. 331 278 9	2017	09	11	58 007	0. 241 149	0. 340 693	0. 330 371 1
2017	09	12	58 008	0. 240 712	0. 339 184	0. 329 569 9	2017	09	13	58 009	0. 239 490	0. 337 433	0. 328 903 9
2017	09	14	58 010	0. 237 894	0. 335 801	0. 328 314 2	2017	09	15	58 011	0. 236 997	0. 334 277	0. 327 730 8
2017	09	16	58 012	0. 236 151	0. 333 110	0. 327 129 6	2017	09	17	58 013	0. 235 437	0. 331 475	0. 326 379 0
2017	09	18	58 014	0. 234 932	0. 329 981	0. 325 446 9	2017	09	19	58 015	0. 234 376	0. 328 251	0. 324 383 2
2017	09	20	58 016	0. 233 504	0. 326 435	0. 323 285 6	2017	09	21	58 017	0. 232 368	0. 324 511	0. 322 177 4
2017	09	22	58 018	0. 231 480	0. 322 598	0. 321 105 2	2017	09	23	58 019	0. 230 275	0. 320 849	0. 320 165 9
2017	09	24	58 020	0. 229 146	0. 318 541	0. 319 317 1	2017	09	25	58 021	0. 228 437	0. 316 331	0. 318 601 1
2017	09	26	58 022	0. 227 384	0. 314 024	0. 318 012 7	2017	09	27	58 023	0. 226 738	0. 311 756	0. 317 476 3
2017	09	28	58 024	0. 226 108	0. 309 713	0. 316 963 6	2017	09	29	58 025	0. 225 592	0. 307 796	0. 316 382 3
2017	09	30	58 026	0. 224 857	0. 305 629	0. 315 777 3	2017	10	01	58 027	0. 224 071	0. 303 037	0. 315 152 0
2017	10	02	58 028	0. 222 819	0. 300 646	0. 314 502 9	2017	10	03	58 029	0. 222 129	0. 298 414	0. 313 752 3
2017	10	04	58 030	0. 221 797	0. 296 685	0. 312 874 3	2017	10	05	58 031	0. 221 944	0. 294 777	0. 311 859 7
2017	10	06	58 032	0. 221 694	0. 293 830	0. 310 708 3	2017	10	07	58 033	0. 220 172	0. 293 025	0. 309 542 9
2017	10	08	58 034	0. 218 361	0. 292 105	0. 308 407 8	2017	10	09	58 035	0. 216 190	0. 290 860	0. 307 378 0
2017	10	10	58 036	0. 214 075	0. 289 134	0. 306 488 6	2017	10	11	58 037	0. 212 230	0. 287 377	0. 305 700 0
2017	10	12	58 038	0. 210 250	0. 285 371	0. 304 958 8	2017	10	13	58 039	0. 208 688	0. 283 429	0. 304 187 8

续 表

年	月	日	儒略日	$x_p/('')$	$y_p/('')$	$\Delta UT1/s$	年	月	日	儒略日	$x_p/('')$	$y_p/('')$	$\Delta UT1/s$
2017	10	14	58 040	0. 207 152	0. 281 526	0. 303 306 1	2017	10	15	58 041	0. 205 699	0. 279 734	0. 302 336 6
2017	10	16	58 042	0. 204 789	0. 278 139	0. 301 209 8	2017	10	17	58 043	0. 203 852	0. 276 870	0. 299 940 0
2017	10	18	58 044	0. 202 570	0. 275 423	0. 298 580 2	2017	10	19	58 045	0. 201 228	0. 273 719	0. 297 191 4
2017	10	20	58 046	0. 199 944	0. 272 093	0. 295 817 1	2017	10	21	58 047	0. 198 720	0. 270 643	0. 294 559 7
2017	10	22	58 048	0. 197 301	0. 269 564	0. 293 390 2	2017	10	23	58 049	0. 196 020	0. 268 412	0. 292 302 7
2017	10	24	58 050	0. 194 584	0. 266 918	0. 291 310 5	2017	10	25	58 051	0. 192 750	0. 265 653	0. 290 436 0
2017	10	26	58 052	0. 190 522	0. 264 053	0. 289 614 7	2017	10	27	58 053	0. 188 640	0. 262 493	0. 288 793 9
2017	10	28	58 054	0. 186 601	0. 261 204	0. 287 945 9	2017	10	29	58 055	0. 184 638	0. 259 903	0. 286 985 0
2017	10	30	58 056	0. 183 111	0. 258 826	0. 285 930 8	2017	10	31	58 057	0. 181 829	0. 257 809	0. 284 759 3
2017	11	01	58 058	0. 180 296	0. 256 856	0. 283 426 0	2017	11	02	58 059	0. 179 139	0. 255 937	0. 281 966 6
2017	11	03	58 060	0. 178 168	0. 255 529	0. 280 430 9	2017	11	04	58 061	0. 176 819	0. 255 000	0. 278 842 4
2017	11	05	58 062	0. 175 227	0. 254 016	0. 277 339 1	2017	11	06	58 063	0. 173 465	0. 252 887	0. 276 056 7
2017	11	07	58 064	0. 171 798	0. 251 605	0. 274 941 3	2017	11	08	58 065	0. 170 596	0. 250 256	0. 273 898 8
2017	11	09	58 066	0. 169 120	0. 249 358	0. 272 864 4	2017	11	10	58 067	0. 167 646	0. 247 946	0. 271 760 6
2017	11	11	58 068	0. 166 396	0. 246 848	0. 270 504 2	2017	11	12	58 069	0. 164 923	0. 246 174	0. 269 166 9
2017	11	13	58 070	0. 163 368	0. 245 937	0. 267 757 6	2017	11	14	58 071	0. 161 570	0. 245 403	0. 266 300 8
2017	11	15	58 072	0. 160 062	0. 244 625	0. 264 831 0	2017	11	16	58 073	0. 158 441	0. 244 147	0. 263 423 8
2017	11	17	58 074	0. 156 031	0. 243 545	0. 262 143 4	2017	11	18	58 075	0. 153 245	0. 242 360	0. 261 014 3
2017	11	19	58 076	0. 150 733	0. 241 508	0. 259 993 5	2017	11	20	58 077	0. 148 216	0. 240 689	0. 259 134 2
2017	11	21	58 078	0. 145 643	0. 239 916	0. 258 409 9	2017	11	22	58 079	0. 143 796	0. 239 140	0. 257 766 4
2017	11	23	58 080	0. 141 993	0. 238 659	0. 257 125 5	2017	11	24	58 081	0. 139 593	0. 238 267	0. 256 450 0
2017	11	25	58 082	0. 136 821	0. 237 907	0. 255 708 3	2017	11	26	58 083	0. 135 302	0. 237 390	0. 254 880 3
2017	11	27	58 084	0. 133 543	0. 237 050	0. 253 908 2	2017	11	28	58 085	0. 131 125	0. 236 745	0. 252 776 6
2017	11	29	58 086	0. 128 797	0. 236 939	0. 251 478 7	2017	11	30	58 087	0. 126 354	0. 237 180	0. 250 022 3
2017	12	01	58 088	0. 124 093	0. 236 688	0. 248 514 6	2017	12	02	58 089	0. 121 669	0. 236 396	0. 246 984 5
2017	12	03	58 090	0. 119 232	0. 235 541	0. 245 579 0	2017	12	04	58 091	0. 116 892	0. 234 876	0. 244 267 5
2017	12	05	58 092	0. 114 703	0. 233 893	0. 243 051 9	2017	12	06	58 093	0. 112 573	0. 233 274	0. 241 888 3
2017	12	07	58 094	0. 109 471	0. 233 507	0. 240 661 0	2017	12	08	58 095	0. 106 820	0. 233 390	0. 239 392 1
2017	12	09	58 096	0. 104 779	0. 233 975	0. 238 059 0	2017	12	10	58 097	0. 102 552	0. 234 646	0. 236 619 4
2017	12	11	58 098	0. 100 164	0. 235 436	0. 235 153 1	2017	12	12	58 099	0. 097 687	0. 236 146	0. 233 729 2
2017	12	13	58 100	0. 095 346	0. 236 563	0. 232 378 9	2017	12	14	58 101	0. 092 869	0. 237 048	0. 231 180 5
2017	12	15	58 102	0. 090 256	0. 237 578	0. 230 144 9	2017	12	16	58 103	0. 087 663	0. 238 079	0. 229 282 8
2017	12	17	58 104	0. 084 775	0. 238 599	0. 228 522 4	2017	12	18	58 105	0. 081 905	0. 239 044	0. 227 942 1
2017	12	19	58 106	0. 078 820	0. 239 525	0. 227 438 8	2017	12	20	58 107	0. 075 952	0. 239 470	0. 226 949 8
2017	12	21	58 108	0. 073 645	0. 238 795	0. 226 377 3	2017	12	22	58 109	0. 071 910	0. 238 294	0. 225 821 9
2017	12	23	58 110	0. 070 537	0. 238 466	0. 225 238 0	2017	12	24	58 111	0. 069 324	0. 239 063	0. 224 525 8
2017	12	25	58 112	0. 068 299	0. 239 814	0. 223 671 8	2017	12	26	58 113	0. 067 657	0. 240 686	0. 222 695 1
2017	12	27	58 114	0. 067 318	0. 241 626	0. 221 612 2	2017	12	28	58 115	0. 066 650	0. 243 120	0. 220 448 2
2017	12	29	58 116	0. 064 878	0. 244 392	0. 219 294 2	2017	12	30	58 117	0. 063 071	0. 245 448	0. 218 246 4

续 表

年	月	日	儒略日	$x_p/('')$	$y_p/('')$	$\Delta UT1/s$	年	月	日	儒略日	$x_p/('')$	$y_p/('')$	$\Delta UT1/s$
2017	12	31	58 118	0.061 214	0.246 580	0.217 235 3	2018	01	01	58 119	0.059 224	0.247 646	0.216 365 4
2018	01	02	58 120	0.057 406	0.248 566	0.215 607 8	2018	01	03	58 121	0.055 667	0.249 547	0.214 869 1
2018	01	04	58 122	0.054 388	0.250 409	0.214 061 6	2018	01	05	58 123	0.053 497	0.251 568	0.213 186 1
2018	01	06	58 124	0.052 593	0.252 938	0.212 290 5	2018	01	07	58 125	0.050 970	0.254 226	0.211 420 1
2018	01	08	58 126	0.049 223	0.255 002	0.210 621 8	2018	01	09	58 127	0.047 987	0.255 808	0.209 930 2
2018	01	10	58 128	0.046 686	0.257 130	0.209 347 5	2018	01	11	58 129	0.045 008	0.258 580	0.208 873 1
2018	01	12	58 130	0.043 355	0.259 855	0.208 507 5	2018	01	13	58 131	0.041 402	0.260 606	0.208 277 5
2018	01	14	58 132	0.039 860	0.260 774	0.208 160 7	2018	01	15	58 133	0.038 639	0.261 182	0.208 109 4
2018	01	16	58 134	0.037 810	0.261 913	0.208 079 8	2018	01	17	58 135	0.037 169	0.263 221	0.208 018 6
2018	01	18	58 136	0.036 146	0.264 989	0.207 891 2	2018	01	19	58 137	0.034 752	0.266 831	0.207 663 6
2018	01	20	58 138	0.032 747	0.268 633	0.207 308 0	2018	01	21	58 139	0.030 561	0.270 346	0.206 799 4
2018	01	22	58 140	0.028 676	0.272 068	0.206 127 8	2018	01	23	58 141	0.027 384	0.273 712	0.205 315 3
2018	01	24	58 142	0.026 021	0.275 528	0.204 400 9	2018	01	25	58 143	0.024 129	0.277 399	0.203 421 8
2018	01	26	58 144	0.022 368	0.279 079	0.202 425 9	2018	01	27	58 145	0.020 849	0.280 621	0.201 471 0
2018	01	28	58 146	0.019 338	0.281 805	0.200 568 9	2018	01	29	58 147	0.018 277	0.282 895	0.199 685 7
2018	01	30	58 148	0.017 699	0.284 465	0.198 761 6	2018	01	31	58 149	0.016 664	0.286 211	0.197 722 7
2018	02	01	58 150	0.015 367	0.288 248	0.196 506 9	2018	02	02	58 151	0.014 067	0.290 203	0.195 092 9
2018	02	03	58 152	0.012 458	0.291 691	0.193 502 8	2018	02	04	58 153	0.010 601	0.293 313	0.191 816 4
2018	02	05	58 154	0.008 260	0.295 375	0.190 138 9	2018	02	06	58 155	0.006 624	0.296 675	0.188 556 1
2018	02	07	58 156	0.006 188	0.297 813	0.187 120 2	2018	02	08	58 157	0.005 592	0.299 623	0.185 866 0
2018	02	09	58 158	0.004 664	0.301 372	0.184 795 4	2018	02	10	58 159	0.004 091	0.303 167	0.183 904 1
2018	02	11	58 160	0.003 494	0.305 155	0.183 126 7	2018	02	12	58 161	0.003 276	0.307 207	0.182 379 9
2018	02	13	58 162	0.002 984	0.309 331	0.181 627 9	2018	02	14	58 163	0.002 565	0.311 263	0.180 851 2
2018	02	15	58 164	0.001 884	0.313 278	0.180 028 5	2018	02	16	58 165	0.001 348	0.315 040	0.179 140 9
2018	02	17	58 166	0.001 023	0.316 434	0.178 174 5	2018	02	18	58 167	0.000 643	0.317 986	0.177 116 3
2018	02	19	58 168	0.000 907	0.319 569	0.175 975 6	2018	02	20	58 169	0.001 162	0.321 719	0.174 795 9
2018	02	21	58 170	0.002 029	0.324 307	0.173 637 2	2018	02	22	58 171	0.002 404	0.327 028	0.172 539 2
2018	02	23	58 172	0.002 546	0.329 196	0.171 529 2	2018	02	24	58 173	0.002 346	0.331 737	0.170 616 9
2018	02	25	58 174	0.001 950	0.333 862	0.169 790 8	2018	02	26	58 175	0.001 248	0.336 065	0.169 015 0
2018	02	27	58 176	0.000 269	0.337 967	0.168 235 2	2018	02	28	58 177	−0.000 516	0.339 621	0.167 384 8
2018	03	01	58 178	−0.000 331	0.341 456	0.166 404 0	2018	03	02	58 179	0.001 126	0.343 708	0.165 272 8
2018	03	03	58 180	0.002 712	0.346 327	0.164 042 4	2018	03	04	58 181	0.003 975	0.349 010	0.162 791 8
2018	03	05	58 182	0.005 332	0.351 687	0.161 589 3	2018	03	06	58 183	0.006 531	0.354 263	0.160 486 4
2018	03	07	58 184	0.007 274	0.356 696	0.159 496 3	2018	03	08	58 185	0.007 637	0.358 777	0.158 616 1
2018	03	09	58 186	0.007 944	0.360 408	0.157 824 8	2018	03	10	58 187	0.008 378	0.361 611	0.157 093 5
2018	03	11	58 188	0.009 615	0.362 571	0.156 386 5	2018	03	12	58 189	0.011 419	0.363 948	0.155 686 4
2018	03	13	58 190	0.012 950	0.365 561	0.154 952 7	2018	03	14	58 191	0.013 959	0.367 340	0.154 128 1
2018	03	15	58 192	0.014 539	0.369 281	0.153 219 4	2018	03	16	58 193	0.014 779	0.371 257	0.152 231 3
2018	03	17	58 194	0.014 886	0.373 052	0.151 176 1	2018	03	18	58 195	0.015 019	0.374 488	0.150 046 8

续 表

年	月	日	儒略日	$x_p/('')$	$y_p/('')$	$\Delta UT1/s$	年	月	日	儒略日	$x_p/('')$	$y_p/('')$	$\Delta UT1/s$
2018	03	19	58 196	0.015 609	0.375 890	0.148 842 8	2018	03	20	58 197	0.016 813	0.377 449	0.147 591 7
2018	03	21	58 198	0.017 650	0.378 784	0.146 336 6	2018	03	22	58 199	0.019 086	0.379 665	0.145 144 9
2018	03	23	58 200	0.020 817	0.381 008	0.144 062 2	2018	03	24	58 201	0.022 159	0.382 614	0.143 097 2
2018	03	25	58 202	0.023 438	0.384 261	0.142 209 2	2018	03	26	58 203	0.024 380	0.385 508	0.141 337 9
2018	03	27	58 204	0.025 665	0.386 420	0.140 406 5	2018	03	28	58 205	0.026 966	0.387 391	0.139 334 7
2018	03	29	58 206	0.028 097	0.388 998	0.138 154 1	2018	03	30	58 207	0.029 413	0.390 776	0.136 850 9
2018	03	31	58 208	0.031 024	0.392 661	0.135 428 8	2018	04	01	58 209	0.032 262	0.394 493	0.134 037 2
2018	04	02	58 210	0.033 078	0.396 270	0.132 722 8	2018	04	03	58 211	0.033 726	0.398 187	0.131 529 0
2018	04	04	58 212	0.034 053	0.400 233	0.130 489 9	2018	04	05	58 213	0.034 315	0.402 096	0.129 611 8
2018	04	06	58 214	0.034 383	0.403 888	0.128 863 5	2018	04	07	58 215	0.034 304	0.405 470	0.128 196 8
2018	04	08	58 216	0.034 814	0.407 120	0.127 556 8	2018	04	09	58 217	0.035 585	0.408 611	0.126 892 0
2018	04	10	58 218	0.036 758	0.410 135	0.126 186 8	2018	04	11	58 219	0.037 937	0.411 910	0.125 446 7
2018	04	12	58 220	0.038 729	0.413 822	0.124 655 2	2018	04	13	58 221	0.038 891	0.415 750	0.123 761 5
2018	04	14	58 222	0.039 901	0.417 161	0.122 740 4	2018	04	15	58 223	0.041 810	0.418 839	0.121 570 1
2018	04	16	58 224	0.044 022	0.420 295	0.120 238 0	2018	04	17	58 225	0.045 901	0.421 593	0.118 865 5
2018	04	18	58 226	0.047 414	0.422 322	0.117 615 7	2018	04	19	58 227	0.049 409	0.423 167	0.116 486 5
2018	04	20	58 228	0.051 700	0.424 507	0.115 452 5	2018	04	21	58 229	0.053 949	0.426 011	0.114 482 1
2018	04	22	58 230	0.056 126	0.427 544	0.113 526 0	2018	04	23	58 231	0.057 956	0.429 171	0.112 523 4
2018	04	24	58 232	0.059 869	0.430 738	0.111 395 1	2018	04	25	58 233	0.061 417	0.432 190	0.110 099 2
2018	04	26	58 234	0.062 620	0.433 033	0.108 663 6	2018	04	27	58 235	0.063 635	0.433 952	0.107 145 0
2018	04	28	58 236	0.064 945	0.434 755	0.105 595 1	2018	04	29	58 237	0.066 326	0.435 745	0.104 119 1
2018	04	30	58 238	0.067 601	0.436 689	0.102 803 4	2018	05	01	58 239	0.068 765	0.437 662	0.101 651 3
2018	05	02	58 240	0.069 520	0.438 837	0.100 635 4	2018	05	03	58 241	0.070 349	0.439 382	0.099 742 4
2018	05	04	58 242	0.071 442	0.439 846	0.098 973 4	2018	05	05	58 243	0.072 190	0.440 340	0.098 264 2
2018	05	06	58 244	0.073 183	0.441 116	0.097 601 1	2018	05	07	58 245	0.074 056	0.441 974	0.096 951 3
2018	05	08	58 246	0.075 289	0.442 794	0.096 277 7	2018	05	09	58 247	0.076 503	0.443 814	0.095 517 8
2018	05	10	58 248	0.077 859	0.444 662	0.094 644 4	2018	05	11	58 249	0.078 921	0.445 387	0.093 680 9
2018	05	12	58 250	0.080 633	0.445 320	0.092 620 7	2018	05	13	58 251	0.083 066	0.445 202	0.091 509 7
2018	05	14	58 252	0.085 130	0.445 100	0.090 426 1	2018	05	15	58 253	0.087 493	0.445 214	0.089 408 1
2018	05	16	58 254	0.089 595	0.445 498	0.088 528 7	2018	05	17	58 255	0.091 800	0.445 717	0.087 792 7
2018	05	18	58 256	0.093 988	0.446 225	0.087 184 6	2018	05	19	58 257	0.095 672	0.446 942	0.086 619 8
2018	05	20	58 258	0.096 977	0.447 467	0.086 040 3	2018	05	21	58 259	0.098 121	0.447 749	0.085 402 0
2018	05	22	58 260	0.099 178	0.447 686	0.084 631 3	2018	05	23	58 261	0.100 747	0.447 750	0.083 719 9
2018	05	24	58 262	0.102 548	0.447 827	0.082 695 2	2018	05	25	58 263	0.104 514	0.447 972	0.081 650 0
2018	05	26	58 264	0.105 963	0.447 994	0.080 625 3	2018	05	27	58 265	0.107 448	0.447 738	0.079 685 6
2018	05	28	58 266	0.109 050	0.447 462	0.078 834 2	2018	05	29	58 267	0.110 654	0.447 233	0.078 191 6
2018	05	30	58 268	0.112 145	0.447 210	0.077 702 8	2018	05	31	58 269	0.113 238	0.447 171	0.077 302 9
2018	06	01	58 270	0.114 210	0.446 949	0.076 985 9	2018	06	02	58 271	0.116 000	0.446 795	0.076 684 3
2018	06	03	58 272	0.117 672	0.446 819	0.076 371 7	2018	06	04	58 273	0.118 894	0.446 915	0.076 022 0

续　表

年	月	日	儒略日	$x_p/('')$	$y_p/('')$	$\Delta UT1/s$	年	月	日	儒略日	$x_p/('')$	$y_p/('')$	$\Delta UT1/s$
2018	06	05	58 274	0. 120 342	0. 446 952	0. 075 606 0	2018	06	06	58 275	0. 121 747	0. 447 225	0. 075 110 2
2018	06	07	58 276	0. 122 644	0. 447 324	0. 074 499 2	2018	06	08	58 277	0. 123 501	0. 447 248	0. 073 780 8
2018	06	09	58 278	0. 124 610	0. 446 848	0. 072 964 7	2018	06	10	58 279	0. 125 717	0. 446 336	0. 072 093 2
2018	06	11	58 280	0. 127 341	0. 445 679	0. 071 260 2	2018	06	12	58 281	0. 128 905	0. 445 424	0. 070 544 6
2018	06	13	58 282	0. 130 659	0. 445 312	0. 069 987 6	2018	06	14	58 283	0. 132 046	0. 445 215	0. 069 586 3
2018	06	15	58 284	0. 133 109	0. 444 532	0. 069 308 7	2018	06	16	58 285	0. 134 123	0. 443 412	0. 069 092 2
2018	06	17	58 286	0. 135 386	0. 442 035	0. 068 880 0	2018	06	18	58 287	0. 136 764	0. 440 775	0. 068 597 8
2018	06	19	58 288	0. 138 420	0. 439 691	0. 068 210 0	2018	06	20	58 289	0. 140 390	0. 438 615	0. 067 778 0
2018	06	21	58 290	0. 142 450	0. 438 071	0. 067 342 3	2018	06	22	58 291	0. 144 511	0. 437 432	0. 066 989 2
2018	06	23	58 292	0. 146 600	0. 436 646	0. 066 846 0	2018	06	24	58 293	0. 148 455	0. 435 852	0. 066 940 9
2018	06	25	58 294	0. 150 195	0. 435 051	0. 067 188 0	2018	06	26	58 295	0. 152 116	0. 433 889	0. 067 534 9
2018	06	27	58 296	0. 153 952	0. 432 657	0. 068 017 2	2018	06	28	58 297	0. 156 053	0. 431 580	0. 068 615 7
2018	06	29	58 298	0. 158 519	0. 430 881	0. 069 297 8	2018	06	30	58 299	0. 160 961	0. 430 375	0. 069 996 9
2018	07	01	58 300	0. 162 871	0. 429 780	0. 070 667 3	2018	07	02	58 301	0. 164 852	0. 428 652	0. 071 242 8
2018	07	03	58 302	0. 166 885	0. 427 192	0. 071 687 7	2018	07	04	58 303	0. 169 493	0. 425 894	0. 072 002 0
2018	07	05	58 304	0. 172 372	0. 425 368	0. 072 215 5	2018	07	06	58 305	0. 174 544	0. 425 409	0. 072 339 9
2018	07	07	58 306	0. 176 281	0. 425 151	0. 072 331 2	2018	07	08	58 307	0. 177 822	0. 425 068	0. 072 203 5
2018	07	09	58 308	0. 178 757	0. 424 807	0. 072 041 4	2018	07	10	58 309	0. 179 172	0. 423 852	0. 071 888 2
2018	07	11	58 310	0. 180 186	0. 422 669	0. 071 785 9	2018	07	12	58 311	0. 181 301	0. 421 677	0. 071 759 4
2018	07	13	58 312	0. 182 418	0. 420 426	0. 071 776 2	2018	07	14	58 313	0. 184 079	0. 419 376	0. 071 785 3
2018	07	15	58 314	0. 185 564	0. 418 707	0. 071 690 2	2018	07	16	58 315	0. 186 391	0. 418 469	0. 071 420 8
2018	07	17	58 316	0. 187 240	0. 418 109	0. 070 982 0	2018	07	18	58 317	0. 188 227	0. 417 540	0. 070 430 2
2018	07	19	58 318	0. 189 238	0. 416 763	0. 069 882 3	2018	07	20	58 319	0. 190 448	0. 415 788	0. 069 440 2
2018	07	21	58 320	0. 191 637	0. 414 675	0. 069 155 8	2018	07	22	58 321	0. 192 614	0. 413 612	0. 069 041 8
2018	07	23	58 322	0. 193 731	0. 412 738	0. 069 064 1	2018	07	24	58 323	0. 194 740	0. 412 257	0. 069 177 4
2018	07	25	58 324	0. 195 441	0. 411 953	0. 069 337 8	2018	07	26	58 325	0. 195 783	0. 411 402	0. 069 504 7
2018	07	27	58 326	0. 196 299	0. 410 511	0. 069 652 4	2018	07	28	58 327	0. 196 883	0. 409 820	0. 069 806 6
2018	07	29	58 328	0. 197 516	0. 408 770	0. 069 938 5	2018	07	30	58 329	0. 198 295	0. 407 726	0. 069 991 0
2018	07	31	58 330	0. 198 408	0. 406 559	0. 069 941 0	2018	08	01	58 331	0. 198 567	0. 405 230	0. 069 782 7
2018	08	02	58 332	0. 198 928	0. 404 282	0. 069 540 5	2018	08	03	58 333	0. 199 383	0. 403 118	0. 069 249 0
2018	08	04	58 334	0. 199 965	0. 402 113	0. 068 927 0	2018	08	05	58 335	0. 200 232	0. 401 033	0. 068 635 3
2018	08	06	58 336	0. 200 431	0. 399 820	0. 068 432 1	2018	08	07	58 337	0. 200 636	0. 398 585	0. 068 325 6
2018	08	08	58 338	0. 200 792	0. 397 380	0. 068 306 9	2018	08	09	58 339	0. 200 735	0. 396 172	0. 068 293 3
2018	08	10	58 340	0. 201 186	0. 394 671	0. 068 201 8	2018	08	11	58 341	0. 202 013	0. 393 049	0. 067 945 3
2018	08	12	58 342	0. 203 168	0. 391 474	0. 067 517 5	2018	08	13	58 343	0. 203 873	0. 390 131	0. 066 951 4
2018	08	14	58 344	0. 204 204	0. 388 855	0. 066 316 2	2018	08	15	58 345	0. 204 222	0. 387 607	0. 065 726 2
2018	08	16	58 346	0. 204 491	0. 386 161	0. 065 195 3	2018	08	17	58 347	0. 204 697	0. 384 858	0. 064 766 0
2018	08	18	58 348	0. 205 208	0. 383 290	0. 064 498 0	2018	08	19	58 349	0. 205 710	0. 381 891	0. 064 405 3
2018	08	20	58 350	0. 206 205	0. 380 975	0. 064 426 1	2018	08	21	58 351	0. 207 158	0. 380 236	0. 064 524 3

续 表

年	月	日	儒略日	x_p/(″)	y_p/(″)	ΔUT1/s	年	月	日	儒略日	x_p/(″)	y_p/(″)	ΔUT1/s
2018	08	22	58 352	0.207 972	0.379 551	0.064 686 2	2018	08	23	58 353	0.208 582	0.378 510	0.064 858 6
2018	08	24	58 354	0.209 114	0.377 213	0.065 004 8	2018	08	25	58 355	0.209 678	0.376 017	0.065 101 3
2018	08	26	58 356	0.210 426	0.375 049	0.065 118 6	2018	08	27	58 357	0.210 969	0.373 850	0.065 014 7
2018	08	28	58 358	0.211 157	0.372 845	0.064 791 8	2018	08	29	58 359	0.211 142	0.371 729	0.064 481 3
2018	08	30	58 360	0.211 548	0.370 511	0.064 104 4	2018	08	31	58 361	0.211 819	0.369 442	0.063 699 6
2018	09	01	58 362	0.211 659	0.367 906	0.063 316 3	2018	09	02	58 363	0.211 577	0.366 188	0.062 994 1
2018	09	03	58 364	0.211 673	0.364 479	0.062 759 4	2018	09	04	58 365	0.211 634	0.363 167	0.062 615 2
2018	09	05	58 366	0.211 640	0.361 805	0.062 514 1	2018	09	06	58 367	0.212 048	0.360 904	0.062 395 1
2018	09	07	58 368	0.212 541	0.360 446	0.062 169 7	2018	09	08	58 369	0.212 705	0.359 876	0.061 775 0
2018	09	09	58 370	0.212 593	0.359 172	0.061 159 1	2018	09	10	58 371	0.212 953	0.358 347	0.060 323 0
2018	09	11	58 372	0.213 677	0.357 568	0.059 357 3	2018	09	12	58 373	0.214 091	0.356 765	0.058 394 7
2018	09	13	58 374	0.213 972	0.355 925	0.057 537 6	2018	09	14	58 375	0.213 400	0.355 115	0.056 860 6
2018	09	15	58 376	0.212 829	0.354 057	0.056 396 1	2018	09	16	58 377	0.212 199	0.352 900	0.056 126 9
2018	09	17	58 378	0.211 977	0.351 630	0.055 983 1	2018	09	18	58 379	0.212 054	0.350 327	0.055 910 1
2018	09	19	58 380	0.212 096	0.348 780	0.055 882 5	2018	09	20	58 381	0.211 925	0.347 173	0.055 819 0
2018	09	21	58 382	0.211 828	0.345 665	0.055 664 0	2018	09	22	58 383	0.211 821	0.344 294	0.055 365 5
2018	09	23	58 384	0.211 590	0.342 637	0.054 910 9	2018	09	24	58 385	0.211 872	0.340 887	0.054 306 6
2018	09	25	58 386	0.211 960	0.339 315	0.053 571 9	2018	09	26	58 387	0.211 289	0.337 662	0.052 736 2
2018	09	27	58 388	0.210 522	0.336 045	0.051 837 6	2018	09	28	58 389	0.210 397	0.334 750	0.050 913 9
2018	09	29	58 390	0.210 482	0.333 693	0.050 014 1	2018	09	30	58 391	0.210 513	0.332 262	0.049 180 8
2018	10	01	58 392	0.210 528	0.330 843	0.048 432 0	2018	10	02	58 393	0.210 618	0.329 823	0.047 752 1
2018	10	03	58 394	0.210 355	0.328 630	0.047 098 0	2018	10	04	58 395	0.209 699	0.327 678	0.046 386 9
2018	10	05	58 396	0.208 569	0.326 669	0.045 533 7	2018	10	06	58 397	0.207 798	0.325 015	0.044 466 6
2018	10	07	58 398	0.207 422	0.323 667	0.043 193 6	2018	10	08	58 399	0.207 032	0.322 683	0.041 790 7
2018	10	09	58 400	0.206 379	0.321 901	0.040 349 7	2018	10	10	58 401	0.205 780	0.321 116	0.038 968 7
2018	10	11	58 402	0.204 962	0.320 079	0.037 729 5	2018	10	12	58 403	0.204 071	0.318 663	0.036 674 2
2018	10	13	58 404	0.203 072	0.316 938	0.035 799 3	2018	10	14	58 405	0.202 237	0.315 398	0.035 091 3
2018	10	15	58 406	0.201 709	0.314 253	0.034 523 7	2018	10	16	58 407	0.201 587	0.313 377	0.034 053 5
2018	10	17	58 408	0.201 061	0.312 464	0.033 622 8	2018	10	18	58 409	0.200 195	0.311 053	0.033 170 6
2018	10	19	58 410	0.199 086	0.309 868	0.032 635 4	2018	10	20	58 411	0.197 901	0.308 640	0.031 987 4
2018	10	21	58 412	0.196 795	0.307 520	0.031 191 2	2018	10	22	58 413	0.195 484	0.306 314	0.030 222 9
2018	10	23	58 414	0.194 680	0.304 994	0.029 099 0	2018	10	24	58 415	0.193 785	0.304 246	0.027 863 1
2018	10	25	58 416	0.193 195	0.303 702	0.026 574 0	2018	10	26	58 417	0.192 548	0.303 242	0.025 305 1
2018	10	27	58 418	0.192 071	0.302 535	0.024 114 8	2018	10	28	58 419	0.191 657	0.302 139	0.023 044 7
2018	10	29	58 420	0.190 191	0.301 362	0.022 090 4	2018	10	30	58 421	0.188 153	0.300 142	0.021 210 5
2018	10	31	58 422	0.186 298	0.298 764	0.020 347 7	2018	11	01	58 423	0.184 510	0.297 031	0.019 404 9
2018	11	02	58 424	0.183 144	0.295 254	0.018 338 8	2018	11	03	58 425	0.182 231	0.293 548	0.017 149 0
2018	11	04	58 426	0.181 200	0.292 497	0.015 921 5	2018	11	05	58 427	0.180 114	0.291 721	0.014 652 9
2018	11	06	58 428	0.179 336	0.291 078	0.013 406 9	2018	11	07	58 429	0.178 247	0.290 503	0.012 241 2

续表

年	月	日	儒略日	$x_p/('')$	$y_p/('')$	$\Delta UT1/s$	年	月	日	儒略日	$x_p/('')$	$y_p/('')$	$\Delta UT1/s1\ 2$
2018	11	08	58 430	0.177 661	0.289 421	0.011 187 6	2018	11	09	58 431	0.177 501	0.288 243	0.010 252 9
2018	11	10	58 432	0.176 916	0.286 977	0.009 452 5	2018	11	11	58 433	0.175 896	0.285 895	0.008 750 2
2018	11	12	58 434	0.174 771	0.284 813	0.008 093 3	2018	11	13	58 435	0.173 670	0.283 804	0.007 441 2
2018	11	14	58 436	0.172 446	0.282 819	0.006 745 7	2018	11	15	58 437	0.171 170	0.281 693	0.005 972 6
2018	11	16	58 438	0.169 491	0.280 662	0.005 099 7	2018	11	17	58 439	0.168 053	0.279 704	0.004 143 0
2018	11	18	58 440	0.167 032	0.279 192	0.003 078 8	2018	11	19	58 441	0.166 027	0.278 644	0.001 862 2
2018	11	20	58 442	0.164 954	0.278 351	0.000 523 3	2018	11	21	58 443	0.163 866	0.278 087	−0.000 872 4
2018	11	22	58 444	0.162 902	0.277 650	−0.002 244 0	2018	11	23	58 445	0.161 893	0.277 324	−0.003 549 9
2018	11	24	58 446	0.160 485	0.277 286	−0.004 783 4	2018	11	25	58 447	0.159 235	0.277 088	−0.005 893 4
2018	11	26	58 448	0.158 313	0.276 843	−0.006 877 7	2018	11	27	58 449	0.156 839	0.276 929	−0.007 837 3
2018	11	28	58 450	0.154 662	0.276 653	−0.008 826 8	2018	11	29	58 451	0.152 413	0.276 054	−0.009 923 3
2018	11	30	58 452	0.150 563	0.275 167	−0.011 136 4	2018	12	01	58 453	0.148 511	0.274 295	−0.012 440 4
2018	12	02	58 454	0.146 188	0.273 492	−0.013 757 3	2018	12	03	58 455	0.143 733	0.272 864	−0.015 008 6
2018	12	04	58 456	0.141 902	0.272 288	−0.016 117 1	2018	12	05	58 457	0.139 736	0.272 071	−0.017 005 1
2018	12	06	58 458	0.137 181	0.271 827	−0.017 699 3	2018	12	07	58 459	0.134 745	0.271 478	−0.018 243 0
2018	12	08	58 460	0.132 922	0.271 000	−0.018 701 8	2018	12	09	58 461	0.131 771	0.270 813	−0.019 111 0
2018	12	10	58 462	0.130 336	0.271 024	−0.019 494 6	2018	12	11	58 463	0.128 667	0.271 114	−0.019 887 9
2018	12	12	58 464	0.126 861	0.271 006	−0.020 341 2	2018	12	13	58 465	0.124 815	0.270 460	−0.020 870 7
2018	12	14	58 466	0.123 182	0.270 033	−0.021 488 8	2018	12	15	58 467	0.121 105	0.269 581	−0.022 196 3
2018	12	16	58 468	0.119 215	0.268 992	−0.023 015 0	2018	12	17	58 469	0.117 513	0.268 466	−0.023 954 3
2018	12	18	58 470	0.115 378	0.268 031	−0.024 972 2	2018	12	19	58 471	0.113 310	0.267 412	−0.025 980 7
2018	12	20	58 472	0.111 645	0.267 029	−0.026 888 4	2018	12	21	58 473	0.109 928	0.266 784	−0.027 635 9
2018	12	22	58 474	0.107 844	0.266 547	−0.028 216 6	2018	12	23	58 475	0.105 771	0.266 523	−0.028 683 6
2018	12	24	58 476	0.103 568	0.266 619	−0.029 141 7	2018	12	25	58 477	0.101 399	0.266 731	−0.029 675 1
2018	12	26	58 478	0.099 191	0.267 291	−0.030 299 0	2018	12	27	58 479	0.097 243	0.268 068	−0.031 076 4
2018	12	28	58 480	0.095 386	0.268 935	−0.032 005 9	2018	12	29	58 481	0.093 289	0.269 801	−0.033 019 8
2018	12	30	58 482	0.090 829	0.270 475	−0.034 067 8	2018	12	31	58 483	0.088 414	0.270 763	−0.035 161 1
2019	01	01	58 484	0.086 360	0.271 107	−0.036 134 5	2019	01	02	58 485	0.084 450	0.272 019	−0.037 007 6
2019	01	03	58 486	0.081 750	0.272 569	−0.037 747 8	2019	01	04	58 487	0.079 016	0.272 577	−0.038 279 2
2019	01	05	58 488	0.076 411	0.272 536	−0.038 749 6	2019	01	06	58 489	0.074 159	0.272 895	−0.039 154 7
2019	01	07	58 490	0.072 162	0.273 364	−0.039 476 0	2019	01	08	58 491	0.071 062	0.273 800	−0.039 772 9
2019	01	09	58 492	0.070 637	0.274 756	−0.040 141 9	2019	01	10	58 493	0.069 750	0.275 757	−0.040 586 7
2019	01	11	58 494	0.068 810	0.276 031	−0.041 093 3	2019	01	12	58 495	0.068 327	0.276 958	−0.041 718 3
2019	01	13	58 496	0.067 619	0.278 392	−0.042 449 0	2019	01	14	58 497	0.067 041	0.280 037	−0.043 264 3
2019	01	15	58 498	0.066 278	0.281 989	−0.044 141 9	2019	01	16	58 499	0.065 560	0.283 745	−0.045 037 1
2019	01	17	58 500	0.064 413	0.285 541	−0.045 908 4	2019	01	18	58 501	0.063 021	0.286 806	−0.046 721 5
2019	01	19	58 502	0.061 886	0.287 736	−0.047 481 0	2019	01	20	58 503	0.060 924	0.288 663	−0.048 219 2
2019	01	21	58 504	0.059 951	0.289 646	−0.049 000 1	2019	01	22	58 505	0.059 500	0.290 588	−0.049 900 2
2019	01	23	58 506	0.059 020	0.291 974	−0.050 975 3	2019	01	24	58 507	0.058 404	0.293 938	−0.052 236 0

续 表

年	月	日	儒略日	$x_p/('')$	$y_p/('')$	$\Delta UT1/s$	年	月	日	儒略日	$x_p/('')$	$y_p/('')$	$\Delta UT1/s$
2019	01	25	58 508	0.057 037	0.295 895	−0.053 631 7	2019	01	26	58 509	0.055 392	0.297 230	−0.055 084 2
2019	01	27	58 510	0.054 208	0.298 636	−0.056 500 1	2019	01	28	58 511	0.053 443	0.300 145	−0.057 792 5
2019	01	29	58 512	0.052 614	0.301 578	−0.058 910 6	2019	01	30	58 513	0.051 577	0.302 934	−0.059 840 6
2019	01	31	58 514	0.050 593	0.304 306	−0.060 580 0	2019	02	01	58 515	0.049 834	0.306 171	−0.061 162 1
2019	02	02	58 516	0.049 056	0.308 504	−0.061 637 3	2019	02	03	58 517	0.047 559	0.310 550	−0.062 098 6
2019	02	04	58 518	0.045 944	0.311 689	−0.062 646 0	2019	02	05	58 519	0.044 745	0.312 776	−0.063 314 9
2019	02	06	58 520	0.043 838	0.313 876	−0.064 094 5	2019	02	07	58 521	0.043 000	0.314 914	−0.064 987 0
2019	02	08	58 522	0.042 225	0.316 266	−0.065 981 7	2019	02	09	58 523	0.041 812	0.318 184	−0.067 069 3
2019	02	10	58 524	0.041 158	0.320 405	−0.068 226 3	2019	02	11	58 525	0.040 091	0.322 109	−0.069 415 7
2019	02	12	58 526	0.038 728	0.323 345	−0.070 613 1	2019	02	13	58 527	0.037 643	0.323 847	−0.071 796 2
2019	02	14	58 528	0.036 400	0.324 163	−0.072 922 9	2019	02	15	58 529	0.035 202	0.324 437	−0.073 969 0
2019	02	16	58 530	0.034 898	0.325 551	−0.074 947 6	2019	02	17	58 531	0.035 382	0.326 979	−0.075 911 3
2019	02	18	58 532	0.036 402	0.328 814	−0.076 928 3	2019	02	19	58 533	0.037 158	0.330 699	−0.078 101 2
2019	02	20	58 534	0.037 516	0.332 551	−0.079 459 5	2019	02	21	58 535	0.037 409	0.334 157	−0.080 946 4
2019	02	22	58 536	0.036 823	0.335 959	−0.082 490 5	2019	02	23	58 537	0.035 746	0.337 468	−0.084 010 0
2019	02	24	58 538	0.035 260	0.338 447	−0.085 394 5	2019	02	25	58 539	0.035 478	0.339 220	−0.086 560 0
2019	02	26	58 540	0.035 848	0.340 191	−0.087 489 5	2019	02	27	58 541	0.036 335	0.341 340	−0.088 213 8
2019	02	28	58 542	0.037 308	0.342 419	−0.088 786 6	2019	03	01	58 543	0.038 585	0.344 058	−0.089 269 5
2019	03	02	58 544	0.040 115	0.345 746	−0.089 728 5	2019	03	03	58 545	0.041 705	0.347 321	−0.090 211 5
2019	03	04	58 546	0.043 027	0.348 978	−0.090 735 9	2019	03	05	58 547	0.043 941	0.350 881	−0.091 336 6
2019	03	06	58 548	0.044 629	0.352 612	−0.092 049 7	2019	03	07	58 549	0.045 490	0.354 228	−0.092 881 5
2019	03	08	58 550	0.045 755	0.355 899	−0.093 820 9	2019	03	09	58 551	0.045 492	0.356 807	−0.094 825 0
2019	03	10	58 552	0.045 250	0.357 817	−0.095 868 9	2019	03	11	58 553	0.045 393	0.359 065	−0.096 930 7
2019	03	12	58 554	0.045 392	0.360 610	−0.097 953 3	2019	03	13	58 555	0.044 941	0.361 834	−0.098 876 1
2019	03	14	58 556	0.044 600	0.363 157	−0.099 702 1	2019	03	15	58 557	0.044 689	0.364 244	−0.100 468 8
2019	03	16	58 558	0.044 882	0.365 639	−0.101 258 1	2019	03	17	58 559	0.045 118	0.366 716	−0.102 131 4
2019	03	18	58 560	0.045 569	0.367 665	−0.103 139 3	2019	03	19	58 561	0.045 849	0.368 711	−0.104 349 0
2019	03	20	58 562	0.045 602	0.369 656	−0.105 753 7	2019	03	21	58 563	0.045 363	0.370 584	−0.107 333 1
2019	03	22	58 564	0.045 163	0.371 781	−0.109 004 2	2019	03	23	58 565	0.045 059	0.373 068	−0.110 625 8
2019	03	24	58 566	0.045 366	0.374 421	−0.112 109 9	2019	03	25	58 567	0.045 815	0.375 834	−0.113 380 3
2019	03	26	58 568	0.045 966	0.377 276	−0.114 443 2	2019	03	27	58 569	0.045 903	0.378 402	−0.115 310 0
2019	03	28	58 570	0.046 141	0.379 230	−0.116 095 0	2019	03	29	58 571	0.046 500	0.380 235	−0.116 818 3
2019	03	30	58 572	0.047 100	0.381 203	−0.117 540 4	2019	03	31	58 573	0.047 984	0.382 645	−0.118 313 3
2019	04	01	58 574	0.048 795	0.384 044	−0.119 179 1	2019	04	02	58 575	0.049 786	0.385 278	−0.120 163 1
2019	04	03	58 576	0.050 547	0.386 499	−0.121 244 5	2019	04	04	58 577	0.051 078	0.387 917	−0.122 476 5
2019	04	05	58 578	0.051 313	0.389 067	−0.123 765 0	2019	04	06	58 579	0.051 595	0.390 130	−0.125 029 4
2019	04	07	58 580	0.051 785	0.391 337	−0.126 322 3	2019	04	08	58 581	0.051 821	0.392 345	−0.127 597 6
2019	04	09	58 582	0.052 091	0.393 318	−0.128 758 9	2019	04	10	58 583	0.052 480	0.394 328	−0.129 784 0
2019	04	11	58 584	0.053 117	0.395 119	−0.130 730 4	2019	04	12	58 585	0.053 769	0.396 173	−0.131 454 3

续表

年	月	日	儒略日	$x_p/('')$	$y_p/('')$	ΔUT1/s	年	月	日	儒略日	$x_p/('')$	$y_p/('')$	ΔUT1/s
2019	04	13	58 586	0.054 679	0.397 319	−0.132 226 0	2019	04	14	58 587	0.055 085	0.398 276	−0.133 070 7
2019	04	15	58 588	0.055 163	0.399 057	−0.134 070 8	2019	04	16	58 589	0.055 809	0.399 974	−0.135 247 2
2019	04	17	58 590	0.056 668	0.400 687	−0.136 596 7	2019	04	18	58 591	0.057 766	0.401 049	−0.138 078 6
2019	04	19	58 592	0.058 599	0.401 935	−0.139 496 3	2019	04	20	58 593	0.059 160	0.402 829	−0.140 814 1
2019	04	21	58 594	0.060 249	0.403 665	−0.141 932 6	2019	04	22	58 595	0.061 350	0.404 826	−0.142 767 2
2019	04	23	58 596	0.062 199	0.406 269	−0.143 384 5	2019	04	24	58 597	0.062 809	0.407 465	−0.144 005 7
2019	04	25	58 598	0.063 457	0.408 277	−0.144 491 9	2019	04	26	58 599	0.064 471	0.408 795	−0.144 998 7
2019	04	27	58 600	0.065 708	0.409 250	−0.145 568 7	2019	04	28	58 601	0.067 070	0.409 477	−0.146 178 9
2019	04	29	58 602	0.068 612	0.409 997	−0.146 850 2	2019	04	30	58 603	0.070 177	0.410 662	−0.147 639 5
2019	05	01	58 604	0.072 222	0.411 351	−0.148 555 6	2019	05	02	58 605	0.074 216	0.412 141	−0.149 602 3
2019	05	03	58 606	0.075 847	0.412 864	−0.150 662 2	2019	05	04	58 607	0.076 746	0.413 367	−0.151 639 6
2019	05	05	58 608	0.077 564	0.413 858	−0.152 539 9	2019	05	06	58 609	0.078 131	0.414 792	−0.153 357 0
2019	05	07	58 610	0.078 967	0.415 625	−0.154 079 3	2019	05	08	58 611	0.080 111	0.416 276	−0.154 710 4
2019	05	09	58 612	0.081 678	0.416 736	−0.155 284 8	2019	05	10	58 613	0.083 198	0.417 395	−0.155 835 1
2019	05	11	58 614	0.084 358	0.418 035	−0.156 414 1	2019	05	12	58 615	0.085 071	0.418 630	−0.157 114 7
2019	05	13	58 616	0.085 813	0.418 754	−0.157 953 6	2019	05	14	58 617	0.086 600	0.419 108	−0.158 977 4
2019	05	15	58 618	0.087 514	0.419 659	−0.160 184 1	2019	05	16	58 619	0.088 999	0.420 446	−0.161 464 0
2019	05	17	58 620	0.090 613	0.421 097	−0.162 719 3	2019	05	18	58 621	0.092 152	0.421 974	−0.163 798 2
2019	05	19	58 622	0.093 282	0.422 813	−0.164 610 8	2019	05	20	58 623	0.094 326	0.423 729	−0.165 208 7
2019	05	21	58 624	0.095 131	0.424 424	−0.165 600 5	2019	05	22	58 625	0.096 224	0.424 661	−0.165 860 5
2019	05	23	58 626	0.097 554	0.425 052	−0.166 085 5	2019	05	24	58 627	0.099 078	0.425 636	−0.166 319 1
2019	05	25	58 628	0.100 677	0.426 354	−0.166 591 1	2019	05	26	58 629	0.101 998	0.427 131	−0.166 919 5
2019	05	27	58 630	0.102 789	0.428 011	−0.167 315 6	2019	05	28	58 631	0.103 380	0.428 645	−0.167 779 4
2019	05	29	58 632	0.104 189	0.429 128	−0.168 301 5	2019	05	30	58 633	0.105 214	0.429 435	−0.168 866 6
2019	05	31	58 634	0.106 824	0.429 366	−0.169 473 5	2019	06	01	58 635	0.109 192	0.429 288	−0.170 044 5
2019	06	02	58 636	0.111 767	0.429 661	−0.170 590 7	2019	06	03	58 637	0.114 354	0.430 266	−0.170 978 7
2019	06	04	58 638	0.117 030	0.430 851	−0.171 231 8	2019	06	05	58 639	0.119 239	0.431 321	−0.171 403 5
2019	06	06	58 640	0.121 052	0.431 429	−0.171 542 0	2019	06	07	58 641	0.122 690	0.430 872	−0.171 660 2
2019	06	08	58 642	0.124 490	0.430 649	−0.171 837 8	2019	06	09	58 643	0.126 185	0.430 126	−0.172 135 6
2019	06	10	58 644	0.128 346	0.429 871	−0.172 599 9	2019	06	11	58 645	0.130 420	0.429 746	−0.173 207 5
2019	06	12	58 646	0.132 347	0.429 558	−0.173 877 8	2019	06	13	58 647	0.134 380	0.429 399	−0.174 496 6
2019	06	14	58 648	0.136 665	0.429 210	−0.175 020 0	2019	06	15	58 649	0.138 696	0.429 013	−0.175 357 2
2019	06	16	58 650	0.140 244	0.428 691	−0.175 476 8	2019	06	17	58 651	0.141 742	0.428 108	−0.175 399 8
2019	06	18	58 652	0.143 306	0.427 548	−0.175 246 7	2019	06	19	58 653	0.144 520	0.426 783	−0.175 012 8
2019	06	20	58 654	0.145 785	0.426 239	−0.174 770 7	2019	06	21	58 655	0.147 173	0.426 049	−0.174 584 8
2019	06	22	58 656	0.148 438	0.425 869	−0.174 446 2	2019	06	23	58 657	0.149 329	0.425 822	−0.174 374 3
2019	06	24	58 658	0.149 642	0.425 359	−0.174 363 2	2019	06	25	58 659	0.150 443	0.424 519	−0.174 421 6
2019	06	26	58 660	0.151 503	0.423 564	−0.174 478 1	2019	06	27	58 661	0.153 050	0.422 505	−0.174 525 7
2019	06	28	58 662	0.154 952	0.422 105	−0.174 556 6	2019	06	29	58 663	0.156 506	0.421 788	−0.174 533 9

续 表

年	月	日	儒略日	$x_p/('')$	$y_p/('')$	$\Delta UT1/s$	年	月	日	儒略日	$x_p/('')$	$y_p/('')$	$\Delta UT1/s$
2019	06	30	58 664	0.157 773	0.421 437	−0.174 432 5	2019	07	01	58 665	0.158 510	0.420 694	−0.174 177 5
2019	07	02	58 666	0.158 923	0.419 603	−0.173 818 2	2019	07	03	58 667	0.159 301	0.418 248	−0.173 328 2
2019	07	04	58 668	0.159 771	0.417 182	−0.172 771 2	2019	07	05	58 669	0.160 760	0.416 147	−0.172 298 1
2019	07	06	58 670	0.162 741	0.415 345	−0.171 995 3	2019	07	07	58 671	0.165 082	0.415 030	−0.171 917 5
2019	07	08	58 672	0.167 058	0.414 824	−0.171 924 1	2019	07	09	58 673	0.168 829	0.414 243	−0.172 012 9
2019	07	10	58 674	0.170 656	0.413 399	−0.172 037 3	2019	07	11	58 675	0.172 168	0.412 428	−0.172 013 4
2019	07	12	58 676	0.173 303	0.411 231	−0.171 795 4	2019	07	13	58 677	0.174 483	0.409 932	−0.171 328 2
2019	07	14	58 678	0.176 050	0.408 613	−0.170 678 7	2019	07	15	58 679	0.177 687	0.407 424	−0.169 808 5
2019	07	16	58 680	0.179 332	0.406 414	−0.168 861 8	2019	07	17	58 681	0.180 565	0.406 010	−0.167 938 2
2019	07	18	58 682	0.181 617	0.405 295	−0.167 043 2	2019	07	19	58 683	0.182 544	0.404 573	−0.166 285 1
2019	07	20	58 684	0.183 047	0.403 589	−0.165 632 2	2019	07	21	58 685	0.183 724	0.402 446	−0.165 137 9
2019	07	22	58 686	0.184 514	0.401 331	−0.164 654 8	2019	07	23	58 687	0.185 834	0.400 342	−0.164 219 5
2019	07	24	58 688	0.187 682	0.399 458	−0.163 865 9	2019	07	25	58 689	0.189 630	0.398 277	−0.163 510 4
2019	07	26	58 690	0.191 786	0.396 756	−0.163 180 4	2019	07	27	58 691	0.194 250	0.395 533	−0.162 764 5
2019	07	28	58 692	0.196 630	0.394 957	−0.162 369 2	2019	07	29	58 693	0.198 637	0.394 721	−0.161 835 3
2019	07	30	58 694	0.200 514	0.394 157	−0.161 246 3	2019	07	31	58 695	0.202 626	0.393 370	−0.160 670 7
2019	08	01	58 696	0.204 690	0.392 301	−0.160 226 7	2019	08	02	58 697	0.206 262	0.391 220	−0.159 869 2
2019	08	03	58 698	0.207 816	0.390 218	−0.159 761 9	2019	08	04	58 699	0.209 328	0.389 372	−0.159 870 5
2019	08	05	58 700	0.210 566	0.388 756	−0.160 138 8	2019	08	06	58 701	0.211 602	0.388 370	−0.160 460 4
2019	08	07	58 702	0.212 386	0.388 019	−0.160 672 0	2019	08	08	58 703	0.212 729	0.387 457	−0.160 695 0
2019	08	09	58 704	0.213 213	0.386 456	−0.160 517 7	2019	08	10	58 705	0.213 618	0.385 343	−0.160 090 0
2019	08	11	58 706	0.213 982	0.383 799	−0.159 507 0	2019	08	12	58 707	0.214 516	0.382 169	−0.158 818 4
2019	08	13	58 708	0.214 944	0.380 545	−0.158 055 6	2019	08	14	58 709	0.215 570	0.378 976	−0.157 333 9
2019	08	15	58 710	0.216 255	0.377 777	−0.156 732 5	2019	08	16	58 711	0.216 650	0.376 719	−0.156 275 8
2019	08	17	58 712	0.216 754	0.375 676	−0.155 822 3	2019	08	18	58 713	0.216 967	0.374 479	−0.155 508 1
2019	08	19	58 714	0.216 955	0.373 221	−0.155 216 8	2019	08	20	58 715	0.217 091	0.371 942	−0.154 996 1
2019	08	21	58 716	0.217 230	0.370 375	−0.154 808 4	2019	08	22	58 717	0.217 272	0.368 758	−0.154 667 3
2019	08	23	58 718	0.217 196	0.367 299	−0.154 525 2	2019	08	24	58 719	0.216 899	0.365 602	−0.154 357 5
2019	08	25	58 720	0.216 628	0.363 656	−0.154 088 6	2019	08	26	58 721	0.216 427	0.361 682	−0.153 715 9
2019	08	27	58 722	0.216 384	0.359 848	−0.153 316 9	2019	08	28	58 723	0.216 234	0.357 990	−0.152 993 8
2019	08	29	58 724	0.215 974	0.356 213	−0.152 809 3	2019	08	30	58 725	0.215 295	0.354 392	−0.152 858 2
2019	08	31	58 726	0.214 589	0.352 607	−0.153 116 4	2019	09	01	58 727	0.214 251	0.351 024	−0.153 623 0
2019	09	02	58 728	0.214 229	0.349 770	−0.154 236 2	2019	09	03	58 729	0.213 821	0.348 481	−0.154 812 6
2019	09	04	58 730	0.213 451	0.346 759	−0.155 265 3	2019	09	05	58 731	0.213 287	0.345 150	−0.155 517 4
2019	09	06	58 732	0.213 284	0.343 292	−0.155 542 7	2019	09	07	58 733	0.213 605	0.341 584	−0.155 351 1
2019	09	08	58 734	0.213 748	0.340 214	−0.155 110 4	2019	09	09	58 735	0.213 582	0.338 873	−0.154 717 4
2019	09	10	58 736	0.212 916	0.337 633	−0.154 302 0	2019	09	11	58 737	0.211 643	0.336 271	−0.153 940 0

续表

年	月	日	儒略日	$x_p/('')$	$y_p/('')$	ΔUT1/s	年	月	日	儒略日	$x_p/('')$	$y_p/('')$	ΔUT1/s
2019	09	12	58 738	0. 210 279	0. 334 464	−0. 153 599 3	2019	09	13	58 739	0. 209 357	0. 332 511	−0. 153 380 9
2019	09	14	58 740	0. 208 780	0. 330 745	−0. 153 291 0	2019	09	15	58 741	0. 208 414	0. 329 530	−0. 153 317 1
2019	09	16	58 742	0. 207 861	0. 328 404	−0. 153 332 0	2019	09	17	58 743	0. 207 375	0. 326 891	−0. 153 330 3
2019	09	18	58 744	0. 206 919	0. 325 493	−0. 153 285 3	2019	09	19	58 745	0. 206 058	0. 324 124	−0. 153 165 4
2019	09	20	58 746	0. 204 867	0. 323 038	−0. 152 920 7	2019	09	21	58 747	0. 203 740	0. 321 672	−0. 152 549 5
2019	09	22	58 748	0. 202 952	0. 320 373	−0. 152 104 6	2019	09	23	58 749	0. 202 247	0. 319 367	−0. 151 653 0
2019	09	24	58 750	0. 201 645	0. 318 571	−0. 151 216 6	2019	09	25	58 751	0. 201 081	0. 317 719	−0. 150 899 2
2019	09	26	58 752	0. 200 126	0. 317 163	−0. 150 883 3	2019	09	27	58 753	0. 199 436	0. 316 266	−0. 151 209 6
2019	09	28	58 754	0. 199 110	0. 315 576	−0. 151 812 3	2019	09	29	58 755	0. 198 862	0. 314 678	−0. 152 514 7
2019	09	30	58 756	0. 198 848	0. 313 423	−0. 153 204 9	2019	10	01	58 757	0. 198 410	0. 312 207	−0. 153 748 5
2019	10	02	58 758	0. 197 567	0. 311 034	−0. 153 988 3	2019	10	03	58 759	0. 196 521	0. 310 013	−0. 153 912 2
2019	10	04	58 760	0. 195 512	0. 308 733	−0. 153 685 5	2019	10	05	58 761	0. 194 646	0. 307 613	−0. 153 297 8
2019	10	06	58 762	0. 193 612	0. 306 147	−0. 152 833 3	2019	10	07	58 763	0. 192 696	0. 304 968	−0. 152 368 5
2019	10	08	58 764	0. 191 558	0. 303 570	−0. 151 964 5	2019	10	09	58 765	0. 190 547	0. 301 914	−0. 151 653 3
2019	10	10	58 766	0. 189 439	0. 300 716	−0. 151 446 4	2019	10	11	58 767	0. 188 637	0. 299 690	−0. 151 380 3
2019	10	12	58 768	0. 187 871	0. 299 356	−0. 151 461 6	2019	10	13	58 769	0. 186 230	0. 299 271	−0. 151 651 7
2019	10	14	58 770	0. 184 374	0. 298 532	−0. 151 912 0	2019	10	15	58 771	0. 182 663	0. 297 785	−0. 152 234 7
2019	10	16	58 772	0. 181 451	0. 297 182	−0. 152 564 4	2019	10	17	58 773	0. 179 963	0. 296 654	−0. 152 879 6
2019	10	18	58 774	0. 178 272	0. 295 649	−0. 153 134 7	2019	10	19	58 775	0. 176 769	0. 294 516	−0. 153 326 4
2019	10	20	58 776	0. 175 243	0. 293 466	−0. 153 430 4	2019	10	21	58 777	0. 173 642	0. 292 375	−0. 153 505 8
2019	10	22	58 778	0. 172 439	0. 291 301	−0. 153 610 9	2019	10	23	58 779	0. 171 356	0. 290 381	−0. 153 818 4
2019	10	24	58 780	0. 170 144	0. 289 971	−0. 154 237 0	2019	10	25	58 781	0. 168 762	0. 289 141	−0. 154 912 7
2019	10	26	58 782	0. 167 818	0. 287 812	−0. 155 803 2	2019	10	27	58 783	0. 167 273	0. 286 523	−0. 156 809 2
2019	10	28	58 784	0. 167 133	0. 285 481	−0. 157 725 5	2019	10	29	58 785	0. 166 908	0. 284 350	−0. 158 455 4
2019	10	30	58 786	0. 167 018	0. 283 062	−0. 158 924 1	2019	10	31	58 787	0. 166 656	0. 282 117	−0. 159 150 1
2019	11	01	58 788	0. 166 024	0. 281 083	−0. 159 204 4	2019	11	02	58 789	0. 165 338	0. 280 270	−0. 159 186 6
2019	11	03	58 790	0. 164 712	0. 279 387	−0. 159 177 7	2019	11	04	58 791	0. 163 921	0. 278 764	−0. 159 194 7
2019	11	05	58 792	0. 163 092	0. 278 229	−0. 159 285 5	2019	11	06	58 793	0. 162 362	0. 277 999	−0. 159 446 9
2019	11	07	58 794	0. 161 420	0. 277 887	−0. 159 768 1	2019	11	08	58 795	0. 160 475	0. 277 218	−0. 160 240 7
2019	11	09	58 796	0. 159 241	0. 276 588	−0. 160 863 4	2019	11	10	58 797	0. 157 895	0. 275 927	−0. 161 558 2
2019	11	11	58 798	0. 156 727	0. 275 260	−0. 162 255 3	2019	11	12	58 799	0. 155 603	0. 274 984	−0. 162 906 0
2019	11	13	58 800	0. 154 311	0. 275 077	−0. 163 444 6	2019	11	14	58 801	0. 153 268	0. 274 960	−0. 163 904 3
2019	11	15	58 802	0. 152 222	0. 274 968	−0. 164 195 9	2019	11	16	58 803	0. 150 295	0. 275 080	−0. 164 365 5
2019	11	17	58 804	0. 147 587	0. 274 490	−0. 164 454 1	2019	11	18	58 805	0. 145 289	0. 273 683	−0. 164 515 5
2019	11	19	58 806	0. 143 281	0. 273 081	−0. 164 659 4	2019	11	20	58 807	0. 141 572	0. 272 389	−0. 165 011 7
2019	11	21	58 808	0. 139 739	0. 271 754	−0. 165 585 6	2019	11	22	58 809	0. 137 935	0. 270 986	−0. 166 347 4
2019	11	23	58 810	0. 135 854	0. 270 490	−0. 167 209 8	2019	11	24	58 811	0. 133 695	0. 270 065	−0. 168 098 7

续 表

年	月	日	儒略日	x_p/(″)	y_p/(″)	ΔUT1/s	年	月	日	儒略日	x_p/(″)	y_p/(″)	ΔUT1/s
2019	11	25	58 812	0. 131 862	0. 269 518	−0. 168 880 6	2019	11	26	58 813	0. 130 125	0. 269 096	−0. 169 467 9
2019	11	27	58 814	0. 128 691	0. 269 088	−0. 169 816 1	2019	11	28	58 815	0. 127 259	0. 269 277	−0. 169 951 2
2019	11	29	58 816	0. 126 025	0. 269 630	−0. 170 009 3	2019	11	30	58 817	0. 124 622	0. 269 887	−0. 170 029 5
2019	12	01	58 818	0. 122 977	0. 270 474	−0. 170 008 3	2019	12	02	58 819	0. 121 295	0. 270 919	−0. 170 065 2
2019	12	03	58 820	0. 119 056	0. 271 391	−0. 170 206 9	2019	12	04	58 821	0. 116 202	0. 271 402	−0. 170 407 5
2019	12	05	58 822	0. 113 387	0. 271 331	−0. 170 683 1	2019	12	06	58 823	0. 111 157	0. 271 130	−0. 171 032 4
2019	12	07	58 824	0. 109 446	0. 271 083	−0. 171 447 6	2019	12	08	58 825	0. 107 845	0. 270 977	−0. 171 877 3
2019	12	09	58 826	0. 106 731	0. 270 915	−0. 172 256 3	2019	12	10	58 827	0. 105 853	0. 271 007	−0. 172 529 9
2019	12	11	58 828	0. 105 246	0. 271 040	−0. 172 650 1	2019	12	12	58 829	0. 104 919	0. 271 256	−0. 172 619 2
2019	12	13	58 830	0. 104 891	0. 271 967	−0. 172 469 5	2019	12	14	58 831	0. 104 387	0. 273 241	−0. 172 277 6
2019	12	15	58 832	0. 103 420	0. 274 169	−0. 172 100 3	2019	12	16	58 833	0. 101 523	0. 274 834	−0. 171 991 5
2019	12	17	58 834	0. 099 491	0. 275 064	−0. 172 019 3	2019	12	18	58 835	0. 097 486	0. 275 323	−0. 172 245 7
2019	12	19	58 836	0. 095 902	0. 275 669	−0. 172 703 0	2019	12	20	58 837	0. 095 103	0. 276 115	−0. 173 341 9
2019	12	21	58 838	0. 094 742	0. 276 421	−0. 174 082 5	2019	12	22	58 839	0. 094 482	0. 277 227	−0. 174 804 4
2019	12	23	58 840	0. 093 397	0. 278 386	−0. 175 380 3	2019	12	24	58 841	0. 091 836	0. 279 097	−0. 175 772 8
2019	12	25	58 842	0. 090 305	0. 279 607	−0. 176 022 0	2019	12	26	58 843	0. 088 530	0. 280 066	−0. 176 152 3
2019	12	27	58 844	0. 086 894	0. 280 745	−0. 176 214 3	2019	12	28	58 845	0. 085 073	0. 281 330	−0. 176 258 1
2019	12	29	58 846	0. 082 939	0. 281 710	−0. 176 337 7	2019	12	30	58 847	0. 080 306	0. 281 800	−0. 176 497 4
2019	12	31	58 848	0. 078 246	0. 281 929	−0. 176 759 3	2020	01	01	58 849	0. 076 609	0. 282 358	−0. 177 122 2
2020	01	02	58 850	0. 074 635	0. 282 666	−0. 177 580 6	2020	01	03	58 851	0. 072 663	0. 283 156	−0. 178 102 9
2020	01	04	58 852	0. 071 338	0. 284 013	−0. 178 650 7	2020	01	05	58 853	0. 070 121	0. 284 887	−0. 179 137 7
2020	01	06	58 854	0. 068 393	0. 285 277	−0. 179 467 4	2020	01	07	58 855	0. 066 587	0. 285 482	−0. 179 605 8
2020	01	08	58 856	0. 064 905	0. 285 932	−0. 179 559 7	2020	01	09	58 857	0. 063 591	0. 286 537	−0. 179 374 6
2020	01	10	58 858	0. 062 631	0. 287 462	−0. 179 120 1	2020	01	11	58 859	0. 061 854	0. 288 667	−0. 178 896 1
2020	01	12	58 860	0. 061 134	0. 289 907	−0. 178 805 7	2020	01	13	58 861	0. 060 864	0. 291 018	−0. 178 935 3
2020	01	14	58 862	0. 060 557	0. 292 386	−0. 179 325 5	2020	01	15	58 863	0. 059 588	0. 293 794	−0. 179 954 3
2020	01	16	58 864	0. 058 520	0. 295 343	−0. 180 784 6	2020	01	17	58 865	0. 057 430	0. 296 819	−0. 181 743 7
2020	01	18	58 866	0. 056 515	0. 297 636	−0. 182 760 8	2020	01	19	58 867	0. 055 634	0. 298 582	−0. 183 733 9
2020	01	20	58 868	0. 054 617	0. 299 454	−0. 184 542 5	2020	01	21	58 869	0. 053 801	0. 300 237	−0. 185 230 7
2020	01	22	58 870	0. 053 304	0. 301 090	−0. 185 797 9	2020	01	23	58 871	0. 052 618	0. 302 469	−0. 186 185 8
2020	01	24	58 872	0. 051 965	0. 303 572	−0. 186 484 9	2020	01	25	58 873	0. 051 957	0. 304 776	−0. 186 797 9
2020	01	26	58 874	0. 051 500	0. 306 324	−0. 187 188 2	2020	01	27	58 875	0. 050 488	0. 307 421	−0. 187 694 3
2020	01	28	58 876	0. 049 407	0. 308 653	−0. 188 329 0	2020	01	29	58 877	0. 048 378	0. 310 139	−0. 189 055 9
2020	01	30	58 878	0. 047 078	0. 311 687	−0. 189 802 8	2020	01	31	58 879	0. 045 724	0. 312 939	−0. 190 524 5
2020	02	01	58 880	0. 044 494	0. 314 392	−0. 191 169 9	2020	02	02	58 881	0. 043 505	0. 316 036	−0. 191 719 4
2020	02	03	58 882	0. 042 727	0. 317 663	−0. 192 172 1	2020	02	04	58 883	0. 042 236	0. 319 419	−0. 192 514 1
2020	02	05	58 884	0. 042 192	0. 321 224	−0. 192 741 9	2020	02	06	58 885	0. 041 387	0. 322 939	−0. 192 864 4

续　表

年	月	日	儒略日	$x_p/('')$	$y_p/('')$	ΔUT1/s	年	月	日	儒略日	$x_p/('')$	$y_p/('')$	ΔUT1/s
2020	02	07	58 886	0.040 107	0.323 988	−0.192 935 1	2020	02	08	58 887	0.038 702	0.324 883	−0.193 024 2
2020	02	09	58 888	0.037 913	0.325 300	−0.193 266 2	2020	02	10	58 889	0.037 635	0.326 014	−0.193 789 9
2020	02	11	58 890	0.037 317	0.327 316	−0.194 585 9	2020	02	12	58 891	0.037 414	0.328 670	−0.195 538 6
2020	02	13	58 892	0.037 440	0.330 236	−0.196 530 0	2020	02	14	58 893	0.036 532	0.331 984	−0.197 431 2
2020	02	15	58 894	0.034 910	0.333 280	−0.198 137 7	2020	02	16	58 895	0.033 056	0.334 012	−0.198 618 5
2020	02	17	58 896	0.031 510	0.334 883	−0.198 919 1	2020	02	18	58 897	0.030 655	0.336 009	−0.199 072 5
2020	02	19	58 898	0.030 313	0.337 617	−0.199 101 6	2020	02	20	58 899	0.029 598	0.339 041	−0.199 120 6
2020	02	21	58 900	0.028 482	0.340 031	−0.199 227 9	2020	02	22	58 901	0.027 450	0.340 780	−0.199 510 8
2020	02	23	58 902	0.026 983	0.341 571	−0.199 970 3	2020	02	24	58 903	0.027 040	0.342 668	−0.200 560 9
2020	02	25	58 904	0.027 405	0.344 602	−0.201 248 4	2020	02	26	58 905	0.027 969	0.346 651	−0.201 994 8
2020	02	27	58 906	0.028 570	0.348 892	−0.202 764 2	2020	02	28	58 907	0.028 790	0.351 114	−0.203 527 0
2020	02	29	58 908	0.028 282	0.353 263	−0.204 264 7	2020	03	01	58 909	0.027 663	0.355 257	−0.204 958 0
2020	03	02	58 910	0.027 052	0.357 171	−0.205 593 0	2020	03	03	58 911	0.026 374	0.359 002	−0.206 163 5
2020	03	04	58 912	0.026 040	0.360 668	−0.206 676 3	2020	03	05	58 913	0.026 271	0.362 020	−0.207 165 8
2020	03	06	58 914	0.026 971	0.363 910	−0.207 696 4	2020	03	07	58 915	0.027 743	0.365 695	−0.208 355 9
2020	03	08	58 916	0.028 156	0.367 442	−0.209 227 9	2020	03	09	58 917	0.028 068	0.369 116	−0.210 354 4
2020	03	10	58 918	0.028 186	0.370 679	−0.211 716 7	2020	03	11	58 919	0.028 655	0.372 325	−0.213 229 0
2020	03	12	58 920	0.029 168	0.373 782	−0.214 750 3	2020	03	13	58 921	0.030 390	0.375 474	−0.216 138 6
2020	03	14	58 922	0.031 837	0.377 519	−0.217 292 1	2020	03	15	58 923	0.033 166	0.379 483	−0.218 178 7
2020	03	16	58 924	0.034 196	0.380 925	−0.218 824 4	2020	03	17	58 925	0.034 810	0.382 174	−0.219 289 3
2020	03	18	58 926	0.035 518	0.383 028	−0.219 648 2	2020	03	19	58 927	0.036 746	0.383 993	−0.219 955 1
2020	03	20	58 928	0.038 706	0.385 063	−0.220 254 2	2020	03	21	58 929	0.040 911	0.386 045	−0.220 567 5
2020	03	22	58 930	0.042 767	0.387 279	−0.220 935 3	2020	03	23	58 931	0.043 796	0.388 552	−0.221 396 9
2020	03	24	58 932	0.044 596	0.389 940	−0.221 935 0	2020	03	25	58 933	0.044 822	0.391 441	−0.222 499 8
2020	03	26	58 934	0.044 435	0.393 108	−0.223 057 1	2020	03	27	58 935	0.043 828	0.394 126	−0.223 576 1
2020	03	28	58 936	0.044 672	0.395 067	−0.224 032 9	2020	03	29	58 937	0.045 829	0.396 454	−0.224 410 8
2020	03	30	58 938	0.047 045	0.398 009	−0.224 709 6	2020	03	31	58 939	0.048 812	0.399 638	−0.224 947 7
2020	04	01	58 940	0.050 857	0.401 270	−0.225 162 5	2020	04	02	58 941	0.052 653	0.403 240	−0.225 421 1
2020	04	03	58 942	0.054 027	0.405 231	−0.225 808 8	2020	04	04	58 943	0.054 964	0.406 848	−0.226 420 1
2020	04	05	58 944	0.055 428	0.407 980	−0.227 326 5	2020	04	06	58 945	0.055 966	0.408 880	−0.228 543 2
2020	04	07	58 946	0.056 183	0.409 449	−0.230 015 9	2020	04	08	58 947	0.056 906	0.409 913	−0.231 624 6
2020	04	09	58 948	0.057 714	0.411 016	−0.233 208 3	2020	04	10	58 949	0.058 140	0.412 006	−0.234 615 8
2020	04	11	58 950	0.058 541	0.412 979	−0.235 756 8	2020	04	12	58 951	0.059 089	0.413 985	−0.236 615 0
2020	04	13	58 952	0.059 763	0.415 408	−0.237 210 5	2020	04	14	58 953	0.060 958	0.416 729	−0.237 599 4
2020	04	15	58 954	0.062 096	0.418 082	−0.237 858 9	2020	04	16	58 955	0.062 913	0.419 660	−0.238 046 0
2020	04	17	58 956	0.063 849	0.421 394	−0.238 256 0	2020	04	18	58 957	0.064 558	0.422 987	−0.238 585 2
2020	04	19	58 958	0.064 398	0.424 255	−0.239 020 2	2020	04	20	58 959	0.063 813	0.425 119	−0.239 500 2

续 表

年	月	日	儒略日	$x_p/('')$	$y_p/('')$	$\Delta UT1/s$	年	月	日	儒略日	$x_p/('')$	$y_p/('')$	$\Delta UT1/s$
2020	04	21	58 960	0.063 199	0.425 896	−0.239 997 5	2020	04	22	58 961	0.063 315	0.426 486	−0.240 502 6
2020	04	23	58 962	0.064 241	0.427 347	−0.240 971 5	2020	04	24	58 963	0.065 516	0.428 239	−0.241 390 0
2020	04	25	58 964	0.067 108	0.429 319	−0.241 685 2	2020	04	26	58 965	0.068 444	0.430 783	−0.241 847 5
2020	04	27	58 966	0.069 374	0.431 979	−0.241 982 8	2020	04	28	58 967	0.070 651	0.432 914	−0.242 071 3
2020	04	29	58 968	0.072 257	0.433 716	−0.242 132 3	2020	04	30	58 969	0.074 184	0.434 641	−0.242 239 1
2020	05	01	58 970	0.075 876	0.435 873	−0.242 474 5	2020	05	02	58 971	0.077 588	0.436 915	−0.242 917 0
2020	05	03	58 972	0.079 720	0.438 133	−0.243 630 8	2020	05	04	58 973	0.081 539	0.439 339	−0.244 574 8
2020	05	05	58 974	0.083 001	0.440 397	−0.245 670 0	2020	05	06	58 975	0.084 371	0.441 298	−0.246 804 0
2020	05	07	58 976	0.085 880	0.442 199	−0.247 844 8	2020	05	08	58 977	0.087 577	0.442 774	−0.248 693 6
2020	05	09	58 978	0.089 488	0.443 500	−0.249 314 5	2020	05	10	58 979	0.091 613	0.444 552	−0.249 727 0
2020	05	11	58 980	0.093 236	0.445 566	−0.249 985 0	2020	05	12	58 981	0.094 612	0.446 353	−0.250 164 1
2020	05	13	58 982	0.095 989	0.446 778	−0.250 357 1	2020	05	14	58 983	0.097 182	0.446 651	−0.250 561 9
2020	05	15	58 984	0.098 876	0.446 341	−0.250 760 4	2020	05	16	58 985	0.100 314	0.446 369	−0.251 080 3
2020	05	17	58 986	0.101 760	0.446 093	−0.251 478 1	2020	05	18	58 987	0.102 987	0.446 067	−0.252 011 6
2020	05	19	58 988	0.104 425	0.445 811	−0.252 608 4	2020	05	20	58 989	0.106 126	0.445 938	−0.253 159 5
2020	05	21	58 990	0.107 451	0.446 340	−0.253 621 5	2020	05	22	58 991	0.108 276	0.446 830	−0.253 958 4
2020	05	23	58 992	0.108 413	0.447 082	−0.254 145 5	2020	05	24	58 993	0.108 453	0.446 641	−0.254 152 2
2020	05	25	58 994	0.108 379	0.446 015	−0.254 007 9	2020	05	26	58 995	0.108 296	0.445 345	−0.253 836 3
2020	05	27	58 996	0.109 175	0.444 412	−0.253 683 7	2020	05	28	58 997	0.110 181	0.443 910	−0.253 556 9
2020	05	29	58 998	0.110 932	0.443 391	−0.253 545 9	2020	05	30	58 999	0.112 039	0.442 888	−0.253 714 0
2020	05	31	59 000	0.113 109	0.442 390	−0.254 092 6	2020	06	01	59 001	0.114 095	0.441 605	−0.254 642 8
2020	06	02	59 002	0.115 356	0.440 965	−0.255 263 6	2020	06	03	59 003	0.116 557	0.440 577	−0.255 811 1
2020	06	04	59 004	0.117 960	0.440 275	−0.256 143 3	2020	06	05	59 005	0.119 592	0.440 373	−0.256 212 5
2020	06	06	59 006	0.121 341	0.440 754	−0.256 036 2	2020	06	07	59 007	0.123 021	0.441 349	−0.255 673 2
2020	06	08	59 008	0.124 214	0.441 730	−0.255 190 5	2020	06	09	59 009	0.125 342	0.441 604	−0.254 637 3
2020	06	10	59 010	0.126 901	0.441 125	−0.254 025 3	2020	06	11	59 011	0.128 704	0.440 696	−0.253 382 4
2020	06	12	59 012	0.130 552	0.440 812	−0.252 708 2	2020	06	13	59 013	0.132 365	0.440 839	−0.252 092 3
2020	06	14	59 014	0.134 367	0.440 694	−0.251 569 8	2020	06	15	59 015	0.136 361	0.440 461	−0.251 145 5
2020	06	16	59 016	0.138 330	0.439 889	−0.250 755 1	2020	06	17	59 017	0.140 357	0.439 316	−0.250 272 8
2020	06	18	59 018	0.142 486	0.438 802	−0.249 691 5	2020	06	19	59 019	0.144 941	0.438 049	−0.249 020 4
2020	06	20	59 020	0.147 096	0.437 587	−0.248 102 0	2020	06	21	59 021	0.149 313	0.437 067	−0.247 062 1
2020	06	22	59 022	0.151 173	0.436 544	−0.245 900 6	2020	06	23	59 023	0.152 501	0.435 847	−0.244 707 5
2020	06	24	59 024	0.153 957	0.435 016	−0.243 577 6	2020	06	25	59 025	0.155 435	0.434 459	−0.242 608 1
2020	06	26	59 026	0.156 934	0.433 845	−0.241 865 8	2020	06	27	59 027	0.158 898	0.433 340	−0.241 358 4
2020	06	28	59 028	0.160 843	0.432 785	−0.241 026 3	2020	06	29	59 029	0.162 741	0.432 243	−0.240 808 9
2020	06	30	59 030	0.164 819	0.432 093	−0.240 573 0	2020	07	01	59 031	0.166 926	0.431 645	−0.240 154 0
2020	07	02	59 032	0.168 557	0.431 033	−0.239 493 0	2020	07	03	59 033	0.170 032	0.430 055	−0.238 604 2

续 表

年	月	日	儒略日	$x_p/('')$	$y_p/('')$	ΔUT1/s	年	月	日	儒略日	$x_p/('')$	$y_p/('')$	ΔUT1/s
2020	07	04	59 034	0. 171 560	0. 428 853	−0. 237 497 6	2020	07	05	59 035	0. 173 368	0. 427 397	−0. 236 215 7
2020	07	06	59 036	0. 175 553	0. 426 079	−0. 234 893 2	2020	07	07	59 037	0. 177 661	0. 424 849	−0. 233 611 3
2020	07	08	59 038	0. 179 613	0. 423 425	−0. 232 408 8	2020	07	09	59 039	0. 181 521	0. 421 864	−0. 231 289 8
2020	07	10	59 040	0. 183 418	0. 420 421	−0. 230 223 1	2020	07	11	59 041	0. 185 188	0. 419 417	−0. 229 253 4
2020	07	12	59 042	0. 186 700	0. 418 240	−0. 228 250 5	2020	07	13	59 043	0. 187 629	0. 416 964	−0. 227 202 5
2020	07	14	59 044	0. 188 400	0. 415 662	−0. 226 119 1	2020	07	15	59 045	0. 189 708	0. 414 695	−0. 224 989 2
2020	07	16	59 046	0. 190 936	0. 413 918	−0. 223 784 5	2020	07	17	59 047	0. 192 195	0. 412 935	−0. 222 478 5
2020	07	18	59 048	0. 193 260	0. 411 933	−0. 221 107 4	2020	07	19	59 049	0. 193 896	0. 410 755	−0. 219 691 8
2020	07	20	59 050	0. 194 356	0. 409 458	−0. 218 237 3	2020	07	21	59 051	0. 194 688	0. 408 238	−0. 216 864 0
2020	07	22	59 052	0. 195 127	0. 406 704	−0. 215 668 8	2020	07	23	59 053	0. 195 548	0. 405 185	−0. 214 706 3
2020	07	24	59 054	0. 196 360	0. 403 989	−0. 213 979 1	2020	07	25	59 055	0. 197 205	0. 402 836	−0. 213 436 7
2020	07	26	59 056	0. 197 779	0. 401 664	−0. 212 975 7	2020	07	27	59 057	0. 198 067	0. 400 506	−0. 212 466 2
2020	07	28	59 058	0. 198 139	0. 399 287	−0. 211 837 3	2020	07	29	59 059	0. 198 581	0. 398 202	−0. 211 081 8
2020	07	30	59 060	0. 199 254	0. 397 133	−0. 210 185 0	2020	07	31	59 061	0. 199 858	0. 395 993	−0. 209 172 4
2020	08	01	59 062	0. 200 916	0. 394 791	−0. 208 119 6	2020	08	02	59 063	0. 202 618	0. 394 109	−0. 207 047 2
2020	08	03	59 064	0. 203 857	0. 393 712	−0. 206 067 6	2020	08	04	59 065	0. 204 978	0. 393 256	−0. 205 224 8
2020	08	05	59 066	0. 206 149	0. 392 575	−0. 204 496 3	2020	08	06	59 067	0. 207 131	0. 391 715	−0. 203 896 8
2020	08	07	59 068	0. 207 997	0. 390 904	−0. 203 423 2	2020	08	08	59 069	0. 208 823	0. 389 508	−0. 203 059 8
2020	08	09	59 070	0. 209 912	0. 388 019	−0. 202 731 9	2020	08	10	59 071	0. 210 987	0. 386 680	−0. 202 343 8
2020	08	11	59 072	0. 212 000	0. 385 344	−0. 201 845 2	2020	08	12	59 073	0. 213 138	0. 383 934	−0. 201 208 7
2020	08	13	59 074	0. 214 369	0. 382 229	−0. 200 432 6	2020	08	14	59 075	0. 215 208	0. 380 501	−0. 199 508 9
2020	08	15	59 076	0. 215 710	0. 379 116	−0. 198 442 2	2020	08	16	59 077	0. 216 181	0. 377 875	−0. 197 293 7
2020	08	17	59 078	0. 216 815	0. 377 092	−0. 196 182 4	2020	08	18	59 079	0. 217 198	0. 376 427	−0. 195 149 9
2020	08	19	59 080	0. 217 097	0. 375 794	−0. 194 291 0	2020	08	20	59 081	0. 216 740	0. 374 898	−0. 193 690 5
2020	08	21	59 082	0. 216 769	0. 373 565	−0. 193 353 8	2020	08	22	59 083	0. 216 932	0. 371 778	−0. 193 222 2
2020	08	23	59 084	0. 217 580	0. 370 054	−0. 193 166 7	2020	08	24	59 085	0. 218 417	0. 368 646	−0. 193 038 1
2020	08	25	59 086	0. 218 821	0. 367 280	−0. 192 712 1	2020	08	26	59 087	0. 218 848	0. 366 011	−0. 192 117 0
2020	08	27	59 088	0. 218 568	0. 364 900	−0. 191 243 3	2020	08	28	59 089	0. 218 460	0. 363 753	−0. 190 140 6
2020	08	29	59 090	0. 218 163	0. 363 164	−0. 188 888 9	2020	08	30	59 091	0. 217 507	0. 362 331	−0. 187 604 1
2020	08	31	59 092	0. 216 816	0. 361 537	−0. 186 403 9	2020	09	01	59 093	0. 215 870	0. 360 680	−0. 185 344 7
2020	09	02	59 094	0. 214 888	0. 359 360	−0. 184 435 9	2020	09	03	59 095	0. 214 008	0. 357 869	−0. 183 671 8
2020	09	04	59 096	0. 213 234	0. 356 016	−0. 183 021 0	2020	09	05	59 097	0. 212 795	0. 354 430	−0. 182 436 4
2020	09	06	59 098	0. 212 274	0. 353 191	−0. 181 872 1	2020	09	07	59 099	0. 211 790	0. 351 835	−0. 181 292 5
2020	09	08	59 100	0. 211 193	0. 350 339	−0. 180 656 2	2020	09	09	59 101	0. 210 918	0. 349 451	−0. 179 946 7
2020	09	10	59 102	0. 210 855	0. 348 811	−0. 179 172 1	2020	09	11	59 103	0. 210 933	0. 348 368	−0. 178 351 1
2020	09	12	59 104	0. 210 314	0. 347 629	−0. 177 517 8	2020	09	13	59 105	0. 209 427	0. 346 406	−0. 176 740 8
2020	09	14	59 106	0. 208 717	0. 345 499	−0. 176 114 7	2020	09	15	59 107	0. 208 051	0. 344 156	−0. 175 708 5

续 表

年	月	日	儒略日	x_p/(")	y_p/(")	$\Delta UT1/s$	年	月	日	儒略日	x_p/(")	y_p/(")	$\Delta UT1/s$
2020	09	16	59 108	0.207 856	0.342 757	−0.175 553 5	2020	09	17	59 109	0.207 763	0.341 482	−0.175 663 7
2020	09	18	59 110	0.207 499	0.340 031	−0.175 984 4	2020	09	19	59 111	0.206 755	0.338 625	−0.176 409 2
2020	09	20	59 112	0.205 778	0.337 224	−0.176 796 7	2020	09	21	59 113	0.204 647	0.335 988	−0.177 019 0
2020	09	22	59 114	0.203 448	0.334 984	−0.177 023 7	2020	09	23	59 115	0.202 369	0.333 990	−0.176 832 4
2020	09	24	59 116	0.201 447	0.333 000	−0.176 482 0	2020	09	25	59 117	0.200 100	0.331 835	−0.176 028 7
2020	09	26	59 118	0.198 705	0.330 548	−0.175 526 5	2020	09	27	59 119	0.197 236	0.329 251	−0.175 016 4
2020	09	28	59 120	0.196 127	0.327 949	−0.174 522 4	2020	09	29	59 121	0.195 040	0.326 608	−0.174 076 9
2020	09	30	59 122	0.194 222	0.325 303	−0.173 711 3	2020	10	01	59 123	0.193 592	0.324 399	−0.173 435 2
2020	10	02	59 124	0.192 652	0.323 725	−0.173 241 3	2020	10	03	59 125	0.191 328	0.322 856	−0.173 104 4
2020	10	04	59 126	0.190 376	0.321 580	−0.172 973 5	2020	10	05	59 127	0.190 057	0.320 101	−0.172 794 6
2020	10	06	59 128	0.189 565	0.319 194	−0.172 515 7	2020	10	07	59 129	0.188 477	0.318 544	−0.172 094 4
2020	10	08	59 130	0.187 213	0.317 589	−0.171 554 5	2020	10	09	59 131	0.185 866	0.316 267	−0.170 943 8
2020	10	10	59 132	0.184 598	0.314 938	−0.170 347 0	2020	10	11	59 133	0.183 096	0.313 821	−0.169 826 6
2020	10	12	59 134	0.181 364	0.312 491	−0.169 422 9	2020	10	13	59 135	0.180 150	0.311 276	−0.169 287 3
2020	10	14	59 136	0.179 028	0.310 496	−0.169 478 3	2020	10	15	59 137	0.178 273	0.309 566	−0.169 948 0
2020	10	16	59 138	0.177 870	0.308 850	−0.170 640 3	2020	10	17	59 139	0.177 728	0.308 173	−0.171 453 0
2020	10	18	59 140	0.177 883	0.307 413	−0.172 205 6	2020	10	19	59 141	0.177 193	0.306 640	−0.172 735 1
2020	10	20	59 142	0.175 829	0.305 561	−0.173 013 5	2020	10	21	59 143	0.174 443	0.304 709	−0.173 110 5
2020	10	22	59 144	0.173 243	0.304 010	−0.173 112 0	2020	10	23	59 145	0.172 122	0.303 220	−0.173 112 9
2020	10	24	59 146	0.170 979	0.302 398	−0.173 191 5	2020	10	25	59 147	0.169 567	0.301 498	−0.173 323 4
2020	10	26	59 148	0.168 213	0.300 588	−0.173 510 4	2020	10	27	59 149	0.167 025	0.299 828	−0.173 770 8
2020	10	28	59 150	0.165 274	0.299 221	−0.174 104 9	2020	10	29	59 151	0.163 658	0.298 406	−0.174 461 7
2020	10	30	59 152	0.162 242	0.298 257	−0.174 743 4	2020	10	31	59 153	0.160 455	0.297 779	−0.175 066 6
2020	11	01	59 154	0.158 546	0.297 059	−0.175 320 8	2020	11	02	59 155	0.156 760	0.296 584	−0.175 489 2
2020	11	03	59 156	0.155 022	0.296 077	−0.175 550 6	2020	11	04	59 157	0.153 756	0.295 403	−0.175 500 9
2020	11	05	59 158	0.153 116	0.294 628	−0.175 322 2	2020	11	06	59 159	0.152 204	0.293 485	−0.175 050 6
2020	11	07	59 160	0.150 933	0.292 707	−0.174 726 5	2020	11	08	59 161	0.149 316	0.292 406	−0.174 535 5
2020	11	09	59 162	0.147 825	0.292 052	−0.174 581 0	2020	11	10	59 163	0.146 154	0.291 593	−0.174 895 0
2020	11	11	59 164	0.144 139	0.291 248	−0.175 490 8	2020	11	12	59 165	0.142 123	0.290 642	−0.176 278 4
2020	11	13	59 166	0.140 177	0.290 279	−0.177 154 8	2020	11	14	59 167	0.137 794	0.289 624	−0.177 968 9
2020	11	15	59 168	0.135 204	0.288 983	−0.178 618 2	2020	11	16	59 169	0.132 881	0.288 419	−0.179 013 7
2020	11	17	59 170	0.130 805	0.288 003	−0.179 122 5	2020	11	18	59 171	0.129 000	0.287 331	−0.179 023 3
2020	11	19	59 172	0.127 530	0.286 787	−0.178 755 3	2020	11	20	59 173	0.126 286	0.286 684	−0.178 448 1
2020	11	21	59 174	0.125 104	0.286 777	−0.178 184 8	2020	11	22	59 175	0.124 481	0.286 278	−0.178 068 7
2020	11	23	59 176	0.124 228	0.286 214	−0.178 133 0	2020	11	24	59 177	0.123 617	0.286 438	−0.178 344 7
2020	11	25	59 178	0.122 556	0.286 916	−0.178 633 9	2020	11	26	59 179	0.120 973	0.287 505	−0.178 961 4
2020	11	27	59 180	0.118 868	0.287 888	−0.179 169 8	2020	11	28	59 181	0.116 181	0.288 266	−0.179 306 5

续 表

年	月	日	儒略日	$x_p/('')$	$y_p/('')$	ΔUT1/s	年	月	日	儒略日	$x_p/('')$	$y_p/('')$	ΔUT1/s
2020	11	29	59 182	0.113 478	0.288 418	−0.179 299 8	2020	11	30	59 183	0.110 735	0.288 608	−0.179 203 7
2020	12	01	59 184	0.108 321	0.288 148	−0.179 006 9	2020	12	02	59 185	0.106 317	0.287 572	−0.178 717 5
2020	12	03	59 186	0.104 638	0.287 348	−0.178 321 1	2020	12	04	59 187	0.102 958	0.287 742	−0.177 921 2
2020	12	05	59 188	0.101 346	0.288 801	−0.177 632 6	2020	12	06	59 189	0.099 422	0.289 616	−0.177 541 8
2020	12	07	59 190	0.097 392	0.289 604	−0.177 642 8	2020	12	08	59 191	0.095 366	0.289 667	−0.177 963 3
2020	12	09	59 192	0.093 289	0.289 586	−0.178 510 0	2020	12	10	59 193	0.091 596	0.289 267	−0.179 134 8
2020	12	11	59 194	0.090 377	0.289 317	−0.179 737 2	2020	12	12	59 195	0.089 352	0.289 933	−0.180 188 9
2020	12	13	59 196	0.088 122	0.291 099	−0.180 398 0	2020	12	14	59 197	0.086 753	0.292 095	−0.180 367 7
2020	12	15	59 198	0.085 413	0.292 842	−0.180 115 3	2020	12	16	59 199	0.084 102	0.293 335	−0.179 703 2
2020	12	17	59 200	0.082 931	0.293 953	−0.179 212 8	2020	12	18	59 201	0.082 113	0.294 634	−0.178 769 2
2020	12	19	59 202	0.081 252	0.294 893	−0.178 450 9	2020	12	20	59 203	0.080 081	0.295 269	−0.178 309 2
2020	12	21	59 204	0.078 855	0.295 467	−0.178 287 1	2020	12	22	59 205	0.077 844	0.295 794	−0.178 385 5
2020	12	23	59 206	0.077 211	0.296 035	−0.178 562 8	2020	12	24	59 207	0.077 016	0.296 473	−0.178 670 7
2020	12	25	59 208	0.076 715	0.297 267	−0.178 667 0	2020	12	26	59 209	0.076 045	0.297 941	−0.178 519 5
2020	12	27	59 210	0.075 038	0.298 659	−0.178 218 3	2020	12	28	59 211	0.074 030	0.299 926	−0.177 784 9
2020	12	29	59 212	0.072 622	0.301 626	−0.177 243 0	2020	12	30	59 213	0.071 147	0.302 690	−0.176 647 2
2020	12	31	59 214	0.069 721	0.303 116	−0.176 001 0							

参 考 文 献

[1] 杨元喜. 抗差估计理论及其应用[M]. 北京:八一出版社,1993.

[2] 全伟,刘百奇,宫晓琳,等. 惯性/天文/卫星组合导航技术[M]. 北京:国防工业出版社,2011.

[3] 雷雨,赵丹宁,高玉平,等. 基于高斯过程的日长变化预报[J]. 天文学报,2015,56(1):53-62.

[4] 艾贵斌,龚建,张华伟,等. 数字天顶摄影定位原理与方法[M]. 北京:解放军出版社,2014.

[5] 萧耐园,夏一飞,成灼. 由 PERM 地球模型计算的洛夫数[J]. 测绘学报,1998,27(3):246-251.

[6] 闫大桂,严尚安. 工科研究生应用数学基础[M]. 北京:高等教育出版社,2001.

[7] 北京大学地球物理系,武汉测绘科技大学大地测量系,中国科学技术大学地球和空间科学系. 重力与固体潮教程[M]. 北京:地震出版社,1982.

[8] 许学晴,周永宏. 地球定向参数高精度预报方法研究[J]. 飞行器测控学报,2010,29(2):70-76.

[9] 武汉测绘科技大学测量平差教研室. 测量平差基础[M]. 3 版. 北京:测绘出版社,1996.

[10] 陈略,唐歌实,胡松杰,等. 高精度 UT1-UTC 差分预报方法研究[J]. 深空探测学报,2014,1(3):230-235.

[11] 武汉大学测绘学院测量平差学科组. 误差理论与测量平差基础[M]. 武汉:武汉大学出版社,2003.

[12] 雷雨,蔡宏兵. 利用 LS+AR 模型对 UT1-UTC 进行中长期预报[J]. 时间频率学报,2016,39(2):65-72.

[13] 郭忠臣,邹慧. 基于快速傅里叶变换法的地球自转参数周期性研究[J]. 宿州学院学报,2018,33(1):114-117.

[14] 李广宇. 天球参考系及其应用[M]. 北京:科学出版社,2010.

[15] 梅长林,王宁. 近代回归分析方法[M]. 北京:科学出版社,2012.

[16] 党亚民,成英燕,薛树强. 大地坐标系统及其应用[M]. 北京:测绘出版社,2010.

[17] 雷雨. 地球自转参数高精度预报方法研究[D]. 北京:中国科学院大学,2016.

[18] 王志文. GNSS 解算地球自转参数及预报模型研究[D]. 徐州:中国矿业大学,2018.

[19] 孙张振. 高精度地球自转参数预报的理论与算法研究[D]. 西安:长安大学,2013.